Nader Ghattas

Fórum Internacional Geração IV (GIF)

Nader Ghattas

Fórum Internacional Geração IV (GIF)

Entre objetivos e escolhas

ScienciaScripts

Imprint

Any brand names and product names mentioned in this book are subject to trademark, brand or patent protection and are trademarks or registered trademarks of their respective holders. The use of brand names, product names, common names, trade names, product descriptions etc. even without a particular marking in this work is in no way to be construed to mean that such names may be regarded as unrestricted in respect of trademark and brand protection legislation and could thus be used by anyone.

Cover image: www.ingimage.com

This book is a translation from the original published under ISBN 978-620-7-84459-3.

Publisher:
Sciencia Scripts
is a trademark of
Dodo Books Indian Ocean Ltd. and OmniScriptum S.R.L publishing group

120 High Road, East Finchley, London, N2 9ED, United Kingdom
Str. Armeneasca 28/1, office 1, Chisinau MD-2012, Republic of Moldova, Europe
Printed at: see last page
ISBN: 978-620-8-15358-8

Índice

RESUMO

Para dispor de uma fonte de energia nuclear fiável, sustentável e segura, são urgentemente necessárias soluções eficazes e práticas para os repetidos acidentes nucleares e para os inventários existentes e previstos de resíduos radioactivos de longa vida altamente activos. O Fórum Internacional Geração IV (GIF) foi criado em 2001 com participantes de 13 países, juntamente com a União Europeia, sob a égide da Agência Internacional da Energia Atómica, para encontrar soluções promissoras para os problemas encontrados na indústria da energia nuclear. Foram definidos oito objectivos para os sistemas da Geração IV em quatro grandes áreas: sustentabilidade, economia, segurança e fiabilidade, e resistência à proliferação e proteção física. O GIF selecionou seis tecnologias de reactores que supostamente satisfazem os requisitos dos objectivos do GIF para investigação e desenvolvimento futuros: os reactores arrefecidos a gás (Reator de Muito Alta Temperatura VHTR e Reator Rápido Arrefecido a Gás GFR), os reactores arrefecidos a metal (Reator Rápido Arrefecido a Chumbo (LFR) e Reator Rápido Arrefecido a Sódio (SFR)), o Reator de Sal Fundido (MSR) e o Reator Supercrítico Arrefecido a Água (SCWR). Infelizmente, a escolha das seis tecnologias de energia nuclear pelo Fórum Internacional Geração IV (GIF) teve em consideração os benefícios, experiências e interesses de cada país e as dificuldades encontradas na transferência da tecnologia de aplicações em desenvolvimento para fora das actuais centrais nucleares (NPP), mais do que a importância de cumprir os requisitos dos objectivos essenciais propostos pelos próprios países do GIF. Este facto reflectiu-se negativamente no financiamento de novas tecnologias inovadoras para os reactores nucleares da geração IV e, por conseguinte, o financiamento disponível para novas concepções inovadoras não foi tão elevado como se esperava.

1. INTRODUÇÃO

(Dos combustíveis fósseis às centrais nucleares e aos sistemas de energia nuclear da Geração IV)

A procura de energia e os benefícios que ela traz crescem rapidamente à medida que a população da Terra se expande muito rapidamente e se espera que atinja 10 mil milhões de pessoas até ao ano 2050. A produção de energia eléctrica é o principal fator que afecta o desenvolvimento da indústria, da agricultura, da tecnologia e do nível de vida. Por conseguinte, as fontes de abastecimento de energia que são limpas, seguras e económicas devem ser aumentadas para que a Terra possa suportar a sua população. Em geral, a energia eléctrica pode ser gerada a partir da queima de fontes de energia extraídas e refinadas, como o carvão, o gás natural, o petróleo e a energia nuclear, bem como a partir de fontes de energia renováveis, como a energia hídrica, a biomassa, a energia eólica, a energia solar, a energia geotérmica e a energia das ondas.

As principais fontes de produção de energia eléctrica são a energia térmica, utilizando principalmente carvão, gás natural e petróleo. Em 2018, as fontes de energia primária do mundo consistiam em petróleo (34%), carvão (27%), gás natural (24%), totalizando uma quota de 85% para os combustíveis fósseis no consumo de energia primária no mundo. A produção total de eletricidade no mundo em 2018 é de (26.700 TWh) por fonte (IEA, 2019). Depois de Hodgson, o consumo mundial de energia cresceu a uma taxa de 2,9%, quase o dobro da sua média de 10 anos de 1,5% ao ano, e a mais rápida desde 2010[1-4].

O desenvolvimento de um programa industrial ambicioso resulta num consumo contínuo de recursos de combustíveis fósseis. O duplo desafio que daí resulta - a necessidade de reduzir as emissões nocivas, ao mesmo tempo que se fornece mais energia a um maior número de pessoas - coloca o sector da energia no centro da realização do desenvolvimento sustentável. A utilização contínua de combustíveis fósseis tem profundas implicações sociais, económicas e ambientais intra e intergeracionais. Não existe nenhuma tecnologia que seja totalmente isenta de riscos para as pessoas ou para o ambiente. Por exemplo, embora as fontes de energia com baixo teor de carbono não emitam dióxido de carbono no momento da utilização, são responsáveis por emissões e resíduos durante a construção, o fabrico, o funcionamento e o desmantelamento [4-6].

Os combustíveis fósseis para a produção de eletricidade suscitam sérias preocupações ambientais e têm, de longe, o maior potencial para causar tanto a acidificação como a eutrofização. O dióxido de carbono (CO_2) é um gás com efeito de estufa que contribui para o aquecimento global e é libertado para a atmosfera durante a combustão de combustíveis fósseis, dissolvendo-se parcialmente nos oceanos e aumentando a sua acidez. Estima-se que a queima de combustíveis fósseis produza cerca de 21,3 mil milhões de toneladas (21,3 gigatoneladas) de dióxido de carbono (CO_2) por ano (actas da Academia Nacional de Ciências) [7-8].

Três quartos das emissões antropogénicas de CO_2 resultam da queima de combustíveis fósseis para a produção de energia, pelo que o interesse atual é dirigido para as tecnologias energéticas que emitem apenas pequenas quantidades de CO_2 por unidade de energia, como a energia nuclear [4&9]. Outros poluentes atmosféricos, como os óxidos de azoto, o dióxido de enxofre, os compostos orgânicos voláteis e os metais pesados, são produzidos a partir da combustão de combustíveis fósseis. Os óxidos de gás emitidos resultantes da combustão de combustíveis fósseis geram ácidos sulfúrico, carbónico e nítrico, que caem na terra sob a forma de chuva ácida, afectando as áreas naturais e o ambiente. A queima do carvão também gera grandes quantidades de cinzas de fundo e cinzas volantes. Além disso, o sector da eletricidade produzida a partir de combustíveis fósseis é a maior fonte industrial de emissões de mercúrio.

A colheita, a transformação, os métodos de extração de carvão, a perfuração de petróleo no mar, as refinarias de petróleo e a distribuição de combustíveis fósseis podem também criar preocupações ambientais e constituir um perigo para os organismos aquáticos. Os poços de combustíveis fósseis podem contribuir para a produção de metano através de emissões de gases fugitivos.

A combustão do **carvão** não é melhor do que a do petróleo no que respeita à poluição ambiental, uma vez que emite uma série de poluentes atmosféricos nocivos para o ambiente e para a saúde pública. As emissões de dióxido de enxofre (SO2) contribuem para as chuvas ácidas e para a formação de partículas nocivas[10]; o mercúrio libertado na combustão do carvão contamina os oceanos, os rios, os lagos e o solo. A poluição atmosférica resultante da combustão e da extração do carvão causa danos ambientais adicionais e sofrimento humano.

Do ponto de vista económico, a receita global da indústria energética, em 2014, foi de cerca de 8 biliões de dólares,[33] com cerca de 84% de combustíveis fósseis, 4% de energia nuclear e 12% de energias renováveis (incluindo hidroeléctricas).[34] A Agência Internacional da Energia estimou que, em 2017, os subsídios governamentais globais aos combustíveis fósseis ascenderam a 300 mil milhões de dólares.[39] A Europa gastou 406 mil milhões de euros na importação de combustíveis fósseis em 2011 e 545 mil milhões de euros em 2012. Em 2012, a energia eólica na Europa evitou 9,6 mil milhões de euros de custos com combustíveis fósseis.[38] Em 2014, havia 1 469 empresas de petróleo e gás cotadas nas bolsas de valores de todo o mundo, com uma capitalização bolsista combinada de 4,65 biliões de dólares. [35] Em 2019, a Saudi Aramco foi cotada e atingiu uma avaliação de 2 biliões de dólares no seu segundo dia de negociação, [36] após a maior oferta pública inicial do mundo. [37] Os Estados Unidos utilizam mais de 25% da oferta mundial de combustíveis fósseis, embora tenham menos de 5% da população mundial.

De acordo com a Universidade de Cambridge *"Measuringfossilfuel 'hidden'costs "*23 de julho de 2015 os preços dos combustíveis fósseis estão geralmente abaixo dos seus custos reais, ou dos seus "preços eficientes", quando são tidas em conta as externalidades económicas, como os custos da poluição atmosférica e da destruição do clima global. Alterar o Fundo Monetário Internacional (FMI), maio de 2019 "Documento de Trabalho do FMI, o Subsídios globais de combustíveis fósseis permanecem grandes. Os combustíveis fósseis são subsidiados no valor de 4,7 biliões de dólares em 2015, o que equivale a 6,3% do PIB global de 2015 e estima-se que aumentem para 5,2 biliões de dólares em 2017, o que equivale a 6,5% do PIB global. Os cinco maiores subsidiadores em 2015 foram os seguintes: China, com 1,4 triliões de dólares em subsídios aos combustíveis fósseis, Estados Unidos, com 649 mil milhões de dólares, Rússia, com 551 mil milhões de dólares, União Europeia, com 289 mil milhões de dólares, e Índia, com 209 mil milhões de dólares. Se não houvesse subsídios aos combustíveis fósseis, as emissões globais de carbono teriam diminuído cerca de 28% em 2015, o que teria reduzido as mortes relacionadas com a poluição atmosférica em 46%, e teria aumentado as receitas públicas em 2,8 biliões de dólares, ou seja, 3,8% do PIB (Universidade de

Cambridge e FMI). [11&12]

Para evitar catástrofes climáticas, é muito importante reconsiderar a utilização de centrais de combustíveis fósseis como principais fontes de energia. No entanto, a I&D no domínio da captura e fixação de carbono (CAC) merece um forte apoio.

Para fazer face às questões ambientais decorrentes dos gases com efeito de estufa e aos problemas colocados pelo esgotamento das reservas de petróleo e de gás, são recomendadas outras fontes de energia sustentáveis *não tradicionais. Entre estas, a energia nuclear é considerada uma opção atractiva.* A energia nuclear pode ter a capacidade de substituir a atual indústria de combustíveis fósseis *(Organização Meteorológica Mundial (OMM)) [13].* Estes factores *conduzem a* um novo interesse na energia nuclear como uma das importantes fontes de energia isentas de CO_2 com elevada capacidade [14 &15].

Embora a energia nuclear seja uma das alternativas energéticas mais promissoras e esteja atualmente em prática em todo o mundo, não está isenta de problemas. *As aplicações da energia nuclear para fins de produção de eletricidade e a utilização generalizada de radioisótopos em diferentes aplicações levantam vários problemas. Os acidentes nucleares e os resíduos radioactivos daí resultantes podem causar problemas imediatos de saúde pública a curto prazo, bem como poluição ambiental a longo prazo [14 & 16].*

Para que a energia nuclear desempenhe um papel mais importante na luta contra as alterações climáticas e se torne uma fonte de energia sustentável e segura, é essencial que as novas concepções de reactores encontrem uma solução aceitável para os inventários existentes e previstos de resíduos radioactivos de longa vida altamente activos, evitem acidentes nucleares graves, sejam mais seguras e apresentem menores riscos de proliferação nuclear do que o atual parque de reactores (relatório Dr. Edwin Lyman*). Prevê-se que os futuros sistemas de reactores tenham de minimizar a quantidade e a toxicidade dos resíduos nucleares e enfrentar os desafios colocados pelo armazenamento a longo prazo e pela eliminação final do combustível usado.
*Dr. Edwin Lyman (membro do Institute of Nuclear Materials Management e presidente do Nuclear Control Institute, uma organização sediada em Washington, D.C.), físico e diretor da

segurança da energia nuclear na UCS.

Devido aos repetidos acidentes nucleares e eventos graves nos últimos 50 anos [por exemplo, Three Mile Island (1979), Chernobyl (1986) e Fukushima (2011) (5,7,7 INES - Nível IAEA, respetivamente)] e uma vez que os resíduos nucleares continuam a ser nocivos durante milhares de anos, é necessária uma investigação aprofundada para diminuir os resíduos produzidos, evitar acidentes nucleares graves e melhorar a segurança e a fiabilidade dos novos reactores. O grande número de acidentes nucleares veio sublinhar a importância de conceber sistemas nucleares desenvolvidos com os mais elevados níveis de segurança.

Assim, foi criado em 2001 o Fórum Internacional Geração IV (GIF). O GIF foi criado como um esforço internacional de cooperação com o objetivo de desenvolver a investigação necessária para testar a viabilidade e o desempenho dos sistemas nucleares de quarta geração e de os tornar disponíveis para implantação industrial.

O GIF reúne 13 países (Argentina, Austrália, Brasil, Canadá, China, França, Japão, Coreia, Rússia, África do Sul, Suíça, Reino Unido e Estados Unidos), bem como a Euratom - que representa os 27 membros da União Europeia - para coordenar a investigação e o desenvolvimento destes sistemas. Foram definidos oito objectivos tecnológicos para os sistemas da Geração IV em quatro grandes áreas: sustentabilidade, economia, segurança e fiabilidade e resistência à proliferação e proteção física. Estes importantes objectivos são partilhados por muitos países, uma vez que visam responder às exigências económicas, ambientais e sociais do século XXI. O objetivo é proporcionar melhorias significativas em termos de economia, segurança, sustentabilidade e resistência à proliferação. Com estes objectivos em mente, cerca de 100 peritos avaliaram 130 conceitos de reactores antes de seleccionarem seis tecnologias de reactores para investigação e desenvolvimento futuros. Estabelecem um quadro e identificam objectivos concretos para concentrar os esforços de I&D do GIF.

Com base nos objectivos previamente definidos, o GIF selecionou seis tecnologias de reactores para investigação e desenvolvimento ulteriores: os reactores arrefecidos a gás (Very High Temperature Reator VHTR e Gas Cooled Fast Reator GFR), os reactores arrefecidos a metal (Lead-cooled Fast Reator (LFR) e Sodium Cooled Fast Reator

(SFR)), o reator de sal fundido (MSR) e o reator supercrítico arrefecido a água (SCWR).

As seis tecnologias de reactores escolhidas pelo GIF devem ser avaliadas em função dos objectivos que sugerem, com base nos seus benefícios, sustentabilidade, segurança e fiabilidade, custos, riscos e incertezas. Qualquer sistema de energia nuclear único deve satisfazer, na medida do razoavelmente possível, os objectivos do GIF. As seis tecnologias escolhidas devem satisfazer os requisitos de sustentabilidade (entrada de recursos, produção de resíduos e não proliferação), segurança e fiabilidade (danos no núcleo e resposta a emergências) e economia (custos do ciclo de vida e risco para o capital). Os objectivos propostos pelo Fórum Internacional Geração IV (GIF) devem orientar o desenvolvimento de novos sistemas de energia nuclear. De acordo com o roteiro tecnológico atualizado para os sistemas de energia nuclear da Geração IV (janeiro de 2014), qualquer sistema nuclear da Geração IV só será licenciado se cumprir os requisitos rigorosos resumidos nos objectivos de segurança e fiabilidade da Geração IV.

Um dos problemas importantes é o facto de o financiamento dos reactores da Geração IV não ser suficientemente elevado como se esperava. Esta situação pode ser atribuída às dificuldades encontradas na transferência da tecnologia de aplicações em desenvolvimento para fora das actuais centrais nucleares. Grandes organizações internacionais têm trabalhado para encontrar uma solução para promover a I&D dos reactores da Geração IV.

Um relatório da Union of Concerned Scientists (UCS) Washington, publicado em 18 de março de 2021, analisou as concepções de uma série de reactores nucleares ditos "avançados" de água não-luz atualmente em desenvolvimento e concluiu que as concepções de reactores nucleares "avançados" (reactores de água não-luz) não são claramente mais seguras nem melhores do que os reactores actuais - e, em alguns aspectos, são significativamente piores.

O relatório, *"Advanced" Isn't Always Better,* avalia os prós e os contras de três tipos principais de reactores que não são de água leve: reactores rápidos arrefecidos a sódio, reactores de alta temperatura arrefecidos a gás e reactores alimentados a sal fundido. Classifica-os segundo três critérios gerais: segurança e proteção; riscos de proliferação nuclear e de terrorismo; e sustentabilidade.

O principal objetivo do trabalho apresentado foi abordar a relação entre os objectivos propostos pelos países do GIF e a sua escolha das tecnologias dos seis reactores desenvolvidos. Estes objectivos devem orientar os esforços cooperativos de I&D empreendidos pelos membros do GIF. O principal objetivo do presente trabalho é tentar esclarecer a relação entre os objectivos dos países membros do GIF e as suas escolhas dos seis sistemas nucleares desenvolvidos e, ao mesmo tempo, encontrar uma resposta para a pergunta "Em que medida as escolhas do GIF das seis tecnologias de reactores desenvolvidos satisfazem os requisitos dos principais objectivos sugeridos pelos países do GIF? O estudo proposto analisa sucintamente cada uma das novas tecnologias propostas separadamente, salientando os pontos fortes e fracos com base nos principais objectivos propostos pelos países do GIF (sustentabilidade e produção de resíduos, economia, segurança e fiabilidade, resistência à proliferação e proteção física).

Infelizmente, a escolha das seis tecnologias de energia nuclear pelo Fórum Internacional da Geração IV (GIF) teve mais em conta os benefícios, as experiências e os interesses de cada país e as dificuldades encontradas na transferência da tecnologia de aplicações em desenvolvimento [1] para fora das actuais centrais nucleares (NPP) do que a importância de cumprir os objectivos essenciais propostos pelos próprios países do GIF. Este facto reflectiu-se negativamente no financiamento de novas tecnologias inovadoras para os reactores nucleares da geração IV e, por conseguinte, o financiamento disponível para novas concepções inovadoras não foi tão elevado como se esperava. Um dos problemas importantes é o facto de o financiamento dos reactores da Geração IV não ser suficientemente elevado como se esperava.

Na literatura internacional são propostas muitas publicações sobre os projectos de centrais nucleares da geração IV, mas há uma diferença evidente nos tipos e estruturas da informação e falta uma panorâmica científica geral imparcial. Atualmente, existem muitos projectos de centrais nucleares da geração IV, mas por razões políticas, estratégicas e económicas apenas alguns deles serão considerados.

2. FÓRUM INTERNACIONAL GERAÇÃO IV (GIF)

2.1. O papel essencial da energia nuclear

Para fazer face às alterações climáticas e à poluição atmosférica e reduzir a dependência mundial dos combustíveis fósseis, a energia nuclear terá de desempenhar um papel fulcral, uma vez que é uma das fontes de energia comprovadamente escaláveis e fiáveis com baixas emissões de carbono [17]. A energia nuclear, enquanto fonte de energia sustentável, é fundamentalmente robusta devido à sua elevada densidade energética e às suas vantagens em termos de custos para a saúde e o ambiente relativamente a formas alternativas de produção de energia.

A energia nuclear tem potencial para mudar a forma como a energia é acedida e pode ser utilizada agora e no futuro, para satisfazer a procura crescente de energia por parte de diferentes nações. A energia nuclear poderia constituir uma alternativa eficiente, sustentável, segura e económica, com a certeza de um aprovisionamento a longo prazo e sem impactos ambientais adversos. A energia nuclear é uma fonte vital de energia e um método incrivelmente eficiente de produção de eletricidade que permite baixas emissões de carbono. Muitas das nações do mundo, tanto industrializadas como em desenvolvimento, acreditam que será necessária uma maior utilização da energia nuclear se se quiser alcançar a segurança energética.

Devido à convicção de que a energia nuclear é uma escolha vital, foi desenvolvida uma nova geração de sistemas de reactores nucleares GERAÇÃO IV [GIV] para implantação comercial futura e a curto prazo. Por conseguinte, será necessária uma investigação e desenvolvimento (I&D) significativa sobre os sistemas da próxima geração. Os trabalhos de investigação necessários para desenvolver uma nova geração de sistemas de energia nuclear foram promovidos com o objetivo de melhorar a segurança dos reactores e diminuir os resíduos produzidos. A indústria nuclear poderá beneficiar da nova geração de reactores concebidos para criar centrais nucleares intrinsecamente mais seguras e mais eficientes, que poderão contribuir para o desenvolvimento de uma energia nuclear mais sustentável e poderão também ser utilizadas numa série de aplicações industriais. Há muita esperança de que os reactores da geração IV construam reactores nucleares mais sustentáveis para um futuro a longo prazo [18&19].

Durante mais de uma década, foram desenvolvidos esforços de colaboração internacional para desenvolver uma nova geração de sistemas de energia nuclear que satisfaça as futuras necessidades energéticas mundiais. O objetivo era conceber sistemas de energia da Geração IV que utilizassem o combustível de forma mais eficiente, reduzissem a produção de resíduos, fossem economicamente competitivos e satisfizessem normas rigorosas de segurança e resistência à proliferação [20&21].

Embora a Geração IV seja bastante promissora para o futuro da produção de energia nuclear, terá de ultrapassar problemas políticos, estratégicos e económicos para se tornar parte da infraestrutura de energia nuclear. Um dos problemas importantes é o facto de o financiamento dos reactores da Geração IV não ser suficientemente elevado como se esperava. Isto pode ser atribuído às dificuldades encontradas na transferência da tecnologia de aplicações em desenvolvimento para fora das actuais centrais nucleares 2. Grandes organizações internacionais têm trabalhado para encontrar uma solução para promover a I&D dos reactores da Geração IV 1. A sustentabilidade e a segurança são as duas principais medidas em relação às quais o desenvolvimento de reactores nucleares é avaliado 2. Existe também uma pressão crescente da sociedade para reduzir ao máximo a quantidade de resíduos nucleares de longa duração e para aumentar ainda mais a segurança das centrais nucleares. Para melhorar todos os aspectos da energia nuclear, o Fórum Internacional Geração IV adoptou vários objectivos, nomeadamente a segurança, a fiabilidade, o sistema económico de energia nuclear, a sustentabilidade, a disponibilidade, a resistência à proliferação e a proteção física.

As aplicações da energia nuclear para fins de produção de eletricidade e a utilização generalizada de radioisótopos em diferentes aplicações levantam vários problemas. Os resíduos radioactivos resultantes podem causar problemas imediatos de saúde pública a curto prazo, bem como poluição ambiental a longo prazo.

Os desafios incluem os progressos em matéria de eficiência térmica, a gestão da segurança em caso de acontecimentos raros, a melhoria do ciclo do combustível, a melhoria da competitividade económica e a garantia de que as preocupações com a proliferação de armas nucleares sejam abordadas juntamente com a gestão dos resíduos radioactivos, com plena participação pública e política. Devem também ser seriamente consideradas as questões de desenvolvimento técnico relativas às alterações climáticas, ao crescimento económico, à utilização sustentável e renovável da energia, ao desenvolvimento ótimo dos recursos, à estabilidade política, à segurança internacional e à conservação do ambiente. Os reactores nucleares da Geração IV e outros conceitos/concepções avançados de reactores são supostos oferecer soluções potenciais para muitos dos desafios acima referidos.

Embora a utilização de água leve e pesada para arrefecer o reator seja utilizada na maior parte dos reactores atualmente em funcionamento, muitos projectos de sistemas de reactores nucleares da geração IV procuram evitar a utilização de água como refrigerante para reduzir os riscos em caso de perda de água por fuga ou evaporação.

Os benefícios ambientais da energia nuclear podem expandir-se e mesmo alargar-se a outros produtos energéticos para além da eletricidade e abranger outras novas aplicações, por exemplo, a energia nuclear pode ser utilizada para gerar hidrogénio para utilização na refinação do petróleo e para dessalinizar água em zonas onde a água doce escasseia.

Existem atualmente mais de 400 centrais nucleares (fonte não emissora de gases com efeito de estufa) em funcionamento em todo o mundo, produzindo uma parte significativa da eletricidade mundial. Isto permite uma redução substancial do impacto ambiental da atual produção de eletricidade.

Devido aos graves acontecimentos ocorridos nos últimos 50 anos [por exemplo, Chernobyl (1986), Three Mile Island (1979) e Fukushima (2011)] e uma vez que os resíduos nucleares continuam a ser nocivos durante milhares de anos, é necessária uma investigação aprofundada para diminuir os resíduos produzidos e melhorar a segurança dos reactores. Os acidentes em centrais nucleares sublinharam a importância de conceber sistemas nucleares com os mais elevados níveis de segurança.

As lições aprendidas com estes acidentes serão aplicáveis e beneficiarão os reactores de potência atualmente em funcionamento, bem como os futuros sistemas nucleares e instalações do ciclo de combustível, incluindo novos sistemas nucleares promissores [GIF-Road Map 2014]. Os reguladores nucleares de todo o mundo, bem como as organizações internacionais - principalmente a AIEA e a AEN - estão a trabalhar para retirar ensinamentos dos acidentes nucleares. Estes ensinamentos incidem em muitas questões, por exemplo, a capacidade da central nuclear para responder a fenómenos naturais e antrópicos extremos e suas combinações; a consequente perda de sistemas de segurança associada à perda a longo prazo de fornecimentos eléctricos; o dissipador de calor final; os sistemas de gestão de acidentes graves; a fusão do núcleo; o arrefecimento da piscina de combustível irradiado e a integridade da contenção. O acidente de Fukushima Daiichi, ocorrido em 11 de março de 2011, demonstrou a necessidade de uma remoção fiável do calor residual durante longos períodos, bem como a necessidade de excluir libertações significativas para fora do local em caso de acidente grave.

Para aumentar significativamente a eficiência térmica e melhorar a segurança das actuais centrais nucleares, são desesperadamente necessárias concepções inovadoras completamente diferentes para novos sistemas mais seguros e com menor produção de resíduos radioactivos, a fim de substituir as centrais que se encontram em desuso. Para os sistemas de energia nuclear de quarta geração (Geração IV), há um conjunto de questões adicionais importantes que devem ser estudadas em pormenor. Entre estas questões, contam-se as possibilidades de utilizar refrigerantes que não sejam água, temperaturas de funcionamento mais elevadas, maior densidade de potência do reator e de fornecer energia eléctrica segura em carga de base com emissões negligenciáveis de CO_2 [22].

Os sistemas de reactores da Geração IV serão a tecnologia do futuro para a energia nuclear e cumprirão os objectivos estratégicos de segurança inerente dos reactores e prevenção de acidentes, eliminação de resíduos e não proliferação. Estes sistemas incluem tanto os reactores nucleares como as instalações do seu ciclo de combustível. O objetivo é proporcionar melhorias significativas em termos de economia, segurança, sustentabilidade e resistência à proliferação. Com estes objectivos em mente, cerca de 100 peritos avaliaram 130 conceitos de reactores antes de seleccionarem seis tecnologias de reactores para investigação e desenvolvimento futuros. Os sistemas selecionados para desenvolvimento são Reator rápido arrefecido a gás

(GFR), Reator de temperatura muito elevada (VHTR), Reator rápido arrefecido a sódio (SFR), Reator rápido arrefecido a chumbo (LFR), Reator de sal fundido (MSR) e Reator supercrítico arrefecido a água (SCWR).

A organização European Utilities Requirements (EUR) foi criada em por cinco empresas de serviços públicos europeias e considerou que seria necessária uma especificação mais aberta para abranger uma gama mais vasta de projectos. A EUR abrange uma vasta gama de condições para que uma central nuclear funcione de forma eficiente e segura. Inclui especificações de configuração da central, sistemas, materiais, componentes, metodologia de avaliação probabilística da segurança e avaliação da disponibilidade.

Os reactores da Geração IV (GIV) são um conjunto de projectos de reactores nucleares que estão atualmente a ser estudados para aplicações comerciais pelo Generation IV International Forum GIF.

2.2 Roteiro da tecnologia GIF

No sítio Web *"GIF Portal - Home - Public"*, o Fórum Internacional Geração IV (GIF) é definido como "um esforço internacional de cooperação que foi criado para efetuar a investigação e o desenvolvimento necessários para estabelecer a viabilidade e as capacidades de desempenho dos sistemas de energia nuclear da próxima geração" [23&24].

O Fórum Internacional Geração IV (GIF) foi fundado em julho de 2001 e treze membros assinaram o seu documento fundador. O Roteiro Tecnológico de 2002 foi atualizado em janeiro de 2014. O Acordo-Quadro (FA) foi prorrogado em fevereiro de 2015. Os membros atualmente activos do Fórum Internacional Geração IV (GIF) incluem:

Austrália, Canadá, China, Comunidade Europeia da Energia Atómica (Euratom), França, Japão, Rússia, África do Sul, Coreia do Sul, Suíça e Estados Unidos. Os membros não activos são a Argentina, o Brasil e o Reino Unido[6]. A Suíça aderiu em 2002, a Euratom em 2003 e a China e a Rússia em 2006. Os restantes países (exceto a Austrália) eram membros fundadores[6]. *"GIFMembership". gen-4.org. Recuperado em 28 de outubro de 2014.*
Em 2001, mais de 100 peritos destes países e organizações

internacionais começaram a trabalhar na definição dos objectivos dos novos sistemas, identificando muitos conceitos promissores, avaliando-os e definindo a I&D necessária para os sistemas mais promissores. O Fórum Internacional da Geração IV (GIF) foi fundado para se concentrar nos reactores da geração IV, motivado por uma variedade de objectivos, incluindo (segurança melhorada, sustentabilidade, eficiência, resistência à proliferação e economia [GIF Roadmap 2014].

Em 2001, o GIF aprovou seis conceitos de sistemas nucleares, que fornecerão produtos energéticos a preços acessíveis, abordando simultaneamente de forma satisfatória as questões da segurança nuclear, dos resíduos e da proliferação (Petti, 2014). No final de 2002, o trabalho resultou numa descrição dos seis sistemas mais promissores e das necessidades de I&D que lhes estão associadas. Os seis sistemas caracterizam-se por uma maior segurança, melhor economia na produção de eletricidade, redução dos resíduos nucleares para eliminação, maior resistência à proliferação e novos produtos, como o hidrogénio. ["Technology Roadmap (2002)"].

O sítio Web do Fórum Internacional Geração IV (GIF) abrange os seis sistemas de energia nuclear da Geração IV, organizados de acordo com o tipo de refrigerante do reator. Reactores arrefecidos a hélio: reator de muito alta temperatura (VHTR), reator rápido arrefecido a gás (GFR), reactores arrefecidos a metal: reator rápido arrefecido a sódio (SFR), reator rápido arrefecido a chumbo (LFR), reactores arrefecidos a sal fundido: reator de sal fundido (MSR) e reator arrefecido a água: reator supercrítico arrefecido a água (SCWR).
(https://www.gen4.org/gif/jcms/c_59461/generation-iv-systems).
Note-se que, noutras publicações/sítios Web, a sequência dos conceitos da Geração IV pode ser simplesmente colocada por ordem alfabética (ou seja, GFR, LFR, MSR, SCWR, SFR e VHTR).

(https://www. gen-4. org/gif/j cms/c_9260/public)

O GIF iniciou um roteiro tecnológico para definir e planear o programa de I&D necessário para apoiar e reforçar o futuro papel dos sistemas de energia nuclear da Geração IV. O roteiro representa um esforço internacional concentrado de diferentes países com boa experiência tecnológica no domínio nuclear. Os sistemas de energia nuclear da Geração IV incluem o reator nuclear e os seus sistemas de conversão de energia, bem como as instalações necessárias para todo o ciclo do combustível, desde a extração do minério até à eliminação final dos resíduos. Em 2009, o Grupo de Peritos publicou as *Perspectivas de I&D para a Geração IV,* com o objetivo de fornecer uma visão do que os membros do GIF esperam alcançar coletivamente no período 2010-2014. "Perspectivas de I&D do GIF"

O Roteiro Tecnológico foi preparado por muitos peritos de diferentes países com experiência no desenvolvimento e funcionamento de reactores e instalações nucleares. Estes peritos trouxeram uma ampla perspetiva internacional sobre as necessidades e oportunidades da energia nuclear no século XXI.

Este Roteiro Tecnológico foi atualizado sob a coordenação de uma Task Force específica no âmbito da atividade de Planeamento Estratégico do GIF lançada em (2012) para acelerar o desenvolvimento de algumas tecnologias através da implantação de protótipos ou demonstradores na próxima década. O relatório publicado é o resultado de discussões entre a Task Force, o Grupo de Peritos e os diferentes Comités Diretores de Sistemas. "Atualização do Roteiro Tecnológico (2013)"

De acordo com o roteiro tecnológico atualizado para os sistemas de energia nuclear da Geração IV (janeiro de 2014), qualquer sistema nuclear da Geração IV só será licenciado se cumprir os requisitos rigorosos resumidos nos objectivos de segurança e fiabilidade da Geração IV.

O principal objetivo do Roteiro Tecnológico atualizado é centrar-se nos desenvolvimentos mais relevantes dos seis sistemas da Geração IV selecionados, fornecendo um relatório de alto nível que resume as realizações dos últimos dez anos e define os objectivos de I&D para a próxima década.

Vários países participantes dedicaram recursos significativos ao desenvolvimento do SFR e do VHTR, em grande parte devido ao considerável esforço histórico associado a estas tecnologias

Os sistemas de energia nuclear terão de cumprir os principais objectivos, proporcionando (1) resíduos nucleares geríveis, utilização eficaz do combustível e maiores benefícios ambientais, (2) economia competitiva, (3) desempenho de segurança reconhecido e (4) sistemas de energia nuclear e materiais nucleares seguros. Estes desafios constituem a base para a definição dos objectivos dos sistemas de energia nuclear da próxima geração no presente roteiro.

As oportunidades de avanço dos sistemas da Geração IV dependerão da conquista da confiança do público, que pode ser reforçada através da abertura do processo de desenvolvimento e implantação de sistemas da Geração IV. As conclusões deste roteiro e os planos de I&D que nele se baseiam serão comunicados regularmente ao público e serão oferecidas oportunidades aos grupos de interessados para darem a sua opinião sobre os planos.

Foram desenvolvidos cronogramas e necessidades de investigação para cada sistema, categorizados em três fases sucessivas: a fase de viabilidade, a fase de desempenho e a fase de demonstração.

A fase de viabilidade, em que os conceitos básicos são testados em condições relevantes e em que todos os potenciais obstáculos técnicos são identificados e resolvidos; A fase de desempenho, em que os processos à escala da engenharia, os fenómenos e as capacidades dos materiais são verificados e optimizados em condições prototípicas; A fase de demonstração, em que o projeto pormenorizado está concluído e em que são efectuados o licenciamento, a construção e o funcionamento do sistema, com o objetivo de o levar à fase de implantação comercial.

2.3. Objectivos GIF

Na Carta GIF original, os objectivos-chave para a energia nuclear do futuro e os objectivos tecnológicos difíceis para os sistemas de energia nuclear da Geração IV foram classificados em quatro áreas: sustentabilidade, segurança e fiabilidade, economia e resistência à proliferação e proteção física. Os novos sistemas nucleares podem alcançar vários benefícios a longo prazo que cumprirão os objectivos tecnológicos e ajudarão a energia nuclear a desempenhar um papel essencial a nível mundial no futuro.

O reforço dos laços entre as organizações internacionais visa uma colaboração útil para alcançar os objectivos do GIF e promover a I&D sobre sistemas Gen-IV de forma eficiente e eficaz e será útil para alcançar os objectivos tecnológicos do GIF. Uma cooperação adequada entre diferentes organizações com caraterísticas diferentes criará sinergias e proporcionará um forte apoio para alcançar os objectivos dos sistemas Gen-IV.

2.3.1. Sustentabilidade

A sustentabilidade é a capacidade de satisfazer as necessidades da geração atual, sem comprometer a capacidade das gerações futuras de satisfazerem as suas próprias necessidades e, ao mesmo tempo, aumentando a sua capacidade de satisfazer as necessidades da sociedade indefinidamente no futuro. A sustentabilidade é um dos objectivos definidos na carta do GIF, pressupondo que o reator nuclear da Geração IV produzirá energia de forma sustentável, cumprindo os objectivos de ar limpo, promovendo a disponibilidade a longo prazo de combustível nuclear e a utilização eficaz do combustível para a produção de energia a nível mundial. Outro objetivo da geração iv é a gestão e minimização dos resíduos nucleares, com vista a reduzir significativamente os encargos de gestão a longo prazo.

A utilização da energia nuclear poderia proporcionar múltiplas vantagens em termos de sustentabilidade em comparação com as fontes de energia alternativas disponíveis. Fundamentalmente, a posição competitiva da energia nuclear numa perspetiva de desenvolvimento sustentável é sólida devido à sua densidade energética e aos custos para a saúde e o ambiente.

Os objectivos de sustentabilidade são definidos no roteiro da geração iv, com destaque para a gestão de resíduos e a utilização de recursos. Outros factores normalmente associados à sustentabilidade, como a economia e o ambiente, são considerados separadamente no roteiro tecnológico para sublinhar a sua importância.

Os principais objectivos dos sistemas de energia nuclear da Geração IV são a produção de energia de forma sustentável, promovendo a disponibilidade a longo prazo de combustível nuclear, e a minimização dos resíduos nucleares, reduzindo os encargos de gestão a longo prazo.

Um fator determinante da magnitude e da capacidade de gestão dos fluxos de resíduos é a densidade energética do combustível utilizado para a produção de eletricidade. A densidade energética excecionalmente elevada do urânio significa que é necessária uma quantidade relativamente pequena de combustível por unidade de energia produzida. A utilização de menos combustível reduz a escala das actividades de extração de combustível e os requisitos de transporte - reduzindo, por sua vez, a possibilidade de libertações ambientais não intencionais - e resulta na criação de menos resíduos.

Quase 95% do combustível usado pelos reactores de água leve pode ser reprocessado e reutilizado sob a forma de urânio e de combustível MOX. Utilizando reactores de espetro rápido com ciclos de combustível avançados e reciclagem extensiva, pode ser possível produzir combustível cindível a partir de material fértil, produzindo assim igual ou mais material cindível do que o consumido pelo reator. Isto também reduziria significativamente os depósitos geológicos profundos para a eliminação dos resíduos finais.

A poluição do ar e da água, a gestão dos resíduos, a gestão dos ecossistemas, a proteção dos recursos naturais, a vida selvagem e as espécies ameaçadas de extinção são as principais questões ambientais do desenvolvimento sustentável.

Um aspeto fundamental da sustentabilidade é a gestão cuidadosa dos fluxos de resíduos para evitar danos a curto ou longo prazo para os seres humanos e o ambiente. Todas as tecnologias de produção de energia geram resíduos, mas a quantidade produzida, o risco que representam e os meios de gestão variam muito.

Uma componente importante para atingir o objetivo de sustentabilidade é a existência de um ciclo fechado do combustível nuclear. Este ciclo baseia-se no reprocessamento e na separação do combustível nuclear irradiado e na gestão de cada fração com a melhor estratégia possível.

A sustentabilidade dos sistemas GENIV inclui também o alargamento da energia nuclear a outras áreas energéticas, como os transportes, utilizando o calor do processo nuclear para fabricar outros produtos energéticos, como o hidrogénio.

Os benefícios do cumprimento dos objectivos de sustentabilidade são o prolongamento do fornecimento de combustível nuclear para os séculos futuros, o impacto positivo no ambiente, a redução substancial da quantidade de resíduos, do seu calor de decaimento e dos seus depósitos geológicos de resíduos, a demonstração do desempenho seguro dos depósitos e a redução do tempo de vida e da toxicidade dos resíduos radioactivos residuais

A nível internacional, e especialmente no contexto da recente Cimeira Mundial sobre Desenvolvimento Sustentável, realizada em

Joanesburgo em agosto de 2002, o desenvolvimento sustentável é geralmente analisado sob três pontos de vista: económico, ambiental e social. A Geração IV adoptou uma definição mais restrita de sustentabilidade para equilibrar a ênfase nas várias áreas de objectivos. Para uma discussão mais completa sobre sustentabilidade, ver *NEA News,* No. 19.1, disponível no sítio Web http://www.nea.fr/html/sd/welcome.html.

2.3.2. Segurança e fiabilidade

Apesar da confiança do público na segurança da energia nuclear, este assunto tem de ser seriamente abordado, o que exigirá abordagens de segurança claras e transparentes decorrentes da I&D em sistemas avançados.

As operações seguras e fiáveis são os objectivos finais dos sistemas GENIV, incluindo a melhoria da gestão e atenuação de acidentes, a proteção do investimento, a redução da resposta externa, as caraterísticas e concepções de segurança inerentes e a prevenção da libertação incontrolada de nuclídeos radioactivos do combustível para o ambiente.

Manter e melhorar o funcionamento seguro e fiável é uma prioridade essencial no desenvolvimento dos sistemas da próxima geração. Os objectivos de segurança e fiabilidade consideram, em termos gerais, o funcionamento seguro e fiável, a melhoria da gestão de acidentes e a minimização das consequências, a proteção do investimento e a eliminação da necessidade de resposta a emergências fora do local.

Os princípios de segurança e as operações estão continuamente a ser investigados por vários organismos nacionais e internacionais (Fórum Internacional Gen IV, Associação de Reguladores Nucleares da Europa Ocidental, Agência Internacional da Energia Atómica (AIEA) e Comissão Reguladora Nuclear dos EUA).

A NEA aborda questões científicas e de segurança para conceitos actuais e avançados de sistemas de energia nuclear e ajuda a manter a necessária infraestrutura de I&D através da cooperação internacional.

O Programa de Avaliação de Conceção Multinacional (MDEP) é um fórum importante para discutir novas questões de segurança de reactores e explorar oportunidades de harmonização e convergência para novas práticas regulamentares de reactores.

Para comercializar os sistemas nucleares da geração IV, tornou-se urgente a criação de critérios comuns internacionais de conceção de segurança flexíveis dentro de uma gama aceitável. Para atingir os objectivos de segurança dos sistemas da Geração IV, foi criada *uma Task Force para os Critérios de Conceção da Segurança (SDC)*. O grupo de trabalho "Critérios de conceção de segurança (SDC)" foi criada em maio de 2011, sob os auspícios do GIF Policy Group. O desenvolvimento das "Diretrizes de Conceção de Segurança (SDGs)" para aplicação dos SDC do SFR teve início em 2013.

Em 2011, o RSWG publicou o segundo relatório intitulado "An Integrated Safety Assessment Methodology (ISAM)" para os sistemas nucleares da Geração IV [25].

Manter e melhorar o funcionamento seguro e fiável é uma prioridade essencial no desenvolvimento dos sistemas da próxima geração. Os objectivos de segurança e fiabilidade consideram, em termos gerais, o funcionamento seguro e fiável, a melhoria da gestão de acidentes e a minimização das consequências, a proteção do investimento e a redução da necessidade de resposta de emergência fora do local. Para aumentar a segurança e a fiabilidade, temos de recorrer cada vez mais a caraterísticas de segurança inerentes, a concepções robustas e a caraterísticas de segurança transparentes que possam ser compreendidas por não especialistas. Para cumprir os requisitos de segurança e fiabilidade, as operações dos sistemas de energia nuclear da Geração IV devem ter uma probabilidade e um grau muito baixos de danos no núcleo do reator e eliminar a necessidade de resposta de emergência fora do local.
Olhando para o futuro, os benefícios do cumprimento destes objectivos de segurança e fiabilidade incluem Aumentar a utilização de caraterísticas de segurança inerentes, projectos robustos e caraterísticas de segurança transparentes que possam ser compreendidas por não especialistas e aumentar a confiança do público na segurança da energia nuclear.

O principal objetivo de segurança para os sistemas de reactores da Geração IV é proporcionar um grau muito baixo de danos no núcleo do reator e permitir a remoção do calor do núcleo em todas as circunstâncias. É salientada a necessidade crítica de uma remoção indefinida do calor para um dissipador de calor definitivo. É dada especial ênfase à prevenção de danos no núcleo, dado o potencial significativo de perturbação social e de perda de investimentos devido a acidentes. O papel da defesa em profundidade, a falha de barreiras múltiplas e a esmagadora contribuição humana para acidentes reais são questões importantes a ter em conta se se pretender abordar a segurança e a fiabilidade. As questões relativas ao conceito de "eliminação prática" de certos acidentes para determinados reactores avançados (RA) foram também objeto de intensas observações.

A prevenção da libertação descontrolada de nuclídeos radioactivos do combustível para o ambiente representa um dos principais objectivos da segurança e fiabilidade nucleares. Para atingir este objetivo, foram concebidas várias barreiras de engenharia, incluindo a matriz de combustível e o revestimento (ou bainha) de combustível. A integridade mecânica destas duas barreiras deve ser mantida em condições normais, transitórias e de acidente. Por conseguinte, nem o combustível nem o revestimento devem atingir a sua temperatura de fusão. Para cumprir este requisito, foram estabelecidas margens de segurança para salvaguardar a integridade mecânica do combustível e do revestimento.

Para validar modelos e códigos que serão aplicados à análise da segurança e fiabilidade das centrais eléctricas da Geração IV, estão a ser utilizados dados experimentais de escoamentos simples idealizados e de sistemas complexos mais realistas. A estabilidade de escoamentos em canais e malhas de circulação natural, especialmente no que se refere a sistemas movidos a reactores nucleares, e um sistema de equações de modelo para malhas de circulação natural acopladas são intensamente discutidos.

Além disso, foram efectuadas experiências e estudos analíticos sobre o desempenho dos combustíveis, a fim de fornecer medidas quantificáveis para garantir o funcionamento dentro dos limites operacionais. As propriedades termofísicas, mecânicas e de irradiação dos combustíveis nucleares são importantes para estes estudos analíticos

As ligações entre as técnicas de avaliação de riscos probabilísticas e determinísticas e o papel da resposta de emergência foram intensamente estudadas e comparadas como parte das responsabilidades do projetista/operador.

Para facilitar a comparação e a análise, a multiplicidade de projectos e conceitos é classificada de acordo com o seu meio de arrefecimento (água, gás e outros líquidos). É dada especial atenção ao tratamento e gestão de eventos raros e extremos, incluindo os mais recentes objectivos, critérios e análises de licenciamento da Geração IV (Gen IV).

Em 2014, foram realizados progressos importantes em termos de orientações de conceção de segurança para os reactores da Geração IV. Foi estabelecida uma norma de segurança, começando pelos Fundamentos de Segurança, passando pelos Critérios e Diretrizes de Conceção de Segurança e terminando nos Códigos e Normas Técnicas.

2.3.3. Resistência à Proliferação e Proteção Física (PRPP)

Um dos principais objectivos dos sistemas de energia nuclear da Geração IV é a resistência à proliferação e a proteção física. A GIF deve explicar e assegurar, apresentando os argumentos ou provas científicas necessários, que os sistemas de energia nuclear da Geração IV e as suas instalações são uma via muito pouco atractiva e a menos desejável para o desvio ou roubo de materiais utilizáveis em armas. A abordagem da Resistência à Proliferação garantirá que os sistemas de energia nuclear da Geração IV considerem e forneçam métodos de proteção física reforçados para controlar e proteger os materiais nucleares e as instalações nucleares contra actos terroristas não intencionais e intencionais.

Os sistemas de segurança nacional devem proteger eficazmente os materiais cindíveis utilizados pelos programas de energia nuclear civil. As centrais da atual geração têm concepções robustas e precauções adicionais contra actos de terrorismo. É desejável, desde o início, que os futuros ciclos de combustível nuclear e as salvaguardas dos materiais nucleares concebam um grau de resistência ainda mais elevado para a proteção dos materiais nucleares. Os futuros sistemas de energia nuclear devem prever uma melhor proteção física contra as ameaças do terrorismo e a vulnerabilidade das centrais nucleares a ataques terroristas.

O Fórum Internacional Geração IV (GIF) publicou um roteiro que define a investigação e o desenvolvimento necessários para seis das mais promissoras concepções de reactores do futuro. Nos próximos anos, cada Estado membro do GIF concentrará os seus esforços na conceção ou concepções de reactores que melhor satisfaçam as suas necessidades energéticas futuras e garantam a resistência à proliferação e a proteção física. O combustível nuclear deve gerar e utilizar o calor da cisão durante longos períodos de tempo, de forma segura e económica, tendo devidamente em conta as preocupações com a não-proliferação de armas nucleares, mantendo-as como uma via de desvio de materiais pouco atractiva, e uma proteção física reforçada contra o terrorismo.

O Tratado de Não Proliferação (TNP), que abrange as obrigações e responsabilidades em matéria de armas e combustíveis, representa uma das múltiplas barreiras internacionais importantes para atingir o objetivo da não proliferação e foi desenvolvido para impor limites ao grau de enriquecimento necessário e/ou permitido para utilização comercial, bem como regimes de inspeção e comércio, a fim de ajudar a garantir a responsabilização de todos os materiais nucleares e atrasar o desenvolvimento de armas nucleares. O objetivo era criar barreiras mecânicas e políticas ao desenvolvimento de armas utilizando "salvaguardas" extrínsecas e caraterísticas "intrínsecas" dos combustíveis e dos ciclos de combustível.

O TNP discute as medidas que devem ser adoptadas para tornar pequena a probabilidade e difíceis, se não mesmo impossíveis, os processos de desvio, fabrico ou utilização de materiais para fins de armamento, quer aberta quer clandestinamente, por actores subnacionais ou grupos terroristas. A ideia é tornar difíceis ou mesmo impossíveis as possíveis implicações dos materiais do ciclo do combustível nuclear para o terrorismo mundial [26].

Grupo de Trabalho sobre Resistência à Proliferação e Proteção Física (PRPPWG)

O GIF desenvolveu projectos novos e inovadores para sistemas de energia nuclear. A abordagem metodológica PR&PP será essencial para permitir salvaguardas desde a conceção e incorporar nestes novos projectos princípios de boa conceção para a resistência à proliferação e a proteção física.

Globalmente, a metodologia permitiria a avaliação comparativa do desempenho de diferentes sistemas (ou opções para um determinado sistema) em relação aos objectivos do GIF PR&PP.

Uma salvaguarda robusta é essencial para as caraterísticas de PR&PP de todos os projectos GIF emergentes e ajuda os criadores de sistemas GIF a introduzir conceitos de PR&PP no seu trabalho de conceção. O Grupo de Trabalho para a Resistência à Proliferação e Proteção Física (PRPPWG) foi criado no final de 2002 para a formulação e avaliação dos critérios e indicadores de PR&PP. O PRPPWG foi encarregado de desenvolver uma metodologia para a avaliação sistemática dos sistemas energéticos da Geração IV no que respeita à resistência à proliferação e à proteção física.

O Grupo de Trabalho sobre Riscos e Segurança (RSWG) foi criado em 2008 e publicou as bases da abordagem de segurança para a conceção e avaliação de sistemas de energia nuclear.

O grupo de trabalho sobre metodologia propôs um modelo que tentaria captar as caraterísticas gerais das diferentes concepções da Geração iv, expressando a sua robustez em relação às caraterísticas da PR&PP. [Objectivos decenais para os grupos de trabalho de metodologia 58 atualização do roteiro tecnológico para os sistemas de energia nuclear da Geração iv (janeiro de 2014)].

Para promover e aplicar o conceito de salvaguardas desde a conceção (SBD) no processo de conceção de instalações nucleares, a AIEA e a Euratom estão a realizar programas nacionais e internacionais, em curso e planeados. A AIEA está a desenvolver esforços no domínio da segurança desde a conceção (SBD) e emitiu orientações gerais em 2013. Está prevista a publicação de documentos de orientação específicos para cada instalação. A AIEA tem também em curso o programa PROSA, que será relevante para a SBD e a metodologia PR&PP.

A medida (ou medidas) para exprimir a resistência à proliferação e a proteção física será determinada pelo grupo de trabalho que desenvolverá uma abordagem de avaliação que seja abrangente e quantitativa, na medida do possível. O trabalho do GPPRPD tem estado claramente ligado às salvaguardas e à proteção física.

Em 2002, o Roteiro Tecnológico indicava que cada conceção de GIF apoiaria a I&D sobre, nomeadamente, os materiais utilizados, as potenciais vulnerabilidades, as barreiras de proteção, as abordagens de salvaguarda, a potencial utilização indevida, a proteção dos materiais e o controlo e contabilização de cada fase do ciclo do combustível. Em 2004, o PRPPWG desenvolveu uma metodologia para a avaliação de todos os sistemas GIF. [Um resumo do trabalho do PRPPWG ao longo da última década consta de uma edição especial sobre PR&PP da revista Nuclear Technology da ANS, Volume 179, publicada em julho de 2012].

Promover uma abordagem harmonizada das questões de segurança, risco e regulamentação no desenvolvimento de sistemas da Geração IV é o principal objetivo do Grupo de Trabalho sobre Riscos e Segurança (RSWG). O trabalho inicial do RSWG centrou-se em grande parte na identificação de objectivos de segurança de alto nível, na articulação de uma filosofia de segurança coesa e na discussão de princípios, atributos e caraterísticas de conceção que podem ajudar a garantir a segurança ideal dos sistemas da Geração IV.

O RSWG sugeriu alguns dos atributos e caraterísticas relacionados com a segurança que deveriam refletir-se nos sistemas nucleares da Geração IV, por exemplo, uma filosofia de segurança coesa e não prescritiva aplicável a todos os sistemas da Geração IV; objectivos e formas de satisfazer as potenciais melhorias de segurança e princípios básicos para uma abordagem aplicável à conceção e avaliação de sistemas inovadores, incluindo as formas de avaliar a adequação da aplicação do princípio da defesa em profundidade e, especialmente, de abordar o tratamento de condições graves nas centrais;

Em 2011, o RSWG publicou o segundo relatório intitulado "An Integrated Safety Assessment Methodology (ISAM)" para os sistemas nucleares da Geração IV.

2.3.4. Desempenho económico

Os sistemas de energia nuclear da Geração IV terão uma clara vantagem em termos de custos do ciclo de vida em relação a outras fontes de energia e um nível de risco financeiro comparável ao de outros projectos energéticos.

Os objectivos económicos consideram amplamente os custos competitivos e os riscos financeiros dos sistemas de energia nuclear e centram-se na redução dos custos de funcionamento e de capital através de uma maior eficiência, da simplificação da conceção, de avanços nas técnicas de fabrico e construção e de uma possível normalização e modularização [27].

Os benefícios do cumprimento dos objectivos económicos incluem a obtenção de custos económicos do ciclo de vida e da produção de energia, a redução do risco económico e a possibilidade de produção distribuída de hidrogénio, água doce e aquecimento urbano.

• Atingir custos económicos de produção de energia e de ciclo de vida através de vários avanços inovadores na eficiência das instalações e do ciclo de combustível, simplificações de conceção e dimensões das instalações

• Reduzir o risco económico dos projectos nucleares através do desenvolvimento de centrais construídas com técnicas inovadoras de fabrico e construção e, eventualmente, com concepções modulares

• Permitir a produção distribuída de hidrogénio, água potável, aquecimento urbano e outros produtos energéticos, para que sejam produzidos onde são necessários.

Os custos do sistema dependem de numerosos factores, pelo que são difíceis de avaliar. As caraterísticas do sistema em questão, o período de tempo considerado, a localização e a produção de eletricidade são alguns dos parâmetros que desempenham um papel importante na determinação dos custos do sistema. As externalidades negativas relacionadas com a produção de eletricidade, nomeadamente as emissões de gases com efeito de estufa e outros poluentes, representam um custo social que pode ter impacto na acessibilidade real das diferentes opções de fornecimento de eletricidade. O nível socialmente ótimo de externalidades (em relação à produção) é imperativo para que os custos relativos das diferentes opções de fornecimento incluam uma estimativa razoável dos seus impactos nas emissões e no clima.

As orientações para a estimativa dos custos fornecem um conjunto uniforme de pressupostos e um código uniforme de contabilidade para o desenvolvimento de estimativas de custos de sistemas avançados de energia nuclear. Foi intensamente discutido o desenvolvimento de todos os custos relevantes do ciclo de vida dos sistemas da Geração IV, incluindo as fases de planeamento, investigação, desenvolvimento, demonstração (incluindo protótipo), implantação e comercialização. As caraterísticas da Geração IV são menos conhecidas do que as das centrais nucleares anteriores, pelo que necessitam de um modelo económico integrado único para a sua avaliação económica, a fim de comparar várias tecnologias da Geração IV e encontrar os rácios óptimos de implantação. [Atualização do roteiro tecnológico para os sistemas de energia nuclear da Geração IV - janeiro de 2014]

A fim de desenvolver uma metodologia para avaliar os sistemas nucleares inovadores em função dos objectivos económicos do GIF, foi criado o Grupo de Trabalho de Modelização Económica (EMWG), que devem ter uma vantagem em termos de custos do ciclo de vida em relação a outras fontes de energia (ou seja, ter um custo unitário de energia mais baixo ao longo do seu ciclo de vida) e ter um nível de risco financeiro comparável ao de outros projectos energéticos (ou seja, envolver um investimento de capital total e um capital em risco semelhantes). O EMWG continuará a acompanhar os progressos das análises económicas dos sistemas da Geração IV e a aperfeiçoar a metodologia coerente com estas concepções e lançará uma nova versão do código de estimativa de custos G4ECONS com capacidades avançadas. O EMWG desenvolveu uma metodologia que foi validada através de cálculos de amostragem para os sistemas da Geração III e da Geração IV. É necessária uma I&D significativa para reduzir os custos de capital e os prazos de construção de novas centrais.

[Um CD com a metodologia completa está disponível na OCDE/NEA (disponível em www.gen-4.org/gif/jcms/c_9509/tools)].

Os objectivos finais das unidades VHTR comerciais são: [28]

- Gerar energia eléctrica a um custo inferior a 1,5 cêntimos/kW-hr
- Produzir hidrogénio a um custo inferior a 1,50 dólares por galão de gasolina equivalente
- Custo de construção entre $500-$1000/kW

3. TECNOLOGIAS DOS REACTORES DA GERAÇÃO IV (SISTEMAS SELECCIONADOS)

As concepções dos reactores nucleares são geralmente classificadas por "geração", ou seja, Geração I, II, III, III+ e IV. As diferenças essenciais entre as várias gerações de reactores dependem principalmente do desenvolvimento e da implantação dos reactores nucleares. Verfondern [29], referindo-se às três gerações (I, II, III) de centrais nucleares, constata que: "Como qualquer outra tecnologia estabelecida, a energia nuclear passou por diferentes níveis de desenvolvimento.... A primeira geração de reactores nucleares das décadas de 1950 e 1960 caracterizou-se por uma tecnologia relativamente simples e barata para uma rápida realização da produção de eletricidade. A segunda geração é formada pelas centrais construídas entre os anos 1970 e o início dos anos 1990. A implantação de reactores nucleares avançou rapidamente nesse período. Tal como para os reactores da primeira geração, o funcionamento era basicamente num ciclo aberto de combustível, com o urânio queimado uma vez e depois eliminado. Mas intensificaram-se as actividades de reprocessamento do combustível nuclear através da extração do material físsil, do Pu gerado e do U ainda não queimado, utilizando uma mistura de óxidos de Pu e U para formar combustível MOX para centrais nucleares, uma forma de fechar o ciclo do combustível. "Até hoje, a maioria das centrais nucleares é do tipo LWR, quer se trate de reactores de água pressurizada ou de reactores de água em ebulição. Os reactores de água leve continuarão certamente a dominar nas próximas décadas. Os novos reactores nucleares que estão prontos para o mercado atual pertencem à terceira geração. Caracterizam-se por uma conceção mais simples, com um nível mais elevado de sistemas de segurança passivos (inerentes) baseados nos princípios físicos da gravitação, circulação natural, evaporação e condensação, em vez de componentes activos. São introduzidas melhorias na tecnologia do combustível, que permitem maiores níveis de combustão para reduzir as quantidades de combustível e de resíduos". Estes sistemas incluem abordagens evolutivas e inovadoras (ver Ref. [29] para mais informações).

Para tomar a decisão científica correta e fazer escolhas sensatas em relação ao futuro da energia nuclear, precisamos de uma panorâmica da evolução da tecnologia dos reactores nucleares e de um melhor conhecimento das caraterísticas de segurança, sustentabilidade, economia, salvaguardas e proteção das centrais nucleares existentes e das novas concepções. Compreender as potenciais vantagens e desvantagens dos sistemas de energia nuclear é fundamental para os decisores que enfrentam os desafios energéticos nacionais.

Os reactores da Geração IV são a tecnologia a longo prazo para a energia nuclear com custos de ciclo de vida competitivos com outras tecnologias inovadoras. Inicialmente, foram considerados muitos tipos de reactores, mas a lista foi reduzida para se centrar nas tecnologias mais promissoras e naquelas que mais provavelmente poderiam cumprir os objectivos da iniciativa do Fórum Internacional da Geração IV (GIF).

Em 2002, o GIF selecionou seis sistemas de entre quase 100 conceitos como tecnologias da Geração IV, contendo reactores térmicos e reactores rápidos. Os reactores rápidos oferecem a possibilidade de queimar actinídeos para reduzir ainda mais os resíduos, potencialmente fornecendo calor de processo de alta qualidade para a produção de hidrogénio e de serem capazes de "produzir mais combustível" do que consomem. Estes sistemas oferecem avanços significativos em termos de sustentabilidade, segurança e fiabilidade, economia, resistência à proliferação e proteção física. Os esforços de I&D concentram-se principalmente no material, nos permutadores de calor, na unidade de conversão de energia e nos materiais combustíveis. A segurança, a sustentabilidade e a economia de hidrogénio são os principais factores que promovem o desenvolvimento dos reactores da Geração IV.

A relação custo-eficácia, a segurança, as caraterísticas de segurança e de não-proliferação, a adequação à rede, o roteiro de comercialização (incluindo a capacidade de construção e de licenciamento) e a gestão do ciclo do combustível são factores que influenciam o desenvolvimento e a implantação de reactores nucleares, como afirmam Goldberg e Robert Rosner. Estes autores descrevem também a evolução das gerações de reactores nucleares e descrevem as propostas actuais e futuras de reactores [30].

A análise dos conceitos de reactores existentes centra-se em seis atributos-chave dos reactores:

i. **Relação custo-eficácia**. A energia de origem fóssil, sem controlos de carbono, estabelece o preço de mercado hoje e provavelmente continuará a fazê-lo na próxima década. Devemos adotar políticas ou iniciativas que possam tornar a energia nuclear mais competitiva em relação aos preços actuais dos combustíveis fósseis e melhorar as perspectivas de financiamento das centrais nucleares. Do ponto de vista do cliente, um quilowatt-hora nuclear deve ser economicamente competitivo. O custo do ciclo de vida é um dos elementos mais controversos na discussão das tecnologias energéticas economicamente competitivas.

ii. Segurança. Várias novas concepções de sistemas de energia nuclear estão a incorporar caraterísticas de conceção passiva para garantir o funcionamento seguro dos reactores nucleares, em comparação com os sistemas de segurança ativa que exigem a intervenção de agentes humanos. Tal deve-se a uma série de razões técnicas e de política pública, incluindo a redução quantitativa dos riscos. Devem ser propostas novas medidas de segurança específicas para os novos reactores e garantir a manutenção das medidas actuais.

iii. Segurança e não-proliferação. Os sistemas de energia nuclear devem minimizar os riscos de roubo nuclear e de terrorismo. Os novos projectos devem também minimizar os riscos de proliferação de armas nucleares patrocinadas pelo Estado. As preocupações com as tecnologias de dupla utilização (ou seja, tecnologias que foram originalmente desenvolvidas para fins militares ou outros e que agora são utilizadas comercialmente) estão a aumentar esta ameaça. Um dos principais objectivos das novas concepções é atenuar estes riscos.

iv. Adequação à rede. A energia eléctrica produzida por um reator proposto e fornecida à rede deve corresponder às capacidades da rede eléctrica local e nacional. A adequação à rede é determinada por uma combinação da capacidade nominal e das externalidades definidas pela rede eléctrica existente. A capacidade da rede eléctrica tem impacto nos requisitos financeiros, na viabilidade económica a longo prazo e na disponibilidade de um reator.

v. Roteiro de comercialização. A substituição súbita e disruptiva de uma fonte de energia de base por uma fonte alternativa é economicamente inviável. Os investidores dificilmente aceitarão uma mudança radical e raramente estarão dispostos a suportar os custos de capital associados à implantação de tecnologias alternativas na arquitetura da rede existente. Para uma preparação a curto prazo, especialmente nas potências tecnológicas emergentes, apenas as tecnologias que já foram testadas podem ser facilmente aceites. É provável que se considere um investimento de capital de vários milhares de milhões de dólares para as centrais de maior dimensão existentes no mercado ou para as que estão próximas da demonstração comercial. Um calendário plausível para a implantação é importante para os roteiros de comercialização. As práticas de construção modular agilizarão a comercialização de reactores nucleares e reduzirão os custos de um dia para o outro.

vi. O ciclo do combustível. O ciclo de combustível do reator é um elemento crítico na determinação dos níveis de risco para a segurança e salvaguardas nucleares. A medida em que um reator nuclear exige o reabastecimento contínuo com combustível novo enriquecido é também um fator crítico na determinação do risco. Um fator relacionado é a extensão e a forma como o fornecimento de combustível (especialmente o seu enriquecimento e fabrico) é internacionalizado. As caraterísticas de conceção dos reactores, como a elevada utilização de combustível, a maior queima de combustível e a conceção de núcleos selados de longa duração, poderiam reduzir significativamente esses problemas. Os futuros sistemas de reactores devem minimizar a quantidade e a toxicidade dos resíduos nucleares e enfrentar os desafios colocados pelo armazenamento a longo prazo e a eliminação final do combustível usado. A utilização de cilindros de aço para armazenamento em cascos secos, que é uma abordagem comprovadamente segura para o armazenamento de resíduos, proporcionará uma janela de oportunidade de 60 a 80 anos para a realização de um programa inovador de investigação e desenvolvimento de um sistema avançado de ciclo de combustível[31]. Os projectos de reactores da geração IV[40] são apresentados no quadro (1) e ilustrados na figura (1).

QUADRO (1) Resumo dos projectos de reactores da geração IV
"Perspectivas de I&D do GIF para os sistemas de energia nuclear da Geração IV" (PDF). 21 de agosto de 2009. Recuperado em 30 de agosto de 2018

System	Neutron Spectrum	Coolant	Temperature (°C)	Fuel Cycle	Size (MW)	Example developers
VHTR	Thermal	Helium	900–1000	Open	250–300	JAEA (HTTR), Tsinghua University (HTR-10), X-energy[41]
SFR	Fast	Sodium	550	Closed	30–150, 300–1500, 1000–2000	TerraPower (TWR), Toshiba (4S). GE Hitachi Nuclear Energy (PRISM), OKBM Afrikantov (BN-1200)
SCWR	Thermal or fast	Water	510–625	Open or closed	300–700, 1000–1500	
GFR	Fast	Helium	850	Closed	1200	Energy Multiplier Module
LFR	Fast	Lead	480–800	Closed	20–180, 300–1200, 600–1000	
MSR	Fast or thermal	Fluoride or chloride salts	700–800	Closed	250, 1000	Seaborg Technologies, TerraPower, Moltex Energy, Flibe Energy (LFTR), Transatomic Power, Thorium Tech Solution (FUJI MSR), Terrestrial Energy(IMSR), Southern Company[41]
DFR	Fast	Lead	1000	Closed	500–1500	Institute for Solid-State Nuclear Physics[42]

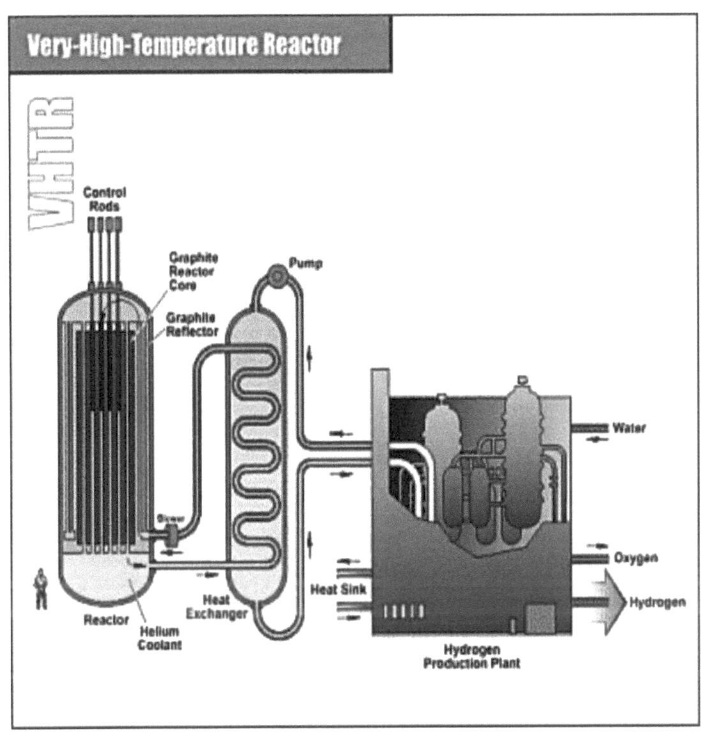
Very-High-Temperature Reactor
VHTR
Control Rods
Graphite Reactor Core
Graphite Reflector
Pump
Reactor
Helium Coolant
Heat Exchanger
Heat Sink
Water
Oxygen
Hydrogen
Hydrogen Production Plant

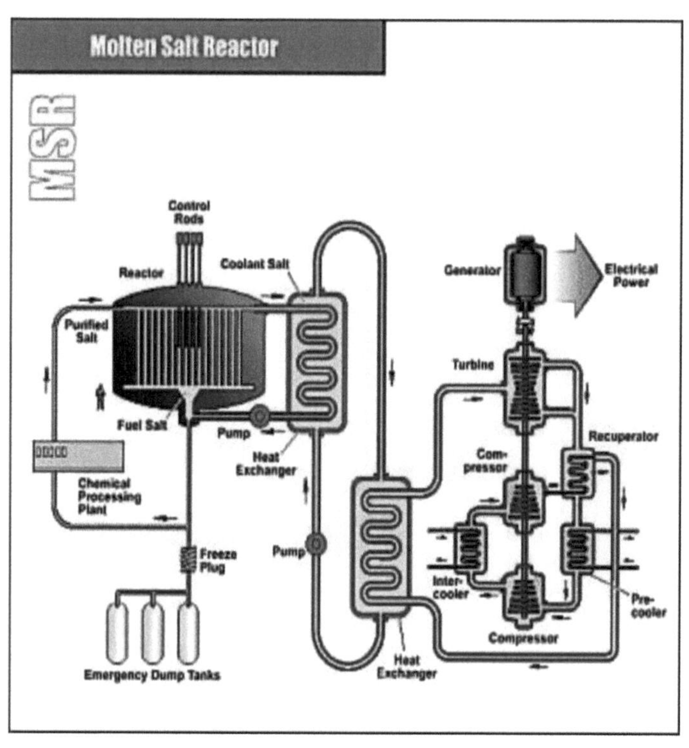

Molten Salt Reactor
MSR
Control Rods
Reactor
Coolant Salt
Generator
Electrical Power
Purified Salt
Turbine
Fuel Salt
Pump
Recuperator
Heat Exchanger
Com-pressor
Chemical Processing Plant
Freeze Plug
Pump
Inter-cooler
Pre-cooler
Emergency Dump Tanks
Heat Exchanger
Compressor

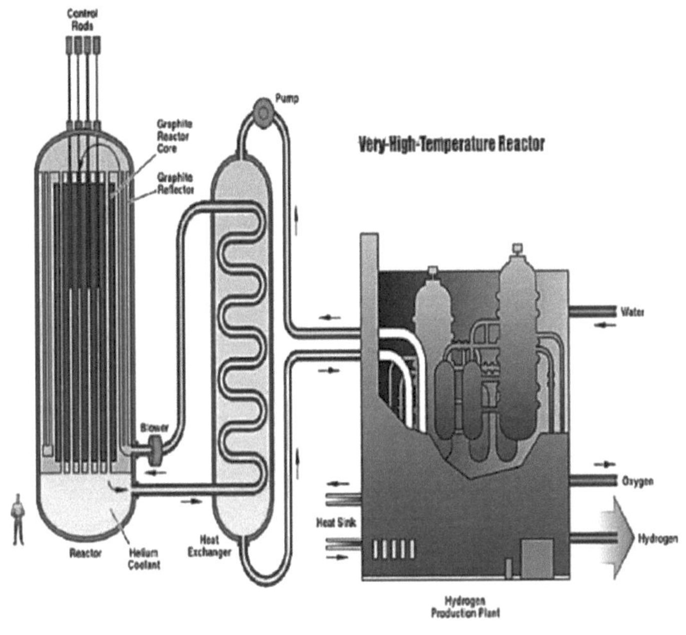

Control
Rods
Graphite
Reactor
Core
Graphite
Reflector
Pump
Very-High-Temperature Reactor
Water
Blower
Oxygen
Heat Sink
Hydrogen
Reactor
Helium
Coolant
Heat
Exchanger
Hydrogen
Production Plant

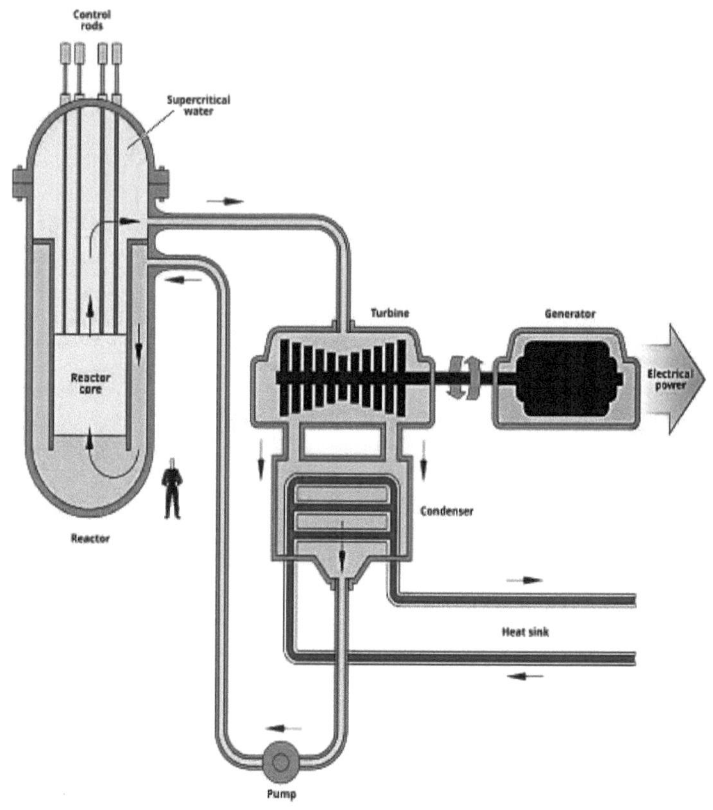

Control rods
Supercritical water
Reactor core
Reactor
Turbine
Generator
Electrical power
Condenser
Heat sink
Pump

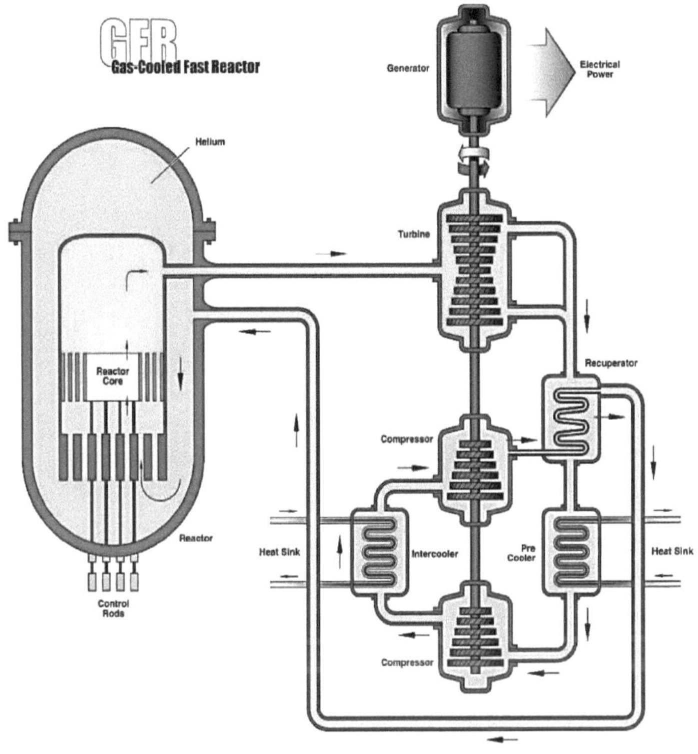

GFR
Gas-Cooled Fast Reactor
Generator
Electrical Power
Helium
Turbine
Recuperator
Reactor Core
Compressor
Reactor
Heat Sink
Intercooler
Pre Cooler
Heat Sink
Control Rods
Compressor

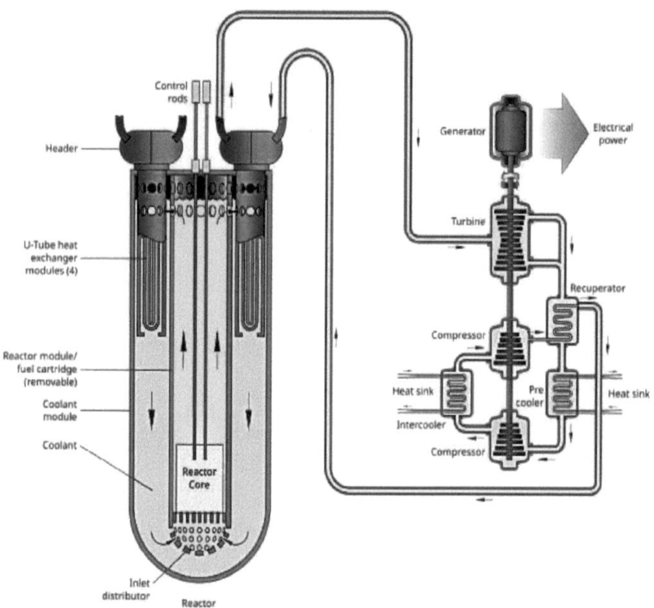

Figura (1) Conceitos de reactores da Geração IV (Ref. 32)

Fórum Internacional Geração IV. GIF-002-00.
Um roteiro tecnológico para os sistemas de energia nuclear da Geração IV.

No presente estudo, as sequências dos conceitos da Geração IV são apresentadas de acordo com Pioro et al. [32] e dependem do tipo de refrigerante do reator: reator refrigerado a hélio, VHTR e GFR; refrigerado a metal líquido, SFR e LFR; refrigerado a sal fundido, MSR; e refrigerado a água supercrítica, SCWR. A sequência dos conceitos da Geração IV pode ser diferente; por exemplo, no sítio Web do GIF estes conceitos são frequentemente colocados por ordem alfabética (ou seja, GFR, LFR, MSR, SCWR, SFR e VHTR). (https://www.gen-4.org/gif/jcms/c_59461/generation-iv-systems)

A. REACTORES ARREFECIDOS A GÁS

Existem muitos tipos de reactores arrefecidos por gás, mas os termos

GCR (reator arrefecido por gás) são particularmente utilizados para designar o reator arrefecido por gás (GCR), que é um reator nuclear que utiliza grafite como moderador de neutrões, urânio natural como combustível e dióxido de carbono como refrigerante.

TIPOS DE REACTORES ARREFECIDOS A GÁS

- (Wikipédia, 6 de junho de 2021):

* Reator arrefecido a gás (moderado a grafite, arrefecido a CO_2)

o Magnox (projeto britânico, 28 construídos, 1956-2015)

   o Reator UNGG (projeto francês, 10 construídos, 1956-1994)

   o Reator avançado arrefecido a gás (sucessor do Magnox, 15 construídos, 1962-hoje)

* Reator arrefecido a gás de água pesada (moderado a água pesada, arrefecido a CO_2)

   o Central nuclear de Brennilis (1967-1985) o KS 150 (1972-1979)

* Reator de alta e muito alta temperatura (moderado a grafite, arrefecido a He)

   o Reator de blocos prismáticos

      ■ Reator Dragão (1964-1975)
      ■ Central atómica de Peach Bottom (1967-1974)
      ■ Central eléctrica de Fort Saint Vrain (1979-1989)
      ■ Reator de ensaio de engenharia a alta temperatura (1999-hoje)
      ■ Reator Modular de Hélio com Turbina a Gás (projeto da General Atomics)
      ■ Reator de ciclo de vapor com arrefecimento a gás de alta temperatura (projeto SMR da Areva)

   o Reator de leito de seixos

- Reator AVR (1966-1988)
  - THTR-300 (1983-1989)
  - HTR-10 (2003-hoje)
  - HTR-PM (em construção)
  - Reator modular de leito de seixos (conceção)

- Reator rápido arrefecido a gás (sem moderador, arrefecido a He)
  - Módulo multiplicador de energia (projeto da General Atomics).

O reator de muito alta temperatura (VHTR), ou reator de alta temperatura arrefecido a gás (HTGR) e o reator rápido arrefecido a gás são conceitos de reactores da Geração IV, ambos com algumas caraterísticas comuns, por exemplo, a utilização de partículas de combustível com revestimento triplo isotrópico (TRISO, CFP), gás hélio como refrigerante e a aplicação da produção a alta temperatura para aplicações industriais e produção de hidrogénio nuclear. A tecnologia do VHTR e do reator rápido arrefecido a gás visa aumentar a temperatura de saída do refrigerante. O aumento da temperatura permite uma produção eléctrica mais eficiente e melhores condições térmicas para aplicações de calor de processo.

Segue-se uma breve discussão destas caraterísticas comuns antes de abordar em pormenor tanto o VHTR como o GCFR. [33]

MATERIAL DE COMBUSTÍVEL

As ligas metálicas são os materiais de revestimento tradicionalmente considerados para os combustíveis nucleares [M] (Waltar et al., 2012; Meyer etal., 2006; Ryu e Sekimoto, 2000; Dumaz et al., 2007). As elevadas temperaturas de saída dos VHTR e GFR eliminam a possibilidade de utilizar ligas à base de aço como materiais de revestimento. As formas de combustível resistentes ao calor constituem a questão-chave para a viabilidade e o desempenho dos reactores a muito alta temperatura (VHTR) e dos reactores rápidos arrefecidos a gás (GFR). Os materiais cerâmicos e refractários são os materiais do núcleo mais viáveis para os VHTR e os GFR. As cerâmicas, em especial os materiais compósitos de carboneto de silício, são considerados entre os mais convenientes para o componente do núcleo como potenciais opções de revestimento para combustíveis de reactores a alta temperatura, partindo do princípio de que podem ser obtidas caraterísticas de desempenho suficientes para aplicações no núcleo. O avanço crucial foi a ideia de combinar a estrutura do combustível, o confinamento e o moderador de neutrões numa esfera pequena e forte. As formas artificiais de carboneto de silício e de carbono pirolítico eram bastante resistentes, mesmo a altas temperaturas, o que permitiu a concretização deste conceito. [34-36]

As partículas de combustível revestidas triplamente isotrópicas (TRISO CFP) para o VHTR e o GFR foram propostas para os elementos de combustível. A primeira sugestão para este tipo de combustível de reator veio em 1947 do Prof. Dr. Farrington Daniels em Oak Ridge, que também criou o nome "reator de leito de seixos".[15] O conceito de um reator muito simples e muito seguro, com um combustível nuclear comoditizado, foi desenvolvido pelo Professor Dr. Rudolf Schulten na década de 1950

Nos anos 60, os Estados Unidos e o Reino Unido desenvolveram o combustível TRISO utilizando combustível de dióxido de urânio [Ver em: Publisher,]. Em 2002, o Departamento de Energia (DOE) melhorou o combustível TRISO utilizando núcleos de combustível de oxicarbureto de urânio para continuar a desenvolver reactores avançados a gás de alta temperatura. Este desenvolvimento melhorará o desempenho da irradiação do combustível TRISO e aperfeiçoará os seus métodos de fabrico. Em 2009, o combustível TRISO melhorado atingiu uma queima máxima de 19% durante um teste de três anos no Laboratório Nacional de Idaho (INL). Este valor é quase três vezes superior ao que os actuais combustíveis de água leve conseguem atingir, demonstrando a sua capacidade de longa duração. O combustível irradiado foi então exposto a mais de 300 horas de testes a temperaturas de até 1800° Celsius (mais de 3.000° Fahrenheit). Estes testes excederam as condições previstas para o pior caso de acidente em reactores de alta temperatura e mostraram danos mínimos ou nulos nas partículas com retenção total do produto de cisão. Os testes de qualificação do combustível TRISO continuaram no Laboratório Nacional de Idaho (INL). [Site | Google Scholar].

As partículas Triso são um combustível de aspeto extraterrestre com caraterísticas de segurança incorporadas que irá alimentar uma nova geração de reactores de alta temperatura. O primeiro reator nuclear a utilizar combustíveis TRISO foi o reator Dragon e a primeira central eléctrica foi o THTR-300. Atualmente, os compactos de combustível TRISO estão a ser utilizados em vários reactores, por exemplo, os reactores experimentais, o HTR-10 na China e o reator de teste de engenharia de alta temperatura no Japão. Os elementos de combustível esféricos que utilizam uma partícula TRISO com um núcleo de solução sólida UO_2 e UC estão a ser utilizados no Xe-100 nos Estados Unidos.

O combustível é caracterizado pela sua forma única, que consiste em partículas de combustível revestidas de minúsculas, embebidas numa matriz de grafite e localizadas num núcleo de grafite arrefecido por hélio. A natureza refractária do combustível e dos materiais do núcleo permite atingir temperaturas elevadas do gás ($900\text{-}1000^0$ C), o que permite uma produção de eletricidade altamente eficiente e o fornecimento de calor de processo para aplicações como a produção de hidrogénio utilizando ciclos termoquímicos.

Formas de combustível como o revestimento de pinos em tubos, partículas revestidas e compósitos cerâmicos do tipo placa são considerados como diferentes formas de materiais refractários de revestimento composto. O estado de cada sistema de combustível foi revisto e foram discutidos os desafios técnicos que se colocam à implementação de cada combustível no contexto de todo o ciclo de combustível do reator avançado (fabrico, desempenho do reator, reciclagem). O material preferido para os revestimentos de pinos e os tubos hexagonais é o carboneto de silício/carboneto de silício reforçado com fibras.

As partículas de combustível TRISO (Fig. 2) são muito robustas sob a forma de partículas TRISO (tri-estruturais-isotrópicas), cada uma com um núcleo (ca. 0,5 mm) constituído por um elemento de baixo enriquecimento

oxicarbureto de urânio ou dióxido de urânio, 20% U-235, embora normalmente menos de 15% UCO. O núcleo de combustível é misturado com pó de grafite e aglutinantes (camada tampão) antes de ser moldado e moldado na forma final do combustível. O núcleo de combustível no tampão de grafite é rodeado por duas camadas de carbono pirolítico (PyC) que protegem uma camada adicional de cerâmica (SiC) entre elas para evitar a libertação de produtos de cisão radioactivos. (Fig. 2.4-1). As camadas interiores de PyC protegem a camada de SiC contra o ataque químico dos gases de cisão e contra as tensões mecânicas devidas à dilatação por irradiação do núcleo do combustível. Uma camada exterior de PyC protege a camada de SiC de falhas mecânicas durante o manuseamento e o funcionamento. A camada cerâmica, composta por carboneto de silício (SiC), actua como um recipiente de pressão miniaturizado que retém completamente todos os produtos de cisão. Cada partícula actua como o seu próprio sistema de contenção graças às suas camadas com revestimento triplo. Isto permite-lhes reter os produtos de cisão em todas as condições do reator. A camada de SiC começa a perder a sua integridade acima de aproximadamente 1600 °C, o que representa a temperatura limite do combustível em condições de acidente. As partículas TRISO não podem derreter num reator e podem suportar temperaturas extremas que estão muito para além do limiar dos actuais combustíveis nucleares. Os combustíveis TRISO são estruturalmente mais resistentes à irradiação de neutrões, à corrosão, à oxidação e às altas temperaturas (os factores que mais afectam o desempenho do combustível) do que os combustíveis tradicionais para reactores. Os produtos de cisão formados a partir do oxicarbureto de urânio não contêm oxigénio livre, o que poderia agravar a degradação química da camada cerâmica. As partículas de combustível TRISO podem ser fabricadas em pastilhas cilíndricas ou em esferas do tamanho de bolas de bilhar, chamadas "pebbles", para utilização em reactores arrefecidos a gás a alta temperatura, reactores rápidos arrefecidos a gás ou reactores arrefecidos a sal fundido. A Partícula de Combustível Triplamente Revestida Isotrópica (TRISO) é mostrada na Figura 2.

O VHTR tem potencial para uma elevada combustão (150-200 GWd/t), segurança completamente passiva, baixos custos de funcionamento e manutenção e construção modular. O fabrico das partículas de combustível revestidas é efectuado por deposição química de vapor e depende em grande medida de "receitas" estabelecidas que demonstraram produzir um desempenho aceitável do combustível em condições HTR.

Combustíveis e materiais A qualificação do combustível TRISO é necessária para desenvolver e demonstrar o desempenho do combustível TRISO a alta temperatura de funcionamento (até 1250°C), alto burnup (até 200 GWd/tHM) e em condições fora do normal (1600-1800°C). Nos Estados Unidos e na China, as actividades de fabrico estão a demonstrar que o combustível UO2 e UCO-TRISO pode ser fabricado com os níveis de alta qualidade/baixo teor de defeitos necessários para o conceito. Os ensaios de irradiação de esferas fabricadas na China demonstraram um desempenho tão bom como, e nalguns casos melhor do que, a experiência histórica alemã.

Os trabalhos efectuados nos Estados Unidos demonstraram que o combustível UCO-TRISO é capaz de atingir níveis de combustão próximos de 200 GWd/tHM a temperaturas de ~1 250°C. Os ensaios de segurança em caso de acidente deste combustível UCO-TRISO demonstraram um elevado grau de robustez durante centenas de horas a 1600, 1700 e 1800°C. Foi estabelecido um fornecedor de combustível nos Estados Unidos capaz de produzir combustível UO2 ou UCO-TRISO em formato compacto. Está planeada a continuação dos trabalhos na China e nos Estados Unidos para completar a qualificação destes combustíveis na próxima década.

Revestimentos de ZrC para o combustível TRISO: Acima de uma temperatura de funcionamento do combustível de 1200°C, foram considerados novos materiais de revestimento como o ZrC e/ou técnicas de revestimento melhoradas. A utilização de ZrC em VHTRs permite um aumento da densidade de potência e do nível de potência total com a mesma temperatura de saída do refrigerante. Apresenta maior resistência ao ataque químico do paládio, produto de cisão. Em condições de acidente, os dados históricos sugerem que o combustível ZrC-TRISO pode ser mais robusto do que o combustível SiC-TRISO tradicional.

A suscetibilidade do ZrC à oxidação e a degradação significativa das propriedades termomecânicas do material em condições de acidente limitaram o interesse dos investigadores de VHTR pelo ZrC. Tanto os dados históricos como os mais recentes sobre o fabrico de ZrC indicam que é mais difícil fabricá-lo do que o SiC. Além disso, o excelente comportamento do combustível UCO-SiC-TRISO pode ser suficiente para satisfazer os requisitos de irradiação a alta temperatura do VHTR.

Estão também a ser desenvolvidas cerâmicas promissoras, tais como cerâmicas reforçadas com fibras, carboneto de silício alfa sinterizado, cerâmicas compósitas de óxido e outros materiais compósitos para outras aplicações industriais que necessitam de materiais de alta resistência e alta temperatura. Prosseguem em todo o mundo os trabalhos sobre compósitos C/C e SiC/SiC para uma variedade de aplicações nucleares. As novas vias de fabrico, o desenvolvimento de compósitos herméticos, os ensaios de irradiação e o estabelecimento de regras de conceção que permitam a utilização num sistema nuclear constituem o foco da I&D sobre compósitos nos próximos dez anos.

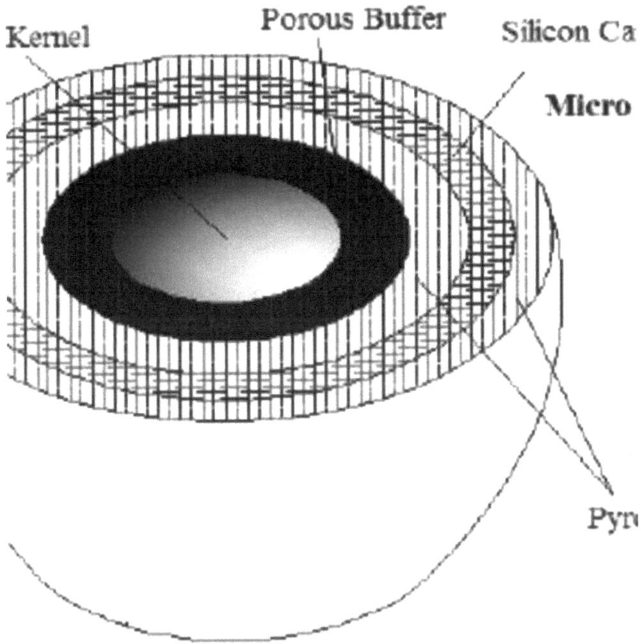

Figura 2. Partícula de combustível com revestimento TRISO (Triple Isotropic) (Ref. 37)

Para simplificar a segurança, o núcleo tem uma baixa densidade de potência, cerca de 1/30 da densidade de potência de um reator de água leve. A baixa fração volumétrica de material cindível no combustível resulta numa baixa densidade de potência do núcleo.

A crítica mais comum aos reactores de leito de seixos é que o facto de envolverem o combustível em grafite combustível constitui um perigo.

Os reactores de leito de seixos necessitam de caraterísticas de prevenção de incêndios para evitar que a grafite dos seixos arda na presença de ar. Os PBRs são intencionalmente operados acima da temperatura de recozimento da grafite de 250 °C, para que a energia de Wigner não seja acumulada. Isto resolve um problema com que se deparou o acidente nuclear de Windscale. Um dos reactores da central de Windscale, em Inglaterra (que não era um PBR), incendiou-se devido à libertação de energia armazenada sob a forma de deslocações cristalinas (energia de Wigner) na grafite. As deslocações são causadas pela passagem de neutrões através da grafite. Windscale tinha em vigor um programa de recozimento regular para libertar a energia de Wigner acumulada. A segunda geração de reactores britânicos arrefecidos a gás, os AGR, também funciona acima da temperatura de recozimento da grafite.

O desafio tecnológico essencial para o VHTR é a grafite estrutural. O Reino Unido possui uma especialização internacionalmente reconhecida em grafite nuclear e acumulou experiência em irradiação de grafite. No entanto, apesar de mais de 50 anos de experiência de irradiação com núcleos de reactores de grafite, o comportamento pormenorizado da grafite sob doses elevadas de neutrões ainda não é totalmente compreendido e subsistem várias lacunas críticas, sem as quais os avanços tecnológicos necessários dependerão de uma abordagem altamente empírica, especialmente no que diz respeito à previsão de alterações dimensionais. Isto é especialmente importante para o VHTR, porque se espera que as doses de neutrões em componentes-chave como a coluna central e os reflectores radiais sejam muito mais elevadas do que as dos materiais atualmente utilizados nas centrais nucleares britânicas Magnox e de reactores avançados arrefecidos a gás (AGR).

Embora o carboneto de silício seja forte em aplicações de abrasão e compressão, não tem a mesma resistência contra forças de expansão e cisalhamento. Alguns produtos de cisão, como o xénon-133, têm uma absorção limitada pelo carbono e alguns núcleos de combustível podem acumular gás suficiente para romper a camada de carboneto de silício.

O comportamento do combustível de reactores arrefecidos a gás em condições de acidente foi abordado numa reunião de especialistas realizada no Laboratório Nacional de Oak Ridge, nos Estados Unidos da América, em novembro de 1990. A reunião contou com a participação de representantes da França, Alemanha, Japão, Federação Russa, Suíça, Reino Unido e Estados Unidos da América. Os trabalhos de investigação apresentados incidiram nas áreas temáticas dos actuais programas de investigação e desenvolvimento de combustível; requisitos de segurança e controlo de qualidade do fabrico de combustível; modelização da libertação de produtos de cisão; ensaios de irradiação/experiência operacional com elementos de combustível; e comportamento na despressurização, aquecimento do núcleo, transientes de potência e entrada de vapor/água. [IWGGCR/25, "Behaviour of Gas Cooled Reator Fuel Under Accident Conditions", novembro de 1991].

A resposta do combustível, dos elementos do combustível e dos núcleos de reactores arrefecidos a gás em condições de entrada acidental de ar ou água foi discutida numa reunião do Comité Técnico da AIEA realizada no Instituto de Tecnologia da Energia Nuclear na China em outubro de 1993. A reunião contou com a participação de representantes da China, França, Alemanha, Japão, Países Baixos, Suíça, Federação Russa, Reino Unido e Estados Unidos da América. Os membros da reunião abordaram o tema da resposta do combustível, dos elementos de combustível e dos núcleos de reactores arrefecidos a gás em condições de entrada acidental de ar ou água. A atenção centrou-se nas áreas temáticas das investigações experimentais dos efeitos da entrada de ar e água; resposta prevista do combustível e outros componentes do reator; e opções para minimizar ou mitigar os efeitos da entrada de ar ou água [IAEA-TECDOC-784, "Response of Fuel, Fuel Elements and Gas Cooled Reator Cores Under Accidental Air or Water Ingress Conditions", janeiro de 1995].

Considerando o momento em que a concentração de produtos de cisão conduz ao pior coeficiente de temperatura e em que a configuração das barras de controlo já inseridas no núcleo reduz ao mínimo os efeitos de reatividade da inserção das restantes barras. Muito importante a este respeito é a concentração de Xe que influencia fortemente o coeficiente de temperatura e depende do diagrama de carga.

Com o apoio conjunto da IAEA e do Health and Safety Executive do Reino Unido, foi desenvolvido um relatório para documentar a informação acumulada e os conhecimentos adquiridos com a investigação sobre os danos causados pela radiação na grafite. As áreas temáticas abordadas incluem os fundamentos dos danos provocados pela radiação na grafite devido a neutrões energéticos; a estrutura e o fabrico da grafite nuclear; as alterações dimensionais da grafite e o coeficiente de expansão térmica; a energia armazenada e as propriedades termofísicas da grafite; as propriedades mecânicas e a fluência da grafite por irradiação; as propriedades electrónicas da grafite irradiada; os pirocarbonetos em reactores nucleares de alta temperatura; e a oxidação radiolítica da grafite [38].

A AIEA está a criar uma base de dados internacional sobre as propriedades da grafite nuclear irradiada. O objetivo da base de dados é preservar os conhecimentos existentes sobre as propriedades físicas e termomecânicas da grafite nuclear irradiada e fornecer uma fonte de dados validada a todos os Estados-Membros participantes com interesse em reactores moderados por grafite ou no desenvolvimento de reactores arrefecidos a gás de alta temperatura, bem como apoiar a melhoria contínua da tecnologia da grafite para aplicações. A base de dados inclui uma grande quantidade de dados sobre as propriedades da grafite irradiada, estando em curso um maior desenvolvimento do software da base de dados e a introdução de dados adicionais.

A base de dados experimental e os métodos de previsão do desempenho do combustível HTGR e do comportamento dos produtos de cisão em condições normais de funcionamento e de acidente foram revistos e documentados para verificar e validar as metodologias de previsão do desempenho do combustível e do transporte dos produtos de cisão. A conceção e o fabrico do combustível HTGR (TRISO) em condições normais de funcionamento estão entre as áreas abordadas por um dos Programas Coordenados de Investigação (CRP) [IAEA-TECDOC-978] [a4]. Participantes de diferentes países tomaram parte neste programa CRP (China, França, Alemanha, Japão, Polónia, Federação Russa, Reino Unido e Estados Unidos da América) sob a égide da Agência Atómica Internacional (AIEA). O comportamento dos produtos de cisão durante o aquecimento em condições não-oxidantes e oxidantes, o transporte dos produtos de cisão à saída do núcleo em condições normais e de acidente e as perspectivas de desenvolvimento de combustíveis avançados foram também objeto de relatório.

O comportamento do combustível de reactores arrefecidos a gás em condições de acidente foi abordado numa reunião de especialistas realizada no Laboratório Nacional de Oak Ridge, nos Estados Unidos da América, em novembro de 1990. A reunião contou com a participação de representantes da França, Alemanha, Japão, Federação Russa, Suíça, Reino Unido e Estados Unidos da América. Os trabalhos de investigação apresentados incidiram nas áreas temáticas dos actuais programas de investigação e desenvolvimento de combustível; requisitos de segurança e controlo de qualidade do fabrico de combustível; modelização da libertação de produtos de cisão; ensaios de irradiação/experiência operacional com elementos de combustível; e comportamento na despressurização, aquecimento do núcleo, transientes de potência e entrada de vapor/água [39].

REFRIGERANTE DE HÉLIO

A eficiência da produção de eletricidade a partir de um reator nuclear depende da temperatura de saída do líquido de arrefecimento quando este sai do núcleo do reator. Nas centrais nucleares normais, que utilizam água como refrigerante, a temperatura de saída é de cerca de 340 a 375 graus Celsius, o que não é termodinamicamente tão eficiente. É evidente que é necessário outro refrigerante, para além da água, para manter a temperatura de saída acima dos 500 graus Celsius. Um dos métodos promissores é a utilização do hélio como refrigerante ou como meio de transporte de calor. De facto, a escolha do gás hélio como refrigerante é a tendência atual da tecnologia nuclear de muito alta temperatura (VHT).

O hélio é um refrigerante atrativo para centrais eléctricas que funcionam a temperaturas muito elevadas devido às suas caraterísticas únicas. A combinação de elevada condutividade térmica e calor específico, juntamente com a inércia química e radiológica, confere ao hélio vantagens únicas sobre qualquer outro gás como refrigerante para reactores. Estas vantagens são particularmente acentuadas se o reator for concebido para funcionar a temperaturas muito elevadas. A inércia química aumenta muito a segurança inerente, o desempenho e a compatibilidade com outros materiais do reator. O refrigerante de hélio não corroerá os componentes ou o equipamento. Além disso, a baixa secção transversal dos neutrões e a capacidade de funcionar a altas temperaturas permitem elevadas eficiências termo-dinâmicas. [40&41]

Utilizando o hélio como líquido de refrigeração, a idade e a vida útil de vários componentes que entram em contacto com o líquido de refrigeração aumentam regularmente. Devido ao facto de o hélio em si não ser corrosivo, isto também aumenta a vida útil global dos componentes. Para evitar o agravamento do ataque químico das impurezas do hélio a altas temperaturas, o VHTR exigirá sistemas de controlo e purificação do refrigerante de hélio. Embora estes sistemas não estejam relacionados com a segurança, não deixam de ser importantes para evitar danos e falhas estruturais a longo prazo.

O hélio é a escolha perfeita como refrigerante em reactores nucleares, uma vez que a eficiência térmica é aumentada e as caraterísticas de desempenho nuclear são drasticamente melhoradas. É possível atingir uma eficiência de cerca de 48% ou mais. Além disso, as medidas de segurança adicionais da utilização do hélio como refrigerante, bem como o aumento do tempo de vida operacional dos componentes do núcleo do reator nuclear devido à redução da corrosão por parte do refrigerante, são grandes vantagens. Assim, ao utilizar o hélio como refrigerante, podem surgir tipos de reactores muito mais avançados e eficientes na arena mundial da produção de energia.

A transferência de calor dos elementos de combustível para o refrigerante de hélio é um ponto importante na conceção dos reactores nucleares. É essencial que a transferência de calor seja tão elevada quanto possível para uma melhor eficiência do projeto global. Neste aspeto, o hélio é o fluido de arrefecimento mais adequado, uma vez que tem uma das maiores transferências de calor por unidade de área. Para aumentar a quantidade de calor transferida das superfícies dos elementos de combustível para o refrigerante hélio, é necessário aumentar a superfície de transferência de calor, bem como a pressão de funcionamento do hélio que circula em torno dos elementos de combustível. O elevado coeficiente de transferência de calor por convecção do hélio pode ser grandemente aumentado com a escolha adequada de um elemento combustível propício. É essencial escolher a configuração geométrica adequada que permita a máxima eficiência no processo de convecção e condução. A geometria dos elementos de combustível deve ser favorável ao fluxo turbulento que pode ocorrer em torno dos elementos de combustível à medida que o fluido de arrefecimento passa através deles.

Existe um limite termo-hidráulico para a relação altura/diâmetro do núcleo do reator. Se, para a mesma densidade de potência e volume do reator, o rácio se tornar maior (ou seja, aumentar a altura do núcleo e reduzir o diâmetro), terá de ser transferida mais potência por canal de refrigerante. Isto requer um maior caudal mássico de refrigerante por canal de refrigerante, resultando numa maior velocidade de fluxo. Isto significa que, para uma determinada fração de refrigerante no núcleo, existe um valor *máximo* de permanência abaixo de uma determinada queda de pressão do núcleo.

É possível aumentar a eficiência do ciclo de combustível do reator com um controlo mais seguro do processo nuclear, utilizando reactores modulares refrigerados a hélio e um elemento de combustível esférico. Utilizando o hélio como refrigerante, o ciclo Brayton direto clássico poderia ser utilizado para a produção de eletricidade, aumentando a eficiência térmica. É demonstrado que, paralelamente à produção de eletricidade, a conversão de metano em hidrogénio será efectuada simultaneamente, diminuindo assim o custo operacional de uma central nuclear deste tipo. Quando o hélio é utilizado a temperaturas operacionais nucleares, permanece como refrigerante gasoso monofásico ao longo de todo o ciclo fechado. Este facto pode ter enormes vantagens, uma vez que todo o sistema pode ser concebido com os condicionalismos da fase única.

A tecnologia necessária para sistemas em grande escala arrefecidos a hélio a alta temperatura já foi desenvolvida e implementada na indústria da cisão. Os reactores prismáticos e de leito de seixos têm funcionado nos EUA, na Europa e na Ásia, tendo sido demonstrada a produção de energia eléctrica até níveis de 300 MW.

A utilização de outros tipos de fluido de arrefecimento, como o metal líquido, por exemplo, o sódio ou o chumbo, tem-se revelado promissora, mas a possibilidade de corrosão e de confinamento torna esta perspetiva difícil. Uma fração importante dos requisitos de volume do núcleo do GFR deve ser dedicada ao aumento da transferência de calor. Em comparação com o sódio, os refrigerantes de gás hélio têm as seguintes vantagens para aplicações em reactores rápidos.

Compatibilidade química com a água e materiais estruturais.

- Ativação insignificante do líquido de refrigeração.
- Opticamente transparente.
- Os refrigerantes gasosos reduzem o potencial de oscilações de reatividade em condições acidentais.
- Redução do efeito de vazio positivo tipicamente associado ao sódio.
- Os refrigerantes gasosos permitem geralmente um espetro de neutrões mais duro.
- Uma vez que os refrigerantes gasosos têm uma densidade numérica baixa, é possível permitir uma maior fração de refrigerante no núcleo sem um aumento inaceitável da captura parasita.
- Melhorar os ganhos de reprodução.

No entanto, os refrigerantes gasosos têm algumas desvantagens que podem ser resumidas da seguinte forma.

- Maior potência de bombagem.
- Necessidade de manter uma pressão elevada no sistema, normalmente cerca de 7 MPa para os sistemas de hélio.
- As propriedades do refrigerante gasoso exigem geralmente um desbaste artificial do revestimento para manter uma temperatura aceitável do revestimento, o que resulta numa maior necessidade de potência de bombagem.
- A elevada velocidade do fluxo do fluido de arrefecimento pode provocar vibrações significativas nos pinos de combustível.
- A extração do calor de decaimento do núcleo de elevada densidade de potência é difícil.

A escolha do fluido de arrefecimento depende da sua capacidade de remover de forma fiável o calor da configuração de alta densidade de potência e de introduzir a menor quantidade possível de absorção e moderação de neutrões. As escolhas mais comuns para os reactores rápidos arrefecidos a gás são o hélio, o CO (supercrítico)$_2$ e o vapor. Embora todos estes fluidos de arrefecimento sejam compostos por isótopos leves, o seu efeito de moderação é limitado.

Vários estudos realizados nas últimas sete décadas concluíram que o hélio é o melhor candidato entre outros possíveis candidatos, como o dióxido de carbono, o azoto e várias outras misturas de gases [42 & 43]. A utilização de hélio nos GFR e VHTR da Geração IV resulta de décadas de esforços de I&D. São também explorados gases alternativos, incluindo ar, vapor e CO_2. O hélio foi escolhido em detrimento do dióxido de carbono num esforço para evitar reacções de grafite-dióxido de carbono que conduzem a graves perdas de grafite do núcleo e à deposição de carbono no gerador de vapor ou no permutador de calor (N.W.R.). O ar apresenta problemas de ativação e corrosão, mas é muito mais fácil de reabastecer em cenários de acidentes com perda de refrigerante (Advanced Reator Concepts, 2012). O vapor apresenta desafios de compatibilidade do revestimento, o potencial para efeitos de reatividade positiva do refrigerante e taxas de conversão reduzidas. O hélio e o CO_2 supercrítico receberam a maior atenção como potenciais refrigerantes para GFRs. Para as elevadas eficiências térmicas desejadas, a utilização de CO supercrítico$_2$ permite temperaturas de saída mais baixas em comparação com os projectos arrefecidos a hélio, continuando a funcionar de forma muito eficiente (Waltar et al., 2012 [34]).

O CO_2 conduz a maiores quedas de pressão e forças associadas nos componentes, a maiores cargas acústicas e a maiores requisitos de bombagem de refrigerante primário. Os desafios do CO_2 são potencialmente compensados pelas suas vantagens de remoção de calor e conversão de energia (Waltar etal., 2012 [34]). Uma vez que a decomposição térmica do CO_2 é acelerada a partir de 700°C, as taxas de oxidação/corrosão aumentam significativamente para além dessas temperaturas, o que proporciona novos limites de desempenho para as temperaturas máximas de funcionamento em sistemas de GFR arrefecidos por CO_2 supercrítico (não superior a 600°C). Devido às fracas caraterísticas de remoção de energia térmica exibidas pelo hélio pressurizado, em comparação com um metal líquido e um sal fundido, uma grande fração dos requisitos do volume do núcleo do GFR deve ser dedicada ao aumento da transferência de calor.

VHTR com arrefecimento por sal fundido

O novo reator de alta temperatura arrefecido por sal fundido "LS-VHTR" foi concebido por Charles W. Forsberg, et al.,[F,P&P][44-47] para proporcionar uma temperatura muito elevada que permita a produção termoquímica eficiente e a baixo custo de hidrogénio (H_2) e eletricidade. O projeto LS-VHTR, variante arrefecida por sal fundido, apresentado por Forsberg, é semelhante ao projeto do reator arrefecido a gás de alta temperatura (HTGR), mas utiliza sal fundido de fluoreto líquido para o arrefecimento em vez de gás hélio.

O projeto LS-VHTR utiliza combustível de matriz de grafite com partículas revestidas numa configuração de piscina. Forsberg (2019), et, al., [F,W,S,M,P&C], descreve um projeto pré-concetual de FHR que aborda o desafio de controlar a temperatura (evitando temperaturas excessivamente elevadas e o congelamento do refrigerante) adoptando caraterísticas do reator britânico avançado arrefecido a gás (AGR) e sistemas alternativos de arrefecimento do calor de decaimento. O Reator de Alta Temperatura arrefecido a flúor e sal (FHR) utiliza a tecnologia britânica de reabastecimento do Reator Avançado Arrefecido a Gás (AGR) e sistemas de remoção do calor de decaimento que evitam o congelamento do sal. Partilha muitas caraterísticas com uma conceção normal de VHTR e fornece uma descrição inicial e uma análise técnica das suas principais caraterísticas. Uma vez que os pontos de ebulição dos sais de fluoreto fundidos são próximos de ~1400°C, o reator pode funcionar a altas temperaturas e à pressão atmosférica. O combustível de seixos flutua no sal, pelo que os seixos são injectados no fluxo de refrigerante para serem transportados para o fundo do leito de seixos e removidos para recirculação. O LS-VHTR tem muitas caraterísticas atraentes, incluindo: a capacidade de trabalhar a altas temperaturas, o funcionamento a baixa pressão, a elevada densidade de potência, a melhor eficiência de conversão eléctrica do que um VHTR arrefecido a hélio a funcionar em condições semelhantes, sistemas de segurança passiva e melhor retenção dos produtos de cisão em caso de acidente.

Haubenreich & Engel [H&E][45] referiram-se à operação bem sucedida e à experiência com o Molten-Salt Reator Experiment (MSRE) como uma realização que deveria reforçar a confiança na praticabilidade do refrigerante de sal fundido. "O MSRE mostrou que o manuseamento do sal num reator em funcionamento é bastante prático, a química do sal é bem comportada, as caraterísticas nucleares estão próximas das previsões e o sistema é dinamicamente estável. A contenção dos produtos de cisão tem sido excelente e a manutenção dos componentes radioactivos tem sido realizada sem atrasos excessivos e com pouca exposição à radiação".

Para a produção termoquímica de H2, o calor é fornecido à alta temperatura e baixa pressão necessárias. Para a produção de eletricidade, é utilizado um ciclo Brayton (turbina a gás) de hélio de reaquecimento múltiplo, com eficiências >50%. O refrigerante de sal fundido a baixa pressão, com a sua elevada capacidade térmica e capacidade de transferência de calor por circulação natural, cria o potencial para uma segurança robusta (incluindo a remoção totalmente passiva do calor de decaimento) e uma economia melhorada com sistemas de segurança passiva que permitem densidades de potência mais elevadas e a ampliação para reactores de grandes dimensões [>1000 MW] [44-47].

REACTORES ARREFECIDOS A GÁS DE GERAÇÃO IV

3.1. Reator de muito alta temperatura (VHTR)

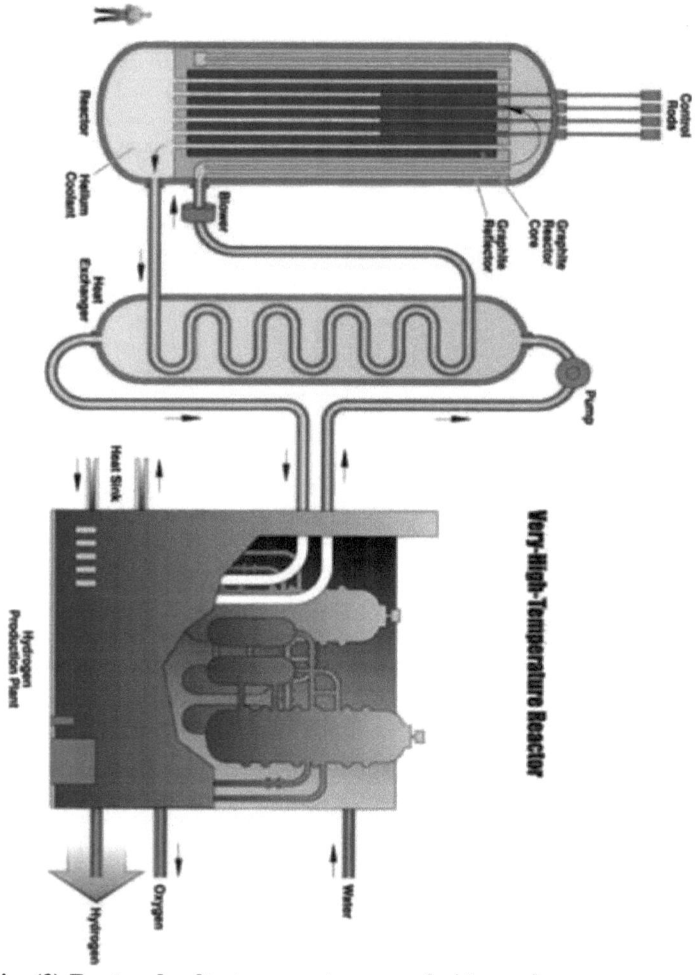

Fig. (3) Reator de alta temperatura arrefecido a gás

O reator de muito alta temperatura (VHTR), ou reator de alta temperatura arrefecido a gás (HTGR), é um conceito de reator da Geração IV com um ciclo de combustível de urânio único, como se mostra na Fig. (3). O VHTR é um reator de espetro de neutrões térmicos arrefecido a hélio, com material estrutural de grafite e moderado a grafite, com partículas de combustível revestidas a grafite TRISO. A utilização de um combustível totalmente cerâmico resulta numa baixa captura parasitária de neutrões no núcleo e, por conseguinte, em elevados rácios de conversão e numa boa economia do ciclo do combustível. A conceção das partículas de combustível revestidas resulta em potências específicas elevadas e em elevadas queimas de combustível. Podem ser atingidas elevadas temperaturas de saída do líquido de arrefecimento, o que resulta numa elevada eficiência térmica da central. O VHTR alarga a atual tecnologia HTGR com o objetivo de aumentar a temperatura de saída do líquido de arrefecimento acima das temperaturas anteriores de cerca de 850 °C. [48]

Um reator de muito alta temperatura arrefecido a gás (VHTR) é um reator intrinsecamente seguro que pode produzir calor a 750°C-950°C. Devido à sua elevada temperatura, um VHTR pode ser utilizado em aplicações de calor de processo a alta temperatura, incluindo a produção de hidrogénio e a produção de eletricidade de elevada eficiência. A aplicação mais eficaz de um VHTR é a produção maciça de hidrogénio para apoiar a economia do hidrogénio.

Em 1947, o projeto HTGR foi proposto pela primeira vez pelo pessoal da Divisão de Pilhas de Energia dos Laboratórios Clinton (atual Laboratório Nacional de Oak Ridge). O Professor Rudolf Schulten, na Alemanha, desempenhou um papel no desenvolvimento durante a década de 1950. Peter Fortescue foi o líder da equipa responsável pelo desenvolvimento inicial do reator de alta temperatura arrefecido a gás (HTGR), bem como do sistema do reator rápido arrefecido a gás (GCFR) na General Atomic. Durante a década de 1950, foram também propostos em Harwell sistemas de reactores de alta temperatura (HTR), dos quais funcionaram várias unidades experimentais e protótipos.

A história da investigação, desenvolvimento e construção do reator de alta temperatura arrefecido a gás em todo o mundo, desde os primeiros anos da década de 1960 até aos dias de hoje, é analisada. É apresentada uma descrição pormenorizada de todas as principais caraterísticas técnicas da tecnologia, incluindo a conceção do combustível, a seleção do ciclo do combustível, os métodos de construção do reator, as considerações relativas à conceção da segurança passiva e inerente, a conceção da central comercial e as questões de funcionamento. É destacada a experiência com os reactores de ensaio operacionais existentes [49].

O VHTR é um tipo de reator de alta temperatura que pode concetualmente ter uma temperatura de saída até 1000 °C. Isto permitirá aumentos favoráveis na eficiência térmica em relação às gamas de temperatura típicas dos reactores da Geração III e da Geração III+. O termo "VHTR" é geralmente considerado como um reator arrefecido a gás, sendo normalmente utilizado como sinónimo de "HTGR" (reator de alta temperatura arrefecido a gás). O termo Reator de Temperatura Muito Elevada (VHTR) refere-se normalmente ao passo seguinte no desenvolvimento evolutivo dos reactores de alta temperatura arrefecidos por gás (HTGR).

A vantagem do HTGR é que o moderador, a grafite, e o refrigerante, o hélio, podem funcionar a altas temperaturas sem reagir ou se deteriorar. Um HTGR típico funcionará a uma pressão de 100 atmosferas e a uma temperatura de até 900°C. Isto permite obter melhores condições termodinâmicas, conduzindo a uma maior eficiência. O reator é concebido de modo a que, em caso de falha do refrigerante, seja capaz de suportar o aumento da temperatura interna.

Uma das vantagens do HTGR é o facto de poder ser construído em unidades de dimensão relativamente pequena. Os módulos podem ter capacidades de produção entre 100 e 200 MW, o que os torna atractivos para uma maior variedade de aplicações. A forma modular da maioria dos projectos também facilita a expansão de uma central através da adição de novos módulos.

O interesse internacional pela tecnologia dos reactores arrefecidos a gás levou à construção de vários protótipos de reactores de alta temperatura arrefecidos a gás (HTGR) e de instalações de demonstração em muitos países. A tónica foi colocada no desenvolvimento e não na implantação destas centrais e o interesse foi principalmente dirigido para aumentos evolutivos da temperatura do refrigerante e da eficiência das centrais.

Em todo o mundo, foram examinados vários tipos de VHTR e de balanço da instalação. A abordagem original do VHTR no início do programa Geração IV centrava-se em temperaturas de saída muito elevadas e na produção de hidrogénio. Recentemente, as actuais avaliações de mercado indicaram que a produção de eletricidade e os processos industriais baseados em vapor de alta temperatura que requerem temperaturas de saída de 700-850°C já têm um grande potencial para aplicações na próxima década e reduzem o risco técnico associado a temperaturas de saída mais elevadas.

Em 2001, o GIF aprovou seis conceitos de sistemas nucleares, que fornecerão produtos energéticos eléctricos e térmicos a preços acessíveis, abordando simultaneamente de forma satisfatória as questões da segurança nuclear, dos resíduos e da proliferação. O sistema da Geração IV utiliza reactores com uma temperatura de saída do fluido de arrefecimento de cerca de 950°C para alimentar uma turbina para a produção de eletricidade e um processo termoquímico para a produção de hidrogénio, com uma eficiência térmica igual ou superior a 50%.

A atualização do roteiro tecnológico para os sistemas de energia nuclear da geração IV (janeiro de 2014, 47 capítulo 2) estabeleceu as antigas centrais HTGR, como a DRAGON, PEACH BOTTOM II, AVR, THTR e FORT SAINT VRAIN, e está a avançar em conceitos como o HTR-PM e o NGNP.

A Euratom, a França, o Japão, a China, a Coreia, a Suíça e os EUA assinaram inicialmente o acordo de sistema para o VHTR ao abrigo do Acordo-Quadro GIF, tendo a Austrália aderido em 2017. Foram assinados dois acordos de projeto (AP) no âmbito do sistema VHTR: o AP relativo ao ciclo do combustível e do combustível e o AP relativo à produção de hidrogénio. A prioridade de I&D é a qualificação do combustível TRISO para funcionar até 1250°C e 200 GWd/t de queima, embora o desenvolvimento dos EUA tenha atingido este objetivo, e a sua robustez para centenas de horas a 1600, 1700 e 1800°C. Foi estimado no Roteiro GIF de 2014 que um VHTR de 600 MWt dedicado à produção de hidrogénio poderia produzir mais de dois milhões de metros cúbicos normais por dia.

O projeto HTTR de 30 MWth em curso no Japão destina-se a demonstrar a viabilidade de atingir temperaturas de saída até 950°C associadas a um processo de utilização do calor. O HTR-10 na China demonstrou o desempenho de segurança inerente com produção e co-geração de eletricidade a um nível de potência de 10 MWth. Os projectos anteriores na Alemanha e nos Estados Unidos fornecem dados relevantes para o desenvolvimento de VHTR. Outras demonstrações do desempenho de segurança dos conceitos prismático e de leito de seixos, no HTTR e no HTR-10, sublinham a vantagem do forte coeficiente negativo de reatividade à temperatura, a elevada capacidade térmica do núcleo de grafite, a grande margem de aumento de temperatura e a robustez do combustível TRISO na produção de um conceito de reator que não necessita de energia externa para sobreviver a falhas múltiplas ou a eventos naturais graves, como ocorreu na central nuclear de Fukushima Daiichi. O elevado grau de segurança do HTGR/VHTR, que foi demonstrado pelos reactores AVR, THTR, Peach Bottom e Fort Saint Vrain, continua a ser uma forte motivação para o futuro.

Reconhecendo que o VHTR pode ser implantado a mais curto prazo e é excecionalmente adequado, não só para a produção de eletricidade, mas também para a produção de hidrogénio e outras aplicações industriais, a Europa, o Reino Unido, a Ásia e o Departamento de Energia dos EUA (DOE) atribuíram a prioridade Geração IV ao VHTR

CONCEPÇÃO DE REACTORES NUCLEARES

O núcleo pode ser construído em blocos prismáticos (PMR) (reminiscência de um núcleo de reator convencional), como o HTTR japonês e o anterior projeto GTMHR da General Atomics e outros na Rússia, ou pode ser em leito de seixos (PBR), como o HTR-10 chinês ou o HTR-PM. Ambas as configurações de combustível têm as suas vantagens.

O reator de bloco prismático refere-se a uma configuração de núcleo de bloco prismático, em que blocos hexagonais de grafite são empilhados para caberem numa cuba de pressão cilíndrica. A conceção do reator de leito de seixos (PBR) consiste em combustível sob a forma de seixos, empilhados numa cuba de pressão cilíndrica. Ambos os reactores podem ter o combustível empilhado numa região anelar com uma espiral central de grafite, dependendo da conceção e da potência desejada para o reator. As duas configurações são um sistema de partículas de combustível revestidas com TRISO ou um arranjo de blocos prismáticos. Prevê-se que a conceção seja compatível com uma variedade de ciclos de combustível que incluam urânio, plutónio, tório ou misturas de mais do que um destes elementos, tais como óxidos mistos de urânio e tório, quando desejado [49].

As partículas de combustível revestidas têm núcleos de combustível, geralmente feitos de dióxido de urânio, mas o carboneto de urânio ou o oxicarbureto de urânio também são possíveis. O oxicarbureto de urânio combina o carboneto de urânio com o dióxido de urânio para reduzir a estequiometria do oxigénio. A redução do oxigénio pode diminuir a pressão interna nas partículas TRISO causada pela formação de monóxido de carbono, devido à oxidação da camada de carbono poroso na partícula. As partículas TRISO são dispersas num seixo para a conceção do leito de seixos ou moldadas em compactos/varetas que são depois inseridos nos blocos hexagonais de grafite. O conceito de combustível QUADRISO, concebido no Argonne National Laboratory, foi sugerido para gerir melhor o excesso de reatividade.

A conceção tira partido das caraterísticas de segurança inerentes a um núcleo refrigerado a hélio e moderado a grafite com optimizações específicas de conceção. A grafite tem uma grande inércia térmica e o refrigerante hélio é monofásico, inerte e não tem efeitos de reatividade. O núcleo de grafite tem uma elevada capacidade térmica e estabilidade estrutural mesmo a altas temperaturas. O revestimento de oxicarbureto de urânio permite uma elevada combustão e retém os produtos de cisão. A elevada temperatura de saída do núcleo do VHTR permite a produção de calor de processo sem emissões. O reator foi concebido para 60 anos de serviço.

Nos modelos prismáticos, as barras de controlo[editar] são inseridas em orifícios cortados nos blocos de grafite que constituem o núcleo. Num núcleo de leito de seixos, as barras de controlo serão inseridas no refletor de grafite circundante. O controlo pode também ser obtido através da adição de seixos contendo absorventes de neutrões.

Os desafios dos materiais [editar] do VHTR de alta temperatura e alta dose de neutrões exigem materiais que excedam as limitações dos reactores nucleares actuais [editar]. Num estudo sobre os reactores da Geração IV em geral (dos quais existem numerosas concepções, incluindo o VHTR), Murty e Charit sugerem que os materiais com elevada estabilidade dimensional, com ou sem tensão, que mantêm a sua resistência à tração, ductilidade, resistência à fluência, etc. após o envelhecimento, e que são resistentes à corrosão, são os principais candidatos para utilização nos VHTR. Alguns dos materiais sugeridos incluem superligas à base de níquel, carboneto de silício, graus específicos de grafite, aços com elevado teor de crómio e ligas refractárias.[9]] Está a ser realizada mais investigação nos laboratórios nacionais dos EUA sobre as questões específicas que devem ser abordadas nos VHTR da Geração IV antes da sua construção [50].

NÚCLEO DO REACTOR

A demonstração da viabilidade do núcleo VHTR exige a superação de uma série de desafios técnicos significativos. Os combustíveis e materiais devem ser desenvolvidos de forma a permitir:

• um aumento das temperaturas de saída do núcleo de cerca de 800°C para mais de 1000°C durante todo o tempo de vida da central,

• a temperatura máxima do combustível em caso de acidente pode atingir níveis próximos de 1800°C,

-permitir um consumo máximo de combustível de 150-200 GWd/tHM,

• evita picos de potência e gradientes de temperatura no núcleo, bem como riscas quentes no gás de arrefecimento;

• limitar a degradação estrutural provocada pela entrada de ar ou água.

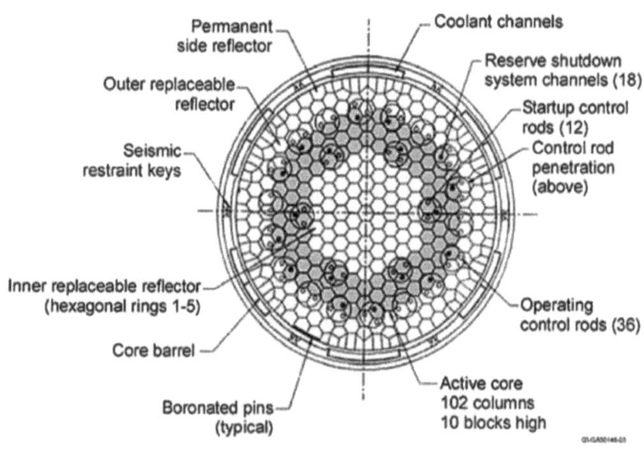

Fig. (4). O núcleo do reator GT-MHR (núcleo de referência VHTR prismático) (Ref. 51)

O núcleo prismático VHTR utiliza moderador hexagonal e blocos de combustível dispostos num núcleo prismático com uma configuração de núcleo anular (Fig. 7). A General Atomics propôs as seguintes concepções em que o núcleo ativo tem aproximadamente 26 pés de altura e é constituído por 102 colunas de combustível, cada uma das quais é uma pilha de dez blocos de combustível (1 020 blocos de combustível no total). O núcleo prismático inclui grafite substituível, refletor lateral permanente de grafite, canais de refrigeração da cuba e o tambor do núcleo. O hélio entra no núcleo do reator e flui para cima através dos canais de refrigeração da cuba antes de fluir para baixo através dos canais de refrigeração integrados nos conjuntos de combustível, o que expõe o barril do núcleo ao hélio de entrada mais frio, reduzindo assim a temperatura de funcionamento do material do barril. O GT-MHR da General Atomics é a base para o PBMR VHTR prismático.

No VHTR Pebble Bed, a região do núcleo anular ativo contém seixos de combustível móveis (cada um com o tamanho aproximado de uma bola de ténis) que substituem os blocos de combustível prismáticos no caso do núcleo prismático. Estes seixos circulam continuamente para baixo através do núcleo, impulsionados apenas pela gravidade. Os seixos são retirados do fundo do núcleo e a sua combustão total é medida. Os seixos gastos são desviados para armazenamento temporário enquanto os seixos activos são devolvidos ao topo do núcleo. Para simplificar o processo de manuseamento do combustível, os reflectores interiores e exteriores são construídos a partir de blocos moderadores estáticos semelhantes aos do núcleo prismático. Os projectos de leito de seixos incluem normalmente um sistema pneumático automatizado de manuseamento de combustível que permite opções de reabastecimento mais flexíveis, mas com custos mais elevados. O facto de o núcleo de leito de seixos exigir sistemas adicionais de manuseamento de combustível aumentará os custos, mas continua a ter a vantagem de ser reabastecido em linha. Esta maior despesa pode ser compensada pelo potencial de reabastecimento contínuo em linha e pela diminuição do tempo de paragem.

A conceção em bloco consiste em canais de refrigeração integrais, enquanto na conceção em seixos, o refrigerante de hélio flui entre os interstícios dos seixos. Os canais de refrigeração integrados permitem um melhor arrefecimento do núcleo, o que, por sua vez, permite uma maior densidade de potência e uma maior potência total do núcleo com o combustível do bloco. Para prever e verificar a dinâmica dos seixos, o núcleo de leito de seixos requer uma análise adicional.

Apesar das diferenças entre as formas de combustível, a disposição do núcleo do VHTR de leito de seixos é semelhante à do núcleo prismático e partilha caraterísticas de segurança semelhantes. Ambas as concepções de reactores têm uma configuração de núcleo anular e utilizam barras de controlo para o controlo da reatividade e a desativação, embora a conceção de leito de seixos utilize também pequenos seixos absorventes que são inseridos no núcleo para a desativação de emergência. Para atingir os objectivos dos sistemas de reactores da Geração IV, a carga de combustível e a geometria do núcleo devem ser optimizadas para proporcionar as temperaturas do líquido de arrefecimento, a segurança inerente e a capacidade de queima elevada. É necessário ajustar parâmetros adicionais, por exemplo, os parâmetros dimensionais do refletor interno, do núcleo ativo e do refletor externo, bem como parâmetros do combustível, como o enriquecimento e a fração de empacotamento. Pode também ser necessário um sistema de arrefecimento do recipiente para manter as temperaturas do barril do núcleo dentro dos limites aceitáveis do material.

Os dois modelos de reactores VHTR, prismático e de leito de seixos, utilizam um núcleo cerâmico com uma capacidade térmica muito elevada e capaz de suportar temperaturas extremamente elevadas em condições de acidente. Este facto proporciona uma parte importante da segurança inerente ao VHTR, uma vez que o próprio núcleo pode dissipar uma grande quantidade de calor de decaimento antes de o combustível se degradar termicamente. Além disso, o moderador, o refrigerante e o combustível apresentam um forte coeficiente de temperatura global negativo. Estas caraterísticas conferem ao reator VHTR uma grande estabilidade térmica e controlo da reatividade, o que proporciona uma segurança inerente em condições de acidente.

Não é necessário que o recipiente sob pressão seja tão estanque ou robusto como os recipientes tradicionais dos LWR devido ao combustível TRISO. O VHTR pode utilizar um recipiente sob pressão modular de ferro fundido pré-esforçado (PCIV) para reduzir o tempo e os custos de construção. Os materiais de ferro fundido podem também ter melhores caraterísticas a alta temperatura do que os aços típicos dos recipientes sob pressão. O PCIV é um vaso de pressão modular que será enviado para o local em segmentos pré-fabricados. Os segmentos são montados e pré-tensionados no local. Esta conceção do vaso de pressão elimina a possibilidade de uma rutura catastrófica súbita e limita a progressão de grandes fissuras.

A conceção do combustível TRISO resulta num arranjo de combustível muito flexível, essencialmente dissociando a geometria de arrefecimento e a otimização de neutrões do combustível. A forma do conjunto de combustível, a configuração do núcleo, o número de canais de refrigeração e a fração de empacotamento das partículas de combustível podem ser ajustados independentemente para diferentes níveis de potência, temperaturas de saída e ciclos de combustível. A flexibilidade do combustível também pode acomodar outros ciclos de combustível, como um ciclo de combustível fechado com um espetro de neutrões rápido.

No caso do espetro térmico de neutrões, o combustível do VHTR será utilizado num ciclo de combustível de passagem única. Nos próximos 50 anos, o ciclo de combustível aberto de passagem única é considerado a opção mais económica e mais resistente à proliferação para os reactores comerciais. A atual camada de SiC nas partículas de combustível TRISO tem uma maior suscetibilidade à libertação de produtos de cisão nas condições de neutrões rápidos necessárias para um ciclo de combustível fechado. Por outro lado, o ciclo fechado do combustível exige também um maior desenvolvimento e atrasaria outros esforços de conceção. Por estas razões, o VHTR está a ser concebido principalmente para um ciclo de combustível de passagem única com um espetro de neutrões térmicos.

Os efeitos das variações nos parâmetros do processo (composições de gás, taxas de fluxo, tempos e temperaturas de arrefecimento) não são bem compreendidos, mesmo de um ponto de vista empírico, e o seu impacto em caraterísticas como a morfologia do grão e as propriedades termofísicas não é claro. Embora tenha sido demonstrado um desempenho de irradiação muito bom em condições HTR, o comportamento das partículas revestidas sob irradiação é compreendido apenas de uma forma semi-empírica. Em comum com quase todos os combustíveis nucleares, as complicadas interações entre a química do combustível, a produção e libertação de gás de cisão, as tensões mecânicas e o comportamento térmico não são perfeitamente compreendidas e não podem, em qualquer caso, ser modelizadas com precisão devido às incertezas nas propriedades dos materiais e à sua evolução ao longo da irradiação.

Os materiais dos recipientes sob pressão foram objeto de vários estudos. Os esforços de conceção nos Estados Unidos para VHTRs a temperaturas de saída mais elevadas indicaram que as soluções de engenharia permitirão a utilização de aços tradicionais para recipientes sob pressão LWR (A508/A333) para o VHTR. Os esforços nos Estados Unidos centraram-se no desenvolvimento dos dados necessários ao Código ASME para utilização em reactores arrefecidos a gás.

Outros HTGR utilizam um vaso de pressão de reator de betão pré-esforçado, PCRV, um conceito utilizado pela primeira vez em França e na Grã-Bretanha, tanto para os sistemas Magnox como AGR. Os HTGR utilizam um ciclo de central eléctrica que contém sobreaquecimento e reaquecimento, pelo que se espera que atinjam eficiências comparáveis às das centrais eléctricas modernas alimentadas a combustíveis fósseis.

Testes recentes indicaram que a permeação de trítio será menos problemática do que se pensava inicialmente. As baixas concentrações de compostos de hidrogénio no VHTR causam menos permeação do que a prevista pela teoria atual.

Sistemas do reator Componentes internos do núcleo: As estruturas internas do núcleo que contêm os seixos ou blocos de combustível são feitas de grafite de alta qualidade. O desempenho desta grafite para os internos do núcleo foi demonstrado em instalações-piloto e de demonstração arrefecidas a gás, mas as recentes melhorias no processo de fabrico da grafite industrial revelaram uma maior resistência à oxidação e uma melhor resistência estrutural. São necessários ensaios de irradiação para qualificar os componentes que utilizam grafite avançada ou compósitos para os limites de fluência de neutrões rápidos do VHTR. Os actuais ensaios de irradiação nos Estados Unidos e na Europa estão a qualificar uma série de graus actuais de grafite nuclear dos principais fornecedores de grafite. Estão a decorrer exames de irradiação e pós-irradiação. Os dados preliminares sugerem que o desempenho é aceitável. Prevê-se que a qualificação total dos actuais tipos de grafite ocorra na próxima década.

Os mecanismos de avaria, como a fluência, o atrito e a rotura, têm de ser estudados em pormenor, excluídos pelo projeto e demonstrados em ensaios de componentes. Componentes específicos como geradores de vapor de tubos helicoidais, IHX, válvulas de isolamento, condutas de gás quente com baixas perdas de calor, reformadores de vapor e permutadores de calor relacionados com o processo têm de ser desenvolvidos para utilização no VHTR modular, que utiliza principalmente apenas um circuito. O ciclo de vapor combina a elevada eficiência da VHTR e a maturidade das turbinas a vapor utilizadas nas centrais eléctricas alimentadas a combustíveis fósseis. O vapor de alta qualidade para a produção de eletricidade ou a co-geração é uma opção de baixo risco e de elevado desempenho para as VHTR. O vapor supercrítico pode aumentar ainda mais a eficiência do ciclo de vapor VHTR.

As estruturas internas do núcleo e os sistemas de arrefecimento, como os permutadores de calor intermédios, as condutas de gás quente, os componentes do processo e as válvulas de isolamento, que estão em contacto com o hélio quente, podem utilizar os materiais metálicos actuais até uma temperatura de saída do núcleo de cerca de 700 a 800°C. Os esforços nos Estados Unidos concentraram-se no desenvolvimento dos dados necessários para alargar a liga 800H para utilização até 850°C e a liga 617 para utilização até 950°C.

Os HTGRs alemães, como o AVR e o THTR, utilizavam conjuntos esféricos de combustível com cerca de 5 a 6 cm de diâmetro. Estes são tradicionalmente designados por "pebbles". Em HTGRs como o Peach Bottom e o FSV, os projectistas americanos utilizaram o conjunto de combustível "bloco prismático", no qual os CFPs são formados em compactos cilíndricos de combustível antes de serem inseridos em elementos hexagonais de combustível de grafite. As concepções modernas de seixos incluem o reator de ensaio chinês HTR-10 e o reator sul-africano PBMR-Geração III+. As concepções prismáticas modernas incluem o reator de ensaio japonês HTTR e o reator General Atomics GT-MHR Geração III+. A conceção em bloco é constituída por canais de arrefecimento integrados.

CICLO TERMODINÂMICO VHTR

Tanto o ciclo de Rankine como o ciclo de Brayton são ciclos termodinâmicos que envolvem a transferência de trabalho e calor para dentro e para fora de um sistema, que tem condições variáveis de temperatura e pressão. O ciclo de Rankine é um modelo que descreve o desempenho de uma turbina a vapor, enquanto o ciclo de Brayton é um ciclo termodinâmico que descreve o funcionamento de um motor térmico a pressão constante. [52]

O VHTR pode utilizar um sistema de ciclo de arrefecimento duplo em que o refrigerante de hélio passa por um permutador de calor onde o calor é transferido para a água e é gerado vapor para acionar uma turbina a vapor. Este sistema tem uma eficiência de cerca de 38%. No entanto, um sistema mais avançado utiliza o hélio diretamente para acionar uma turbina a gás antes de utilizar o calor restante para produzir vapor. Este sistema é por vezes designado por reator modular de hélio com turbina a gás (GT-MHR). Em teoria, o GT-MHR pode atingir uma eficiência de conversão de energia de 48%.

Os HTR anteriores utilizaram caldeiras e turbinas a vapor convencionais que funcionam num ciclo de Rankine. No entanto, muitos dos actuais conceitos de VHTR incluem turbinas de hélio de ciclo direto para a produção de eletricidade ou um permutador de calor intermédio para fornecer calor de processo. Em ambos os casos, será necessário identificar ligas de alta temperatura capazes de um funcionamento prolongado a temperaturas elevadas. Os períodos de funcionamento mais longos possíveis entre as paragens para manutenção são um pré-requisito para o desenvolvimento de centrais de turbinas a gás, tendo em conta os requisitos económicos da Geração-IV. Em comparação com as atuais usinas de turbinas a gás, onde os intervalos de manutenção raramente são superiores a 15.000 h, a VHTR tem como meta até 50.000 h de operação sem grande atenção à turbomáquina. Isto colocará exigências extremas à resistência à deformação das pás e discos da turbina [53].

Um ciclo Brayton direto com um sistema de turbina a gás de hélio é colocado diretamente no circuito de arrefecimento primário, ou seja, na extremidade inferior da temperatura de saída. Por outro lado, um ciclo indireto com um gerador de vapor e um ciclo Rankine convencional pode ser utilizado para aplicações de calor nuclear, como o calor de processo para refinarias, petroquímica, metalurgia e produção de hidrogénio. O processo de aplicação de calor é geralmente acoplado ao reator através de um permutador de calor intermédio (IHX), o chamado ciclo indireto.

O Professor Ackeret, em 1945, cofundador do ciclo Brayton fechado, foi o primeiro a sugerir a associação de um reator nuclear arrefecido a gás a alta temperatura com um sistema de conversão de energia de turbina a gás de ciclo fechado utilizando hélio.

A opção do ciclo Brayton tem boas perspectivas para a produção de eletricidade VHTR no futuro. Alguns componentes-chave, como o recuperador, a turbina de hélio e o IHX, exigem esforços de I&D para além do trabalho já efectuado em muitos países. Na última década, foram avaliadas diferentes configurações de balanço da instalação e diferentes concepções de IHX. Foram testados os projectos de IHX candidatos mais promissores [54&55].

A alta temperatura de saída permite a produção termoquímica de hidrogénio através de um permutador de calor intermédio, com co-geração de eletricidade, ou o acionamento direto de alta eficiência de uma turbina a gás (ciclo Brayton). A temperaturas de saída mais baixas, o ciclo de vapor de Rankine pode ser utilizado para a produção de eletricidade, sendo este o foco dos projectos de demonstração. Estão previstos módulos de 600 MW térmicos.

Atualmente, o ciclo Rankine indireto está a progredir em relação ao custo do ciclo Brayton direto de conversão de energia devido ao seu menor risco tecnológico e à sua maior flexibilidade em termos de fluido de trabalho e de missão do reator (eletricidade, calor de processo e co-geração) [56&57].

O hélio satisfaz dois dos aspectos mais importantes da conceção de uma central nuclear de ciclo fechado, nomeadamente os aspectos de engenharia e os aspectos ambientais. O hélio, enquanto gás, tem um coeficiente de transferência de calor mais elevado do que a água, pelo que é capaz de absorver o calor de forma muito mais rápida e eficiente. Assim, ao utilizar o hélio como refrigerante, podemos aumentar a capacidade de transferência de calor do reator nuclear [58].

Atualmente, as centrais eléctricas modernas que funcionam em ciclo combinado representam o sistema de produção de energia mais avançado e permitem atingir eficiências térmicas até 50%, ao contrário dos cerca de 33% da produção de energia convencional que utiliza combustíveis fósseis e quase o mesmo ou ainda menos no caso das centrais nucleares. Segundo consta, o intervalo típico de eficiência é de 37-55%. O funcionamento em ciclo combinado emprega uma turbina a gás e um gerador de vapor de recuperação de calor (HRSG) que utiliza os gases de escape de uma turbina a gás para produzir vapor de alta qualidade, que é utilizado para alimentar uma turbina a vapor [59].

Para maximizar a segurança, a simplicidade e a economia da sua produção de eletricidade, o VHTR utilizará um ciclo Brayton direto para a produção de eletricidade. O ciclo Brayton direto demonstrou a sua elevada eficiência, conduz a várias vantagens em termos de segurança e de custos e é especialmente necessário para aplicações nucleares, a fim de reter o gás de processo por razões radiológicas. [60]

Para aplicações de calor de processo como a produção de hidrogénio, o VHTR utilizará o ciclo Rankine indireto com um permutador de calor intermédio (IHX) para fornecer calor à aplicação de processo. Por conseguinte, é necessário um ciclo indireto para proporcionar uma interface térmica entre o reator e a aplicação de calor de processo escolhida. Um ciclo indireto isola o circuito de calor de processo do reator nuclear, o que permite que os sistemas de calor de processo sejam concebidos e construídos segundo normas não nucleares.

A conceção e o desenvolvimento de reactores arrefecidos a gás com turbinas a gás de ciclo fechado foram discutidos na reunião do Comité Técnico da AIEA realizada no Instituto de Tecnologia da Energia Nuclear na China em agosto de 1996. A reunião contou com a participação de representantes da China, França, Alemanha, Japão, Países Baixos, Federação Russa, África do Sul e Estados Unidos da América. Os trabalhos apresentados abrangeram as áreas temáticas das actividades nacionais e internacionais em reactores arrefecidos a gás; conceção de HTGRs com turbinas a gás de ciclo fechado; licenciamento, comportamento do combustível e dos produtos de cisão; e desenvolvimento de sistemas de conversão de energia com turbinas a gás [61]. A reunião do Comité Técnico da AIEA destina-se a promover o intercâmbio internacional de informações sobre sistemas e componentes de conversão de energia de turbinas a gás para HTGR modulares.

O circuito primário de transferência de calor do VHTR será utilizado para gerar eletricidade utilizando um ciclo Brayton fechado (Fig. 2.5-1). O refrigerante é aquecido à medida que flui para baixo através do núcleo ativo. O hélio quente flui para fora do reator através do tubo interior da conduta transversal e para a unidade de conversão de energia. Uma parte do hélio, depois de passar pela turbina, será desviada para o IHX para aquecer o circuito secundário, antes de regressar pelo resto da unidade de conversão de energia.

O VHTR inclui um circuito secundário de transferência de calor para fornecer calor de processo a produtos energéticos não eléctricos, por exemplo, a produção de hidrogénio. O objetivo do permutador de calor adicional é isolar o reator dos circuitos de hidrogénio e atenuar a contaminação e os transientes térmicos.

Sistema de arrefecimento da cavidade do reator

A fim de evitar danos estruturais ou libertação radioactiva, será utilizado um sistema passivo de remoção de calor para limitar as temperaturas do núcleo e do combustível. O objetivo do projeto do VHTR é utilizar as suas caraterísticas de segurança intrínsecas para remover o calor de decaimento do núcleo durante os acidentes e tornar desnecessário um sistema de arrefecimento da cavidade do reator (RCCS). Para evitar danos estruturais ou libertação radioactiva, será utilizado um sistema passivo de remoção de calor para limitar as temperaturas do núcleo e do combustível. Os principais métodos de remoção do calor de decaimento são a radiação e a condução para a estrutura da cavidade do reator e para a terra. O RCCS contém painéis de arrefecimento e uma conduta de admissão/exaustão que permite a convecção natural do ar para remover o calor adicional (Fig. 5). O VHTR empregará um sistema passivo semelhante para manter a temperatura do reservatório e do combustível dentro de limites aceitáveis. A melhoria da capacidade do RCCS melhorará a envolvente custo-segurança do VHTR. Os métodos passivos de remoção de calor não requerem qualquer intervenção humana ou energia externa, pelo que são mais fiáveis.

Os mecanismos inerentes à remoção do calor de decaimento dos GCR em condições de acidente (Fig. 6) foram estudados por diferentes países membros do CRP da AIEA. Os países participantes neste PRC incluem a China, a França, a Alemanha, o Japão, os Países Baixos, a Federação Russa e os Estados Unidos da América. IAEA- TECDOC. Foram relatadas investigações experimentais e analíticas do transporte de calor por convecção natural, condução e radiação térmica no interior do núcleo e da cuba do reator, e após a remoção do calor da cuba do reator. O objetivo era estabelecer dados experimentais suficientes em condições realistas e ferramentas analíticas validadas para confirmar a resposta térmica segura prevista para os reactores avançados arrefecidos a gás durante os acidentes. Foram efectuadas a verificação e a validação dos métodos analíticos.

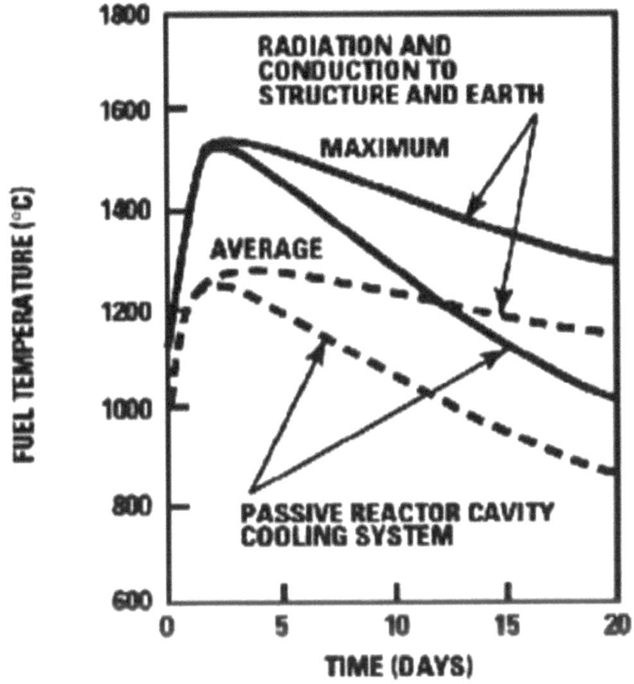

Fig. (5) CCR passivo do GT-MHR e temperaturas de pico do núcleo em caso de acidente (Ref. 53)

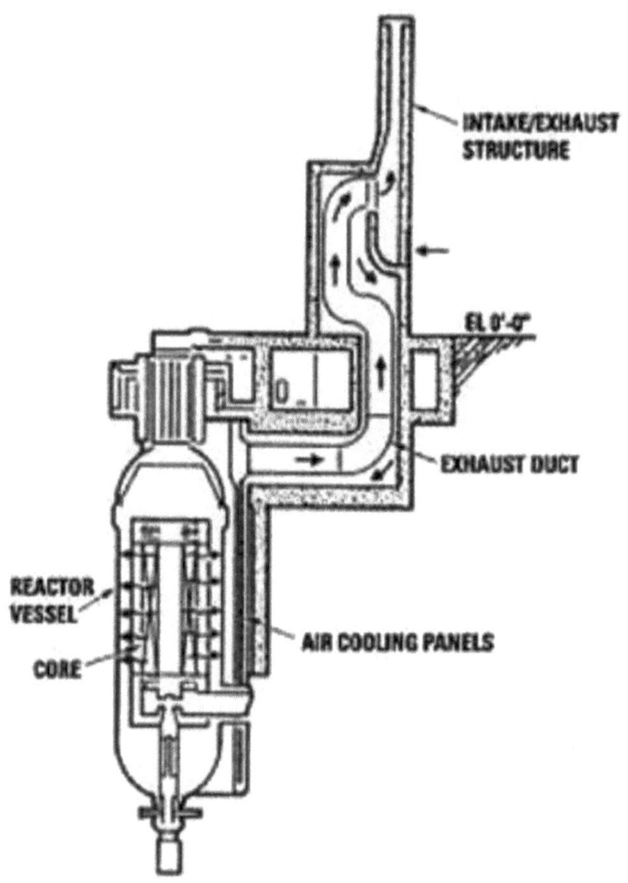

Fig. (6) Remoção de calor de decaimento dos GCRs

O foco de aplicação do VHTR, dada a sua especificação de alta temperatura, é a co-geração de eletricidade e o fornecimento direto de calor. O fornecimento de calor está orientado para aplicações de calor de processo, por exemplo, a produção de hidrogénio a longo prazo e aplicações industriais.

Prevê-se que a eletricidade seja fornecida através de uma turbina de ciclo direto acionada por hélio a funcionar no circuito primário de refrigeração, enquanto o fornecimento de energia térmica seria obtido a partir de um permutador de calor no circuito secundário (ciclo indireto).

O desenvolvimento de projectos de reactores de muito alta temperatura arrefecidos a gás (VHTR) da Geração IV prosseguiu durante mais de meio século e continua a prosseguir. Vários reactores foram construídos ou estão a ser construídos, enquanto outros estão ainda a ser desenvolvidos em várias fases em diferentes países. Entre estes contamse o projeto do Reator Modular de Leito de Calhau (PBMR), liderado pela Eskom, o projeto do Reator Modular de Hélio com Turbina a Gás (GT-MHR), liderado pela General Atomics, o reator de potência de módulo de leito de calhau para reator de alta temperatura (HTR-PM) & HTR-10 na China, o reator Dragon no Reino Unido, o reator de ensaio de engenharia de alta temperatura que utiliza combustível prismático com 30 MW de capacidade no Japão, os reactores polivalentes THTR 300C e AVR na Alemanha, o NuH2 para hidrogénio nuclear e calor de processo na Coreia, o reator de cogeração da central nuclear da próxima geração (NGNP) nos Estados Unidos e um reator de potência experimental na Indonésia.

A utilização de reactores de arrefecimento a gás a alta temperatura (HTGR) é principalmente uma das tentativas para satisfazer as necessidades energéticas do futuro de uma forma eficiente, segura e mais económica e ambientalmente aceitável do que os actuais métodos de produção e utilização de energia. O desenvolvimento do HTGR para a produção de eletricidade e a utilização numa vasta gama de aplicações de calor de processo foi intensamente investigado. [62]&[63]

Em novembro de 1994, realizou-se na Fundação de Investigação Energética dos Países Baixos uma reunião do Comité Técnico sobre o estado de desenvolvimento dos HTGR modulares e o seu papel futuro. A reunião contou com a participação de representantes da China, França, Alemanha, Indonésia, Japão, Países Baixos, Suíça, Federação

Russa e Estados Unidos da América. As áreas temáticas apresentadas foram a experiência de funcionamento dos GCR, a situação dos programas nacionais de GCR e as concepções avançadas de HTR e o desempenho previsto. Foram também discutidas as perspectivas para os HTR avançados e o papel das organizações nacionais e internacionais no seu desenvolvimento. [64]

As principais áreas temáticas de interesse internacional incluem sistemas passivos, mecanismos inerentes para a remoção do calor de decaimento dos GCR em condições de acidente, transporte de calor por convecção natural, condução e radiação térmica, caraterísticas de segurança inerentes, física do núcleo, rácios de reprodução, materiais estruturais resistentes a altas temperaturas, desenvolvimento de barras de controlo a alta temperatura, investigação e ensaio de irradiação de grafite para funcionamento a 1000°C, I&D sobre queima de combustível muito elevada, qualificação de aços para vasos de pressão a 500°C, I&D e ensaio de componentes de projectos de recuperadores de alta eficiência.

Em novembro de 1996, realizou-se em Joanesburgo, África do Sul, uma reunião do Comité Técnico sobre o desenvolvimento da tecnologia HTGR. A reunião contou com a participação de representantes da China, França, Alemanha, Indonésia, Japão, Países Baixos, Federação Russa, África do Sul, Reino Unido e Estados Unidos. A reunião abrangeu um vasto leque de temas, incluindo o desenvolvimento do programa GCR; a segurança e gestão do GCR; o desenvolvimento da central do reator modular de leito de seixos na África do Sul; a conceção do sistema e dos componentes da central HTR; e os desenvolvimentos técnicos na conceção do GCR. [65].

Os projectos HTGR são desenvolvidos para atingir um elevado grau de segurança com exigências substancialmente reduzidas em matéria de segurança no que respeita às operações da central e à supervisão da concessão de licenças, graças à confiança nas caraterísticas de segurança inerentes. Estes benefícios previstos baseiam-se em grande medida na capacidade das partículas de combustível revestidas de cerâmica para reter produtos de cisão em condições normais e de acidente, no comportamento físico dos neutrões do núcleo, na sua estabilidade química e na capacidade do projeto para dissipar o calor de decaimento através de mecanismos naturais de transporte de calor sem atingir temperaturas excessivas. Estas caraterísticas devem ser demonstradas em condições experimentais que representem condições realistas do reator, e os métodos utilizados para prever o desempenho do combustível e do reator devem ser validados com base em dados experimentais, a fim de apoiar a concessão de licenças e a implantação comercial de HTGR avançados.

O Departamento de Segurança Nuclear da AIEA, em conjunto com o CEA (França), realizou um workshop em julho de 2000 sobre Aspectos de Segurança e Licenciamento de Reactores Modulares de Alta Temperatura Refrigerados a Gás. É apresentada uma abordagem geral para a conceção e avaliação da segurança dos HTGR modulares, incluindo métodos de análise e critérios, implementação da defesa em profundidade e realização das funções de segurança fundamentais e suas implicações na classificação de segurança de estruturas, sistemas e componentes. São resumidos os dados experimentais existentes, os métodos analíticos, os resultados relevantes para a avaliação da segurança dos projectos de HTGR modulares, a experiência de licenciamento existente e os precedentes aplicáveis, e é avaliada a aplicabilidade das normas de segurança da AIEA aos HTGR [66].

Em novembro de 1998, realizou-se no Instituto de Tecnologia da Energia Nuclear da China uma reunião do Comité Técnico sobre aspectos económicos e de conceção relacionados com a segurança dos HTGR. A reunião contou com a participação de representantes da China, França, Alemanha, Indonésia, Japão, Países Baixos, Federação Russa, África do Sul, Reino Unido e Estados Unidos da América. As principais áreas temáticas são a situação das actividades de conceção e desenvolvimento associadas aos aspectos económicos e de segurança dos HTGR e a identificação de vias que possam proporcionar a oportunidade de cooperação internacional na abordagem destas questões [67].

Foram realizados programas experimentais pelo Japão (HTTR alimentado com combustível prismático de 30 MWt) e pela China (HTR-10 alimentado com combustível de 10 MWt) em apoio ao desenvolvimento do HTGR, com o objetivo de avaliar os modelos e códigos de desempenho analítico e experimental do HTGR em conjugação com as condições de arranque, estado estacionário e funcionamento transiente do HTTR e do HTR-10. O principal objetivo era validar os resultados obtidos em anteriores PRC relacionados com a segurança dos reactores e contribuir para o desenvolvimento, o desempenho e a avaliação de actividades de investigação de referência entre códigos e experiências em apoio aos programas de ensaio para o HTTR e o HTR-10. Estes reactores de ensaio validam os resultados analíticos dos esforços anteriores e representam o próximo passo lógico no desenvolvimento da tecnologia HTGR.

As incertezas nos cálculos físicos para núcleos de reactores arrefecidos a gás foram intensamente debatidas numa reunião de especialistas realizada no Instituto Paul Scherrer, na Suíça, em maio de 1990. A reunião contou com a participação de representantes da Áustria, China, França, Alemanha, Japão, Suíça, Federação Russa e Estados Unidos da América. Os resultados foram compilados e publicados num documento da AIEA. [68]

Os programas de desmantelamento de centrais; o armazenamento de combustível, o estado e os programas; e a eliminação de resíduos e as práticas de descontaminação são alguns dos tópicos discutidos na reunião do Comité Técnico da AIEA sobre tecnologias para o desmantelamento de reactores arrefecidos a gás, realizada em Julich, Alemanha, em 16 de setembro de 1997. A reunião contou com a participação de representantes da China, França, Alemanha, Japão, Países Baixos, Federação Russa, Eslováquia, Espanha, Suíça, África do Sul, Reino Unido e Estados Unidos da América[69].

CONSEQUÊNCIAS DE EVENTUAIS ACIDENTES

Os reactores de alta temperatura arrefecidos por gás têm um elevado grau de segurança. Não se prevêem introduções súbitas de grandes quantidades de reatividade na conceção previsível. Serão analisados vários tipos de acidentes, incluindo todos os acidentes previsíveis com as actuais concepções. As temperaturas máximas atingidas durante um acidente variam consideravelmente em função da potência inicial. Os acidentes a potência zero num núcleo frio raramente conduzem a temperaturas perigosas se o equipamento de segurança adequado previr um desarme no momento certo. Na análise dos acidentes ocorridos durante o funcionamento em potência, é importante encontrar o pior momento em que o acidente pode ocorrer. Isto significa considerar o momento em que a concentração de produtos de cisão conduz ao pior coeficiente de temperatura e em que a configuração das barras de controlo já inseridas no núcleo reduz ao mínimo os efeitos de reatividade da inserção das restantes barras. Muito importante a este respeito é a concentração de Xe que influencia fortemente o coeficiente de temperatura e depende do diagrama de carga. A classificação dos acidentes dada por Stewart e Merrill limita a análise dos acidentes que têm interesse para o físico do reator. Em muitos casos, não é possível a entrada de água líquida no núcleo quente. A água será vaporizada nas condutas de alta temperatura antes de atingir o núcleo.

(a) Fuga de água para o sistema de arrefecimento primário
A introdução de água tem um efeito positivo na reatividade; no entanto, na maioria dos casos é possível conceber o sistema de modo a que a água que entra no núcleo seja limitada a uma quantidade muito pequena. Em muitos casos, não é possível a entrada de água líquida no núcleo quente. A água será vaporizada nas condutas de alta temperatura antes de atingir o núcleo. Em grandes sistemas só é possível a introdução de vapor e o efeito resultante é limitado. Neste caso, o maior dano não é causado pelo desvio de potência, mas pela corrosão devida à reação química da água com os materiais do núcleo.
(b) Retirada acidental de barras de controlo
Este acidente pode ser causado por uma falha do operador ou do sistema de controlo. O número e a velocidade das barras de controlo que podem ser movimentadas simultaneamente são limitados por razões de segurança. A taxa máxima de inserção de reatividade é determinada pelos requisitos operacionais e, em particular, pela ultrapassagem de Xe. O sistema de controlo deve ser capaz de compensar a taxa de aumento de Xe após uma redução de potência, mesmo na configuração mais desfavorável. Este requisito pode ser satisfeito movendo mais varetas a uma velocidade inferior ou uma só vareta a uma velocidade superior.

(c) Perda de material venenoso do núcleo
Poder-se-ia pensar que venenos queimáveis ou produtos de cisão poderiam ser subitamente libertados do núcleo, determinando assim um aumento da reatividade. Foi provado por numerosas experiências que esta taxa de libertação é sempre muito lenta, mesmo a temperaturas muito elevadas, e mesmo sem utilizar partículas revestidas.

(d) Alterações na configuração geométrica do núcleo
Os acidentes anteriormente mencionados têm efeitos negligenciáveis ou não podem ocorrer em reactores arrefecidos a gás a alta temperatura.

Nos reactores de leito de seixos, o vazio entre

os elementos do combustível podem mudar localmente, mas os efeitos sobre a reatividade são sempre muito pequenos.

(e) Perda de líquido de refrigeração e falha do ventilador
Estes acidentes não alteram diretamente as propriedades de multiplicação de neutrões do reator, mas afectam o mecanismo de remoção de calor. Uma falha deste mecanismo pode ser o resultado de uma despressurização ou de uma falha do ventilador. No caso da despressurização, os acidentes podem ser tratados considerando que a pressão do refrigerante diminui com o tempo de acordo com uma determinada lei, que depende do tipo de fuga. Em caso de falha do ventilador, o caudal mássico diminuirá segundo uma curva de tipo exponencial. Normalmente, é possível garantir um arrefecimento de emergência com um caudal mássico reduzido a 6-10% do valor original (por exemplo, um dos ventiladores continua a funcionar com potência reduzida). Um arrefecimento de emergência para a remoção do calor de decaimento após a ocorrência de uma rutura é, em qualquer caso, necessário, uma vez que devem ser evitadas temperaturas extremas.

(f) Aumento da temperatura sem aumento da potência total de saída
Os aumentos locais de temperatura podem ser devidos a várias razões, por exemplo, a um amordaçamento errado, ao bloqueio do canal, a erros de carga, à instabilidade espacial, à distribuição espacial incorrecta das barras de controlo inseridas.

(g) Acidentes de arranque
Qualquer um dos acidentes acima referidos pode ocorrer durante o arranque, mas o acidente típico de arranque é uma inserção contínua de reatividade que resulta num período demasiado curto do reator. No tratamento dos acidentes de arranque, é importante considerar que apenas o calor imediato contribui para as temperaturas do núcleo, uma vez que o calor retardado ainda não está presente.
d) Inserção de material reativo no núcleo
Este material reativo pode ser tanto moderador como combustível.

3.2. Reactores rápidos arrefecidos a gás

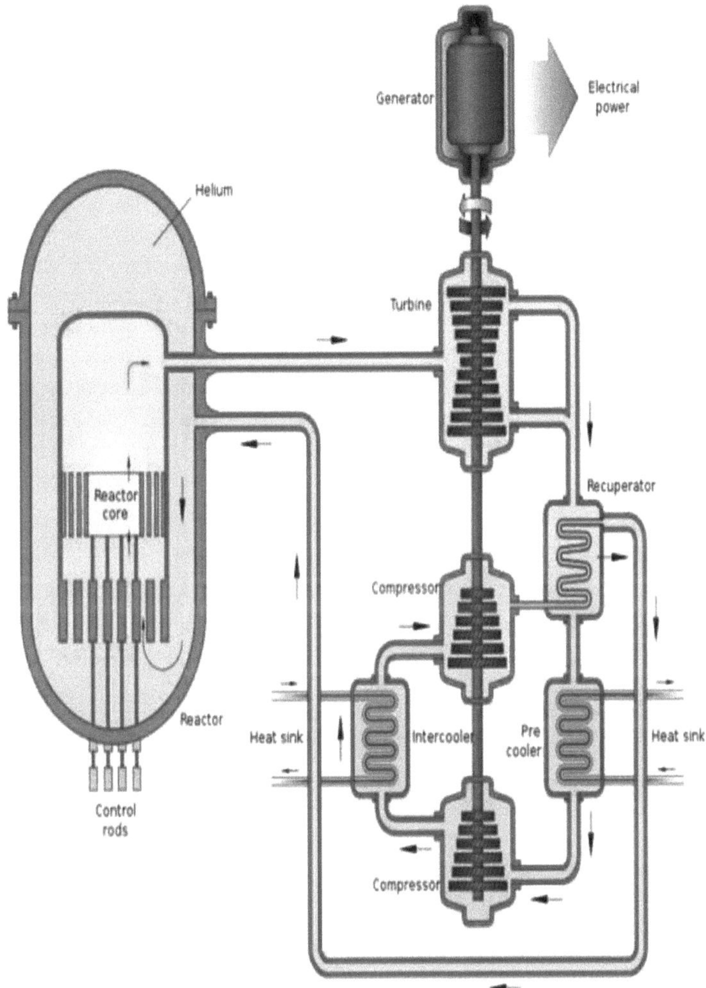

**Fig. (7) Esquema do reator rápido arrefecido a gás
Trabalho derivado de Gfr.gif: Beao - Gfr.gif, reator rápido
arrefecido a gás da Geração IV.**

O sistema de reator rápido arrefecido a gás (GFR) é uma conceção de
reator nuclear classificada como reator de Geração IV, de espetro

rápido de neutrões e ciclo de combustível fechado para uma conversão eficiente do urânio fértil e gestão dos actinídeos. A conceção do reator de referência é um sistema arrefecido a hélio que funciona a uma temperatura de saída de 850 °C, utilizando uma turbina a gás de ciclo fechado Brayton direto para uma elevada eficiência térmica. O reator rápido arrefecido a gás (GFR) oferece a vantagem de se basear na tecnologia de combustível de alta temperatura e caracteriza-se por uma caraterística de sustentabilidade com redução do volume e da toxicidade do seu combustível irradiado e pelo potencial acrescido de utilização de combustível irradiado LWR reprocessado que continua a acumular-se com o ciclo de combustível de passagem única. A conceção de base do GFR é um reator rápido, mas noutros aspectos semelhante a um reator de alta temperatura arrefecido a gás. Difere da conceção HTGR na medida em que o núcleo tem um teor mais elevado de combustível físsil, bem como um componente de reprodução não físsil e fértil. Não existe moderador de neutrões, uma vez que a reação em cadeia é sustentada por neutrões rápidos. Devido ao maior teor de combustível físsil, a conceção tem uma densidade de potência superior à do HTGR.

Há várias décadas, o arrefecimento por gás foi considerado uma opção para os reactores rápidos, a fim de obter melhores caraterísticas de reprodução, reduzindo simultaneamente alguns dos problemas associados ao sódio líquido como refrigerante. No passado, foi desenvolvido um grande número de projectos, mas não foram construídos reactores rápidos arrefecidos a gás e o conceito "clássico" de GCFR foi abandonado no final da década de 1970. As vantagens de uma disposição mais simples do sistema nos GCFR, de um maior ganho de reprodução e de uma maior eficiência térmica são compensadas pela necessidade de precauções de segurança projectadas para a despressurização. Na prática, os limites de temperatura do material de revestimento convencional (aço inoxidável) não permitem o funcionamento a temperaturas muito mais elevadas do que num reator rápido típico arrefecido a sódio. Para garantir o elevado nível de segurança exigido pelo conceito GCFR, serão necessários conceitos avançados de combustível e materiais avançados, que estão atualmente a ser investigados. As soluções de compromisso no projeto baseiam-se principalmente na segurança e na sustentabilidade. Em geral, os aspectos económicos dos GCFR não eram melhores do que os dos FBR arrefecidos por metal líquido. W. F. G. van Rooijen apresentou uma panorâmica histórica (no período de 1960 a 1980) e perspectivas futuras. O desenvolvimento na área dos reactores rápidos arrefecidos a gás (GCFR) foi também analisado. Durante este período, o conceito GCFR foi considerado mais difícil do que o dos reactores arrefecidos por metal líquido.

O quadro da Geração IV abordou o reator rápido arrefecido a gás, que é um dos seis conceitos geralmente designados por "reator rápido a gás" (GFR). Tal como outros reactores rápidos, os reactores rápidos arrefecidos a gás (GFR) têm um potencial excecional como fontes de energia sustentáveis, tanto para a utilização de material cindível como para a minimização dos resíduos nucleares através da transmutação de actinídeos menores. O principal objetivo da investigação sobre os GFR é desenvolver o sistema para ser um gerador de eletricidade fiável e económico, com boas caraterísticas de segurança e sustentabilidade. O trabalho de investigação sobre o sistema de reator rápido arrefecido a gás é orientado para o cumprimento dos ambiciosos objectivos a longo prazo da Geração IV (Gen IV), ou seja, desenvolver um sistema de energia nuclear seguro, sustentável, fiável, resistente à proliferação e económico.

O novo começo do desenvolvimento do GCFR começa com os reactores nucleares da Geração IV. A iniciativa do Fórum Internacional da Geração IV (2000-2001) renovou o interesse pelo tipo de reator GCFR e o arrefecimento a gás é mais uma vez reconsiderado para os sistemas de neutrões rápidos. Esperava-se que o conceito GCFR aumentasse o ganho de reprodução e a eficiência térmica de uma central nuclear e atenuasse alguns dos problemas associados aos refrigerantes de metal líquido. Os novos conceitos GCFR centram-se principalmente na energia nuclear sustentável, com uma utilização muito eficiente dos recursos, um mínimo de resíduos e uma grande ênfase na segurança (passiva). Existe uma pressão crescente da sociedade para reduzir ao máximo a quantidade de resíduos nucleares de longa duração e para aumentar ainda mais a segurança das centrais nucleares Existe uma pressão crescente da sociedade para reduzir ao máximo a quantidade de resíduos nucleares de longa duração e para aumentar ainda mais a segurança das centrais nucleares. GIF. van Rooijen apresenta uma panorâmica das investigações sobre este tipo de reator e as principais caraterísticas de conceção destes GCFR da Geração IV, fornecendo uma lista da literatura para publicações mais pormenorizadas.

Recentemente, depois de renovado o interesse pelos reactores arrefecidos a gás, foram desenvolvidos vários projectos de reactores arrefecidos a gás de alta temperatura (HTGR) e de reactores rápidos arrefecidos a gás (GFR) para implantação a curto prazo [70].

CONCEPÇÃO BÁSICA DO GFR [71]

Rácios de reprodução elevados, tempos de duplicação mais curtos e densidades de potência elevadas são caraterísticas dos reactores históricos de reprodução rápida arrefecidos a gás. Para obter o maior potencial de reprodução em qualquer reator, a quantidade de absorção parasita deve ser minimizada. Os componentes do núcleo dos reactores rápidos arrefecidos a gás (GFR) serão colocados num ambiente exigente com alta pressão de gás, alta temperatura de funcionamento e alto fluxo de neutrões rápidos. Por conseguinte, será necessário um material estrutural resistente a altas temperaturas para realizar o conceito de conceção dos GFR. Os requisitos estimados para garantir inicialmente a gestão segura do aumento mais grave da temperatura em resultado da perda de acidentes de arrefecimento são a preservação da integridade como barreira para o aquecimento dos produtos de cisão até 1600°C e a preservação da geometria até 2000°C. Para minimizar as perdas parasitas e obter um reator reprodutor, é necessário construir um reator nuclear em que os neutrões permaneçam a alta energia.

Um dos principais objectivos do núcleo GFR é obter um ganho interno de reprodução ligeiramente positivo. Para tal, é necessário utilizar materiais cindíveis que apresentem uma elevada densidade de átomos pesados. O elevado número de neutrões em excesso disponíveis num reator rápido permite a sua aplicação como reactores de transmutação de actinídeos, para reduzir a radiotoxicidade a longo prazo dos resíduos nucleares. Os reactores rápidos podem contribuir para o desenvolvimento sustentável ao utilizarem uma fração muito maior dos recursos de urânio. Os aspectos económicos dos ciclos fechados de combustível com GFR, bem como outras opções de reactores, constituem um desafio.

O número de reacções de captura que produzem material cindível por unidade de tempo é proporcional ao nível de fluxo no reator. Por razões económicas e de caraterísticas do ciclo do combustível, é geralmente desejável ter um núcleo muito compactado, em que as fracções volumétricas dos materiais estruturais e do refrigerante sejam mantidas a um nível mínimo, a fim de obter a maior taxa de reprodução possível. De um modo geral, o núcleo do reator é concebido para ter um nível de fluxo muito elevado, o que geralmente se traduz numa taxa de cisão muito elevada. A temperatura muito elevada e a elevada densidade de potência num núcleo de reator rápido da ordem dos 300 MW/m^3 é 3 a 4 vezes superior à dos LWR. Deve notar-se que a elevada densidade de potência num reator rápido é o resultado de escolhas de conceção.

O limite neutrónico deve ser inferior ao limite termo-hidráulico (TH). Na prática, a escolha de uma densidade de potência baixa alargará a região de possibilidades; uma densidade de potência mais baixa significa que é mais fácil manter-se dentro dos limites TH e, ao mesmo tempo, o volume do reator será maior para a mesma potência de saída, proporcionando maiores margens neutrónicas através da redução das fugas. A densidade de potência relativamente elevada e a baixa capacidade térmica do refrigerante, combinadas com uma maior carga de combustível, uma temperatura de funcionamento elevada e uma dose elevada de neutrões, tornam os sistemas de combustível para reactores rápidos arrefecidos a gás os mais difíceis dos sistemas de reactores avançados. No entanto, a implantação de sistemas protótipo para demonstrar ambas as caraterísticas de desempenho, incluindo a fiabilidade e a economia, é importante para a viabilidade dos GFR. A construção de um protótipo de GFR resolveria o problema da experiência limitada que tem impedido os GFR.

Além disso, os sistemas híbridos que combinam as vantagens dos GFR com as vantagens de outras fontes de energia, bem como a integração de aplicações de energia e de calor de processo, podem potencialmente tornar mais competitiva a justificação económica para os GFR da Geração IV. Isto pode tornar a implantação de sistemas híbridos mais próxima da realidade e permitir uma melhor realização do seu potencial de desempenho.

Os conceitos históricos de GFR incluem projectos de unidades de 300 e 1000 MW$_e$. As unidades de potência da Geração IV com GFRs assumem 600 e 2400 MW$_{th}$. As potências nominais mais baixas permitem a modularidade e os modos de funcionamento em função da carga, e facilitam as sinergias com os reactores de muito alta temperatura. As potências nominais mais elevadas facilitam a economia de neutrões, com a consequente redução dos inventários de combustível do núcleo, e são mais compatíveis com os modos de funcionamento em carga de base.

O projeto de referência para o GFR baseia-se no núcleo do reator contido numa cuba de pressão de aço. O núcleo é constituído por um conjunto de elementos de combustível hexagonais, cada um deles composto por pinos revestidos de cerâmica e alimentados por carbonetos mistos, contidos num tubo hexagonal de cerâmica. Os conceitos de núcleo desenvolvidos para os GFR seguem a via do bloco prismático/rede hexagonal, bem como a via do núcleo de leito de seixos.

A escolha do ganho de reprodução zero e da ausência de coberturas determina a composição do combustível; existe apenas uma estreita faixa de composições isotópicas possíveis que resultarão num ganho de reprodução zero. No ciclo do combustível U/Pu, a fração de U-238 tem de se situar entre 80% e 85%; note-se que o vetor plutónio tem uma influência negligenciável no ganho de reprodução, uma vez que a captura de neutrões no U-238 é a contribuição mais importante para substituir os isótopos cindíveis consumidos. A ausência de coberturas significa que o reator pode ser aproximado por um simples cilindro homogéneo de uma mistura combustível/refrigerante (negligenciando a heterogeneidade introduzida por diferentes lotes de combustível, etc.). Para um reator cilíndrico homogéneo de um determinado volume e composição de combustível, existe uma relação altura/diâmetro *mínima*, abaixo da qual o reator nunca se tornará crítico devido a uma fuga excessiva de neutrões. Por outro lado, existe também uma relação *óptima*, em que as perdas de neutrões por fuga são minimizadas. Suponhamos agora um reator homogéneo, cilíndrico e de volume fixo. Se a fração de refrigerante for aumentada, a quantidade de combustível no núcleo diminui, pelo que a razão - deve ser escolhida mais perto do valor ótimo para se obter a criticalidade. O limite neutrónico é o valor *mínimo* para obter criticalidade com uma dada fração de refrigerante no núcleo.

CONCEPÇÃO DE REFERÊNCIA DO GFR

(1) Núcleo de reator rápido sem coberturas férteis, ou seja, todo o

combustível cindível novo é produzido no núcleo. O pano de fundo é que, numa manta fértil, o elemento cindível (por exemplo, Pu-239) é isotopicamente quase puro, o que constitui um problema de proliferação.

(2) Produzir material cindível suficiente para reabastecer o mesmo reator, reciclar todo o metal pesado, acrescentando apenas material fértil; apenas os produtos de cisão e as perdas de reprocessamento são descarregados para um depósito. Este tipo de ciclo fechado é discutido em. Os estudos de cenários indicam que é importante reduzir tanto quanto possível as existências de actinídeos menores (Np, Am e Cm). Por este motivo, várias investigações do GFR centram-se no potencial de irradiação de MA extra no combustível GCFR.

(3) A potência específica do combustível é comparativamente baixa, normalmente cerca de 40 W/gHM. Ao permitir uma potência específica baixa, a densidade de potência volumétrica no núcleo permanece limitada, normalmente entre $50MW/m^3$ e $100MW/m^3$, o que melhora as caraterísticas de segurança. Para compensar a penalização económica da baixa potência específica, um sistema de conversão de energia altamente eficiente com uma turbina a gás de acoplamento direto num ciclo de Brayton é a referência para a produção de eletricidade.

(4) A investigação inicial centrou-se numa potência unitária de 600 MWth (300 MWe) para uma conceção "modular" e numa conceção de 2400 MWth (1200 MWe) para um reator de grande escala. Na prática, as concepções de 600 MWth revelaram-se muito difíceis em termos de neutrónica e de segurança e, em 2006, foi tomada a decisão de prosseguir exclusivamente a conceção de 2400 MWth. Não existe um projeto de referência para o reator de 2400 MWth; são possíveis sistemas de conversão de energia de ciclo direto e indireto, utilizando 3 ou 4 circuitos. No momento da redação deste relatório, não existe um projeto claramente favorito.

(5) O hélio é escolhido como fluido de arrefecimento de referência. Para obter uma elevada eficiência num ciclo de Brayton utilizando hélio como fluido de trabalho, é necessária uma temperatura elevada à saída do reator, bem como uma pressão elevada (7 MPa). Para permitir o funcionamento a temperaturas tão elevadas, são utilizadas cerâmicas

em vez de aço como material estrutural (SiC, Zr_3Si_2, TiN). Um ciclo direto que funcione em supercrítico pode atingir uma eficiência semelhante a uma temperatura mais baixa (tipicamente) mas a uma pressão mais elevada (25 MPa). No momento em que escrevemos, apenas a operação de ciclo indireto é considerada seriamente.

(6) A conceção do núcleo e dos elementos de combustível visa promover a remoção passiva do calor de decaimento e proporcionar margens adequadas para a fusão do núcleo, utilizando materiais refractários (elevado ponto de fusão) e permitindo uma grande fração de refrigerante no núcleo. Uma grande fração de refrigerante no núcleo aumenta o diâmetro hidráulico dos canais de arrefecimento, reduzindo assim a perda de pressão por fricção e aumentando o fluxo de massa em circulação natural. O objetivo é permitir a extração do calor de decaimento por métodos passivos durante as primeiras 24 horas após um acidente. Os estudos sobre o comportamento da convecção natural dos conceitos de GFR da Geração IV são apresentados, por exemplo, em.

Fora da Geração IV, o arrefecimento por gás também tem sido investigado para aplicação em Sistemas Acelerados (ADS) para transmutação de actinídeos, mas o consenso parece ser que um metal líquido pesado (chumbo ou chumbo-bismuto eutéctico) é preferível para aplicações ADS.

Para a conceção de referência do TFG da Geração IV, são propostos os seguintes pontos

- Núcleo de reator rápido sem coberturas férteis.

- Todo o novo combustível físsil é produzido no núcleo.

- Produzir material físsil suficiente para reabastecer o mesmo reator.

- Reciclagem de todos os metais pesados para reduzir as reservas existentes de actinídeos menores (Np, Am e Cm).

- A potência específica do combustível é mantida comparativamente baixa e a densidade de potência no núcleo mantém-se

  limitado a melhorar as caraterísticas volumétricas de segurança.

* O hélio é escolhido como fluido de arrefecimento de trabalho de referência.

* É necessária uma temperatura elevada à saída do reator, bem como uma pressão elevada (7 MPa) para obter uma eficiência elevada num ciclo Brayton.

* Remoção passiva do calor de decaimento e margens adequadas para a fusão do núcleo, através da utilização de materiais refractários (elevado ponto de fusão).

* Permitir uma grande fração de refrigerante no núcleo, o que é promovido pela conceção do núcleo.

* Uma grande fração de refrigerante aumenta o diâmetro hidráulico dos canais de refrigeração e reduz a perda de pressão por fricção no núcleo.

* Aumentar o fluxo de massa em circulação natural para permitir a extração de calor de decaimento por métodos passivos durante as primeiras 24 horas após um acidente.

COMBUSTÍVEL GFR

Os combustíveis GFR e os componentes estruturais do núcleo devem sobreviver às altas temperaturas e à radiação rápida de neutrões. Os investigadores centram-se nos seixos de combustível, quer com partículas TRISO, quer utilizando o conceito de "seixo oco". Outras caraterísticas de conceção propostas são blocos de combustível prismáticos com canais de refrigeração. Algumas concepções utilizam blocos de partículas revestidas incorporadas numa matriz, ou blocos de combustível inteiramente feitos de material combustível. Contudo, algumas destas concepções de combustível dificilmente cumprirão o objetivo de segurança da remoção do calor de decaimento por convecção natural. Os ensaios devem demonstrar a integridade e o desempenho do combustível durante o período de irradiação entre reabastecimentos. O GFR (Fig.7) exige o desenvolvimento de elementos de combustível refractários robustos e uma arquitetura de segurança adequada. A utilização de combustível denso, como o carboneto ou o nitreto, proporciona um bom desempenho no que diz respeito à reprodução do plutónio e à queima de actinídeos menores. Uma vez que o combustível reciclado conterá actinídeos menores e alguns produtos de cisão, o tempo de vida do combustível dependerá da integridade destes elementos de combustível multicomponentes.

Foram recentemente discutidas propostas modernas de GFR baseadas em combustível de partículas revestidas com TRISO (Fig. 2). São propostas novas partículas para o ciclo específico de combustível GFR com camadas de revestimento avançadas. É geralmente aceite que as camadas de carbono pirolítico nas partículas TRISO HTR não resistirão à irradiação por neutrões rápidos. Por este motivo, são propostas partículas com camadas de revestimento de ZrC ou TiN.

Duas formas de combustível têm o potencial de satisfazer os requisitos de GFR: (1) um elemento combustível do tipo placa cerâmica e (2) um elemento combustível do tipo pino cerâmico. O material de referência para a estrutura é uma cerâmica reforçada constituída por uma cerâmica de matriz composta de carboneto de silício.

O composto de combustível é constituído por pastilhas de carboneto de urânio-plutónio e actinídeos menores. É adicionada uma barreira estanque feita de um metal refratário ou de uma cerâmica multicamadas à base de Si para evitar que os produtos de cisão se difundam através do revestimento. Os planos incluem o ensaio de uma placa de combustível para avançar nas demonstrações de viabilidade do conceito de base com revestimento compósito e juntas térmicas conformes entre as pastilhas de combustível e o revestimento. Como mostra a Fig. (8), um combustível do tipo placa consiste em pastilhas de combustível inseridas numa estrutura alveolar de SiC ensanduichada entre duas placas de cobertura de SiC que são soldadas, o que constitui o revestimento. A abordagem que assegura uma estanquidade adequada aos produtos de cisão assenta em revestimentos finos de metal refratário (50 μm) que encapsulam as pastilhas de combustível. A estrutura em favo de mel proporciona o confinamento local de cada pastilha. Por conseguinte, acredita-se que assegura uma retenção particularmente eficiente dos produtos de cisão, ocorrendo libertações apenas nas partes danificadas da placa de combustível. As temperaturas máximas em condições normais de funcionamento são de 1320°C na pastilha mais quente e de 1000°C no ponto quente do revestimento.

Para melhorar o desempenho termo-hidráulico do GFR, está atualmente a ser estudado um novo combustível do tipo placa. Este tipo de placa de combustível consiste numa estrutura em favo de mel, na qual são incorporadas "pílulas" de combustível. A Figura (8) ilustra uma placa de combustível e a Figura 9 mostra um conjunto de combustível GFR [27]. O conceito de conceção do combustível por CEA e do tubo de revestimento do tipo sanduíche é apresentado na figura (10). Todo o conjunto é feito de material cerâmico (SiC). A difusão dos produtos de cisão é impedida por um revestimento metálico no interior da placa de combustível. Vários materiais estruturais e de combustível GFR propostos são irradiados como parte da campanha FUTURIX em Phénix. É escolhida uma grande fração de refrigerante no núcleo. Para obter criticalidade com uma grande fração de refrigerante no núcleo, são selecionados combustíveis de carboneto devido à sua elevada densidade de metal pesado.

As aplicações do compósito SiC_f /SiC para o tipo de combustível de partículas revestidas e para o tipo de pino de combustível blindado foram exploradas com o objetivo de melhorar a eficiência da conversão de energia, reduzir a dimensão do núcleo do reator e melhorar as margens de segurança do reator. A Fig. (9) mostra o conceito de núcleo e combustível de reator rápido arrefecido a calor utilizando um combustível de partículas revestidas, para o qual é aplicado o conceito de arrefecimento de fluxo horizontal com um sistema de arrefecimento direto. Para este efeito, devem ser desenvolvidos tubos com diâmetros de 8,4 e 20 cm com 5% e 40% de porosidade, respetivamente. Neste caso, os compósitos SiCf/SiC podem proporcionar excelentes margens de segurança devido à sua elevada estabilidade térmica e resistência à radiação de neutrões. O CEA tem efectuado estudos de conceção de combustíveis GFR desde 2002. A Fig. 10 (a) é um esquema de secção transversal que mostra um conceito de conceção de um pino de combustível que inclui uma pastilha de combustível UPuC, um tampão poroso à base de C e um revestimento compósito de SiC [29]. No caso do revestimento compósito de SiC, a estanquidade é uma questão importante. Para garantir a estanquidade, o CEA desenvolveu um conceito de sanduíche que corresponde a um revestimento misto de cerâmica/metal, em que uma fina camada de metal resistente ao calor (Ta/Nb) é colocada entre duas camadas de SiC/SiC, proporcionando resistência mecânica, como se mostra na Fig. 10 (b).

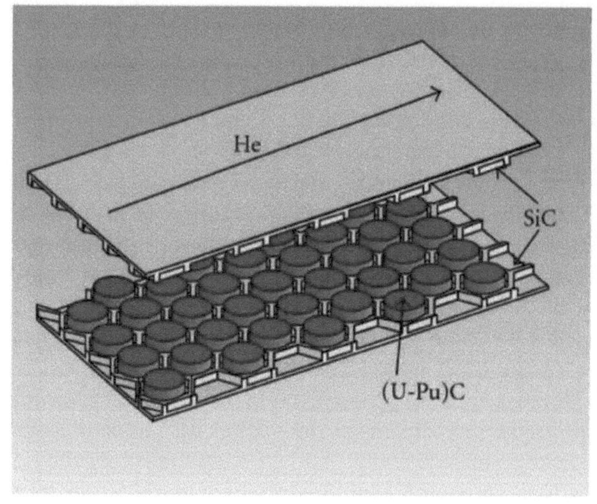

Fig. (8) Placa de combustível GFR.

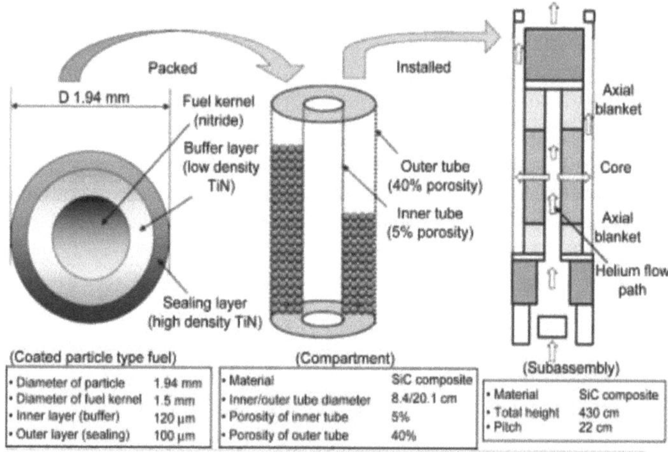

Figura (9) Conjunto de núcleo e combustível GFR para o combustível de partículas revestidas [27].

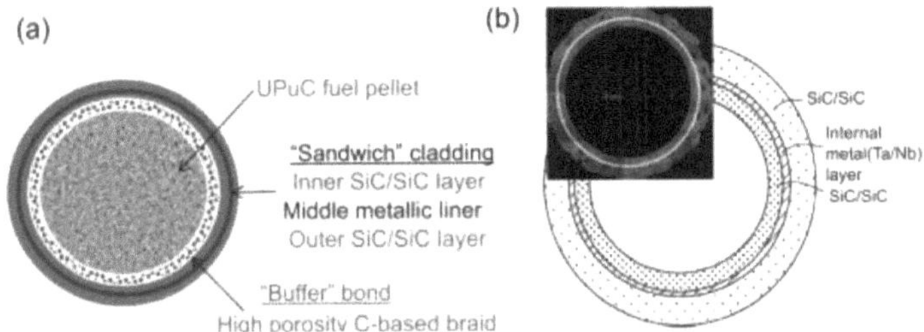

Figura (10) Conceção (a) do conceito de combustível GFR da CEA [28,29] e (b) tubo de revestimento do tipo sanduíche [30,31].

CICLO TERMODINÂMICO GFR

Os espectros mais duros nos GFR permitem uma vasta gama de aplicações de sistemas de espetro rápido, desde núcleos históricos de reactores reprodutores a reactores avançados de combustão. Em última análise, a densidade de potência deve ser escolhida tendo em conta factores económicos e considerações relativas ao ciclo do combustível, como a disponibilidade de materiais cindíveis. A utilização de gases em GFRs leva a esforços de I&D para criar unidades de potência utilizando configurações de balanço de ciclo direto de instalações baseadas em opções de ciclo Brayton. Os refrigerantes gasosos podem ser bombeados diretamente através da turbina sem a necessidade de um circuito intermédio (Waltar et al., 2012). As temperaturas elevadas esperadas no núcleo resultam em altas eficiências de conversão de energia de unidades de energia com GFRs em ciclos Brayton e potencial utilização de calor para aplicações de calor de processo. Além disso, a utilização de ciclos Brayton de alta eficiência minimiza o impacto ambiental dos GFRs (Weaver, 2005). A Fig. (7) mostra o espetro de um reator rápido arrefecido a hélio a funcionar em ciclo direto fechado e os principais componentes de um reator rápido arrefecido a gás e o parque de máquinas.

Como nova abordagem, o mais recente conceito de GFR terá o ciclo indireto. Um permutador de calor transfere o calor do refrigerante primário de hélio para um ciclo de gás secundário que contém uma mistura de hélio e nitrogénio, que por sua vez acciona uma turbina de gás de ciclo fechado. O calor residual dos gases de escape da turbina a gás é utilizado para produzir vapor num gerador de vapor, que é depois utilizado para acionar uma turbina a vapor. Este tipo de ciclo combinado é uma prática comum nas centrais eléctricas alimentadas a gás natural, pelo que representa uma tecnologia estabelecida [32 & 35]. A Fig (11) mostra um corte transversal de uma central GCFR Gen IV de 2400 MWth com funcionamento em ciclo indireto.

Atualmente, estão a ser estudadas a nível internacional várias concepções de GFR da Geração IV. Embora o funcionamento em ciclo direto com uma turbina a gás tenha sido originalmente a conceção de referência, esta conceção provou colocar problemas de engenharia muito difíceis. Por conseguinte, a opção de ciclo indireto é atualmente a única opção seriamente considerada. Os reactores dispõem de três ou quatro circuitos de conversão de energia. A remoção passiva do calor de decaimento durante um período de várias horas após uma despressurização exige a necessidade de manter uma pressão elevada no sistema, mesmo que o circuito primário sofra uma despressurização. Para manter uma pressão de reserva elevada, o edifício de confinamento pode ser mantido suficientemente pequeno, ou pode ser utilizado um segundo "confinamento fechado" que envolva o circuito primário. Para obter um caudal adequado por circulação natural, os permutadores de calor de decaimento estão localizados a uma grande altitude do núcleo. A Figura (11) ilustra uma proposta de planta de GFR da Geração IV, mostrando claramente o confinamento fechado ("vaso de proteção") e os permutadores de calor de decaimento elevados. A TFG mantém o potencial para a produção de hidrogénio e outras aplicações de calor de processo facilitadas por uma elevada temperatura de saída do núcleo que, neste caso, não é limitada pelas caraterísticas do fluido de arrefecimento.

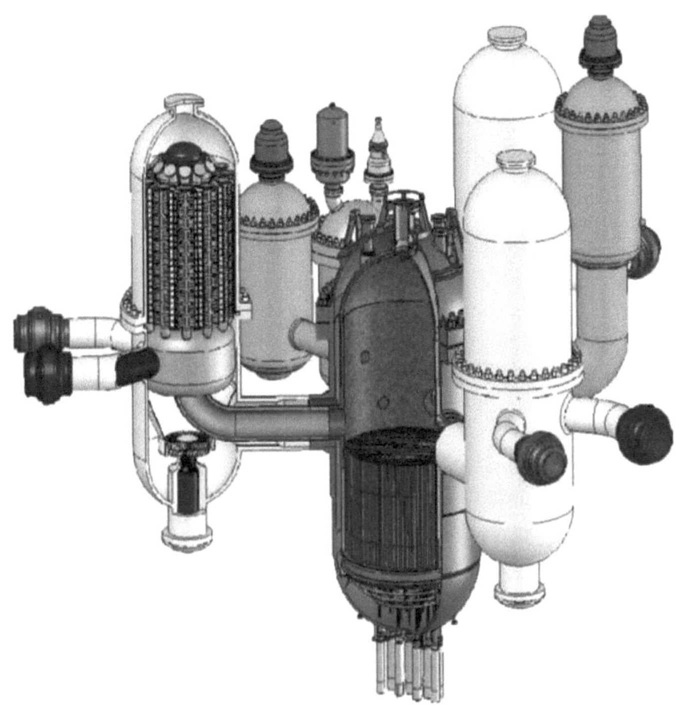

Figura (11) Corte transversal de um GCFR Gen IV de 2400 MWth

Corte transversal de uma central GCFR Gen IV de 2400 MWth com funcionamento em ciclo indireto. As grandes estruturas contêm os permutadores de calor intermédios. A estrutura elevada é o permutador de calor de decaimento. Todo o sistema seria construído numa contenção fechada secundária bem ajustada. [D. Poette, CEA, fevereiro de 2009]. Ver em: Google Scholar

Foi elaborado um relatório sob a égide da AIEA que apresenta a tecnologia nuclear como meio de produção de hidrogénio ou de outros combustíveis melhorados, bem como o vetor energético hidrogénio e os seus principais domínios de aplicação. A ênfase é colocada na tecnologia de reactores de alta temperatura, que permite a geração simultânea de eletricidade e a produção de calor de processo a alta temperatura. [IAEA-TECDOC-1085, "Hydrogen as an Energy Carrier and Its Production by Nuclear Power", maio de 1999].

PROGRAMAS GCFR EM DIFERENTES PAÍSES

Nos últimos anos, foram publicados vários projectos de novos reactores rápidos arrefecidos a gás. Estes esforços foram desenvolvidos em diferentes países "no espírito da Geração IV". Uma panorâmica dos recentes desenvolvimentos do GFR e dos principais programas GCFR serve para ilustrar que o conceito GCFR foi bem estudado no passado [70]. O principal objetivo da investigação sobre os GFR é desenvolver um sistema fiável e económico de produção de eletricidade, com boas caraterísticas de segurança e sustentabilidade. Os reactores rápidos arrefecidos a gás (GFR) têm um potencial excecional tanto para a utilização de material cindível como para a minimização dos resíduos nucleares através da transmutação de actinídeos menores. Os GFR têm também potencial para a produção de hidrogénio e outras aplicações de calor de processo facilitadas por uma elevada temperatura de saída do núcleo.

O objetivo geral do projeto de colaboração sob a égide da Agência Internacional da Energia Atómica era contribuir para um consenso internacional sobre a definição da fiabilidade dos sistemas passivos que envolvem a circulação natural e sobre uma metodologia para avaliar essa fiabilidade [63].

Alemanha: Memorando sobre a produção de gás

Na Alemanha, foi elaborado um documento sobre reactores de fermentação a gás, conhecido como Gas Breeder Memorandum ("Gasbrüter-Memorandum", 1969 [63]). Os institutos de investigação nuclear de Karlsruhe e Jülich, juntamente com parceiros da indústria, definiram neste memorando 3 projetos de GCFR, todos eles utilizando o arrefecimento a hélio, enquanto o vapor e o CO_2 eram considerados inadequados. A tónica foi colocada num núcleo convencional, com a conceção do conjunto de combustível extrapolada de uma conceção LMFBR, e num reator de betão pré-esforçado (PCRV) extrapolado de um HTR térmico, com combustível tipo pino, revestimento de aço inoxidável e um ciclo de vapor secundário. O projeto alemão é interessante porque já salientava a necessidade de manter uma pressão de reserva elevada (2 a 3 bar de sobrepressão) em torno do sistema primário após um acidente de perda de refrigerante (LOCA), a fim de arrefecer o núcleo de forma mais eficiente.

EUA: General Atomics

O potencial de produzir isótopos cindíveis em reactores rápidos foi reconhecido durante o Projeto Manhattan e, em 1946, foi construído o primeiro reator rápido, denominado Clementine, que funcionou no Laboratório Nacional de Los Alamos, nos EUA. Seguiu-se o programa de desenvolvimento de reactores rápidos de fermentação, que levou ao arranque do reator experimental de fermentação (EBR-I) em 1951 no Laboratório Nacional de Idaho, nos EUA. Este reator foi o primeiro reator a produzir eletricidade a partir da energia nuclear. A reprodução líquida de material cindível foi confirmada no EBR-I.

Em 1962, a General Atomics, nos EUA, desenvolveu planos para uma central de demonstração de 300 MWe e uma central comercial de 1000 MWe para um GCFR. Em 1968, foi iniciado o Programa de Utilidade do GCFR para projetar, licenciar e construir uma central de demonstração de 300 MWe. Em 1973, foi estabelecido o objetivo de iniciar o funcionamento do GCFR em 1983. A Figura 2 apresenta uma ilustração da planta da central. O projeto utilizou refrigerante de hélio e combustível UO_2 em revestimento de aço inoxidável. Todo o núcleo se baseia na tecnologia LMFBR com ligeiros ajustamentos para o fluido de arrefecimento gasoso. Os pinos de combustível são rugosos para melhorar a troca de calor. O sistema primário está alojado num PCRV, no qual estão integrados todos os ventiladores e geradores de vapor. Em 1981, a potência foi aumentada para 350 MWe, mas as questões de segurança continuaram a ser problemáticas.

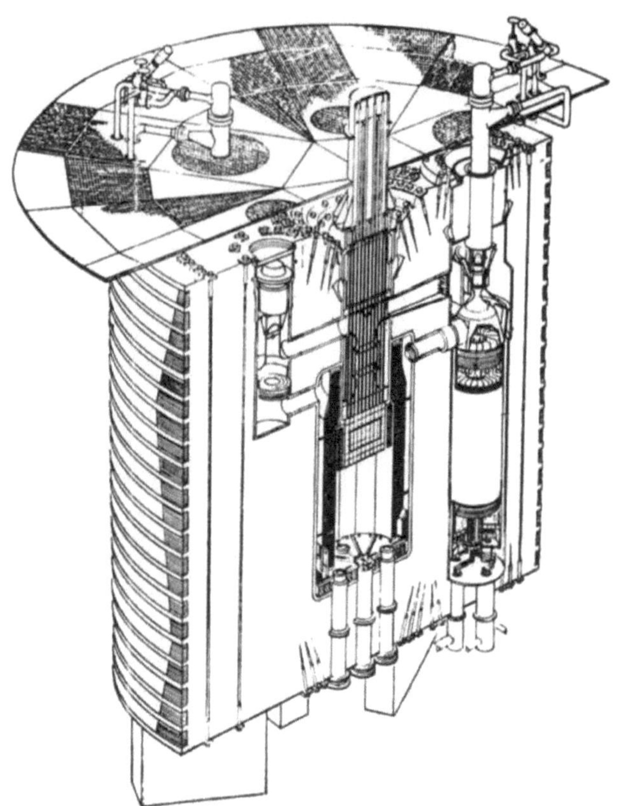

Fig. (12) Esquema do sistema primário para a instalação de demonstração GCFR da General Atomics.

A cavidade do núcleo é mostrada vazia. A disposição geral do sistema é típica de todos os projectos de reactores arrefecidos a gás da época. A grande cavidade no lado direito do núcleo contém uma caldeira e um ventilador. A cavidade mais pequena do lado esquerdo aloja um dos sistemas DHR activos. Figura reproduzida de. A disposição do sistema primário para a instalação de demonstração do GCFR da General Atomics é mostrada na Fig. (12).

Europa: A Associação de Reactores de Combustão

A investigação GFR na Europa é realizada diretamente pelos Estados que assinaram o documento "System Arrangement" no âmbito do Fórum Internacional Geração IV (GIF), especificamente a França, a Suíça e a Euratom. É importante salientar que a Euratom proporciona uma via através da qual os investigadores de outros Estados europeus e de outras filiais não europeias podem contribuir para o trabalho do GIF, mesmo quando esses Estados não são signatários do sistema GFR. O envolvimento da Euratom na investigação sobre o sistema GFR começa com o projeto GCFR do 5.º Programa-Quadro (5.º PQ) em 2000, passando pelo projeto do 6.º PQ entre 2005 e 2009 e pelo 7.

Sete propostas para grandes GFR estão a ser investigadas por várias instituições de investigação no âmbito da Geração IV. O combustível de tipo placa é um projeto difícil, pelo que o combustível de tipo pino é mantido como reserva. O atual projeto de referência de GFR da Geração IV é uma central de 2400 MWth com funcionamento em ciclo indireto, utilizando 3 circuitos, cada um constituído por um permutador de calor intermédio e um turbogerador integrado.

Na Europa, está a ser investigado um protótipo de reator em pequena escala (ETDR, Experimental Technology Demonstration Reator, recentemente atualizado para a conceção ALLEGRO) (CEA/Euratom). Trata-se de um protótipo de GFR, destinado a testar e qualificar materiais e códigos para os projectos de GFR da Geração IV. Será iniciado com um núcleo convencional, utilizando um combustível MOx do tipo pino em revestimento de aço inoxidável. O núcleo será gradualmente convertido para utilizar os elementos de combustível cerâmicos previstos para o GFR da Geração IV. Sete propostas para grandes GFR estão a ser investigadas por várias instituições de investigação no âmbito da Geração IV. O combustível de tipo placa é um projeto difícil, pelo que o combustível de tipo pino é mantido como reserva. O atual projeto de referência de GFR da Geração IV é uma central de 2400 MWth com funcionamento em ciclo indireto, utilizando 3 circuitos, cada um constituído por um permutador de calor intermédio e um turbogerador integrado.

Na Europa, a Gas Breeder Reator Association propôs um primeiro projeto (GBR-1) em 1970, um reator de 1000 MWe com refrigerante de hélio, combustível tipo pino, temperatura de saída convencional e um ciclo de vapor secundário. A este projeto seguiram-se os GBR-2 e - 3 (1971), também reactores de 1000 MWe com combustível de partículas revestidas, temperatura de saída ligeiramente elevada e refrigerante de hélio para o GBR-2; para o GBR-3 foi proposto o refrigerante de CO2. A conceção do GBR-2 é interessante porque reaparece em propostas modernas de conceção de GCFR, por exemplo, no Japão. No GBR-2, cada conjunto de combustível é constituído por 7 cilindros de combustível. Cada cilindro de combustível é constituído por 2 anéis concêntricos perfurados com partículas revestidas embaladas entre eles. O hélio flui para o interior para manter uma tensão de compressão no tubo interior. O tubo interior teria sido fabricado em SiC, enquanto as outras partes seriam em aço inoxidável. O objetivo dos combustíveis de partículas revestidas era aumentar a temperatura de saída do núcleo para melhorar a eficiência termodinâmica do ciclo de vapor secundário. Tanto na GBR-2 como na -3, as partículas revestidas foram utilizadas apenas para o combustível de acionamento, tendo as mantas utilizado combustível tradicional do tipo pino. As GBR-2 e -3 exigiram várias peças cerâmicas, nomeadamente as estruturas do lado da saída. As dificuldades de fabrico relacionadas com as grandes peças cerâmicas levaram ao desenvolvimento do GBR-4, que é um projeto muito mais convencional. Para as GBR-2 e GBR-3, foram preparados projectos pormenorizados das partículas revestidas e foram propostos dois projectos para os conjuntos de combustível destinados a conter as partículas revestidas. O conjunto GBR-3 é constituído por uma "pilha de pires". O refrigerante flui para cima através do cilindro central, depois flui radialmente através do leito de partículas revestidas, depois flui para cima e para fora do núcleo. As partes frias são feitas de aço e as partes quentes de SiC. As três concepções evoluíram finalmente para a conceção do GBR-4, um reator de 1200 MWe com arrefecimento a hélio e combustível do tipo pino. O núcleo, os ventiladores e os geradores de vapor foram integrados num PCRV.

No GBR-4, as temperaturas de saída são reduzidas, permitindo a utilização de componentes de aço inoxidável em todo o núcleo. A eficiência da central é menor, o que é compensado por uma maior potência total do reator: de 1000 MWe para 1200 MWe. O conjunto de combustível para a conceção do GBR-4 baseia-se num conjunto de combustível LMFBR com pinos de combustível. Cada pino de combustível contém várias pastilhas tradicionais de MOx. A rugosidade da superfície aumenta a turbulência e a transferência de calor. A alta velocidade do hélio requer muitos dispositivos de retenção para evitar que os pinos de combustível vibrem com demasiada violência. Os fios espaçadores, tradicionalmente utilizados em reactores rápidos, não são suficientemente fortes. Assim, são utilizados espaçadores de grelha, que têm um desenho muito complexo para serem suficientemente fortes e não introduzirem demasiada resistência.

A evolução do conceito de TFG a partir da década de 1960 foi discutida brevemente por Richard Stainsby et al., seguida do papel, dos objectivos e dos progressos actuais do sistema de TFG da Geração IV.

Na Europa, está a ser investigado um protótipo de reator em pequena escala (ETDR, Experimental Technology Demonstration Reator, recentemente atualizado para a conceção ALLEGRO) (CEA/Euratom). Trata-se de um protótipo de GFR, destinado a testar e qualificar materiais e códigos para a conceção de GFR da Geração IV. Será iniciado com um núcleo convencional, utilizando um combustível MOx do tipo pino em revestimento de aço inoxidável. O núcleo será gradualmente convertido para utilizar os elementos de combustível cerâmicos previstos para o GFR da Geração IV. Sete propostas para grandes GFR estão a ser investigadas por várias instituições de investigação no âmbito da Geração IV. O combustível de tipo placa é um projeto difícil, pelo que o combustível de tipo pino é mantido como reserva. O atual projeto de referência de GFR da Geração IV é uma central de 2400 MWth com funcionamento em ciclo indireto, utilizando 3 circuitos, cada um constituído por um permutador de calor intermédio e um turbogerador integrado.

A União Soviética: Dissociação do líquido de arrefecimento

O programa GCFR foi iniciado na União Soviética, centrando-se num líquido de arrefecimento dissociante: $N\,O_{24}$. O $N\,O_{24}$ dissociar-se-ia no núcleo através de duas reacções químicas endotérmicas [9]. A principal vantagem do refrigerante dissociante reside na possibilidade de condensar o fluido de trabalho no permutador de calor, reduzindo assim consideravelmente a potência de bombagem. O sistema funciona de forma semelhante a um frigorífico. Além disso, os efeitos combinados da evaporação e de uma reação química absorvem uma grande quantidade de calor do núcleo, pelo que o fluxo de massa de refrigerante pode ser relativamente pequeno. O líquido de arrefecimento é muito corrosivo. No final da década de 1970, foram desenvolvidos pinos de combustível com dispersão de crómio (pequenas inclusões de U metálico ou UO2 numa matriz de crómio) para ultrapassar o problema da corrosão, tendo sido iniciado um extenso trabalho de investigação no domínio do comportamento à corrosão de vários tipos de aço [10]. Foram também estudadas experiências de irradiação dos pinos de combustível de dispersão de crómio num banco de ensaio utilizando N2O4. A temperatura de funcionamento foi comparável à de outros modelos contemporâneos de GCFR, com uma pressão um pouco mais elevada (entre 16 MPa e 25 MPa).

REINO UNIDO: ETGBR/EGCR

No final da década de 1970, foi iniciado um programa britânico para um "Reator de Queima de Gás com Tecnologia Existente" (ETGBR). Os conjuntos de combustível utilizavam um revestimento de aço inoxidável com rugosidade superficial, enquanto todo o sistema deveria ser alojado num recipiente de betão, tal como utilizado para os AGR. O ETGBR tinha uma potência de 3600 MWth, arrefecimento por CO_2, combustível de nitreto nos pinos de combustível e uma densidade de potência inferior à dos LMFBR, com o esperado maior ganho de reprodução [11]. O ETGBR foi rebatizado como Enhanced Gas-Cooled Reator (EGCR) e foi proposto como queimador de actinídeos, primeiro no âmbito do programa European Fast Reator (EFR) e mais tarde no estudo CAPRA/CADRA [12].

O programa de reactores rápidos foi iniciado no Japão na década de 1960. A Kawasaki Heavy Industries (KHI) investigou conceitos de GCFR arrefecidos com vapor, CO_2 e hélio [13]. A KHI adoptou um núcleo baixo, para reduzir as necessidades de potência de bombagem e aumentar o ganho de reprodução, mas exige uma maior fração cindível. O JNC propôs no final dos anos 90 um projeto de GCFR. Este reator apresenta também um núcleo com uma relação altura/diâmetro baixa "núcleo em panqueca" e utiliza combustível de partículas revestidas. É escolhido um composto de nitreto para o núcleo. A camada tampão e as camadas de selagem são feitas de TiN. São propostos dois tipos de conjuntos de combustível. Um conjunto de combustível assemelha-se ao do GBR-2: as partículas revestidas estão dispostas num leito anular, com o hélio a fluir radialmente através do leito. O outro projeto apresenta grandes blocos prismáticos preenchidos com uma mistura de partículas revestidas e um material de matriz (TiN, SiC ou ZrC). Os canais de refrigeração passam axialmente através dos blocos. Todas as peças estruturais são fabricadas em SiC. A potência térmica é de 2400 MWth, com uma densidade de potência de 100 MW/m^3. O refrigerante é o hélio e está previsto um sistema de conversão de energia de ciclo direto [7].

No Japão Foram construídos o reator de ensaio de engenharia a alta temperatura (HTTR) no Japão e o reator de ensaio a alta temperatura (HTR-10) na China, ambos ainda em funcionamento. O HTTR de 30 MW_{th} demonstrou o funcionamento do refrigerante de saída do reator a 950°C e a exportação de calor de processo a 863°C. Esta capacidade de alta temperatura aumentaria a eficiência térmica do reator e apoiaria aplicações avançadas, tal como indicado no projeto da central GTHTR300 da Agência Japonesa de Energia Atómica (JAEA) (Sato et al., 2014; Yan et al., 2014). O sistema da Geração IV utiliza um reator de 600 MWth com uma temperatura de saída do líquido de arrefecimento de 950°C para alimentar uma turbina a gás para a produção de eletricidade e um processo termoquímico para a produção de hidrogénio, produzindo uma eficiência térmica de 50% ou superior.

Para todos os reactores de ciclo direto, o hélio é o líquido de arrefecimento preferido. Para a variante de ciclo indireto GFR600, o CO_2 supercrítico (S-CO_2) é o refrigerante secundário. Note-se que os 600 MWth já não estão a ser investigados. Para o conceito de Ciclo Indireto de 2400 MWth, estão a ser considerados vários ciclos secundários e fluidos de trabalho. O GFR da JAEA tem mantas para produzir apenas material cindível novo suficiente para permitir o funcionamento num ciclo de combustível fechado.

Para além dos esforços da Geração IV de GFR, foram publicados nos últimos anos vários projectos de novos reactores rápidos arrefecidos a gás. Alguns destes esforços tiveram origem na investigação relacionada com a Geração IV ou, nalguns casos, foram desenvolvidos "no espírito da Geração IV". Para completar a panorâmica dos recentes desenvolvimentos no domínio dos GFR, estes merecem ser aqui mencionados.

Algumas propostas modernas de GFR baseiam-se em combustível de partículas revestidas com TRISO. Para os condicionalismos específicos do ciclo de combustível GFR, são propostas novas partículas com camadas de revestimento avançadas. É geralmente aceite que as camadas de carbono pirolítico nas partículas TRISO HTR não resistirão à irradiação por neutrões rápidos [28]. Por esta razão, são propostas partículas com camadas de revestimento de ZrC ou TiN. As partículas TRISO podem ser arrefecidas diretamente utilizando um conjunto de combustível semelhante à conceção do GBR-2 anteriormente discutida. Outros investigadores centram-se em seixos de combustível, quer com partículas TRISO no interior dos seixos (por exemplo, o PB-GCFR, [29]), quer utilizando um novo conceito de "seixo oco", como discutido em [30,31]. Outros projectos propostos incluem blocos de combustível prismáticos com canais de refrigeração. Algumas concepções utilizam blocos de partículas revestidas embebidas numa matriz [32], ou blocos de combustível inteiramente feitos de material combustível (por exemplo, [33]). No entanto, todas estas concepções de combustível continuam a ser altamente especulativas e, especialmente as concepções baseadas em partículas e seixos, não cumprirão o objetivo de segurança de remoção do calor de decaimento por convecção natural.

B. REACTORES ARREFECIDOS A METAL

INTRODUÇÃO

Um estudo das necessidades energéticas futuras e do potencial das várias fontes de energia (carvão, petróleo, gás, energia nuclear, energia hidroelétrica e energia solar) indica que a contribuição da cisão nuclear aumentará de forma constante nas próximas décadas. Nas últimas três décadas, embora o número de centrais nucleares construídas esteja a aumentar em alguns países asiáticos, tem vindo a diminuir acentuadamente em alguns países ocidentais.

Tendo em conta as perspectivas da energia nuclear, sentiu-se a necessidade de rever a tecnologia dos reactores nucleares do ponto de vista da segurança e da utilização do combustível. O objetivo era cumprir os requisitos do Fórum Internacional Geração IV (GIF), de modo a que a energia nuclear seja economicamente competitiva em relação aos sistemas energéticos contemporâneos, segura, fiável em termos de funcionamento, com uma produção mínima de resíduos e uma maior resistência à proliferação de materiais nucleares.

Tendo em conta estes pontos, foram e estão a ser realizados trabalhos de investigação sobre o desenvolvimento de novos reactores, que incluem os reactores de geração IV e os reactores modulares mais pequenos (SMR), e sobre o desenvolvimento de reactores baseados no conceito Breed and Burn (B&B). A ênfase é colocada na conceção, caraterísticas, vantagens e desafios do desenvolvimento tecnológico dos reactores Gen IV e SMR. O potencial de desenvolvimento e implantação é sempre de importância primordial.

Segundo Khodarev [*], a capacidade potencial da energia nuclear, no seu estado atual de desenvolvimento, para satisfazer a procura mundial de eletricidade dependeria, em grande medida, das reservas mundiais de urânio natural e da possibilidade de obter urânio-235 como combustível nuclear a preços razoáveis. A oferta de urânio natural na crosta terrestre é bastante grande, mas não durará para sempre. A percentagem relativamente pequena deste isótopo no urânio natural constitui, no entanto, uma limitação ao desenvolvimento da energia nuclear se esta se basear apenas nos reactores de água leve existentes que, com a sua baixa taxa de conversão, não podem utilizar mais de 2% da energia potencialmente disponível no urânio natural. Assim, as vantagens da energia nuclear a longo prazo podem não ser plenamente realizadas, a menos que sejam encontradas novas reservas importantes de urânio natural ou até que sejam feitos progressos significativos na utilização mais eficaz do urânio. A principal vantagem dos reactores reprodutores é o facto de constituírem uma forma alternativa de obter materiais cindíveis.

Os reactores de fermentação rápida oferecem uma oportunidade de resolver fundamentalmente este problema num futuro próximo. Os LMFR são tipos avançados de reactores nucleares em que o refrigerante primário é metal líquido (SFR de sódio líquido ou metal pesado líquido, LFR de chumbo ou LBFR eutéctico de chumbo e bismuto). Os reactores de fermentação rápida de metal líquido podem conseguir uma utilização mais eficaz dos recursos naturais de urânio existentes (incluindo o urânio empobrecido proveniente de instalações de enriquecimento) e do plutónio produzido no combustível do reator térmico. Um reator nuclear de fermentação rápida de metal líquido (LMFBR) é capaz de produzir mais produtos cindíveis do que os que absorve. Os reactores reprodutores apresentam uma economia de combustível notável em comparação com os reactores de água leve. Os LMFR são de grande interesse devido ao seu potencial para reduzir o tempo de vida e a radiotoxicidade dos resíduos nucleares através da cisão de componentes de resíduos nucleares de longa duração.

[*]Eduard Khodarev, Liquid Metal Fast Breeder Reactors, IAEA BULLETIN-VOL 20, NO 6 29

O reator de fermentação rápida de metal líquido (LMFBR) é um reator nuclear que funciona num ciclo de combustível fechado e foi modificado com o objetivo de utilizar os recursos de urânio de forma mais sustentável para aumentar a eficiência com que o urânio-238 não cindível é convertido em plutónio-239 cindível, que pode ser utilizado como combustível na produção de energia nuclear [73].

Os reactores rápidos de reprodução produzem mais plutónio do que consomem e são capazes de utilizar 60-70% do urânio. A utilização de reactores rápidos com boas propriedades de reprodução significa que não só podemos reduzir consideravelmente o consumo de urânio natural, como também podemos ser mais flexíveis na estruturação de um sistema de produção de energia eléctrica para minimizar os custos. A avaliação da viabilidade do conceito Breed and Burn (B&B), incluindo as condições necessárias, os modelos matemáticos e os resultados obtidos, são pontos de especial interesse. É possível obter poupanças consideráveis em comparação com a utilização de reactores térmicos e existe a possibilidade de um país se tornar largamente independente do ponto de vista energético.

A experiência adquirida com os reactores rápidos não revelou problemas fundamentais com a física dos reactores e o funcionamento de vários equipamentos. Esta experiência será útil para melhorar a conceção dos LMFR da próxima geração. Os objectivos do desenvolvimento de LMFR avançados são obter melhores resultados económicos em relação às alternativas, encontrar soluções óptimas para o ciclo de combustível de retaguarda e atingir um elevado grau de segurança e fiabilidade. O objetivo final relacionado com o objetivo de alcançar um grau muito elevado de segurança é conceber um sistema de reactores que, não só durante o funcionamento normal mas também em caso de acidente, possa excluir qualquer impacto radiológico que exija a evacuação do público [50].

Com base na velocidade dos neutrões, os reactores reprodutores dividem-se em duas categorias: reactores reprodutores rápidos e reactores reprodutores térmicos que utilizam urânio-238 e tório-232 como combustível. Na prática, todos os reactores arrefecidos por metal líquido (LMFBR) são reactores de neutrões rápidos. Os metais líquidos utilizados como refrigerantes têm boas caraterísticas de transferência de calor. Os núcleos dos reactores de neutrões rápidos tendem a gerar muito calor num espaço pequeno, em comparação com os reactores de outras classes. Uma baixa absorção de neutrões é desejável em qualquer refrigerante de reator, mas é especialmente importante para um reator rápido. Idealmente, o refrigerante deve ter uma baixa moderação de neutrões.

Em teoria, os reactores de reprodução poderiam transformar resíduos nucleares em combustível e ser auto-suficientes em energia durante décadas. A utilização de sódio em vez de água como líquido de arrefecimento do reator suscita também sérias preocupações de segurança. O sódio queima em contacto com o ar e explode quando mergulhado na água. É também importante que o refrigerante não cause corrosão excessiva dos materiais estruturais e que os seus pontos de fusão e de ebulição sejam adequados à temperatura de funcionamento do reator. *"Neutron Scattering Lengths and cross sections"*. *www.ncnr.nist.gov*

Durante muitos anos, os metais líquidos (por exemplo, misturas de sódio e de sódio/potássio, chumbo e chumbo/bismuto) foram utilizados como refrigerantes nos sucessivos reactores rápidos construídos e postos em funcionamento em todo o mundo, pelo que se acumulou experiência a seu favor. BOLETIM DA IAEA - VOL 20, Nº 6, 1978.

As dificuldades associadas à inspeção e reparação de um reator imerso em metal fundido opaco, o risco de incêndio, a produção de produtos de ativação radioactiva (para os metais alcalinos) e/ou a corrosão (para o chumbo metálico) são questões importantes. Têm sido realizados trabalhos de investigação em todo o mundo sobre a corrosão de reactores LMFR, especialmente reactores de reprodução rápida arrefecidos a chumbo e chumbo/bismuto, sódio e sódio/potássio.

Os aspectos mais importantes são assegurar a estabilidade do núcleo do reator em todos os modos de condições de funcionamento normais e anormais e a minimização do excesso de reatividade e dos efeitos de vazio de sódio. É também importante minimizar a forte retroação negativa da potência e da reatividade do reator com o aumento da temperatura. A grande margem para a ebulição do líquido de arrefecimento do reator às suas temperaturas de funcionamento, o sistema de baixa pressão com grande inércia térmica e margens de segurança suficientes são algumas das vantagens importantes que devem ser consideradas.

Devido à elevada eficiência do seu sistema de transferência de calor, o metal líquido utilizado em reactores reprodutores rápidos tem sido considerado há muito tempo. Um dos aspectos fundamentais é assegurar a remoção de calor do núcleo do reator em todas as condições, garantindo a capacidade de limitar as temperaturas do refrigerante abaixo da ebulição e a temperatura do elemento combustível abaixo dos limites prescritos, sem necessidade de uma ação rápida do operador. Estes objectivos devem ser alcançados, na medida do razoavelmente possível, tirando partido dos sistemas de segurança passiva para fornecer funções relacionadas com a segurança sem depender da ação do operador ou de sinais externos de energia mecânica e/ou eléctrica. Exemplos notáveis das caraterísticas de segurança inovadoras são os sistemas passivos de remoção do calor de decaimento; a paragem passiva (inerente) do reator e a estabilização através das caraterísticas de resposta térmica e de reatividade do reator, mesmo em condições de acidente extremamente improváveis. É de grande importância minimizar os encargos para o operador de uma central nuclear. Para aumentar as margens de segurança e fiabilidade, os LMFR avançados estão a ser concebidos utilizando toda a experiência anterior.

No caso dos LWR, para melhorar o arrefecimento com água, a maioria dos projectos de reactores são altamente pressurizados para aumentar o ponto de ebulição, o que afecta as questões de segurança e manutenção que não se verificam nos projectos de metal líquido. Os refrigerantes metálicos removem o calor mais rapidamente e permitem uma densidade de potência muito mais elevada. A elevada temperatura do metal líquido pode ser utilizada para produzir vapores a uma temperatura mais elevada do que num reator arrefecido a água, o que conduz a uma maior eficiência termodinâmica e oferece possíveis aplicações industriais. Estes factores tornam-nos atractivos para melhorar a produção de energia em centrais nucleares e em situações em que o tamanho e o peso são limitados, como em navios e submarinos. Os reactores arrefecidos por metal líquido foram inicialmente adaptados para utilização em submarinos nucleares e foram alargados a aplicações de produção de energia.

Na ausência de moderador, os reactores arrefecidos por metal permitem núcleos muito pequenos e um elevado teor de matéria cindível em comparação com os LWR. Os fluidos de arrefecimento metálicos são favoráveis, uma vez que têm uma elevada condutividade térmica e boas caraterísticas de transferência de calor, permitindo um melhor arrefecimento. Além disso, o facto de funcionarem a uma pressão próxima da atmosférica ajuda a evitar grandes perdas de refrigerante em caso de fugas. No entanto, a utilização de metal líquido também causa problemas, como incêndios de sódio com SFRs e corrosão com LFRs [72]. Os SFR são o reator rápido comercial mais desenvolvido, com uma experiência internacional significativa, operando vários demonstradores em grande escala (por exemplo, BN-600 e Super Phénix). No entanto, os actuais SFR requerem mais experiência e desenvolvimento [73].

Em comparação com os LWR, os projectos de LMFR têm núcleos muito pequenos e um elevado teor de matéria físsil. Embora a água pressurizada possa teoricamente ser utilizada num reator rápido, tem tendência a absorver e a abrandar os neutrões. O facto de o ponto de ebulição da água ser muito inferior ao da maioria dos metais exige que o sistema de arrefecimento seja mantido a alta pressão para arrefecer eficazmente o núcleo. Idealmente, o líquido de arrefecimento deve ferver a alta temperatura para evitar fugas do sistema, resultando num acidente de perda de líquido de arrefecimento. Por outro lado, se for possível evitar que o líquido de arrefecimento entre em ebulição, isso permite que a pressão no sistema de arrefecimento se mantenha a níveis neutros, como é o caso da LMFR, e reduz drasticamente a probabilidade de um acidente. Os metais líquidos, sendo altamente condutores de eletricidade, podem ser facilmente movimentados por bombas electromagnéticas.

TIPOS DE REFRIGERANTES DE METAIS LÍQUIDOS

Os cientistas e engenheiros estudaram e consideraram todos os refrigerantes líquidos e gasosos imagináveis. Entre os diferentes líquidos considerados como refrigerante do reator contam-se a água (leve e pesada), os metais líquidos (sódio-potássio, sódio, lítio, mercúrio, rubídio, chumbo, bismuto, chumbo-bismuto, gálio, estanho, etc. e outras ligas), os líquidos orgânicos e os sais fundidos. O ensaio exaustivo de refrigerantes leva-nos a concentrarmo-nos nos seguintes refrigerantes específicos.

Sódio e NaK

O sódio e a liga eutéctica sódio-potássio (Na/K) não corroem o aço de forma significativa, permitindo uma vasta escolha de materiais estruturais. No entanto, inflamam-se espontaneamente em contacto com o ar e reagem violentamente com a água, produzindo hidrogénio gasoso. Foi o que aconteceu na central nuclear de Monju num acidente e incêndio em 1995. A ativação neutrónica do sódio também faz com que estes líquidos se tornem intensamente radioactivos durante o funcionamento, mas a sua semi-vida é curta e, por conseguinte, a sua radioatividade não constitui um problema adicional de eliminação.

Chumbo[editar] e Eutéctico de chumbo-bismuto[editar] Reactores arrefecidos.

B.2.1.2.1. *Reator de arrefecimento rápido com chumbo* O chumbo tem excelentes propriedades neutrónicas (reflexão, baixa absorção) e é um escudo de radiação muito potente contra os raios gama. O ponto de ebulição mais elevado do chumbo oferece vantagens em termos de segurança, uma vez que pode arrefecer eficazmente o reator mesmo que este atinja várias centenas de graus Celsius acima das condições normais de funcionamento. No entanto, como o chumbo tem um elevado ponto de fusão e uma elevada pressão de vapor, é difícil reabastecer e efetuar a manutenção de rotina de um reator arrefecido a chumbo. Os refrigerantes à base de chumbo são compatíveis com a água e o ar, o que constitui uma vantagem em relação ao sódio, eliminando o problema dos incêndios com este último. No entanto, os projectos de LFR têm temperaturas de funcionamento limitadas devido a problemas de corrosão e exigirão o desenvolvimento de materiais e componentes.

Eutéctico chumbo-bismuto. O ponto de fusão do chumbo pode ser reduzido através da liga do chumbo com bismuto, mas o eutéctico chumbo-bismuto é mais corrosivo para a maioria dos metais utilizados em materiais estruturais. O chumbo-bismuto eutéctico permite operar a uma temperatura mais baixa, evitando o congelamento do metal refrigerante numa gama de temperaturas mais baixa (ponto eutéctico: 123,5°C/255,3 °F) [74&75]. No entanto, a sua principal desvantagem é a formação de^{209} Bi por ativação de neutrões com subsequente decaimento beta para^{210} Po alfa-emissor altamente radiotóxico (a maior radiotoxicidade conhecida, superior à do plutónio).

Mercúrio
O Clementine foi o primeiro reator nuclear arrefecido por metal líquido que utilizou refrigerante de mercúrio (considerado a escolha óbvia, uma vez que o mercúrio é líquido à temperatura ambiente). No entanto, devido às suas graves desvantagens, incluindo a elevada toxicidade, a elevada pressão de vapor mesmo à temperatura ambiente, o baixo ponto de ebulição que produz fumos nocivos quando aquecido, a condutividade térmica relativamente baixa e a elevada secção transversal dos neutrões, o mercúrio como refrigerante caiu em desuso.

Lata
Embora o estanho não seja atualmente utilizado como refrigerante em reactores em funcionamento porque forma uma crosta, pode ser um refrigerante adicional ou de substituição útil em desastres nucleares ou acidentes com perda de refrigerante. O ponto de ebulição relativamente elevado do estanho e a capacidade de formar uma crosta, mesmo sobre estanho líquido, ajuda a cobrir fugas venenosas e mantém o refrigerante dentro e no reator.
As propriedades termofísicas dos possíveis refrigerantes LMR para o reator rápido, em comparação com o refrigerante de gás hélio, são apresentadas na tabela.

PROPRIEDADES DOS REFRIGERANTES LMR PARA O REACTOR RÁPIDO Propriedades termofísicas dos refrigerantes LMR para o reator rápido.

A comparação das propriedades termofísicas dos possíveis fluidos de arrefecimento de reactores rápidos e a compatibilidade dos fluidos de arrefecimento com o material estrutural disponível, por exemplo, os materiais do permutador de calor e da bomba, são critérios-chave para a seleção do fluido de arrefecimento. Tanto o sódio como o LBE têm uma excelente estabilidade térmica e de radiação e geometrias de fluxo idênticas, com velocidades de fluxo semelhantes [76]. O LBE terá uma queda de pressão e requisitos de bombagem significativamente mais elevados. O LBE desenvolverá uma velocidade de circulação natural ligeiramente superior, mas à custa de temperaturas de revestimento mais elevadas. A condutividade térmica relativamente baixa do LBE afecta a transferência de calor do revestimento para o fluido de arrefecimento.

Para efeitos de comparação, o hélio tem um calor específico elevado mas uma densidade muito baixa, pelo que requer um sistema de pressão elevada (~85 atm) e uma velocidade de arrefecimento elevada (~100 m/s), o que introduz o risco de vibrações induzidas pelo escoamento. A condutividade térmica relativamente baixa do hélio resulta numa fraca transferência de calor, mesmo a alta velocidade do fluido de arrefecimento. As superfícies de revestimento podem ser rugosas para melhorar a transferência de calor (4x), mas esta continua a ser 8-9x inferior à do sódio. O hélio é quimicamente inerte, mas de baixo peso molecular, o que leva a perdas difusivas nos vedantes e válvulas. As impurezas, especialmente a humidade, podem levar à corrosão. As impurezas dos metais líquidos podem reagir quimicamente com os materiais estruturais.

Propriedades termo-hidráulicas e termomecânicas dos refrigerantes LMR para o Reator Rápido.

Durante o funcionamento do reator, podem ocorrer flutuações de temperatura no fluido de arrefecimento próximo de uma estrutura em muitas áreas, tais como a zona de saída do núcleo, a parte inferior da piscina quente, a superfície livre da piscina, o circuito secundário e a interface água/vapor nos geradores de vapor. Em determinadas condições, estas flutuações de temperatura podem conduzir a danos termomecânicos nas estruturas. Em 1992, foram detectadas fissuras extensas num tubo guia de uma barra de controlo que tinha sido removido do núcleo do Protótipo de Reator Rápido (PFR) do Reino Unido. Em 1999, verificou-se que a fadiga térmica de alto ciclo era a causa das fissuras no tubo de ligação e no invólucro de permuta de calor da fase intermédia do PWR Tsuruga-2 (Japão): misturaram-se dois fluxos de fluido de arrefecimento - o fluxo principal de temperatura mais baixa no interior do cilindro interno do HE e o fluxo de derivação de temperatura mais elevada no exterior do cilindro interno. A reparação dos danos interrompeu o programa de funcionamento do reator.

Em certas condições, as flutuações de temperatura no fluido de arrefecimento próximo de uma estrutura, causadas por estrias térmicas, podem levar a danos termomecânicos nessas estruturas. Consequentemente, o conhecimento das flutuações de temperatura e dos danos termomecânicos induzidos nas estruturas é essencial para apoiar adequadamente a operação e a manutenção de um reator nuclear durante o tempo de vida da central. Num LMFR, várias áreas do reator estão também sujeitas a este problema. Esta questão foi encontrada no reator Phénix no circuito secundário, onde foi detectada uma fissura inicial numa zona de junção em T durante uma campanha de inspecções. Em 1993, no reator BN-600, foi observada uma fuga de sódio no circuito de purificação do circuito primário. A peritagem metalúrgica mostrou que se devia à fadiga térmica causada por uma mistura flutuante de sódio quente e frio.

Correlations between material properties and thermohydraulic conditions, fluid temperature fluctuations and induced thermomechanical damage in LMFR" foi sugerido pelo Grupo de Trabalho Técnico da AIEA sobre Reactores Rápidos (TWG-FR) para identificar tendências comuns na interpretação do trabalho experimental e analítico e a influência nas caraterísticas do projeto. O TWG-FR propôs a realização de análises de referência a fim de verificar e validar os códigos termo-hidráulicos e termomecânicos e os métodos analíticos utilizando dados experimentais, seguindo a recomendação dos Estados-Membros, na sua 28ª reunião anual em maio de 1995. Para verificar e validar os códigos termomecânicos a partir de dados experimentais e analíticos, foram discutidos o canal quadrado com jato transversal e a junção em t do circuito secundário do LMFR. O primeiro testaria os cálculos termo-hidráulicos e as experiências, enquanto o segundo testaria os cálculos termo-hidráulicos e mecânicos. As análises de projeto aplicadas aos fenómenos de striping térmico precisam de ser firmemente estabelecidas e foram aprovadas pela AIEA em 1996 no âmbito do CRP sobre "Harmonização e validação de códigos e relações termomecânicas e termo-hidráulicas de reactores rápidos utilizando dados experimentais" [77-79]. O fenómeno físico aqui escolhido diz respeito à mistura de dois fluxos de temperaturas diferentes que podem induzir flutuações de temperatura que resultam em danos por fadiga na parede do tubo. Onze institutos de França, Índia, Itália, Japão, República da Coreia, Federação Russa e Reino Unido participaram neste PRC. Foram efectuados trabalhos na Framatome-

Novatome (França) para fornecer aos participantes dados experimentais para harmonizar e validar códigos e métodos através da comparação de previsões com resultados de ensaios.

caraterísticas de segurança e questões de investigação para o desenvolvimento de lmfr

As experiências realizadas em relação direta com a segurança dos reactores rápidos de metal líquido deram um grande incentivo ao desenvolvimento e à evolução desta investigação. Durante estas experiências, foram simuladas as situações de emergência mais graves, como, por exemplo, a falha dos sistemas regulares de remoção de calor acompanhada de uma falha simultânea do sistema de paragem. Globalmente, as experiências demonstraram a importância da existência de uma dependência direta entre a taxa de potência do núcleo e a remoção de energia. Por exemplo, quando as barras absorventes do reator EBR-II "encravaram", a potência do reator foi correspondentemente reduzida, o que resultou de efeitos de retroação da reatividade. Durante a paragem das bombas primárias acompanhada da falha das barras de segurança do reator, a potência foi reduzida ao nível em que o calor de decaimento podia ser removido do núcleo por meio de circulação natural. Assim, as propriedades de autorregulação dos reactores rápidos foram claramente confirmadas por estas experiências. As experiências com reactores destinadas a simular as situações de emergência mais graves foram iniciadas na Europa. Estas experiências foram primeiramente autorizadas e instaladas em França.

Os resultados da investigação anterior em matéria de segurança foram efetivamente utilizados para desenvolver um sistema de métodos de análise de segurança que foram aplicados para avaliar as caraterísticas de segurança dos reactores rápidos existentes e avançados. Prevê-se que os reactores rápidos arrefecidos a metal líquido atualmente em projeto possam atingir um grau de segurança muito elevado. As caraterísticas de segurança importantes do sistema incluem um longo tempo de resposta térmica. A grande margem para a ebulição do refrigerante conseguida pelo projeto é uma importante caraterística de segurança destes sistemas. Outra caraterística de segurança importante é o facto de o sistema primário funcionar essencialmente à pressão atmosférica. Um sistema secundário intermédio de sódio actua como um tampão entre o refrigerante metálico (sódio radioativo) no sistema primário e o sistema de conversão de energia na central eléctrica.

Melhorar o nível de segurança dos sistemas nucleares avançados é um dos objectivos finais. Alguns tópicos importantes, que abrangem uma vasta área da tecnologia LMFR e das caraterísticas dos reactores relevantes para a segurança LMFR, foram escolhidos por especialistas e nas reuniões do Comité Técnico de Reactores Rápidos realizadas no âmbito do TWG-FR. Os tópicos escolhidos demonstraram uma cooperação internacional frutuosa e incluem:

— Fiabilidade dos sistemas de remoção do calor de decomposição.

— Papel dos produtos de cisão em acidentes com núcleos inteiros.

— Demonstração da integridade estrutural em condições normais e de falha.

— Avaliação da libertação de materiais radioactivos em reactores rápidos.

— Interação material-refrigerante e movimento e deslocalização de materiais

— Segurança operacional dos circuitos de sódio, prevenção de incêndios com sódio.

— Núcleo do reator com efeito de vazio de sódio quase nulo; e

— Evento de rutura do tubo de arrefecimento primário em reactores rápidos arrefecidos a metal líquido.

Devem ser consideradas as seguintes caraterísticas de segurança importantes do sistema: (Segurança passiva demonstrada no EBR-II em 1986)

- longo tempo de resposta térmica,
- uma margem razoavelmente grande para a ebulição do líquido de arrefecimento, conseguida por projeto,
  - sistema primário que funciona próximo da pressão atmosférica,
  - O sistema secundário intermédio de sódio actua como um tampão entre o sódio radioativo do sistema primário e a água e o vapor (o sistema de conversão de energia) da central eléctrica,
  - combinada com um retorno de reatividade favorável (conceção do núcleo/escolha do combustível), deve estar disponível um

arrefecimento suficiente para suportar o encerramento passivo,
* A perda de fluxo desprotegido a plena potência (ULOF) e a perda de acidentes com dissipadores de calor (demonstrados no EBR-II em 1986) resultam num aumento de temperatura que é terminado por efeitos de feedback de reatividade negativa. Ensaios semelhantes (a 50% da potência) demonstraram uma resposta passiva em FFTF "
* A capacidade de calor e a elevada condutividade térmica dos fluidos de arrefecimento líquido-metal proporcionam uma grande inércia térmica contra o aquecimento do sistema durante acidentes de perda de fluxo,
* A perda desprotegida do dissipador de calor (ULOHS) provoca o aumento da temperatura de entrada, o que introduz efeitos de feedback de reatividade negativos,
* a resposta do sistema a fenómenos sísmicos colocará desafios de conceção,
* para uma fábrica de média dimensão, pode esperar-se que o refrigerante primário, por si só, pese cerca de 10 000 toneladas métricas,
* a conceção estrutural do sistema primário torna-se um desafio significativo,

A perda de fluxo desprotegida (sem esquema) resulta num aumento de temperatura que é terminado por efeitos de feedback de reatividade negativa. Os acidentes de perda de fluxo e de perda de dissipador de calor desprotegidos a plena potência demonstrados no EBR-II em 1986, juntamente com ensaios semelhantes (a 50% da potência), demonstraram uma resposta passiva no FFTF. A perda desprotegida de dissipador de calor (ULOHS) provoca um aumento da temperatura de entrada que introduz efeitos de feedback de reatividade negativos. A conceção estrutural do sistema primário torna-se um desafio significativo. Para uma central de média dimensão, pode esperar-se que o refrigerante primário, por si só, pese cerca de 10 000 toneladas métricas. As questões de segurança estão principalmente relacionadas com a análise e a modelização de acidentes e incluem a capacidade de arrefecimento a longo prazo dos resíduos metálicos após um acidente de contorno, a retenção de resíduos no interior do reservatório para o combustível metálico e provas experimentais de que o combustível metálico fundido será drenado do núcleo para evitar a recriticidade.

As questões que necessitam de mais investigação incluem a melhoria da segurança através da redução ou mesmo da eliminação de rotas que podem conduzir a acidentes graves e hipotéticos (CDA), meios inerentes e passivos que acomodam transientes e eventos limítrofes com margens de segurança significativas.

O nível de segurança numa central LMFR avançada poderia ser ainda mais reforçado também através da melhoria da fiabilidade do sistema de segurança, da instalação de caraterísticas de segurança passiva e da simplificação da central. Mesmo com um regime de segurança passiva, a probabilidade de violação da resposta de segurança é extremamente baixa (por exemplo, um forte terramoto e uma falha estocástica por defeito de fabrico). Por conseguinte, o acidente que perturba o núcleo (CDA) continuará a ser objeto de investigações e debates devido ao potencial de criticidade e à perda de integridade das segundas barreiras (vasos). Tal como referido na reunião do Comité Técnico IAEA/TWG-FR sobre "Material-Coolant Interaction and Material Movement and Relocation in LMFR" [80], a análise de segurança dos CDA é apoiada por três elementos inter-relacionados da investigação em matéria de segurança: identificação dos principais fenómenos, melhor compreensão através de experiências dentro e fora do núcleo e desenvolvimento de códigos informáticos para a análise de segurança. Foram desenvolvidos vários códigos informáticos de análise de sistemas para avaliar as CDA. Por exemplo, os códigos informáticos das séries SAS4A e SIMMER são utilizados como um sistema de ferramentas para a análise de acidentes com todo o núcleo.

Estão a ser considerados dois tipos de caraterísticas de segurança passiva da tecnologia de metais líquidos e de combustíveis de óxidos mistos para a prevenção e atenuação do acidente disruptivo do núcleo (CDA) em LMFR avançados: remoção de calor do núcleo por convecção natural e fortes mecanismos de feedback de reatividade negativa para controlar e/ou restringir a potência do núcleo em situações de emergência. Vários países estudaram as caraterísticas de diferentes sistemas de remoção do calor de decaimento (DHR), por exemplo, Alemanha, França, Reino Unido, EUA, Federação Russa e Índia. No que diz respeito ao objetivo de segurança passiva, a remoção do calor de decaimento (DHR) por convecção natural pura é uma caraterística essencial para aumentar a fiabilidade. A reunião dos especialistas do TWG-FR sobre a avaliação da remoção do calor de decaimento (DHR) por convecção natural concluiu que os dados experimentais existentes e o trabalho analítico mostram que a remoção do calor de decaimento por convecção natural pura é viável.

A capacidade térmica e a elevada condutividade térmica dos fluidos de arrefecimento de metal líquido proporcionam uma grande inércia térmica contra o aquecimento do sistema durante acidentes de perda de fluxo. Um arrefecimento suficiente permite a desativação passiva desde que haja um retorno de reatividade favorável (conceção do núcleo/escolha do combustível). A perda de fluxo desprotegida (ULOF) resulta num aumento de temperatura que é terminado por efeitos negativos de feedback de reatividade. Os acidentes de perda de fluxo sem proteção a plena potência e de perda de dissipador de calor demonstrados no EBR-II em 1986, juntamente com ensaios semelhantes (a 50% da potência), demonstraram uma resposta passiva no FFTF. A perda desprotegida do dissipador de calor (ULOHS) provoca um aumento da temperatura de entrada que introduz efeitos de feedback de reatividade negativos.

Combinado com um feedback de reatividade favorável (conceção do núcleo/escolha do combustível), deve estar disponível um arrefecimento suficiente para suportar o encerramento passivo. Para uma central de dimensão média, é de esperar que o refrigerante primário, por si só, pese cerca de 10 000 toneladas métricas. A conceção estrutural do sistema primário torna-se um desafio significativo. A segurança passiva foi demonstrada na EBR-II em 1986. Para a modelação e validação da segurança passiva, será necessário verificar os mecanismos de feedback da reatividade dos combustíveis portadores de MA e estabelecer o seu comportamento transitório antes da falha. A I&D em matéria de viabilidade centra-se na tecnologia de avaliação de acidentes limítrofes.

O BN-800 desenvolveu e demonstrou sistemas passivos de encerramento da reatividade. Foi efectuado um estudo de conceção para melhorar a expansão da linha de tração da haste de absorção para o EFR. Acima de uma determinada temperatura (de comutação), a sua expansão térmica é cerca de 3 vezes superior a uma expansão térmica natural relativamente ao núcleo [81]. Os códigos tridimensionais que permitem o cálculo de estados estacionários ou de transientes termo-hidráulicos relativos ao plenum quente, ao coletor frio, aos subconjuntos de combustível e aos circuitos secundários foram melhorados devido a um grande número de ensaios de efeitos separados e a estudos numéricos pormenorizados.

As centrais nucleares modernas utilizam a estratégia de segurança "defesa em profundidade", que se baseia na manutenção da integridade estrutural das três principais barreiras que impedem a libertação de produtos de cisão radioactivos: o revestimento do combustível, o limite do sistema primário e a contenção. A falha destas barreiras resulta principalmente de cargas mecânicas e térmicas.

Foi estabelecido um caminho bem validado para a utilização comercial de reactores rápidos, que é geralmente coerente com outros estudos. Isto cria a esperança de que o objetivo de reactores rápidos competitivos possa ser alcançado.

A procura de melhorias no desempenho e na fiabilidade através de medidas de conceção exigiu a continuação da I&D na vasta área da tecnologia LMFR, com especial ênfase na segurança nuclear. Foram feitos grandes progressos desde que os primeiros protótipos de LMFR entraram em funcionamento, há mais de duas décadas [750 MW(th) BN-350, 250 MW(e) PFR, 255 MW(e) Phénix e 600 MW(e) BN- 600].

No passado, realizou-se uma série de conferências internacionais, simpósios e reuniões temáticas sobre a segurança dos reactores rápidos, sob o patrocínio ou em cooperação com a AIEA, por exemplo, em Aix-en-Provence (1967), Beverly Hills (1973), Seattle (1979), Lyon (1982), Guernsey (1986), Snowbird (1990) e Obninsk (1994)

Um dos resultados importantes das reuniões internacionais sobre reactores rápidos e o ciclo de combustível associado e a segurança avançada dos reactores [82] é a quantidade de dados disponíveis sobre a tecnologia e a segurança dos LMFR, que aumentou significativamente. Paralelamente, foram realizados trabalhos experimentais e analíticos para todos os componentes e sistemas importantes, incluindo geradores de vapor, bombas de sódio, permutadores de calor intermédios, deteção de fugas de sódio e de aerossóis, deteção de falhas de combustível, deteção de hidrogénio após falha dos tubos do gerador de vapor, deteção da ebulição do sódio e medição da temperatura. Muitos ensaios e trabalhos analíticos melhoraram significativamente a compreensão das caraterísticas de segurança passiva e natural do LMFR.

Os principais requisitos para as centrais e instalações nucleares são garantir a segurança e a ausência de danos sob fortes cargas dinâmicas externas, por exemplo, terramotos. A resposta do sistema ao efeito sísmico e a conceção estrutural constituem um desafio para o sistema primário. O recurso ao isolamento sísmico das estruturas tem vindo a ganhar aceitação a nível mundial como uma abordagem à conceção sísmica. O isolamento sísmico de edifícios importantes, como as centrais nucleares, resultaria em

reduzir a carga sísmica induzida e, por conseguinte, conduzir a uma conceção estrutural económica e segura.

A AIEA, através do seu programa de desenvolvimento de tecnologias avançadas de reactores, apoia as actividades dos Estados-Membros para aplicar a tecnologia de isolamento sísmico aos LMFR. A AIEA patrocinou dois projectos coordenados de investigação (CRP) [83 & 84] destinados a estabelecer a fiabilidade dos métodos analíticos e dos códigos informáticos aplicados à previsão da resposta do núcleo do reator e das estruturas de blocos de reactores isolados da base aos sismos. Os estudos no âmbito do primeiro PRC foram úteis para a verificação e melhoria das metodologias de análise sísmica do núcleo do reator com base na comparação de resultados experimentais e numéricos [83]. O segundo PRC foi criado na sequência do bom desempenho dos edifícios isolados na base [84].

As chumaceiras de borracha de elevado amortecimento (HDRB) constituem um sistema de isolamento simples e económico. Possuem a baixa rigidez horizontal necessária e são capazes de suportar com segurança os grandes deslocamentos horizontais que lhes são impostos durante um sismo. [84]. Modelos simples, precisos e fiáveis para a resposta do isolador numa vasta gama de deformações multidireccionais são essenciais para prever com precisão os espectros de resposta do pavimento e outras grandezas dinâmicas de projeto [84]. A simulação numérica pelo código ABAQUS dá resultados satisfatórios, desde que as propriedades do material sejam avaliadas corretamente e que seja selecionada uma função de densidade de energia de deformação adequada. A aplicação da tecnologia de isolamento sísmico aos LMFR e instalações conexas teria a vantagem de permitir a utilização segura de projectos normalizados em zonas com risco sísmico. A tecnologia pode também proporcionar meios para modernizar sismicamente as instalações nucleares. É necessário aperfeiçoar a caraterização do comportamento hiperelástico do elastómero para prever a resposta multidirecional sob cargas combinadas. Quinze institutos da Índia, Itália, Japão, República da Coreia, Federação Russa, Reino Unido e EUA cooperaram no IAEA-CRP.

RECURSOS DE COMBUSTÍVEL E GESTÃO DE RESÍDUOS.

O âmbito e o papel da energia nuclear no desenvolvimento a longo prazo dependerão da sua capacidade de utilizar corretamente os recursos de urânio, de contribuir para um aprovisionamento energético sustentável e de minimizar o impacto ambiental global.

Os reactores térmicos (p. ex., LWR e HWR) que funcionam com combustível de urânio de passagem única extraem cerca de 1% da energia potencial do urânio natural, enquanto a maior parte do urânio extraído acaba por ser enriquecido. Os ciclos avançados dos reactores térmicos podem duplicar esta energia extraída para cerca de 2%. Devido a este rendimento energético relativamente baixo, a energia nuclear baseada apenas em reactores térmicos deve ser considerada como um passo intermédio para o desenvolvimento sustentável da energia nuclear.

A utilização sustentável da energia nuclear pode ser alcançada com reactores rápidos. Numa reunião técnica da AIEA sobre os reactores rápidos, foi sublinhado que a elevada queima de materiais cindíveis é um objetivo de todos os projectos actuais, porque reduz os custos de reprocessamento e as perdas de materiais radioactivos no reprocessamento. Ao utilizar o plutónio separado e de qualidade militar acumulado no combustível usado dos reactores térmicos, os reactores rápidos poderiam permitir a utilização da grande quantidade de urânio empobrecido dos resíduos de enriquecimento.

Prevê-se que centenas de toneladas de plutónio para armas sejam declaradas excedentárias em relação às necessidades militares. Assim, haverá quantidades suficientes de materiais cindíveis para reactores rápidos comerciais. Até ao ano 2010, estima-se que haverá mais de 300 000 toneladas de combustível irradiado, incluindo 3 000 toneladas de plutónio e cerca de 100 toneladas de 237Np e amerício. Os resíduos altamente radioactivos mais intensos (HLW) do combustível irradiado são o próprio combustível irradiado, se não for reprocessado, ou os fluxos de resíduos da instalação de reprocessamento. A longo prazo, a eficiência da extração de energia do urânio pode ser aumentada, ou seja, os recursos cindíveis disponíveis poderiam ser altamente aumentados com as LMFR.

O objetivo do desenvolvimento e implantação de sistemas de reactores nucleares e de ciclo de combustível é a extração de energia do maior número possível de átomos de urânio introduzidos no sistema nuclear. Isto implicaria que a utilização apenas das reservas de urânio empobrecido, se convertido em plutónio físsil, seria suficiente para abastecer o mundo de energia durante centenas de anos; e apenas os resíduos radioactivos de vida mais curta, os produtos de cisão, deixariam o sistema como saída. É de notar que nenhum dos sistemas avançados de reactores em desenvolvimento satisfaz inteiramente estas caraterísticas, mas os LMFR são adequados para extrair ainda mais energia do 238U e dos actinídeos. Assim, nos reactores rápidos, uma reciclagem múltipla poderia conseguir a destruição total dos transurânicos (plutónio e actinídeos menores) e de produtos de cisão selecionados, de modo a que toda a energia fosse extraída do(s) átomo(s) de urânio e apenas os produtos de cisão de vida relativamente mais curta regressassem à crosta terrestre.

Dependendo da geometria e composição dos seus núcleos, os reactores rápidos com uma determinada potência e dimensão podem aumentar, manter ou diminuir o inventário de elementos transurânicos. Utilizando esta flexibilidade, o carregamento dos reactores rápidos pode ser configurado/composto de forma a produzir uma taxa de conversão transurânica (CR) inferior ou superior a 1,0. Se CR > 1, o sistema de reactores tornar-se-ia um reprodutor e geraria materiais cindíveis em resposta ao aumento da procura de combustível nuclear (energia). Se CR < 1, o reator rápido tornar-se-ia um queimador e poderia diminuir as reservas de materiais cindíveis (e actinídeos). Os materiais radioactivos de longa duração são produzidos pelo funcionamento de todos os tipos de reactores e, com exceção de muito poucos que têm aplicações comerciais, têm de ser tratados como resíduos.

Os principais contribuintes para a elevada radioatividade são os produtos de cisão e os isótopos de elementos para além do urânio na tabela periódica (com exceção do plutónio). Estes últimos são frequentemente designados por actinídeos menores (MA). Os produtos de cisão de longa duração e os AG impõem exigências severas às disposições relativas à eliminação segura dos resíduos, pois é necessário garantir que sejam mantidos isolados até que tenham decaído para níveis de atividade em que não constituam perigo para a saúde das pessoas e de outros organismos vivos. Em alguns casos, isto exige um confinamento seguro durante muitos milénios.

Na maioria dos países, a política consiste em construir depósitos de resíduos que assegurem uma proteção adequada do ambiente num futuro previsível. No entanto, está a ganhar influência a opinião de que não é correto impor às gerações futuras a obrigação de cuidar dos resíduos da atualidade. Se for eventualmente decidido que é melhor destruir (ou incinerar) os resíduos altamente radioactivos em vez de os armazenar, os reactores rápidos desempenharão um papel importante. Os isótopos MA podem ser utilizados mais eficazmente em reactores rápidos do que em reactores térmicos. O relatório da AIEA aborda esta abordagem mais pormenorizadamente [85].

ACTIVIDADES CONJUNTAS DE INVESTIGAÇÃO SOBRE LMFR (IAEA)

As actividades da AIEA e os programas de longa data destinados a promover o intercâmbio internacional de informações e a investigação e desenvolvimento em cooperação no domínio dos LMFR são documentos de referência importantes que devem ser tidos em consideração quando se aborda o tema dos LMFR ou quando se prepara qualquer documento neste domínio. Estes programas têm sido levados a cabo há mais de 40 anos sob a orientação especializada de um Grupo de Trabalho Técnico sobre Reactores Rápidos (TWG-FR), anteriormente designado Grupo de Trabalho Internacional sobre Reactores Rápidos (IWG-FR). O TWG-FR é o único fórum global para a revisão e discussão de programas de LMFR e é composto pelos principais especialistas em programas nacionais de desenvolvimento de LMFR. O TWG-FR foi criado para sugerir à Agência actividades de I&D que satisfaçam as necessidades dos Estados-Membros e para servir de fórum internacional para o intercâmbio de informações e a realização de investigação em colaboração sobre o desenvolvimento de reactores rápidos. O TWG-FR trata de todos os aspectos da tecnologia de reactores rápidos, incluindo combustível, refrigerante e componentes. Alguns resultados importantes alcançados através de actividades realizadas no âmbito do TWG-FR são resumidos e documentados.

A AIEA fornece ao público documentos e informações imparciais sobre o desenvolvimento de reactores rápidos e os conhecimentos sobre a conceção e a tecnologia dos LMFR. Isto servirá para poupar o financiamento necessário para o trabalho de I&D no futuro, devido à preservação dos dados, e ajudará os países que planeiam iniciar os seus próprios programas de desenvolvimento de reactores rápidos [85].

Para estabelecer um inventário internacional abrangente de dados e conhecimentos sobre reactores rápidos e para manter e aumentar os actuais conhecimentos e competências na ciência e tecnologia dos reactores rápidos, a AIEA estabeleceu a sua iniciativa no âmbito do Grupo de Trabalho Técnico sobre Reactores Rápidos (TWG-FR) do Departamento de Energia Nuclear em 2002. As questões da gestão dos conhecimentos nucleares subjacentes à utilização segura e económica da ciência e tecnologia nucleares, as razões de sustentabilidade das fontes cindíveis, a gestão dos resíduos e o desenvolvimento a longo prazo da energia nuclear como parte do futuro cabaz energético mundial foram abordadas por altos funcionários na reunião da AIEA realizada em Viena, de 17 a 19 de junho de 2002.

A AIEA apoia e coordena os esforços de recuperação e interpretação de dados nos Estados-Membros que aderem à iniciativa e assegura a colaboração com outras organizações internacionais (principalmente a OCDE/NEA), acabando por estabelecer e manter um portal de acesso à base de conhecimentos sobre reactores rápidos. Foi desenvolvido o âmbito das actividades de preservação dos conhecimentos sobre reactores rápidos, a recuperação de dados e um roteiro para a implementação.

A AIEA apoia as actividades dos Estados-Membros, proporcionando um enquadramento para o intercâmbio de informações e a colaboração em I&D, e recolhe e resume as informações científicas e técnicas sobre os principais aspectos da tecnologia dos reactores rápidos num sentido integrador.

A publicação da AIEA (TECDOC-1569) contribui para a preservação do conhecimento a nível mundial e da experiência adquirida ao longo das últimas cinco décadas no desenvolvimento, conceção, funcionamento e desativação de reactores rápidos arrefecidos a metal líquido (LMFR). O desenvolvimento tecnológico inclui aspectos relacionados com reactores experimentais e de demonstração e todas as actividades desde a construção do reator até à sua desativação.

Durante mais de 40 anos de intenso desenvolvimento multinacional, e de acordo com o documento IAEA-TECDOC-1569, foram acumuladas diferentes experiências valiosas sobre as pastilhas de combustível MOX para reactores rápidos:

— Na Europa, mais de 7 000 pinos atingiram valores de combustão de 15 at%. Além disso, alguns pinos experimentais (com pastilhas sólidas ou anulares) atingiram níveis de burnup de 23,5 at% em PFR e 17 at% em Phénix;

— Nos EUA, mais de 63 500 pinos com pastilhas sólidas foram irradiados em FFTF em condições prototípicas, com mais de 3 000 pinos a 15 at% de burnup e com um nível máximo de burnup de cerca de 24,5 at%

— No Japão, foram irradiados 64 000 pinos com pastilhas sólidas no JOYO e em reactores rápidos estrangeiros, com um nível máximo de combustão de cerca de 15 at% no JOYO e 15 at% no FFTF

— Na antiga URSS, atualmente na Federação Russa, foi adquirida uma grande experiência com o combustível MOX vibro-compactado. Foi atingido com êxito um nível de combustão recorde de cerca de 35 at% com um subconjunto experimental em BOR-60 (6 pinos de combustível), enquanto cerca de 260 pinos de combustível normalizados atingiram níveis de combustão de 25-30 at%. Mais de 4 000 pinos de combustível com pastilhas de combustível MOX foram irradiados em BN-350 e BN-600; a queima máxima em BN-600 foi de 11,8 at%. Os peritos concluíram que o revestimento, e não o combustível ou o material de revestimento, constitui a maior limitação à obtenção de níveis elevados de deslocações por átomo (dpa), impedindo assim uma queima elevada do combustível.

Os principais problemas de degradação são a dilatação de vazios para os aços austeníticos e, em menor grau, a fragilização a baixas temperaturas para os aços martensíticos e ferríticos-martensíticos. A manutenção das propriedades desejáveis está diretamente associada à manutenção de uma microestrutura estável contra a ação dos deslocamentos induzidos por neutrões. Os requisitos mais importantes para essa estabilidade são especificações bem definidas e métodos de produção bem controlados. Existem três caminhos para atingir um elevado grau de combustão do combustível:

— Utilização de aço austenítico com baixo teor de níquel;

— Ligas martensíticas e ferríticas-martensíticas; e

— Liga PE16 nimónica com alto teor de níquel.

Destes, a austenite com baixo teor de níquel é inerentemente instável durante a irradiação e acaba por inchar. Se se pretende atingir uma queima de combustível superior a 20% em reactores rápidos, a combinação de um revestimento austenítico com um dos outros dois materiais resistentes ao inchaço para invólucros pode constituir um problema.

EXEMPLOS DE ACTIVIDADES SOBRE LMFR EM DIFERENTES PAÍSES

Os principais objectivos do desenvolvimento dos reactores rápidos de metal líquido (LMFR) são a produção de energia, a segurança, a criação de combustível para garantir a sustentabilidade e o fornecimento de combustível a longo prazo, a redução do teor de actinídeos dos resíduos nucleares para reduzir o risco a longo prazo de resíduos altamente radioactivos e tirar partido da sua elevada eficiência térmica para possíveis aplicações industriais.

Os reactores rápidos têm vindo a ser desenvolvidos há cerca de 50 anos e vários países têm importantes programas de desenvolvimento de reactores reprodutores rápidos. No passado, foram feitos grandes progressos na tecnologia dos reactores rápidos, o que incentiva o seu desenvolvimento futuro. Foram dados passos importantes para a conceção de reactores rápidos comerciais. O ciclo fechado do combustível foi demonstrado e foi confirmada experimentalmente uma razão de reprodução eficaz.

Até 2007, foram construídos e explorados dez reactores rápidos de ensaio com uma potência térmica de 8 a 400 MW(th) e seis protótipos de dimensão comercial com uma potência eléctrica de 250 a 1 200 MW(e). No total, os reactores rápidos ganharam cerca de 300 reactores-ano de funcionamento. A queima de combustível superior a 130000 MWd/t foi atingida em vários reactores.

O encerramento prematuro de alguns reactores rápidos de ensaio e de protótipos, o abrandamento ou o encerramento de programas de desenvolvimento de reactores, a boa disponibilidade de petróleo e de gás e a reforma de muitos dos principais responsáveis pelo desenvolvimento de reactores resultaram no declínio dos programas de desenvolvimento de reactores rápidos a partir da década de 1980. Isto deveu-se principalmente a razões económicas e políticas.

França

A tecnologia francesa de reactores de metal líquido tem demonstrado uma série de exemplos positivos de concepções, realizações de projectos e experiência na construção e funcionamento de LMFR. O reator experimental Rapsodie (potência de 40 MW(e), 1967-1983), o reator-protótipo Phénix (potência de 255 MW(e), colocado em funcionamento em dezembro de 1973) e o LMFR Super-Phénix de grandes dimensões (1986-1998) são exemplos dos reactores de metal líquido franceses. O reator rápido francês Super-Phénix, com uma potência de 1 200 MW(e), colocado em serviço em maio de 1986, demonstrou o primeiro LMFR de grande dimensão [86&87]. Os trabalhos de desativação do Super-Phénix, iniciados em 1999, estão em curso. O último subconjunto de combustível foi descarregado em 19 de março de 2003.

O plutónio produzido no Phénix foi utilizado como combustível para o seu núcleo. Os primeiros conjuntos de combustível, contendo plutónio de reprodução reciclado em novo combustível de óxido misto (MOX), foram carregados no núcleo do reator rápido francês Phénix (PFR) em 1980, fechando assim o ciclo de combustível do reator. Foi confirmada experimentalmente uma razão de reprodução de 1,16 no Phénix. O reator Phénix funcionou durante cerca de ~ 100 000 horas a uma temperatura de 560°C das estruturas quentes do reator com uma eficiência térmica de 45,3% (bruta). O burnup médio foi aumentado de 50 000 MWd/t para 100 000 MWd/t, com um burnup máximo superior a 150 000 MWd/t. Estes níveis foram atingidos com 166 000 pinos de combustível. Em Phénix, após a conclusão do programa de renovação da central, o funcionamento da energia foi retomado em 15 de junho de 2003. O papel da Phénix como instalação de irradiação foi reforçado para compensar o encerramento prematuro da Super-Phénix em 1998, nomeadamente em apoio ao programa de I&D do CEA. A SUPERFACT foi a primeira experiência realizada e permitiu a incineração de actinídeos menores (neptúnio e amerício). Desde 2003, a potência do reator Phénix está limitada a 350 MW(th), 145 MW(e) em duas operações de circuito primário/secundário. O reator funciona durante seis ciclos de irradiação.

O CEA iniciou um vasto programa de I&D para estudar tecnologias alternativas para futuros sistemas de energia nuclear com um ciclo de combustível fechado no local. Muitas das opções a longo prazo investigadas são consideradas de interesse genérico e oferecem a possibilidade de desenvolver combustíveis e materiais de elevado desempenho.

Com a França na liderança, foi concluído o projeto do reator rápido europeu (EFR). As realizações mais importantes do programa EFR (França, Alemanha e Reino Unido) e as vastas experiências com grandes reactores alimentados a óxido do tipo piscina confirmaram estimativas de custos firmes e fiáveis e estabeleceram uma via bem validada para a utilização comercial de reactores rápidos. Os resultados obtidos são geralmente coerentes com outros estudos e indicam que o objetivo de reactores rápidos competitivos pode estar ao nosso alcance. Estão a ser desenvolvidas aplicações alternativas para os reactores rápidos em França, Alemanha, Reino Unido e outros países, nomeadamente a transmutação de resíduos nucleares de longa duração e a utilização de plutónio excedentário [85&88].

O reator experimental Rapsodie, arrefecido a sódio, é o primeiro reator francês de neutrões rápidos, situado no Centro de Investigação de Cadarache e explorado pelo CEA. A construção foi iniciada em 1962 no âmbito de uma associação entre o CEA e a EURATOM. O reator entrou em estado crítico em 28 de janeiro de 1967, atingindo uma potência de 20 MW(th) em 17 de março de 1967. O núcleo e o equipamento foram modificados em 1970 para aumentar o nível de potência térmica para 40 MW (FORTISSIMO) com um fluxo de neutrões de pico de $3,2 \times 10^{15}$ n cm^{-2} s^{-1} . Em funcionamento, o sódio primário entrava no núcleo a 400°C e saía a uma temperatura média de 550°C. Os parâmetros de funcionamento eram semelhantes aos dos grandes reactores de dimensão comercial.

O núcleo do reator foi arrefecido por dois circuitos idênticos, cada um compreendendo um circuito primário de sódio a partir do qual a energia térmica é transferida para um circuito secundário de sódio através de um permutador de calor intermédio (sódio/sódio) por meio de uma bomba primária. As linhas do sistema estão encerradas em células de betão no interior de uma barreira de contenção dupla.

A instalação é constituída por seis edifícios principais, três dos quais são de acesso restrito. São eles:

(1) O edifício do reator ou contenção secundária, incluindo a cuba do reator e os seus fechos superiores, bem como os dois circuitos primários, cada um dos quais estava equipado com uma bomba mecânica e um permutador de calor intermédio. Todos estes componentes foram encerrados em células de betão para proporcionar uma proteção contra as radiações. O sódio secundário, não radioativo, é canalizado para um edifício convencional que contém os componentes dos dois circuitos secundários, incluindo um permutador de calor sódio/ar em cada um deles.
(2) O edifício ativo inclui instalações de armazenagem provisória para combustível fresco e usado e várias outras instalações, como a célula de lavagem para a descontaminação de componentes poluídos com sódio primário e uma célula quente de desmantelamento utilizada para acondicionar equipamento irradiado usado para armazenagem a longo prazo como resíduo;
(3) O edifício de desmantelamento do conjunto de combustível inclui células quentes para o exame não destrutivo dos pinos de combustível e a montagem de subconjuntos experimentais.

Todos os circuitos e componentes são feitos de aço inoxidável austenítico, os tubos principais e as cubas têm uma parede dupla. A cuba do reator é imediatamente rodeada por um betão especial de alta densidade contendo óxidos de terras raras, denominado Sercoter. Este foi protegido externamente por um revestimento de aço que foi considerado como constituindo a segunda barreira.

O Rapsodie foi concebido, construído e explorado para obter dados sobre o comportamento físico de um reator de neutrões rápidos em condições estáticas e dinâmicas, para fornecer informações diretamente úteis para a conceção de futuros LMFR e para fornecer um fluxo de neutrões rápidos para ensaios de irradiação de combustíveis e materiais. Foram utilizados óxidos mistos como combustível do reator. Durante os seus 15 anos de funcionamento, foram irradiados mais de 30 000 pinos de combustível do núcleo motor, dos quais cerca de 10 000 atingiram uma combustão superior a 10%, e foram efectuadas 300 experiências de irradiação e mais de 1000 ensaios. Em 1971, as irradiações efectuadas no núcleo revelaram um fenómeno de inchaço por irradiação no aço inoxidável do invólucro e no revestimento de combustível no linho com elevado teor de neutrões. Os resultados do Rapsodie foram extrapolados no reator Phénix. O historial de funcionamento do Rapsodie foi revisto em revistas e artigos de conferências, e tem sido regularmente publicado pelo TWG-FR. A decisão de parar o funcionamento do reator foi tomada após a deteção de dois defeitos sucessivos na contenção do sistema primário.

O primeiro defeito, que apareceu em 1978, consistiu numa microfuga de sódio: foram encontrados aerossóis de sódio radioativo na cuba do reator de parede dupla. As investigações não encontraram sódio líquido na fenda nem localizaram o defeito. O reator foi subsequentemente operado a um nível de potência reduzido, suficientemente elevado para as necessidades de irradiação, mas que não provocou o reaparecimento da fuga. O segundo defeito apareceu em 1982 e consistia numa pequena fuga da manta de azoto que envolve o sistema primário. Antes da paragem definitiva do reator, foram efectuados vários ensaios de fim de vida em abril de 1983. O LMFR Rapsodie foi encerrado em abril de 1983. As operações de pré-desmantelamento foram então efectuadas até 1986. Consistiram essencialmente em descarregar os conjuntos de combustível e fértil, e em drenar o sódio dos circuitos primário e secundário. As operações de desativação começaram em 1987.

Russo

A Rússia adquiriu uma boa experiência com o funcionamento de reactores LMFR de ensaio, protótipos e semicomerciais (BR-5/10, BOR-60, BN-350 e BN-600). O primeiro reator rápido com refrigerante de sódio e combustível de plutónio (BR-5/10) foi criado em 1958 e esteve em funcionamento durante mais de 44 anos.

O reator BN-600 foi ligado à rede em abril de 1980 e a potência máxima foi atingida em outubro de 1981. O funcionamento do reator é estável: o seu fator de carga é de 75-77%, sendo a eficiência da turbina de ~ 43%. Até ao final de 2004, o tempo total de funcionamento da central do reator BN-600 foi de ~ 170 000 h, tendo sido produzidos ~ 91 mil milhões de kWh de eletricidade. Os esforços actuais para o desenvolvimento de reactores rápidos na Federação Russa visam aumentar as margens de segurança e melhorar a economia.

Até 2007, foi concluído o projeto pormenorizado de 4 reactores rápidos BN-800 [800 MW(e)] de dimensão comercial, tendo sido emitida a licença para a sua construção. De acordo com o "Programa revisto de desenvolvimento da energia nuclear na Federação da Rússia para o período 1998-2005 e para o período até 2010", o arranque da quarta unidade de produção de energia equipada com um reator BN-800 na central nuclear de Beloyarskaya (BN-600) está previsto para 2010. Conjunto de combustível do núcleo do BN-800 com combustível MOX [89].

As principais vantagens da conceção inovadora do núcleo do tipo BN-800 consistem em proporcionar uma margem de segurança adicional inerentemente activada para evitar a falha do pino de combustível, a ebulição local no domínio dos transientes operacionais e graves a considerar na base da conceção. Estas caraterísticas complementam bem a grande margem para a falha do pino de combustível já alcançada com a conceção do pino de combustível de pastilhas ocas e um material revestido que proporciona ductilidade mesmo sob cargas de dose elevada.

Foram identificadas as vantagens da conceção inovadora do núcleo russo:

- Os acidentes não protegidos iniciados por reatividade conduzem muito provavelmente a um encerramento precoce do reator, quer devido à deslocação do combustível no pino antes da falha, quer devido a uma rápida dispersão do combustível após a falha do pino de combustível em alguns grupos de subconjuntos. Os valores lineares em condições de falha são muito provavelmente elevados, ou seja, cerca de 1000 W/cm ou mais. É necessária uma análise cuidadosa para avaliar as potenciais consequências de uma propagação de subconjunto para subconjunto induzida termicamente.

- No caso de acidentes com perda de fluxo sem proteção (ULOF), a principal vantagem da conceção inovadora do núcleo russo é que dificilmente é possível aproximar-se ou exceder a criticalidade imediata na fase inicial do transiente. Foram estabelecidas as sequências de eventos calculados e as configurações do núcleo que necessitavam de análises da fase de transição. A libertação de energia térmica e/ou mecânica não pode ser prevista sem a realização de análises adequadas, tomando como condições iniciais resultados representativos da fase de iniciação. No entanto, as consequências deste tipo de modificações têm de ser analisadas cuidadosamente e em pormenor, caso a caso. A utilização de modelos teóricos mais sofisticados e validados experimentalmente seria útil para melhorar a fiabilidade dos resultados.

O próximo passo importante no domínio dos reactores rápidos na Federação Russa é o desenvolvimento de propostas de projeto para uma central eléctrica com um reator rápido arrefecido a sódio BN-1800 [1800 MW(e)].

A AIEA recomendou outras actividades no domínio do FR na Federação Russa:

* Justificação de um núcleo híbrido, bem como da conceção de um núcleo MOX completo e do prolongamento da vida útil do BN-600 para incinerar plutónio para armas

* Conceção da modificação do reator experimental BOR-60, incluindo a sua substituição pela central BOR-60M refrigerada a sódio

* Desenvolvimento de concepções avançadas e inovadoras de FR com segurança reforçada, com combustível de óxido misto, conceitos de reactores de dois circuitos com refrigerante de reator de sódio e ciclo de turbina a gás [reactores de grande dimensão (1200-1600 MW(e), e reator de co-geração modular e transportável de pequena/média dimensão ATES-BN-300/100, 300 MW(e) mais 100 MW(th) para aquecimento urbano]; e

* Estudos de conceção de FR com refrigerantes alternativos: água supercrítica, chumbo (BREST- OD-300 e BREST-1200) e chumbo-bismuto eutéctico (SVBR-75/100).

O pacote de códigos russo GRIF-SM com o pacote de códigos complementar CANDLE fornece resultados para transientes do tipo ULOF até à deslocação do revestimento fundido. No entanto, recomenda-se vivamente que seja acoplado ao sistema um pacote de códigos para a mecânica transiente do pino de combustível, para desenvolver critérios de falha do pino de combustível tendo em conta as caraterísticas especiais da conceção do pino de combustível BN-800 e para alargar as capacidades do sistema de códigos para descrever os fenómenos de deslocalização do material do núcleo após a falha ou rutura do pino de combustível.

O sódio primário contido neste tanque representa o sistema de arrefecimento primário para a remoção do calor do núcleo do reator. O sódio líquido, com um ponto de ebulição de aproximadamente 900°C, tem excelentes propriedades térmicas e é, portanto, um ótimo refrigerante. O sistema primário contém cerca de 330 m3 de sódio e transfere o calor para o sistema secundário de sódio (cerca de 50 m3) através de um permutador de calor intermédio de sódio para sódio.

O sódio secundário circulava em circuito fechado através de superaquecedores e geradores de vapor no exterior do reator. O vapor de alta pressão produzido no gerador de vapor accionava um gerador de turbina para produzir eletricidade.

Reator EBR-II

Caraterísticas de conceção O Experimental Breeder Reator-II (EBR-II) era um reator de investigação de metal líquido alimentado a metal arrefecido a sódio, localizado na parte sudeste do Laboratório Nacional de Engenharia e Ambiente de Idaho (INEEL). O EBR-II era um reator de 62,5 MW(th) que começou a funcionar em julho de 1964 e, quando totalmente operacional, era capaz de produzir ~ 19,5 MW(e). Os factores de capacidade da central excediam normalmente os 70% e aproximavam-se dos 80%, apesar de o reator ter suportado um extenso programa de ensaios, produzindo simultaneamente eletricidade como uma central eléctrica LMR completa. As seguintes caraterísticas-chave comuns aos LMR tornaram viável um funcionamento fiável e seguro: refrigerante de sódio a baixa pressão, tensão térmica limitada, corrosão limitada dos componentes e simplicidade da disposição dos sistemas de sódio primário e secundário.

O edifício do reator EBR-II estava ligado à instalação de acondicionamento do combustível, uma grande instalação de células quentes em atmosfera inerte. O edifício do reator EBR-II, uma estrutura cilíndrica com um topo em cúpula hemisférica, tinha um invólucro de contenção em aço com um diâmetro interior de 24,4 m e uma altura de 42,4 m. O fundo e os lados eram placas de aço com 2,54 cm de espessura e a cúpula tinha 1,27 cm de espessura, revestida com um escudo antimíssil em betão de 10,2 cm. A cuba do reator com 1,70 m de diâmetro e o seu escudo estavam imersos numa piscina de sódio dentro do tanque primário com 7,9 m de diâmetro por 7,9 m de altura. O reator serviu de instalação de ensaio para o desenvolvimento de combustíveis, irradiação de materiais, ensaios teóricos de sistemas e controlo e desenvolvimento de hardware. O núcleo do EBR-II e os subconjuntos da manta estavam contidos na cuba do reator antes do reabastecimento.

O EBR-II esteve em funcionamento durante 30 anos. Dado o âmbito do que foi desenvolvido e demonstrado ao longo desses anos, é sem dúvida o reator de ensaio mais bem sucedido de sempre. Foram efectuados ensaios com praticamente todos os tipos de combustível de reactores rápidos e o próprio reator foi amplamente caracterizado. Os ensaios de segurança mais dramáticos foram realizados em 3 de abril de 1986, quando se demonstrou que um LMR com combustível metálico podia acomodar com segurança os transientes previstos: perda de fluxo ou perda de dissipador de calor sem sobressalto.

O EBR-II, antes de ser encerrado, funcionou como protótipo do reator rápido integral (IFR), demonstrando importantes inovações em matéria de segurança, conceção da central, conceção do combustível e reciclagem de actinídeos. A capacidade de enfrentar passivamente os transientes previstos sem sobressalto resultou em benefícios significativos relacionados com a simplificação da instalação do reator, principalmente através de uma menor dependência da energia de emergência e em virtude de não exigir que os sistemas secundários de sódio ou de vapor sejam de nível de segurança. Estas vantagens foram quantificadas numa avaliação probabilística dos riscos (PRA) realizada para o EBR-II que demonstrou vantagens consideráveis em termos de segurança em relação a outros conceitos de reactores. O combustível de liga de urânio-plutónio-zircónio é fundamental para as caraterísticas superiores de segurança e funcionamento do reator. Os resultados das avaliações, análises e ensaios indicaram que a estimativa razoável da vida útil técnica esperada para o EBR-II era muito superior a 30 anos e possivelmente 50 anos ou mais antes de se aproximar de quaisquer limites de envelhecimento. O programa de prolongamento da vida útil da central foi reorientado para se basear nos resultados originais da avaliação operacional e de engenharia da central.

Em janeiro de 1994, o Departamento de Energia ordenou o fim do Programa do Reator Rápido Integral (IFR), com efeitos a partir de 1 de outubro de 1994. Para dar cumprimento a esta decisão, o Argonne National Laboratory-West (ANL-W) preparou um plano que previa requisitos pormenorizados para colocar o EBR-II em condições de segurança radiológica e industrial, incluindo a remoção de todos os conjuntos de combustível irradiado da instalação do reator e a remoção e estabilização do sódio primário e secundário utilizado para transferir calor na instalação do reator.

A longa e bem sucedida história de funcionamento do EBR-II constituiu uma importante fonte de informação sobre a fiabilidade a longo prazo dos LMR. Os principais programas realizados no EBR-II incluíram o ensaio de irradiação de combustível metálico e a demonstração da resposta intrinsecamente segura de um LMR de tipo piscina com combustível metálico. O EBR-II serviu também como um importante banco de ensaios para caraterísticas-chave de concepções inovadoras de LMR, tais como juntas de tubos e materiais flexíveis e melhorias nos sistemas de instrumentos e de controlo. Outros ensaios importantes efectuados incluíram os destinados a determinar os esforços de funcionamento para além da rutura do revestimento e a resposta do combustível de óxido a transientes operacionais no programa conjunto EUA-Japão. Foram fabricados vários dispositivos para a realização de uma série de ensaios. Entre eles, foram concebidos subconjuntos de combustível instrumentados.

Há dois fluxómetros localizados na blindagem inferior, abaixo da região do núcleo ativo. Os termopares de fio espaçador estavam contidos numa bainha metálica de aço inoxidável 316 e eram feitos de cromel/alumel do tipo "K" com isolamento de óxido de magnésio. Há um total de 28 termopares: dois localizados nos medidores de caudal perto da entrada (TC), cinco no plano médio do núcleo ativo (MTC), treze perto do topo do núcleo (TTC), vários acima do núcleo (TC), dois à saída do subconjunto (OTC) e dois na região do dedal do subconjunto (ATC).

Foram realizadas várias séries de testes no reator EBR-II com o objetivo de simular os acidentes mais graves: por exemplo, a perda de fornecimento de energia eléctrica às bombas principais e a falha das barras de segurança à potência máxima do reator, bem como a falha dos circuitos secundário e terciário, juntamente com a falha simultânea das barras de segurança.

A temperatura máxima do revestimento de combustível e a temperatura de saída do refrigerante, respetivamente; leitura do termopar; 3-potência/caudal; 4-reatividade; 5-elevação da temperatura do sódio; 6-

potência; 7-caudal.

Caraterísticas do reator EBR-II durante o transiente LOFWS. 222 As experiências que simulam a perda de fluxo sem scram (LOFWS) foram realizadas à potência máxima na presença de diferentes tempos de coast-down da bomba: rundown ativo, através do controlo da velocidade da bomba, tempo de paragem da bomba 300 segundos e 100 segundos, coast-down passivo, acompanhado da paragem da bomba auxiliar electromagnética de sódio. 1, 2 - temperatura máxima do revestimento do combustível e temperatura de saída do fluido de arrefecimento, respetivamente; leitura do termoacoplador; 3 - potência/caudal; 4 - reatividade; 5 - aumento da temperatura do fluido de arrefecimento; 6 - potência; 7 - caudal.

O sistema de bombas do EBR-II tem uma inércia pequena, o que leva a uma desaceleração rápida. Assim, optou-se por utilizar a energia armazenada nas bombas e no conjunto motor-gerador, controlando a desaceleração com a embraiagem magnética que liga o motor e o gerador.

Uma comparação das temperaturas de pico demonstrou a influência decisiva exercida pelo tempo de inércia das bombas primárias nos valores de temperatura do revestimento do elemento combustível e do refrigerante do reator. Foram também efectuadas experiências relacionadas com a perda de dissipador de calor sem scram (LOHSWS) à potência máxima. A temperatura de saída do reator foi reduzida, enquanto a temperatura de entrada do reator foi aumentada.

Devido à confirmação experimental de que as propriedades de segurança são intrinsecamente inerentes aos reactores rápidos, foram realizados trabalhos de conceção cujo objetivo era assegurar a criação de condições que favorecessem, na maior medida possível, a utilização dos factores inerentes. É do conhecimento geral que o aumento da temperatura de entrada do reator e o aumento da temperatura do líquido de arrefecimento do reator aí presente são acompanhados pela expansão térmica da membrana do núcleo, pela flexão do subconjunto dirigida para fora do centro, bem como pelo alongamento das barras de transferência da barra de controlo, resultando assim na introdução de reatividade negativa. Para reduzir a potência, é essencial que os efeitos positivos de reatividade produzidos pela diminuição da densidade do refrigerante associada a um aumento da temperatura do refrigerante e do efeito Doppler sejam superados pelos efeitos negativos gerados pelo aquecimento e pela expansão térmica das estruturas internas do reator, uma vez que o valor da temperatura do combustível é também necessariamente reduzido.

Como já foi referido, os resultados mais impressionantes no que diz respeito à autorregulação foram obtidos no reator EBR-II quando se utilizou combustível metálico. Durante as experiências que envolveram a paragem das bombas nos circuitos I, II e III, juntamente com a falha da barra de segurança, a potência deste reator foi espontaneamente reduzida ao nível do calor de decaimento e o valor da temperatura do refrigerante à saída do subconjunto mais quente do núcleo aumentou de 520 para 720°C (uma margem de ebulição de 150°C).

Em resumo, as experiências EBR-II, realizadas em abril de 1986, simularam os dois principais acidentes de desequilíbrio térmico que ocorreram (falha das bombas que interrompeu o fluxo de refrigerante através do reator - essencialmente o acidente de Chernobyl, por um lado, e falha na transferência de calor do refrigerante do reator para o sistema de vapor - essencialmente o acidente de TMI-211 , por outro lado). Em nenhum dos casos foi tomada qualquer medida pelo operador ou pelo sistema de segurança, e em nenhum dos casos o reator ou o seu combustível sofreram qualquer dano.

EUA

A eletricidade nuclear experimental foi gerada pela primeira vez em 20 de dezembro de 1951 pelo EBR-I LMFR de 0,2 MW(e) no Laboratório Nacional de Argonne (ANL), nos EUA. O projeto do reator rápido integral (IFR) arrefecido a sódio foi desenvolvido pelo Argonne National Laboratory (ANL) com base na utilização de uma liga ternária de combustível U-Pu-Zr para a carga do núcleo. O conceito IFR foi integrado pela General Electric num projeto de instalação completa de um reator avançado refrigerado a metal líquido (ALMR) de 300 MW(e). O plutónio não é separado dos actinídeos superiores; estes são reciclados em conjunto no reator e nunca deixam o local do reator. Todos os projectos de IFR se baseiam na reciclagem total dos actinídeos, utilizando uma instalação de processamento piroquímico e de fabrico de combustível situada no mesmo local que o complexo do reator.

Utilizando uma liga de U-Pu-10%Zr e um revestimento ferrítico-martensítico HT9 como conduta, foi atingido um burnup de cerca de 20% no EBR-II. Todos os resultados de irradiação obtidos no reactor EBR-II e no reactor Fast Flux Test Facility (FFTF) demonstraram o desempenho fiável do combustível metálico e o potencial para atingir um elevado burnup em elementos de combustível prototípicos arrefecidos por sódio líquido. Estas ideias foram aproveitadas para outros conceitos de reactores.

O ALMR foi concebido para proporcionar uma elevada fiabilidade para as principais funções de segurança, incluindo a paragem do reator, a remoção de calor e o confinamento. Estas funções podem ser alcançadas por meios passivos: expansão térmica, efeitos da temperatura na absorção de neutrões, circulação natural do refrigerante de sódio e circulação natural do ar. No entanto, nos EUA, a partir da década de 1980, e sobretudo por razões económicas e políticas, o desenvolvimento de reactores rápidos começou a diminuir. Em 1994, o projeto do reator reprodutor de Clinch River (CRBR) tinha sido cancelado e as duas instalações de ensaio de reactores rápidos, o FFTF e o EBR-II, tinham sido encerradas. Nos EUA, tem havido actividades substanciais para continuar o desenvolvimento de tecnologias relacionadas com sistemas avançados de energia nuclear, incluindo ciclos avançados de combustível, reactores rápidos e transmutação. Os dois principais programas que abrangem as actividades relevantes em matéria de ciclos avançados de combustível, reactores rápidos e transmutação são a iniciativa do ciclo avançado de combustível (AFCI) e o programa de sistemas de energia nuclear da Geração IV.

EUA A-SMR
Avaliações do conceito de A-SMR
G.T. Mays, 2015, 2015, O DOE está a iniciar um trabalho preliminar através dos seus laboratórios em estudos de avaliação de conceitos para três tecnologias A-SMR:
(1) o reator rápido avançado arrefecido a sódio com uma potência eléctrica de projeto de 100 MWe (AFR-100), tendo como líder o Argonne National Laboratory,
(2) um conceito genérico de HTGR de pequena dimensão derivado das três concepções de HTGR avaliadas no âmbito do programa NGNP do DOE, com o Laboratório Nacional de Idaho como líder, e
(3) um pequeno reator arrefecido por sais de flúor, o pequeno reator

modular avançado de alta temperatura (SmAHTR), moderado a grafite, com uma potência eléctrica de projeto de 20 ou 50 MWe, tendo como líder o Oak Ridge National Laboratory.

Os esforços iniciais sobre os três conceitos centrar-se-ão em dois objectivos: (1) preparar uma breve descrição da conceção do reator em termos de caraterísticas e atributos principais como conceção de referência e (2) realizar uma avaliação da preparação tecnológica das tecnologias importantes para fornecer um ponto da situação dessas tecnologias e uma ideia da I&D que seria necessária para desenvolver uma conceção comercial.

Em julho de 1959, o Sodium Reator Experiment (um reator nuclear experimental arrefecido a sódio situado numa secção do Santa Susana Field Laboratory e operado pela divisão Atomics International da North American Aviation) sofreu um grave incidente que envolveu a fusão parcial de 13 dos 43 elementos combustíveis e uma libertação significativa de gases radioactivos. O reator foi reparado e voltou ao serviço em setembro de 1960, tendo terminado a sua operação em 1964.

O reator FFTF

Caraterísticas de conceção
O conceito de uma Instalação de Teste de Fluxo Rápido (FFTF) remonta ao final da década de 1950. Em abril de 1965, a USAEC autorizou os Laboratórios Battelle Pacific Northwest a realizar um projeto concetual e um estudo de custos da FFTF. O objetivo era criar uma central de reactores única e flexível, capaz de irradiar combustíveis e materiais estruturais com um fluxo rápido intenso, tendo em vista o programa de desenvolvimento do LMFBR dos EUA. Os componentes, combustíveis, materiais e ambiente do núcleo da FFTF deviam ser tão semelhantes quanto possível aos exigidos para centrais eléctricas de maiores dimensões. O FFTF era um reator rápido arrefecido a sódio de 400 MW (th) especificamente concebido para o desenvolvimento e ensaio de combustíveis, materiais e componentes de reactores reprodutores rápidos.

Elevação do reator FFTF.

O reator era uma central de tipo loop com três loops paralelos de sistema de transporte de calor. A central não tem geradores de vapor nem conjuntos de cobertura para a produção de cindíveis, o que é coerente com o seu papel de reator de ensaio. As três filas exteriores de conjuntos de núcleo eram conjuntos de reflectores radiais de aço inoxidável que servem para aumentar o fluxo de neutrões no interior do núcleo.

A FFTF foi equipada com uma grande quantidade de instrumentos. Cada conjunto do núcleo foi dotado de instrumentos para a medição dos caudais de sódio e da temperatura de saída do sódio. Três árvores de instrumentos, uma das quais serve cada um dos três sectores do núcleo, fornecem instrumentação de saída para todos os conjuntos de combustível, conjuntos de controlo e segurança e conjuntos de reflectores selecionados. Além disso, 8 das 73 posições do núcleo foram equipadas para instrumentação completa no núcleo. Duas destas oito posições estavam disponíveis para instalações de circuito fechado.

Nestes componentes de circuitos de ensaio fechados inseridos no núcleo do reator, os sistemas de refrigeração, instrumentação e transferência de calor foram completamente separados do núcleo principal da FFTF, permitindo o ensaio de combustíveis e materiais numa vasta gama de temperaturas num ambiente controlado independente do sistema de refrigeração do reator principal. As posições de ensaio em circuito aberto e os componentes integrais do núcleo do reator para o ensaio de grandes quantidades de pinos e conjuntos de combustível candidatos foram arrefecidos pelo sistema de arrefecimento primário do reator.

Experiência de funcionamento

A FFTF iniciou a sua subida de potência em novembro de 1980. Em dezembro de 1980 foi atingida a potência máxima de 400 MW(th). Uma série de testes de circulação natural provou que o sistema tipo loop da FFTF podia ser operado com segurança em condições de remoção de calor de decaimento a longo prazo por convecção natural sem qualquer bomba de sódio a funcionar. A FFTF completou um funcionamento basicamente "sem falhas" ao longo de 10 anos, confirmando os pressupostos de conceção e o desempenho material do combustível de óxido misto, os sistemas de reactores de sódio e a segurança e robustez globais do moderno LMR. Foram também desenvolvidos e testados na FFTF materiais avançados para o núcleo. O material mais notável entre eles foi a liga de aço ferrítico HT9, que foi irradiada para níveis ultraelevados de fluência de neutrões com pouca ou nenhuma dilatação induzida por neutrões e foi selecionada para utilização no ALMR dos EUA. A FFTF também realizou experiências com materiais para o desenvolvimento do reator de fusão. Uma zona de ensaio especial no núcleo da FFTF permitiu a monitorização contínua da produção de trítio que ocorre nos materiais de cobertura do reator de fusão sob uma variedade de condições térmicas e de irradiação. A FFTF completou o ciclo 12 em março de 1992, acumulando um total de 2278 dias de potência total efectiva (EFPD) desde o início da operação. Durante este tempo, apenas um pino de combustível de todos os conjuntos de combustível de condutor padrão tinha desenvolvido uma fuga; este conjunto estava muito para além da sua exposição de projeto. A irradiação da experiência do conjunto de ensaio aberto de materiais de fusão reconstituídos foi iniciada em maio de 1991 e funcionou como previsto até à paragem do reator em março de 1992. Foi retirado do reator para ser irradiado noutras instalações. Nove experiências de demonstração de núcleos para conjuntos de combustível, incluindo ensaios com chumbo, continuaram a ser irradiados até ao encerramento do reator em março de 1992. Um conjunto de teste de chumbo atingiu a melhor queima de conjunto de combustível do mundo, 238 MWd/kg. O conjunto de queima mais elevada atingiu uma queima de 221 MWd/kg. Foi acordado processar um teste de chumbo em canal quente para exame pós-irradiação pelo PNC. Todos os nove conjuntos atingiram as suas exposições actuais sem dificuldades operacionais. A possibilidade de futuras missões do DOE, juntamente com programas internacionais de colaboração para a FFTF, foi avaliada. A instalação esteve em condições de espera a quente em estado estacionário durante muito tempo e foi finalmente encerrada em 2000.

As experiências com o reator FFTF

As experiências realizadas com este reator foram efectuadas a 50% de potência numa gama de temperaturas bastante baixa (as bombas principais funcionavam a 100% de caudal antes da paragem). Os resultados destas investigações são apresentados em. As experiências que envolveram a paragem da bomba sem scram demonstraram que os reactores baseados em combustíveis óxidos também possuem propriedades de segurança intrínsecas (auto-controlabilidade); no entanto, em tais reactores, estas propriedades tornam-se facilmente visíveis a temperaturas mais elevadas, excedendo por vezes o valor admissível. Foram consideradas medidas suplementares para a introdução passiva de reatividade negativa em reactores de média e alta potência que utilizam combustíveis óxidos. Durante as experiências com reactores FFTF acima referidas, essas medidas incluíram os chamados módulos de expansão de gás, GEMs (tubos ocos, selados na parte superior, abertos na parte inferior e colocados na fila interna da manta radial). Quando as bombas estavam em funcionamento, o líquido de arrefecimento era bombeado para os referidos GEMs e ocorria a compressão do gás. Após a paragem da bomba, a reatividade negativa do núcleo foi introduzida simultaneamente com a deslocação do sódio. Este efeito por parte do FFTF é essencial para o auto-desligamento do reator em questão. As experiências realizadas nos Estados Unidos - especialmente as efectuadas em reactores que utilizam combustíveis metálicos - são consideradas excelentes e promissoras. Com base nos resultados dessas experiências, os maiores fabricantes de reactores americanos, com o apoio de agências governamentais (US DOE), lançaram esforços para o desenvolvimento de reactores absolutamente seguros, em que tanto o sistema de desligamento como o sistema de remoção de calor funcionam exclusivamente com base em princípios passivos, ou seja, a sua ativação não requer a participação de sistemas automáticos ou de um operador. Nas situações mais graves, como as exemplificadas pelo LOFWS12, a redução espontânea da potência para alguns pontos percentuais do valor nominal foi essencial para facilitar a realização da remoção de calor de emergência do reator com base exclusivamente em princípios passivos. Como já foi referido, a mais simples das técnicas em causa é o arrefecimento da cuba do reator (cuba de guarda) por fluxo de ar natural. Aqui, as propriedades positivas dos reactores que utilizam um refrigerante de metal líquido também entram em jogo. Devido ao elevado ponto de ebulição do líquido de arrefecimento ($\sim 850°C$), bem como ao facto de os materiais estruturais utilizados serem aços inoxidáveis, a temperatura dos elementos estruturais (a cuba do reator, a cuba de guarda, etc.) pode ser aumentada para 600-650°C quando surgem situações de emergência pontuais de baixa probabilidade.

Os valores relativamente baixos da espessura da parede da cuba (30-50 mm), juntamente com a grande diferença entre a temperatura da superfície a ser arrefecida e a do ar livre, garantem uma remoção eficiente do calor, mesmo quando o ar presente no espaço anular em torno da cuba de guarda não isolada no poço do reator (no que diz respeito a pequenos reactores) ou no permutador especial sódio-ar (no que diz respeito a reactores de média e grande dimensão) é circulado naturalmente. Nos ensaios de aceitação, verificou-se que a bomba primária da FFTF pára em 100 a 115 s e tem um tempo de redução a metade τ de cerca de 6 s.

China

A investigação e o desenvolvimento de reactores rápidos de neutrões na China tiveram início em 1964. O Reator Rápido Experimental Chinês (CEFR), um reator de neutrões rápidos de 65 MW(th)/25 MW(e), foi concebido em 2003 e construído perto de Pequim pelo OKBM da Rússia, em colaboração com o OKB Gidropress, a NIKIET e o Instituto Kurchatov. Atingiu a criticalidade em julho de 2010 e foi ligado à rede em julho de 2011. A altura do núcleo é de 45 cm e tem 98 kg de Pu-239. O reator rápido experimental da China (CEFR) é o primeiro passo no desenvolvimento da engenharia do reator rápido chinês.

O segundo passo no esforço chinês de desenvolvimento da tecnologia de reactores rápidos é um Protótipo de Reator Rápido da China (CPFR) de 600 MW(e). A construção da unidade 1 começou no final de 2017. O combustível é fornecido pela TVEL, uma filial da Rosatom da Rússia, nos termos de um acordo assinado em 2019 com a CNLY, que faz parte da Corporação Nuclear Nacional da China (CNNC).

Começaram os trabalhos de construção do segundo reator nuclear de neutrões rápidos CFR-600 arrefecido a sódio, do tipo piscina, no condado de Xiapu, na província chinesa de Fujian, também conhecido como o projeto de demonstração do reator rápido de Xiapu. O CFR-600 faz parte do plano da China para alcançar um ciclo fechado de combustível nuclear. Prevê-se que Xiapu 1 esteja ligado à rede em 2023.

Os reactores rápidos de demonstração CFR-600 (CDFR) são o próximo passo no programa do Instituto de Energia Atómica da China (CIAE). Os reactores terão uma potência de 1500 MWt, 600 MWe, com uma eficiência térmica de 41%, utilizando combustível MOX com uma queima de 100 GWd/t e com dois circuitos de arrefecimento de sódio que produzem vapor a 480°C. Mais tarde, o combustível será metálico com um burn-up de 100-120 GWd/t. O rácio de reprodução é de cerca de 1,1 e a vida operacional projectada é de 40 anos. O projeto dispõe de sistemas de paragem activos e passivos e de remoção passiva do calor de decaimento.

A CNNC anunciou a construção da unidade 2, acrescentando que os trabalhos de escavação no local tinham começado exatamente um ano antes. Desde então, "a escala dos trabalhos de engenharia, o calendário apertado, as dificuldades de construção e outras condições adversas" foram todos ultrapassados para atingir o objetivo planeado. Toda a construção prosseguirá com o projeto de reator rápido de demonstração, a fim de alcançar a transformação histórica da China numa potência industrial nuclear de grande contribuição.

Índia

Em 2007, estava em construção na Índia o protótipo de reator de fermentação rápida (PFBR) de 500 MW(e) de potência. Foi concluído o desenvolvimento da tecnologia de fabrico dos principais componentes da central. O desenvolvimento da tecnologia de combustíveis de baixo tempo de duplicação e de materiais estruturais capazes de suportar uma elevada fluência de neutrões já foi iniciado e os trabalhos estão a decorrer de forma satisfatória. O programa indiano de desenvolvimento de reactores rápidos é construído com base na experiência acumulada com o reator de ensaio de fermentação rápida (FBTR) de pequena dimensão [40 MW(th)/13 MW(e)] localizado em Kalpakkam, que está operacional desde 1985. Estão a ser realizados trabalhos importantes, incluindo experiências de blindagem do PFBR, ensaios do braço de transferência no ar, enriquecimento de boro, exame pós-irradiação do combustível do FBTR com uma queima de 125 GWd/t, ensaios de integridade estrutural e reprocessamento do combustível de carboneto. As abordagens teóricas, os métodos e os códigos de análise transiente escolhidos pela Índia com o seu pacote de códigos PREDIS fornecem resultados exaustivos para análises monofásicas, mas utilizam abordagens simplificadas para o escoamento bifásico.

Os FBR constituem assim a segunda fase do programa de energia nuclear do país. Os FBR na Índia serão utilizados no ciclo U-Pu para um rápido crescimento da capacidade de produção de energia nuclear e para gerar simultaneamente combustível nuclear suficiente para a utilização do ciclo ThU na terceira fase do programa. O tório, uma das principais alternativas para a energia nuclear indiana, está abundantemente disponível na Índia, com um nível de recursos de 320 000 toneladas. O potencial dos recursos naturais de urânio na Índia, estimado em cerca de 50 000 toneladas, é de cerca de mil milhões de toneladas de equivalente carvão (btce) se utilizado num ciclo único e a capacidade será limitada a cerca de 10 GWe.

Japão

O programa de desenvolvimento de reactores rápidos é uma parte fundamental da política japonesa para uma maior independência energética. Estão em curso estudos de viabilidade sobre sistemas de ciclo de reactores rápidos comercializados. A I&D japonesa está a centrar-se na conceção dos conceitos candidatos e em ensaios fundamentais de tecnologias-chave.

No Japão, o reator rápido experimental Joyo tem demonstrado um excelente desempenho há mais de 26 anos. A inspeção de pré-serviço para a modernização do JOYO MK-III pelo ministério competente foi concluída em 27 de novembro de 2003. O reator JOYO concluiu e ensaiou com êxito as modificações da instalação e do núcleo para o programa de modernização MK-III, tendo o funcionamento em potência nominal sido iniciado em 2004. O núcleo MK-III atualizado proporciona uma capacidade de ensaio de irradiação significativamente melhorada em comparação com o núcleo MK-II. O núcleo MK-III foi submetido a um teste crítico inicial em 2 de julho de 2003, a que se seguiu uma demonstração operacional bem sucedida até à potência térmica nominal de 140 MW. Os ensaios funcionais e de desempenho verificaram os parâmetros de conceção. Foi desenvolvido o plano de utilização para o futuro desenvolvimento de combustíveis e materiais e para os ensaios de segurança no núcleo JOYO MK-III.

O reator protótipo MONJU de 280 MW(e) de potência foi parado devido a uma fuga no sistema secundário de transporte de calor não radioativo, ocorrida em dezembro de 1995 durante a fase de ensaio pré-operacional de 40% da potência. No programa japonês, foi esclarecido que a MONJU está no centro das actividades de investigação sobre reactores rápidos. Foram envidados esforços consideráveis em actividades destinadas a recuperar a compreensão e a aceitação do público.

Cazaquistão

A primeira central nuclear de demonstração do mundo com reator rápido, a BN-350 de 750 MW(th) de potência, foi colocada em funcionamento na República do Cazaquistão em Aktau em 1972/1973 e funcionou durante mais de 25 anos (o seu tempo de vida útil), tendo sido finalmente encerrada em abril de 1999. A central nuclear fornecia 100 000 toneladas/dia de água doce e 150 MW de eletricidade a uma grande cidade, Aktau (Cazaquistão), e à região industrial adjacente, no deserto. O plano geral para o desmantelamento da BN-350 foi desenvolvido em estreita cooperação com especialistas russos, americanos e britânicos no âmbito de um projeto relevante. As operações de drenagem primária de sódio (510 toneladas) para tanques especiais foram concluídas em dezembro de 2003.

O projeto EAGLE está em curso desde 2000 ao abrigo de um contrato entre o Centro Nuclear Nacional do Cazaquistão e o JNC. O projeto inclui a preparação e a realização de experiências fora da pilha e na pilha destinadas a abordar as principais questões de segurança relevantes para eliminar ou atenuar o potencial de recriticidade durante um acidente postulado de rutura do núcleo em futuros FR comerciais arrefecidos a sódio.

República da Coreia

Durante as fases 1 e 2 do programa LMFR da República da Coreia (1997-2001), foram desenvolvidas as tecnologias de base e o projeto concetual do KALIMER-150 com uma capacidade de 150 MW(e). As tecnologias-chave de base e o conceito avançado KALIMER-600, com uma capacidade de 600 MW(e), estão a ser desenvolvidos durante a Fase 3, de 2002 a 2004. Durante esta fase, os esforços concentraram-se no desenvolvimento de tecnologias-chave de base e no estabelecimento de conceitos avançados com ênfase na conceção de núcleos resistentes à proliferação e no reforço da economia e da segurança. Em 2003, foi estabelecido o conceito preliminar de conceção do KALIMER-600 e foram efectuadas várias experiências para a validação de códigos e modelos informáticos. Está a ser desenvolvido um núcleo sem coberturas mas que mantém a capacidade de auto-reciclagem dos transurânicos (TRU). A avaliação da dimensão da cuba do reator e da capacidade de remoção do calor de decaimento (com base na circulação natural de sódio e ar) foi considerada como o conceito de conceção passiva mais favorável. Também em 2003, foi efectuado um estudo concetual sobre núcleos de ultra longa duração com densidades de potência superiores às convencionais.

REINO UNIDO

A fragilização é o principal problema que causa danos nos materiais de revestimento. Em 1967, foi detectada pela primeira vez no reator rápido experimental DFR de Dounreay, no Reino Unido (1962-1977), a ocorrência de um inchaço considerável dos vazios nos aços inoxidáveis austeníticos irradiados com fluências elevadas de neutrões rápidos. Desde então, este fenómeno tendeu a dominar a atenção no desenvolvimento de ligas para revestimentos e condutas.

Foi desenvolvida no Reino Unido uma liga com elevado teor de níquel como material de revestimento de referência. No protótipo de reator rápido (PFR) de 250 MW(e), colocado em funcionamento em janeiro de 1975, um grande número de pinos de combustível MOX atingiu um elevado grau de combustão com uma dose de irradiação superior a 130 deslocamentos por átomo (dpa). Estes resultados foram confirmados e ultrapassados pela irradiação no Phénix a mais de 160 dpa.

Os primeiros conjuntos de combustível contendo o próprio plutónio reciclado em novo combustível MOX foram carregados no núcleo do reator PFR em junho de 1982, fechando assim o ciclo de combustível do reator. Em março de 1994, a instalação de reprocessamento de Dounrey tinha tratado um total de mais de 23 toneladas de combustível MOX usado, com o maior grau de combustão do combustível, cerca de 18%. A viabilidade técnica do reprocessamento do combustível MOX através de um ciclo Purex foi comprovada pela recuperação de mais de 99,5% do plutónio. Esta elevada recuperação reflectiu-se também nas baixas quantidades de plutónio nos fluxos de resíduos líquidos e sólidos da instalação. A quantidade de radioatividade descarregada para o ambiente foi sempre inferior em cerca de uma ordem de grandeza aos limites autorizados. A central está sujeita às salvaguardas da AIEA e da Euratom. Prosseguiu a colaboração com a França, a Alemanha e a Bélgica, abrangendo sistemas de reactores para plutónio e actinídeos menores que queimam FR refrigerados a sódio. A contribuição do Reino Unido centrou-se em domínios de competências essenciais: metodologia nuclear e conceção do núcleo, desempenho do combustível e modelização do ciclo do combustível. O Reino Unido está a contribuir para a conceção do núcleo, a conceção da hidráulica térmica e a conceção e desempenho do combustível de vários conceitos FR e ADS [90].

3.3. REACTORES RÁPIDOS ARREFECIDOS A SÓDIO

ANTECEDENTES

Para alcançar a sustentabilidade, a energia nuclear necessitará necessariamente da tecnologia desenvolvida e bem estabelecida dos reactores rápidos, que têm várias centenas de anos de funcionamento. O núcleo de um reator rápido é muito mais compacto do que o de um reator de água leve. O plutónio ou o urânio altamente enriquecido são utilizados como combustível. Os elementos de combustível são mais pequenos em diâmetro e o material de revestimento é aço inoxidável em vez de Zircaloy. Uma vez que a água desacelera rapidamente os neutrões rápidos produzidos durante a cisão, para um nível de energia inferior ao necessário para a reprodução, não pode ser utilizada em reactores de reprodução rápida. Num reator reprodutor rápido, temos de remover uma grande quantidade de calor de um pequeno volume de combustível e, ao mesmo tempo, utilizar um refrigerante que não reduza a energia dos neutrões.

Na prática, alguns metais líquidos, o sal fundido ou o hélio pressurizado são adequados como refrigerantes para os reactores de reprodução rápida. A transferência de calor é melhor com metais líquidos do que com hélio pressurizado, mas este último não abranda os neutrões na mesma medida que os metais líquidos. Os pequenos núcleos de reactores reprodutores rápidos exigem uma elevada densidade de combustível, o que favorece a utilização de metais líquidos como refrigerante no espaço restrito disponível. Os núcleos de reactores reprodutores rápidos de grandes dimensões para centrais eléctricas de dimensão comercial requerem uma densidade de combustível menor e, neste caso, o espaço disponível no núcleo é suficiente para permitir o arrefecimento por hélio pressurizado. A produção de energia no núcleo do reprodutor rápido é intensa em comparação com a dos reactores térmicos, pelo que o refrigerante deve ter muito boas propriedades de transferência de calor, o que pode ser conseguido utilizando um sistema de arrefecimento de metal líquido [76-78].

Os reactores rápidos de neutrões podem reduzir a radiotoxicidade total dos resíduos nucleares [91] utilizando quase todos os resíduos como combustível. Os reactores rápidos resolvem tecnicamente a "escassez de combustível" e a reserva de urânio. Não há necessidade urgente de novas reservas não descobertas ou de extração de fontes diluídas como o granito ou a água do mar. Um reator rápido de neutrões (FNR) ou simplesmente **um** reator rápido é uma categoria de reactores nucleares em que a reação de cisão em cadeia é sustentada por neutrões rápidos com energias superiores a 0,5 MeV ou mais, em média.
Para permitir uma gestão eficaz dos actinídeos, um reator rápido deve ter um núcleo compacto com um mínimo de materiais que absorvam ou moderem os neutrões rápidos [91], o que exige um fluido de arrefecimento com caraterísticas significativas de transferência de calor.

Os metais líquidos em geral têm recebido a maior atenção para aplicações em reactores rápidos devido à sua elevada condutividade térmica, indiferença à radiação e gama de temperaturas úteis a baixa pressão. O refrigerante de sódio recebeu muita atenção adicional, como ilustram os trabalhos publicados na literatura [92-95].

O sódio apresenta a melhor combinação das caraterísticas necessárias em comparação com outros refrigerantes possíveis, nomeadamente excelentes propriedades de transferência de calor, uma baixa necessidade de potência de bombagem, baixos requisitos de pressão do sistema (pode utilizar-se praticamente a pressão atmosférica), a capacidade de absorver uma energia considerável em condições de emergência (devido ao seu funcionamento muito abaixo do ponto de ebulição), boas propriedades neutrónicas e tendência para reter (reagir com ou dissolver) muitos produtos de cisão que podem ser libertados para o refrigerante devido a falhas do elemento combustível. Entre as caraterísticas desfavoráveis do sódio contam-se a sua reatividade química com o ar e a água, a sua ativação sob irradiação, a sua opacidade ótica e as suas ligeiras propriedades de desaceleração e absorção de neutrões, mas considera-se que, na prática, estas desvantagens são ultrapassadas pelos méritos do sódio como refrigerante.

O sistema de reator rápido arrefecido a sódio (SFR) da Geração IV é considerado a conceção com maior maturidade para a combustão de actinídeos menores (MA), dado que os neutrões de espetro rápido têm geralmente uma maior probabilidade de cisão de MA do que os térmicos. Sendo um reator rápido, o SFR satisfaz os requisitos da geração IV de maior eficiência do combustível e de redução da produção de resíduos. A conceção do SFR beneficia de várias décadas de experiência relacionada com a conceção de reactores arrefecidos a sódio; os exemplos precursores relevantes são o Phénix em França e o BN-600 na Rússia. Os desenvolvimentos recentes baseados neste conceito incluem o reator rápido experimental chinês (CEFR) e o reator reprodutor rápido protótipo (PFBR) na Índia. [96&97]

A elevada temperatura de saída do refrigerante, 823 K (550°C), resulta numa eficiência térmica relativamente mais elevada para gerar eletricidade (> 40%). As missões importantes da SFR são uma melhor utilização do combustível através da transmutação de isótopos férteis como ^{238}U em isótopos cindíveis ^{239}Pu e ^{232}Th em ^{233}U. [98&99]

O reator rápido arrefecido a sódio (SFR) é um sistema de reactores da Geração IV que funciona com um sistema fechado de reciclagem de combustível. O ciclo do combustível nuclear utiliza um ciclo completo de actinídeos com duas opções principais que se referem a duas propostas tecnológicas. A primeira é um reator de média a grande dimensão (500-1 500 MWe) arrefecido a sódio, baseado na tecnologia existente do reator arrefecido a metal líquido (LMFR), que utiliza combustível de óxidos mistos (MOX), apoiado por um ciclo de combustível baseado num processamento aquoso avançado num local central que serve vários reactores. O segundo é um reator arrefecido a sódio de dimensão intermédia (150600 MWe) baseado no reator rápido integral alimentado a metal e apoiado por um ciclo de combustível baseado no reprocessamento pirometalúrgico em instalações integradas no reator.

Os reactores rápidos desempenham um papel único na missão de gestão dos actinídeos porque funcionam com neutrões de alta energia que são mais eficazes na cisão dos actinídeos. As principais caraterísticas do SFR para a missão de gestão dos actinídeos são o consumo de transurânicos num ciclo de combustível fechado, reduzindo assim a radiotoxicidade e a carga térmica, o que facilita a eliminação dos resíduos e o isolamento geológico, e a melhor utilização dos recursos de urânio através de uma gestão eficiente dos materiais cindíveis e da multi-reciclagem.

Foram construídos vários reactores rápidos arrefecidos a sódio, alguns ainda em funcionamento e outros em planeamento ou em construção. Entre os novos programas que envolvem a tecnologia SFR contam-se o reator rápido experimental chinês (CEFR), que foi ligado à rede em julho de 2011, e o protótipo de reator rápido reprodutor da Índia (PFBR), que deverá entrar em funcionamento em 2013. Nos EUA, a TerraPower está a desenvolver os seus próprios reactores rápidos arrefecidos a sódio, designados Natrium [100], juntamente com armazenamento de energia em sal fundido, em parceria com o projeto de reator rápido integral PRISM da GEHitachi, sob a designação *Natrium^4* em Kemmerer, Wyoming [101&102].

O Fórum Internacional Geração IV (GIF) identificou o reator rápido arrefecido a sódio (SFR) como um dos três conceitos de reator rápido (SFR, LFR e GFR) para potencial desenvolvimento futuro. A escolha do fluido de arrefecimento determina as principais abordagens de conceção e as caraterísticas técnicas e económicas de uma central nuclear.

O principal objetivo do SFR é a gestão dos resíduos de alto nível e, em particular, a gestão do plutónio e de outros actinídeos. Para otimizar o custo de capital, a missão da SFR pode ser alargada à produção de eletricidade, utilizando quase toda a energia do urânio natural. A SFR oferece uma gama de opções de dimensões de centrais que vão desde sistemas modulares de algumas centenas de MWe até grandes reactores monolíticos de cerca de 1500 MWe.

As propriedades termofísicas, as propriedades dos materiais, as propriedades neutrónicas, a segurança e o custo estão entre as diferentes vantagens que caracterizam os reactores rápidos refrigerados a sódio em comparação com outras opções de refrigerante para reactores rápidos (chumbo, LBE e hélio). Além disso, a pressão de funcionamento, as margens térmicas e a conceção da instalação estão entre os diferentes privilégios que caracterizam o refrigerante de sódio no reator rápido em comparação com a água como refrigerante no LWR. A compreensão das diferenças entre o sódio e a água resulta em grandes diferenças de conceção entre um reator rápido arrefecido a sódio (SFR) e um reator a água leve. No entanto, a reatividade do sódio e a natureza das interações do sódio com o ar e a água continuam a ser uma questão importante a considerar na discussão dos problemas do reator rápido arrefecido a sódio.

A investigação e desenvolvimento (I&D) de reactores rápidos arrefecidos a sódio [103] teve início no ano de 1950 e continua a decorrer com o objetivo de melhorar a fase de demonstração para a conceção, construção e funcionamento de centrais eléctricas arrefecidas a sódio. ([103]. H.Ohshima, S. Kubo). Os reactores rápidos arrefecidos a sódio (SFR) têm uma longa história de investigação e desenvolvimento (I&D), liderada pelos Estados Unidos, Rússia, Reino Unido e França, seguidos pelo Japão, Alemanha e China. As colaborações internacionais entre os Estados membros envolvidos no Fórum Internacional Geração IV (GIF) resultam no desenvolvimento de todos os aspectos relacionados com os reactores rápidos. Há diferentes institutos de investigação que estão a realizar programas de I&D que podem ser relevantes para a SFR, por exemplo, a Iniciativa Internacional de Investigação sobre Energia Nuclear (I-NERI), a Iniciativa sobre o Ciclo de Combustível Avançado (AFCI) e os programas da Geração IV. Há uma grande necessidade de uma cooperação e coordenação sérias entre estes projectos de investigação, especialmente nos domínios do desenvolvimento de combustíveis metálicos contendo transurânicos, de sistemas avançados de conversão de energia e, também, no domínio da segurança, que contribuirão em grande medida para o desenvolvimento do reator rápido arrefecido a sódio e para o plano de I&D do GIF.

Embora os sistemas arrefecidos a sódio tenham sido significativamente desenvolvidos, exigem ainda mais trabalho de investigação sobre a conceção e desenvolvimento do sistema (I&D) do que outros sistemas da Geração IV. No entanto, a I&D é ainda necessária para a demonstração das caraterísticas de conceção e segurança, especialmente com combustíveis que contêm actinídeos menores. A otimização da conceção com abordagens inovadoras é importante para cumprir os objectivos das missões específicas da Geração IV, principalmente a gestão dos actinídeos [104].

O plano de I&D do GIF fornece um conceito de referência e um esboço dos objectivos técnicos e das metas de desempenho do SFR. A identificação das lacunas tecnológicas existentes parece ser de grande importância para atingir e demonstrar esses objectivos técnicos e metas de desempenho. Além disso, considera-se necessária uma proposta de trajetória de I&D para colmatar as lacunas tecnológicas, a fim de demonstrar a viabilidade e o desempenho do conceito de referência.

O objetivo do programa de I&D é estabelecer a viabilidade do sistema SFR e atingir os objectivos globais de desempenho discutidos no calendário do programa. O principal objetivo é fornecer informações suficientes para apoiar a seleção do sistema de espetro rápido preferido. A Fig. 13 mostra um esquema das condições do reator e do ciclo optimizado para um SFR com um conversor de potência de ciclo Brayton sCO_2 .

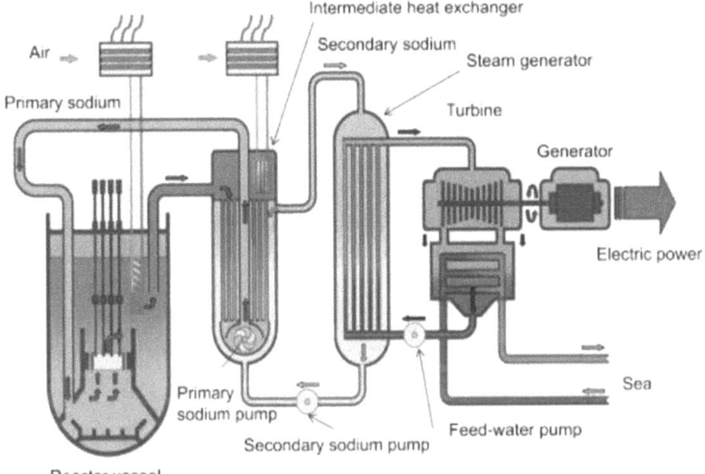

Fig. 13 Esquema do reator arrefecido a sódio

COMBUSTÍVEL E CICLO DO COMBUSTÍVEL

O reator rápido arrefecido a sódio (SFR) utiliza um ciclo de combustível fechado para tirar partido das suas caraterísticas de gestão de actinídeos e de utilização do combustível, como a queima de transurânicos e a reciclagem de transurânicos, para considerações de sustentabilidade. Por conseguinte, completar e demonstrar o desenvolvimento do ciclo do combustível é tão importante como completar o desenvolvimento do projeto do reator. Os principais benefícios do sistema de ciclo fechado são a gestão eficaz dos actinídeos para minimizar a toxicidade dos resíduos e a utilização óptima do combustível através da reciclagem.

Existem três opções distintas de ciclo de combustível com SFRs que dependem do rácio de conversão (<1, ~1, >1). Um transmutador, com uma razão de conversão inferior a 1, converte TRUs em isótopos de vida mais curta para reduzir a eliminação de resíduos a longo prazo. Um conversor, com uma razão de conversão próxima de 1, oferece um equilíbrio entre a produção e o consumo de TRU, resultando em baixas taxas de perda de reatividade com melhor controlo. Um reprodutor, com uma taxa de conversão superior a 1, resulta numa criação líquida de materiais cindíveis, mas requer mais U para ser reciclado no reator e no ciclo do combustível. Um reator rápido adequadamente concebido proporcionaria a flexibilidade necessária para alternar entre estes modos de funcionamento.

O ciclo do combustível nuclear para um reator rápido arrefecido a sódio utiliza geralmente uma reciclagem completa de actinídeos com duas opções de combustível, a mistura de óxido de urânio-plutónio (MOX) ou a mistura de urânio-plutónio-liga metálica de zircónio (metal). A primeira opção é um reator arrefecido a sódio de média a grande dimensão (500-1 500 MWe) com combustível misto de óxido de urânio-plutónio $(U,Pu)O_2$, apoiado por um ciclo de combustível baseado no reprocessamento aquoso avançado num local central que serve vários reactores. Isto oferece a vantagem de aplicar as tecnologias existentes desenvolvidas em ligação com os reactores térmicos, para o fabrico e reprocessamento do combustível, e um bom retorno da experiência de funcionamento. A segunda opção, que utiliza o combustível metálico, é um reator de dimensão intermédia (150-600 MWe) arrefecido a sódio com combustível de liga metálica urânio-plutónio-minor-actinida-zircónio, apoiado por um ciclo de combustível baseado no reprocessamento pirometalúrgico em instalações integradas no reator. A experiência com o combustível MOX é consideravelmente mais vasta do que com o combustível metálico.

Para além do MOX e dos combustíveis metálicos, podem ser utilizados combustíveis de carboneto e nitreto, se necessário, para melhorar o rácio de reprodução (BR) e o tempo de duplicação (DT). Foram desenvolvidos e estão a ser desenvolvidos novos materiais de revestimento e de subconjuntos para aumentar o burnup. A utilização de materiais SS 316 e D9 (aço inoxidável austenítico) em SFRs permite atingir um burnup de 50 e 100 GWd/tonelada, respetivamente. Com a utilização de aço ferrítico (9Cr.-1Mol.), o burnup atingido é de 150

GWd/ton. Os aços reforçados por dispersão de óxidos (ODS) permitem um burnup de até 200 GWd/ton. O fabrico de pastilhas de cerâmica contendo actinídeos menores e quantidades vestigiais de produtos de cisão exige equipamento operado à distância, que necessita de maior desenvolvimento.

O processo aquoso avançado e o piroprocesso (também conhecido como processo "pirometalúrgico") têm caraterísticas semelhantes: recuperação e reciclagem de 99,9% dos actinídeos, baixa descontaminação do produto e nenhuma separação do plutónio em qualquer fase (Lineberry e Allen, 2002). O combustível de óxidos mistos é mais adequado para o processamento aquoso avançado, ao passo que o combustível de ligas metálicas mistas é a escolha preferida para o processamento pirometalúrgico. As duas opções de combustível bem estabelecidas para a SFR (combustível MOX de óxido e combustível metálico) têm queimas da ordem dos 150-200 GWd/t. Os dados sobre os combustíveis de óxidos são mais extensos do que os dos combustíveis metálicos (Lineberry e Allen, 2002 [104]). Tanto o piroprocesso como o processo aquoso avançado estão a ser considerados para outros sistemas de ciclo fechado da Geração IV, como o reator rápido a gás (GFR), o reator rápido arrefecido a chumbo (LFR) e o SCWR. Os combustíveis provenientes dos sistemas GFR ou LFR podem ser convertidos em óxido ou metal e introduzidos nestes processos, onde podem ser reconvertidos em matéria-prima para combustível [104]. Uma instalação de tratamento de óxidos tem normalmente uma produção de cerca de 1000 MTHM por ano para o combustível LWR, ou cerca de 100 MTHM por ano para o combustível de reactores rápidos. Uma instalação seria provavelmente localizada num local central. Os combustíveis SFR conterão uma fração relativamente pequena de actinídeos menores e uma pequena quantidade de produtos de cisão [105&106].

A experiência de funcionamento com combustível metálico é bastante substancial, com uma vasta experiência (>100 000 varetas de combustível) e múltiplos ensaios de qualificação e segurança. Revisões exaustivas da experiência com o combustível para reactores rápidos sugerem que a base de dados existente sobre o combustível metálico é suficiente para justificar a segurança da utilização deste combustível numa demonstração. O combustível metálico tem muitas caraterísticas de segurança desejáveis, como a sua compatibilidade com o refrigerante de sódio, a excelente condutividade térmica e a baixa temperatura de funcionamento. Embora exista um potencial de interação entre o combustível e o revestimento a temperaturas elevadas, a retroação inerente à reatividade permite uma redução passiva da reatividade com o aumento da temperatura [107, 108 e 109].

Os sistemas baseados no combustível MOX estão a ser desenvolvidos principalmente no Japão e a sua opção preferida de reciclagem é um processo aquoso avançado. Os sistemas de reactores alimentados a metal em desenvolvimento nos Estados Unidos utilizam um processo de reciclagem por piro-processamento como opção preferencial de ciclo de combustível. O SFR é uma tecnologia relativamente bem desenvolvida, incluindo os ensaios de fim de vida do Phénix planeados em França, o prolongamento do tempo de vida do BN-600 e o arranque do BN-800 na Rússia e o arranque do Reator Rápido Experimental da China (CEFR). Os estudos realizados no âmbito do programa ACFI (Advanced Fuels and Fuel Cycles Initiative) relacionados especificamente com o piroprocessamento de combustíveis metálicos podem complementar o projeto de estratégia. Os países do GIF que lideram o desenvolvimento do SFR desenvolverão o projeto de estratégia para a resistência à proliferação e a proteção física.
O plano global do GIF para o SFR no âmbito da Geração IV baseia-se na otimização dos parâmetros de conceção e de funcionamento através da construção e ensaio de centrais SFR até 2015 e da sua exploração comercial até cerca de 2020 [104]. Bays et al [91] propuseram um projeto com uma matriz inerte. O óxido de magnésio foi proposto como matriz inerte. *Bays et al. afirmaram que* a quantidade de transmutação transurânica é limitada pela produção de plutónio a partir do urânio [91].

REACTIVIDADE POSITIVA [103]

O SFR, operado em condições críticas com neutrões rápidos utilizando sódio líquido como refrigerante do reator, permite uma elevada densidade de potência. A inserção de reatividade positiva pode ocorrer devido à compactação do combustível no núcleo degradado. O núcleo não é normalmente concebido na configuração mais crítica. Embora a reatividade do vazio de sódio dependa da dimensão e da conceção do núcleo, é geralmente positiva no centro do núcleo num núcleo de grandes dimensões. Os projectos de SFR existentes prevêem sistemas de encerramento ativo, de modo a evitar danos no núcleo causados por um acidente na base do projeto. Para melhorar ainda mais a segurança dos SFR, considera-se um mecanismo de encerramento passivo ou um feedback de reatividade negativa inerente ou a sua combinação como uma das medidas de prevenção dos danos no núcleo, mesmo em caso de falha do sistema de encerramento ativo. O efeito da realimentação da reatividade inerente para a atenuação do aumento de potência foi demonstrado no EBR-II e no Rapsodie, estando em curso a respectiva I&D para aplicação em reactores. Quanto ao núcleo de combustível metálico, está em curso a I&D para investigar as caraterísticas de reatividade inerente com efeitos de reatividade negativos devidos às expansões térmicas das linhas de acionamento da barra de controlo e dos conjuntos de combustível. Por exemplo, estão atualmente a ser desenvolvidos projectos de núcleos com um plenum superior de sódio e uma configuração heterogénea para um reator de dimensão intermédia a grande com um núcleo de combustível de óxido ou nitreto, de modo a tornar negativo ou nulo o coeficiente efetivo de reatividade da temperatura do refrigerante.

CARATERÍSTICAS NEUTRÓNICAS

A ativação neutrónica é um dos principais problemas com que se depara a utilização de sódio como refrigerante em reactores rápidos. A principal interação dos neutrões rápidos com o refrigerante do reator é a reação (n, gama), que induz radioatividade no refrigerante. A ativação do refrigerante de sódio resulta na circulação de isótopos radioactivos através do circuito primário. Este facto exige a blindagem dos componentes primários.

[23Na(n,γ) 24Na (t½ = 15 horas)]

A irradiação de neutrões ativa uma fração significativa do líquido de arrefecimento nos reactores rápidos de alta potência, podendo atingir cerca de um terabecquerel de decaimentos beta por quilograma de líquido de arrefecimento em funcionamento contínuo (são utilizadas 10 000 toneladas métricas de sódio como líquido de arrefecimento). O sódio tem apenas um isótopo estável, o sódio-23, que absorve muito pouco os neutrões e, quando absorve um neutrão, produz sódio-24. O sódio-24 que resulta da captura de neutrões sofre um decaimento beta com uma semi-vida de quinze horas para um isótopo estável, o magnésio-24, que pode ser facilmente removido numa armadilha fria. Esta é a razão pela qual os reactores arrefecidos a sódio têm um circuito de arrefecimento primário integrado numa piscina de sódio separada.

Estimativas do tempo de arrefecimento para cumprir os critérios de "isenção" da AIEA (para ser livremente utilizado para outros fins industriais) para o sódio puro ~7 anos e para o sódio com impurezas 50-100 anos. Existe experiência no processamento de grandes quantidades de refrigerante primário de sódio para eliminação (EBR-II).

Além disso, a utilização de sódio como refrigerante para reactores nucleares rápidos cria um problema adicional grave, nomeadamente a sua reatividade química, uma vez que arde e forma espuma no ar. Devem ser previstas medidas de conceção para a sua reatividade química, uma vez que o óxido, o metal e o nitreto são utilizados como materiais de combustível. Estes factores, juntamente com o êxito comercial dos reactores de água leve (LWR), atrasaram presumivelmente o desenvolvimento dos SFR desde o final da década de 1980. (H. Ohshima, S. Kubo, 2016 [103]).

Na perspetiva histórica, o sódio recebeu muita atenção adicional e foram publicados numerosos relatórios e monografias, juntamente com um suplemento ao Liquid-Metals Handbook em 1955. **No que respeita aos critérios do refrigerante de** sódio, várias propriedades foram extensivamente estudadas [96 & 110].

O sódio como refrigerante de um reator rápido é caracterizado por:

- Propriedades termofísicas: (excelente transferência de calor, baixa pressão de vapor, alto ponto de ebulição e baixo ponto de fusão).
- Propriedades do material: (estabilidade térmica e compatibilidade do material).
- Propriedades neutrónicas: (baixa absorção de neutrões, radioatividade induzida mínima, baixa moderação e apoio à segurança passiva).
- Custo: inventário inicial, inventário de reposição e baixa potência de bombagem.
- Perigos: reage com o ar e a água.
- As propriedades termofísicas e termo-hidráulicas do sódio são superiores às do chumbo ou do hélio.

- Núcleo mais pequeno com maior densidade de potência, menor enriquecimento e menor inventário de metais pesados.
- Desempenho demonstrado em matéria de segurança passiva.
- Utilização de sódio codificada nas normas ASTM.
- As interações entre o combustível e o refrigerante são benignas para o combustível metálico.
- Muitos produtos de cisão são solúveis em sódio e podem ser filtrados na armadilha fria.
- A base de dados para a compatibilidade do sódio é extensa, com informações disponíveis na literatura aberta.
- Não há diferença entre o sódio de alta pureza e o hélio quando se comparam dados de taxa de deformação e de rutura por fluência para aços austeníticos.
- Com base em ensaios de corrosão a longo prazo no BR-10, "o tempo de vida útil do equipamento de sódio em reactores rápidos pode ser aumentado para 60 anos ou mais".
- O refrigerante de sódio resulta num núcleo mais pequeno com maior densidade de potência, menor enriquecimento, menos conjuntos de condutores e menor inventário de metais pesados.
- O sódio é adequado para aplicações em reactores rápidos e introduz uma pequena quantidade de absorção parasita.

REACTIVIDADE DO SÓDIO COM O AR E A ÁGUA

O principal problema do sódio é a sua reatividade química no ar e na água. As interações químicas entre o sódio e a água ocorrem em duas fases. "Na primeira fase, a reação prossegue a um ritmo elevado com libertação de hidrogénio gasoso:

$$Na + H_2O = NaOH + \tfrac{1}{2} H_2 + 140 \text{ kJ/mole }"$$

Na segunda fase, ocorre uma interação química entre os produtos da primeira fase e o excesso de sódio:

$$2\,Na + NaOH = Na_2O + NaH$$

$$Na + \tfrac{1}{2} H_2 = NaH\ "$$

O potencial para interações sódio/água exige a separação do ciclo de vapor do sistema primário e a utilização de um circuito intermédio de sódio. A falta de experiência de fabrico dos primeiros geradores de vapor sódio/água resultou num número de grandes e pequenas fugas de água para o sódio. Os geradores de vapor podem ser projectados para minimizar o impacto das fugas no funcionamento da instalação. As técnicas de deteção acústica e de deteção de hidrogénio desempenham um papel fundamental na deteção de fugas.

A reação do sódio com o ar é lenta e provoca uma libertação de calor relativamente baixa. O oxigénio reage preferencialmente com o sódio, formando Na_2O. A impureza do oxigénio pode ser facilmente mantida bem abaixo de 10 ppm utilizando uma armadilha fria. A reação de combustão é caracterizada por uma zona de pequenas chamas (poucos cm) na interface sódio-ar, formação de Na_2O na superfície e emissão vigorosa de fumos de óxido.

Os óxidos de sódio (Na_2O) reagem com o ar, incluindo vapor de água e CO_2, para produzir aerossóis de NaOH e Na_2CO_3. Os aerossóis depositados no chão, nas paredes e no teto podem causar danos no equipamento, na eletricidade e nos instrumentos. As fugas de sódio podem ser detectadas através de técnicas de amostragem de gás e, por conseguinte, podem ser prontamente identificadas.

Fugas de sódio

A maioria das fugas de sódio resultou de deficiências de conceção e/ou de fabrico. De acordo com R.P. Kapoor, et al [111].

Seguem-se alguns exemplos de acidentes com fugas anunciadas.

- Fuga da armadilha de frio secundária no Reator de Teste de Quebra Rápida. Durante o comissionamento inicial, o pré-aquecimento da armadilha fria levou à sobrepressurização da "jaqueta" de NaK devido a um espaço de expansão inadequado. Houve uma fuga de 2,5 litros de NaK através de uma sonda de alto nível do tipo vela de ignição, pelo que foi adicionado um "pote" de expansão de 20 litros à linha de abastecimento de árgon para evitar a sobrepressurização.

- BN-600, as principais causas foram identificadas como: conceção inadequada da válvula, compensação térmica insuficiente e defeitos de fabrico e perda de estanquidade na receção de sódio dos vagões-cisterna.
- BN-600 - 1981: Falha da junta da flange na vedação da válvula SG (300 kg).
- 1990: Defeito de fabrico na conduta de drenagem SG (600 kg).
- 1993: Falha induzida por expansão térmica no sistema primário

de purificação de sódio (1000 kg, ~10 Ci)
- 1994: Erro de pessoal, corte de tubagens antes do congelamento do sódio (650 kg).
- 1995 Monju (8 de dezembro) fuga secundária de sódio (~640 kg).
    - Alarme de temperatura de sódio fora da escala na saída do IHX, seguido de alarme de incêndio, alarme de fuga de sódio e início da desativação do reator.
    - O reator foi desativado manualmente devido à observação de um aumento dos fumos.

"O problema do sódio é que tem sido praticamente impossível evitar fugas", diz o físico nuclear M.V. Ramana, professor no Programa de Ciência e Segurança Global da Universidade de Princeton e no Laboratório de Futuros Nucleares. Martin, Richard (2015-10-21). *"TerraPower explora silenciosamente a nova estratégia de reator nuclear". Revisão de tecnologia. Recuperado em 2020-09-20.[100]*

Durante os 30 anos de operação do EBR-II, não ocorreram vazamentos de tubos de sódio nas soldas entre tubos e chapas de tubos de sódio. O objetivo do EBR-II foi alcançado: o sódio e a água nunca entraram em contacto durante o período de funcionamento da central.

DIFERENÇAS ENTRE SFR E LWR

A escolha do refrigerante de sódio afecta as diferenças de conceção e tem amplas consequências na conceção do reator em comparação com o refrigerante de água, por exemplo, ausência de alta pressão no sistema primário, temperaturas de funcionamento mais elevadas com margens térmicas significativas, concepções mais compactas do conjunto de combustível, incorporação de um circuito intermédio e diferentes disposições para o manuseamento do combustível.

Tabela (2) Comparação de algumas propriedades selecionadas de refrigerantes de sódio e água

Water	Sodium	
Atomic Weight	22.997	18
Optical Properties	Opaque	Transparent
Melting Point (°C)	97.8	0
Boiling Point (°C)	892	100
Heat Capacity (MJ/m 3-K)	*1.14*	*4.00*
Thermal Conductivity (W/m-K)	76	0.54
Viscosity (cP) (~1)	*0.34*	*0.1*
Density (kg/m 3)	*880*	*713*
Specific Heat (J/kg-K)	*1300*	*5600*

Italic = Evaluated at ~300°C (and 2000 psi for water)

O refrigerante de sódio é caracterizado por:

• Funcionamento a baixa pressão do sistema

Enquanto os PWR funcionam a pressões relativamente elevadas (2000 psi), o gás inerte de cobertura num reator rápido arrefecido a sódio está próximo da pressão atmosférica. Esta diferença tem impacto em várias caraterísticas do projeto, por exemplo, a espessura da cuba: PWR ~10 polegadas, SFR ~ 1 polegada e não há necessidade de pressurização dos pinos de combustível SFR. A baixa pressão do sistema oferece vantagens em termos de segurança, como a carga mínima de pressão no limite do refrigerante. Num sistema de alta pressão, as rupturas nos tubos de refrigeração são uma preocupação, mas num sistema de baixa pressão, é pouco provável que as fugas de refrigerante se propaguem para uma falha em grande escala.

• O sódio fornece uma grande margem para a ebulição do líquido de arrefecimento

O sódio proporciona uma grande margem para a ebulição do refrigerante quando a temperatura de entrada é 355 °C, a temperatura de saída é 510 °C, o núcleo ΔT é 155 °C, a temperatura de ebulição é >892 °C e a margem para a ebulição é >380 °C.

- **Alta condutividade térmica**

O sódio possui uma elevada condutividade térmica (76W/m-K).

- **Circuito intermédio do líquido de refrigeração**

O refrigerante de sódio necessita de um circuito de refrigeração intermédio devido à reatividade do refrigerante de sódio e ao potencial de interações sódio/água entre o vapor a alta pressão e um circuito de sódio a baixa pressão.

- Opacidade do sódio

As inspecções visuais não podem ser efectuadas devido à opacidade do sódio.

Em conclusão, os ensaios exaustivos de uma grande variedade de refrigerantes nas décadas de 1950 e 1960 levaram a que a maioria dos reactores rápidos construídos utilizasse refrigerante de sódio. As propriedades termofísicas e termo-hidráulicas do sódio são superiores com um núcleo mais pequeno, elevada densidade de potência, menor enriquecimento e menor inventário de metais pesados. As diferenças importantes na conceção dos reactores introduzidas pela utilização do sódio têm grandes margens de segurança e uma capacidade demonstrada de desativação passiva e de remoção do calor de decaimento.

CONCEPÇÕES DE REACTORES

O **desenvolvimento** de sistemas e componentes simples, seguros, sustentáveis, fiáveis, eficientes e flexíveis é um objetivo primordial na conceção de reactores avançados de potência rápida. A experiência e a investigação em LMFR durante as últimas décadas melhoraram significativamente a compreensão dos projectos, da tecnologia e da segurança dos LMFR. Os reactores arrefecidos a metal líquido são sistemas de baixa pressão com grande inércia térmica [112].

Existem dois tipos de conceção de base para os reactores rápidos arrefecidos a sódio: a conceção do tipo circuito e a conceção do tipo piscina. O conceito de conceção do tipo loop de entrada superior foi selecionado para o DFBR-660 japonês devido às seguintes considerações: - os principais componentes primários, como o permutador de calor intermédio (IHX) e as bombas, encontram-se fora da cuba do reator, o que facilita a manutenção e a reparação; - o sistema tem flexibilidade para introduzir tecnologias inovadoras, como a componente integrada da bomba electromagnética, necessária para a comercialização do FR; e - a experiência adquirida no protótipo MONJU deve ser plenamente utilizada. Com o progresso do desenvolvimento do projeto de LMFR do tipo loop, o Japão está agora em condições de iniciar um estudo aprofundado de uma configuração avançada da instalação (projeto de LMFR do tipo loop compacto JSFR-1500 NSSS).

O conceito de conceção de tipo piscina (integrado) foi escolhido para todos os reactores avançados de pequena, média e grande dimensão, por exemplo, CEFR (China), PFBR (Índia), KALIMER (República da Coreia), BN-800 e BN-1800 (Federação Russa) e EFR-1500 (Reator Rápido Europeu). O reator de piscina colocado numa cuba de guarda tem caraterísticas de segurança muito atractivas, pelo que qualquer rutura do sistema de circuito primário não conduz a uma grande perda de sódio radioativo. Este tipo de conceção exclui praticamente as consequências desfavoráveis de falhas nos sistemas radioactivos externos e a perda de refrigerante do reator. Os resultados de trabalhos recentes conduziram a melhorias na conceção e na segurança do LMFR, por exemplo, foi desenvolvida uma conceção avançada dos sistemas, da cuba principal, da cuba de segurança e da abóbada para o EFR. A cuba principal está rodeada por uma cuba de segurança estanque, ancorada à superfície da abóbada de betão. Uma camada de isolamento metálico cobre a superfície interior da cuba de segurança, o que reduz as perdas de calor e a fadiga cutânea do ciclo térmico. Entre a cuba de segurança e o betão estrutural da abóbada existe uma camada de betão resistente ao sódio. O betão estrutural é mantido frio pelo sistema de arrefecimento da abóbada.

A conceção do circuito é mais parecida com a dos reactores convencionais a água leve, em que os componentes individuais do sistema de arrefecimento estão fora da cuba do reator e interligados por tubagens, enquanto a cuba do reator propriamente dita contém apenas o núcleo e o equipamento associado. Em qualquer reator de reprodução rápida com um sistema de arrefecimento de sódio, o objetivo é minimizar o tempo de paragem necessário para reabastecer o reator.

No segundo tipo de configuração, conhecido como "loop type reator design", o sódio do circuito primário (ou seja, em contacto direto com o núcleo) não é utilizado em nenhuma das concepções de reactores reprodutores rápidos para produzir vapor. Em vez disso, é utilizado um circuito intermédio de sódio (circuito secundário), que permite evitar a libertação de sódio radioativo em caso de falha do gerador de vapor. Isto exige a utilização de permutadores de calor intermédios como interface entre os circuitos de sódio primário e secundário. A utilização de um circuito secundário de sódio isola o circuito primário e, por conseguinte, o reator cheio de sódio, de qualquer contacto com a água. Mas isto, evidentemente, não facilita a conceção de geradores de vapor capazes de manter o sódio e a água efetivamente segregados.

Para ambas as opções, existe uma inércia térmica relativamente grande do refrigerante primário. No tipo piscina, o refrigerante primário está contido na cuba principal do reator, que inclui, portanto, o núcleo do reator e um permutador de calor. No tipo loop, os permutadores de calor encontram-se fora da cuba do reator. Na disposição em piscina, a cuba do reator contém não só o núcleo, mas também uma série de outros componentes. A cuba do reator está cheia de sódio a uma pressão aproximadamente atmosférica e o núcleo, as máquinas de reabastecimento, as bombas de refrigeração primária e os permutadores de calor estão imersos nela. Por conseguinte, todo o circuito de arrefecimento primário de sódio está localizado nesta mesma cuba. Esta conceção permite reduzir sensivelmente a quantidade de tubagens externas. Tanto no tipo piscina como no tipo circuito, é frequente a utilização de um tampão rotativo localizado no topo da cuba do reator, na cabeça de fecho. Na conceção em anel, o combustível irradiado é transferido diretamente do núcleo para instalações de armazenamento fora do reator.

Na configuração em piscina, o combustível irradiado é normalmente colocado num tambor de armazenamento temporário localizado no interior da cuba do reator, onde permanece enquanto o calor de decaimento é removido das actividades dos produtos de cisão. Na conceção em anel, o combustível irradiado é transferido diretamente do núcleo para instalações de armazenamento fora do reator.

Embora existam diferenças entre as duas abordagens de conceção (loop e pool), é possível identificar vários tópicos comuns entre elas. Estes incluem melhorias no que respeita às margens de segurança, simplificações de conceção e redução de custos. As melhorias das margens de segurança incluem a consideração da conceção do núcleo de captação para excluir a criticalidade, as capacidades de arrefecimento, o encerramento passivo da reatividade de reserva, os sistemas de remoção do calor de decaimento e uma forte retroação negativa inerente da reatividade com o aumento da temperatura.

Os sistemas e componentes para a conceção de desenvolvimento em geral exigem muitos ensaios e demonstrações exaustivos para melhorar o desempenho dos componentes e do sistema. As questões fundamentais são os efeitos de escala para simular a configuração da instalação, a vida útil do projeto e as interações entre diferentes sistemas. Uma das realizações notáveis do programa do Reator Rápido Europeu (EFR) é a elaboração de estimativas de custos claras e fiáveis. Foi estabelecido um caminho bem validado para a utilização comercial de reactores rápidos. A competitividade económica deve ser melhorada através dos seguintes esforços de conceção: otimização do número de circuitos de arrefecimento e do equipamento, reduzindo os seus pesos, descoberta de materiais estruturais, tecnologia do combustível e conceção do núcleo para atingir um elevado grau de combustão e limitação do número de sistemas de segurança graduados.

Para atingir o objetivo económico, foram adoptadas várias tecnologias inovadoras e medidas de melhoria da conceção do LMFR. A redução do material de instalação é conseguida através da adoção das seguintes tecnologias: encurtamento do comprimento da tubagem, redução do número de loops, adoção do aço Cr que tem baixa expansão térmica com elevada resistência e desenvolvimento de um permutador de calor intermédio integrado (IHX) com bomba mecânica.

Existem duas propostas para um LMFR Gen IV arrefecido a sódio, uma baseada no combustível óxido e a outra no reator rápido integral alimentado a metal. O reator reprodutor mais promissor é o Liquid Metal Fast Breeder Reator (LMFBR), que utiliza um refrigerante de sódio líquido e produz plutónio a partir do urânio-238. Funciona com um teor de urânio-235 de cerca de 1520%, coberto por urânio-238 natural.

A verificação da previsibilidade e da eficácia dos mecanismos que contribuem para uma resposta intrinsecamente segura aos fenómenos transitórios da base de projeto e aos fenómenos transitórios previstos e a certeza de que os fenómenos-limite considerados no licenciamento podem ser suportados sem perda da capacidade de arrefecimento do combustível ou perda da função de confinamento.

A conceção de um SFR exige um conhecimento detalhado dos parâmetros termo-hidráulicos que prevalecem no reator em várias condições, cuja previsão coloca desafios interessantes. Devido ao grande volume das piscinas de sódio e à grande dimensão de componentes como o IHX/combustível, os fenómenos termo-hidráulicos são de natureza multidimensional, exigindo uma abordagem baseada na dinâmica dos fluidos computacional (CFD). Para conseguir uma conceção termo-hidráulica aceitável do SFR, é necessário combinar abordagens teóricas e experimentais. Os estudos de investigação e desenvolvimento centram-se em alguns parâmetros importantes, tais como as caraterísticas termo-hidráulicas dos reprodutores rápidos, os limites de temperatura a respeitar e algumas análises termo-hidráulicas importantes baseadas em CFD efectuadas para a conceção de protótipos de SFR.

Um problema importante no caso dos reactores rápidos é a vida útil do combustível. Nos reactores térmicos, apenas uma pequena percentagem dos átomos de urânio na cisão do combustível é utilizada antes de este ser removido do núcleo para armazenamento ou reprocessamento de combustível usado. Normalmente, a quantidade de material cindível no combustível dos reactores térmicos não é superior a 4% e, uma vez que as taxas de conversão de material fértil em material de cisão são pequenas, estes reactores atingem uma queima de apenas 2 ou 3%. Nos reactores rápidos, 15% ou mais do combustível é material cindível e, uma vez que o rácio de reprodução excede a unidade, a combustão não é normalmente limitada pela quantidade de material cindível presente, mas sim pela resistência aos danos causados pela radiação. Com uma queima mais elevada, podem ocorrer danos no revestimento do combustível e algumas falhas no combustível.

Os SFR são reactores de aproximadamente 1500 MWth e 600 MWe com temperaturas de entrada e saída de aproximadamente 400°C e 550°C, respetivamente, que utilizam um ciclo de combustível fechado. No caso de um reator do tipo piscina, a sua cuba tem uma espessura aproximada de 20 mm de aço inoxidável, na qual se encontram cerca de 2000 toneladas de sódio como refrigerante primário; o contentor mede cerca de 17 m de diâmetro e 16 m de comprimento

São considerados três projectos conceptuais para a SFR:

* Um reator de tipo modular de pequena dimensão (50 a 150 MWe) com combustível de liga metálica urânio-plutónio-actinídeo menor-zircónio, apoiado por um ciclo de combustível baseado no processamento pirometalúrgico em instalações integradas no reator.
* Reator de tipo piscina de dimensão intermédia a grande (300 a 1 500 MWe) com combustível óxido ou metálico
* Um reator de grande dimensão (600 a 1 500 MWe) do tipo loop com combustível misto de óxido de urânio-plutónio e potencialmente actinídeos menores, apoiado por um ciclo de combustível baseado num processamento aquoso avançado num local central que serve vários reactores.

Para beneficiar da experiência anterior adquirida com os sistemas de reactores arrefecidos por sódio, a temperatura de saída é especificada na gama de 500-550°C. O projeto baseia-se num ciclo fechado de combustível para obter maiores níveis de utilização do combustível e um menor consumo de actinídeos. O reator de espetro rápido arrefecido a sódio permite também utilizar os materiais cindíveis e férteis disponíveis (incluindo o urânio empobrecido) de forma consideravelmente mais eficiente do que os reactores de espetro térmico com ciclos de combustível de passagem única. O SFR foi concebido para a gestão de resíduos de alto nível e, em especial, para a gestão do plutónio e de outros actinídeos. A quantidade de transmutação transurânica é limitada pela produção de plutónio a partir do urânio. O SFR utiliza três circuitos de arrefecimento: *um* circuito *primário* que utiliza sódio em contacto com o núcleo; um circuito *secundário* intermédio também baseado no sódio para separar o núcleo do circuito de produção de energia e um terceiro circuito baseado em água leve/vapor, dióxido de carbono supercrítico ou azoto para acionar as turbinas. Para o Reator Rápido arrefecido a sódio (SFR), são propostos e concebidos tubos de invólucro hexagonal para funcionar na gama de temperaturas de 400-600°C sob um elevado fluxo de neutrões de 10^{15} n/cm2/s)[96].

O SFR foi concebido para a gestão de resíduos de alto nível e, em particular, para a gestão de plutónio e outros actinídeos. As caraterísticas de segurança importantes do sistema incluem um longo tempo de resposta térmica, uma grande margem para a ebulição do refrigerante, um sistema primário que funciona próximo da pressão atmosférica e um sistema de sódio intermédio entre o sódio radioativo do sistema primário e a água e o vapor da central eléctrica. Com inovações para reduzir o custo de capital, como a conceção modular, a remoção de um circuito primário, a integração da bomba e do permutador de calor intermédio, ou simplesmente encontrar melhores materiais para a construção, o SFR pode ser uma tecnologia viável para a produção de eletricidade [91].

A temperatura de funcionamento não deve exceder a temperatura de fusão do combustível. A interação química entre o combustível e o revestimento (FCCI) tem de ser evitada através da conceção. A FCCI é a fusão eutéctica entre o combustível e o revestimento; o urânio, o plutónio e o lantânio (produto de cisão) interdifundem-se com o ferro do revestimento. A liga que se forma tem uma baixa temperatura de fusão eutéctica. O FCCI reduz a resistência do revestimento e pode eventualmente romper-se. Foi proposta uma solução de projeto para uma matriz inerte. O óxido de magnésio foi proposto como matriz inerte. O óxido de magnésio tem uma probabilidade de interação com neutrões (térmicos e rápidos) inferior em toda uma ordem de grandeza à de elementos como o ferro.

Foi reunido um painel de peritos para identificar lacunas na investigação de combustíveis e materiais antes da autorização do projeto do reator rápido arrefecido a sódio (SFR). O painel de peritos teve em conta combustíveis metálicos e óxidos, vários materiais de revestimento e de condutas, materiais estruturais, códigos de desempenho dos combustíveis, capacidade e registos de fabrico e comportamento transitório dos tipos de combustível. Os parâmetros básicos de conceção para os actuais projectos GIF SFR estão representados no quadro (3) e os parâmetros de referência são apresentados no quadro (4). Os valores de referência do sistema básico para o SFR são apresentados no quadro (3). O quadro (4) apresenta a gama de valores para os parâmetros de referência da conceção dos dois principais conceitos que estão a ser desenvolvidos no âmbito do Fórum Internacional Geração IV (GIF), o SFR do Instituto de Desenvolvimento do Ciclo Nuclear do Japão (JSFR) e os conceitos coreanos [113].

Tabela (3) Parâmetros básicos de projeto para os actuais projectos GIF SFR.

Design Parameters	Reference Values
Plant Power, Large)	MWe 600 - 1,500 (Middle-
Thermal Power, Large):	MWt 1,589 - 3,570 (Middle-
Plant efficiency,	% 38 - 42
Outlet coolant temperature,	$510 - 550\ C^0$
Inlet coolant temperature,	$366 - 395\ C^0$
Cycle length,	18 months
Fuel reload batch,	3-4 batches
Fuel Type Alloy), MOX(TRU bearing)	Metal (U-TRU-10%Zr
Cladding Material HT9 ,	ODS
Burn-up, GWd/t	66 - 150
Breeding ratio	1.0 - 1.2

Quadro (4) Parâmetros de referência para o sistema SFR

Parameters	Reference Value
Outlet Temperature (°C)	510 - 550
Pressure (atmospheres)	~ 1
Power Rating (MWe)	150 - 1500
Fuel	Oxide or metal alloy
Cladding	Ferritic or ODS ferritic
Average Burnup (MWd/KgHM)	~ 70 – 200
Conversion Ratio	0.5 – 1.3
Average Power Density (MWth/m3)	~ 350

Abordagens de conceção de reactores arrefecidos a sódio

O sistema de arrefecimento primário num SFR pode ser organizado numa disposição em piscina (uma abordagem comum, em que todos os componentes do sistema primário estão alojados num único recipiente), ou numa disposição compacta em anel, favorecida no Japão [15]. Em ambas as opções (disposição em anel e em piscina), existe uma inércia térmica relativamente grande do refrigerante primário. As duas configurações conceptuais são mostradas na Figura (14).

No tipo piscina, o refrigerante primário está inteiramente contido na cuba do reator principal, que inclui o núcleo do reator e o permutador de calor. O EBR-2 dos EUA, o Phénix da França e é também utilizado pelo Prototype Fast Breeder Reator da Índia e pelo CFR-600 da China. No tipo loop, os permutadores de calor são externos ao tanque do reator. O Rapsodie francês, o Prototype Fast Reator britânico e outros utilizaram esta abordagem [114].

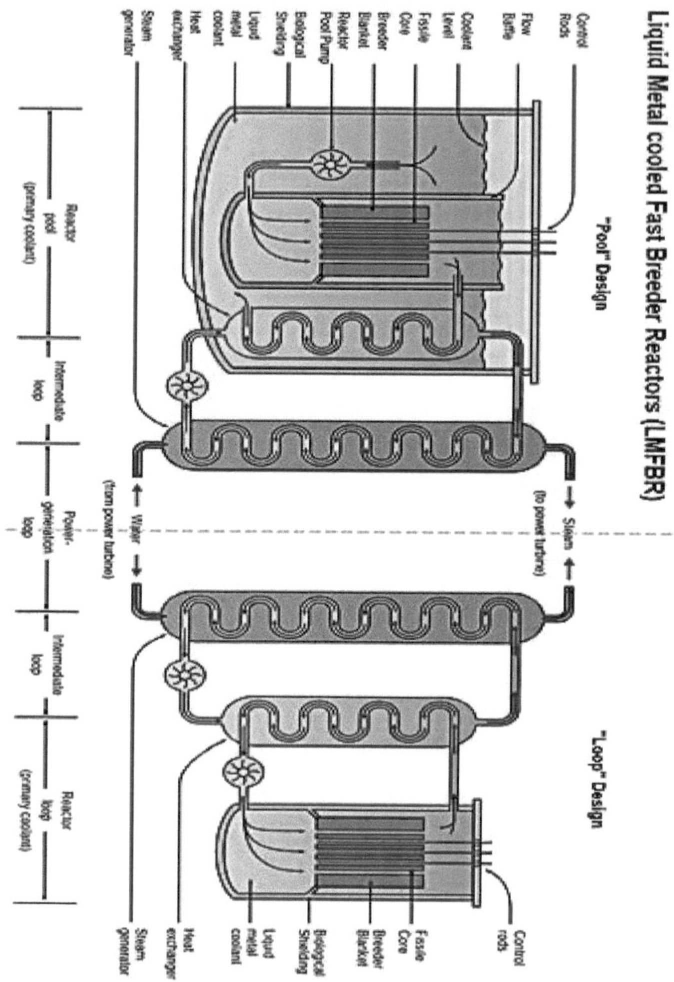

Fig. (14) Diagrama esquemático mostrando a diferença entre os modelos Pool e Loop de um reator de fermentação rápida de metal líquido

[115] KaruppannaVelusamy, 2019, salientou que estão atualmente em prática duas concepções de reactores rápidos arrefecidos a sódio (SFR), nomeadamente do tipo loop e do tipo piscina. Em geral, enquanto uma conceção do tipo loop é adoptada para SFR experimentais de pequena capacidade, uma conceção do tipo piscina é adoptada para reactores de potência de grande capacidade. Os reactores do tipo piscina têm um grande volume de sódio primário com a sua capacidade térmica associada que atenua favoravelmente os transientes térmicos nas estruturas primárias. Além disso, a cuba principal que aloja o sódio primário radioativo não tem quaisquer penetrações/conexões de tubos, o que é desejável por considerações de integridade estrutural da cuba principal.

A figura (15) mostra uma secção vertical do conjunto do reator de um SFR indiano do tipo piscina de 500 MWe, em que todo o circuito primário, constituído pelo núcleo do reator, ficha de controlo, permutadores de calor intermédios (IHX), permutadores de calor de decaimento (DHX), bombas de sódio primárias (PSP), placa de grelha e estrutura de suporte do núcleo, está imerso numa piscina de sódio líquido (~ 1200 toneladas). A placa de grelha é um plenum de alta pressão, que alimenta com sódio primário frio vários subconjuntos (SA) que constituem o núcleo. O núcleo SA e a placa de grelha são suportados pela estrutura de suporte do núcleo, que assenta na cuba principal. O reservatório de sódio primário é dividido em reservatório quente e reservatório frio por uma estrutura fina denominada vaso interno. O IHX e o PSP penetram na cuba interior. A laje de cobertura forma a cobertura superior da cuba principal, que é preenchida com betão para efeitos de proteção contra radiações nucleares. Tem muitas penetrações estreitas para inserir componentes como PSP, IHX, DHX, ficha de controlo, etc.

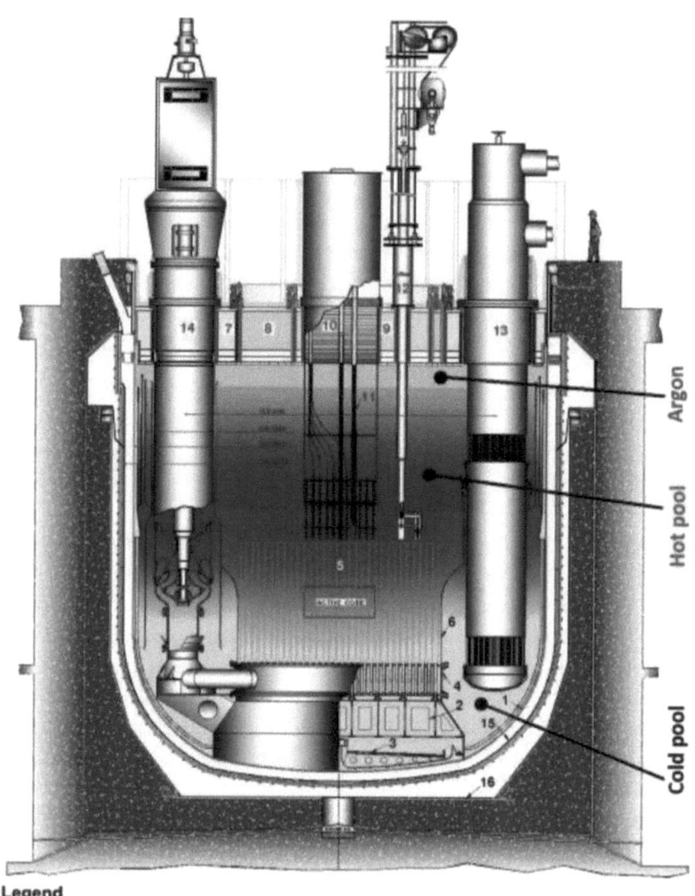

Legend

01. Main vessel
02. Core support structure
03. Core catcher
04. Grid plate
05. Core
06. Inner vessel
07. Roof slab
08. Large rotatable plug
09. Small rotatable plug
10. Control plug
11. Control & safety rod drive mechanism
12. Transfer arm
13. Intermediate heat exchanger
14. Primary sodium pump
15. Safety vessel
16. Reactor vault

Fig. (15) Montagem do reator de um SFR do tipo piscina de dimensão média.

Para além da utilização de princípios de segurança normalizados na tecnologia do SFR, a ênfase atual tem sido colocada em ideias e conceitos inovadores que reforçam a segurança do reator. Ou seja, incorporar caraterísticas de segurança passiva nos sistemas de paragem (SDS) e no sistema de remoção do calor de decaimento (DHRS). A resistência à proliferação é reforçada pela co-localização da central nuclear e das instalações de reprocessamento e fabrico de combustível. Estão a ser estudadas e desenvolvidas as seguintes opções para melhorar a fiabilidade do sistema de paragem do reator.

SDS auto-actuado (SAS):
As barras de controlo (CR) do SDS e do mecanismo de acionamento da via de controlo (CRDM) são bloqueadas por um íman de ponto Curie sensível à temperatura, de modo a que, quando a temperatura do fluido de arrefecimento atinge uma temperatura crítica (Curie), as CR caiam por gravidade no núcleo. Este dispositivo aplica-se à proteção da propagação de eventos iniciada por um acidente transitório de excesso de potência (TOPA) e por um acidente de perda de fluxo (LOFA).

Dispositivo de expansão reforçada da barra de controlo (CREED):
Outra abordagem é a inserção automática dos CRs no núcleo quando o eixo das hastes é aquecido e há uma expansão térmica do eixo. Esta expansão é reforçada pela utilização de expansão bimetálica no veio.

Hastes com suspensão hidráulica:
As CR flutuam no refrigerante em condições de fluxo normal durante o funcionamento do reator. Em condições de perda de fluxo, estas varetas caem no núcleo e desligam o reator.

Esferas absorventes de neutrões suspensas hidraulicamente:
Estas esferas também flutuam no líquido de arrefecimento em condições normais de funcionamento do reator, mas caem no núcleo em condições LOF.

Dispositivo de limitação do curso:
A retirada inadvertida das hastes de controlo é travada por um dispositivo de limitação do curso. Assim, a retirada da haste é limitada e o TOPA é eliminado.

Em 30 de novembro de 2019, a CTV informou que as três províncias canadianas de New Brunswick, Ontário e Saskatchewan estão a planear um anúncio sobre um plano interprovincial para cooperar em pequenos reatores nucleares modulares rápidos de sódio da ARC Nuclear Canada, sediada em New Brunswick.

BASE DE DADOS DE REACTORES RÁPIDOS
(Agência Internacional da Energia Atómica - AIEA)

A Agência Internacional da Energia Atómica (AIEA) apresentou o quadro (5) da base de dados de reactores rápidos, não incluindo os reactores submarinos (S1G/S2G) ou espaciais (SNAP) nem os reactores rápidos mais recentes em construção: CEFR (China) 2008 25 MWe, PFBR (Índia) 2010 500 MWe e BN-800 (Rússia). A China tem uma visão ambiciosa de instalar 200 GWe de reactores rápidos de regeneração arrefecidos a sódio até 2050. A maioria dos reactores arrefecidos a sódio apresentados no quadro da AIEA eram instalações experimentais, que já não estão operacionais. De acordo com o quadro da base de dados da Agência Internacional da Energia Atómica (AIEA), apenas 5 reactores arrefecidos a sódio estão em funcionamento. Os 5 reactores em funcionamento estão distribuídos entre o Japão, a Índia, a China e a Rússia. É importante salientar que, desde 1980, não foi construído nenhum reator arrefecido a sódio no Canadá, nos EUA e na Europa. Apenas dois reactores utilizaram Na/K eutéctico como refrigerante (EBR-1 USA 1951 e DFR UK 1959).

Quadro (5) Base de dados da AIEA sobre reactores rápidos

Facility	Country	First Critical	Coolant
SEFOR	USA	1969	Sodium
KNK-II	Germany	1972	Sodium
BN-350	Kazakhstan	1972	Sodium
BR-5/BR-10	Russia	1958	Sodium
DFR	UK	1959	NaK
EBR-I	USA	1951	NaK
PFR	UK	1974	Sodium
Fermi	USA	1963	Sodium
EBR-II	USA	1963	Sodium
Rapsodie	France	1967	Sodium
BOR-60	Russia	1968	Sodium
Phenix	France	1973	Sodium
FFTF	USA	1980	Sodium
BN-600	Russia	1980	Sodium
FBTR	India	1985	Sodium
Super-Phenix	France	1985	Sodium
JOYO	Japan	1982	Sodium
MONJU	Japan	1995	Sodium

RÚSSIA BN-1200

(D. V. Paramonov, E.D. Paramonova) O BN-1200 (2016)[116] é um dos reactores rápidos arrefecidos a sódio da recente geração, destinado à construção em série e à transição para uma energia nuclear de ciclo fechado. As suas soluções fundamentais de engenharia

baseiam-se na experiência do BN-600 e do BN-800, no que diz respeito à gestão do refrigerante de sódio, mas são optimizados para aproximar os custos de capital dos reactores arrefecidos a água, a bem da competitividade económica. É utilizada uma disposição integral do sistema primário Fig. (16), incluindo o núcleo do reator, as bombas de arrefecimento submersíveis de frequência variável, os permutadores de calor intermédios, os permutadores de calor do sistema de segurança e os filtros de frio. A cuba do reator está encerrada numa cuba de proteção. Não existem sistemas auxiliares de sódio no circuito primário. O núcleo do reator é constituído por conjuntos de combustível, conjuntos de proteção de boro e barras de absorção. A parte central do núcleo é constituída por conjuntos de combustível hexagonais espaçados e células com barras de absorção. O combustível irradiado é armazenado na cuba do reator até 2 anos, o que facilita o arrefecimento do combustível irradiado e elimina a necessidade de barris de armazenamento de combustível irradiado. Os conjuntos com carboneto de boro são colocados atrás do combustível usado para proteger a cuba do reator.

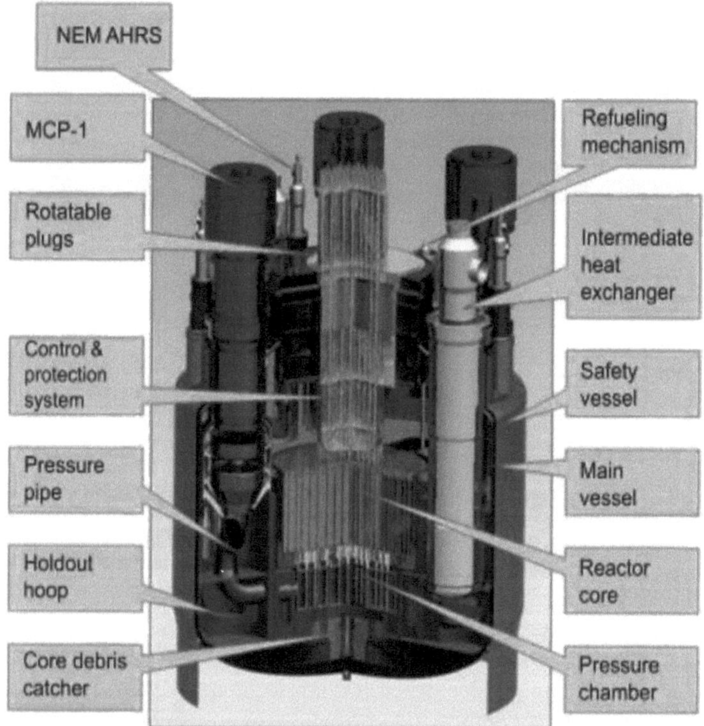

Fig. (16) Reator BN-1200

http://www.okbm.nnov.ru/images/img/bn1200%20eng.jpg.

Semelhante a outros SFR, o BN-1200 tem três circuitos com quatro circuitos de fluxo cada. Os circuitos primário e secundário são arrefecidos a sódio e o terceiro circuito é arrefecido a água/vapor. As bombas secundárias de sódio são bombas centrífugas verticais de fase única. Os geradores de vapor de passagem única estão equipados com um sistema de proteção automática para evitar fugas entre circuitos. Existem dois módulos de geradores de vapor por circuito de arrefecimento. Os principais parâmetros de projeto do BN-1200 são apresentados no quadro (6).

Tabela (6) Principais caraterísticas do BN-1200 (Vasiliev et al., 2013; Zabudko et al., 2009; Shepelev, 2015)

Parameter	Value
Thermal power, MW	2800
Electric power, MW	1220
Reactor core height, mm	850
Fuel rod diameter, mm	9.3
Average power density, kW/L	230
Fuel type	UPuN/mixed oxide
Breeding ratio	1.2 for mixed oxide 1.08 for UpuN
Design burnup, MW-day/kg	75 cold worked austenitic steel and mixed oxide 92 for ferrite–martensitic steel and mixed oxide 74 for ferrite–martensitic steel and UPuN
Sodium temperature at reactor inlet/outlet, °C	410/550
Sodium temperature at SG inlet/outlet, °C	527/355
Steam temperature, °C	510
Steam pressure, MPa	17.5

Parameter	Value
Efficiency, gross/net	43.5/40.7
Fuel campaign, EFPD	330
Reactor system specific weight, ton/MW$_{el}$	5.6
Capacity factor	90%
Design lifetime, years	60

Para além da configuração integral do sistema primário, as caraterísticas de segurança adicionais do BN- 1200 em comparação com o BN-800 incluem

- sistema passivo de remoção do calor de decaimento de emergência,
  - sistema de paragem passiva com barras absorventes que respondem às variações de temperatura do sódio, e
  - sistema de proteção do reator que impeça a remoção acidental de mais do que uma barra de controlo.

Graças à simplificação da conceção e à introdução de dispositivos de segurança passiva, os parâmetros económicos e de segurança melhoraram. O CDF é reduzido para 5×10^{-7} por ano de reator, o que é próximo dos reactores modernos a água leve. Em comparação com o BN-800, o projeto do BN-1200 tem menos 14 sistemas e 900 válvulas. A conceção do BN-1200 é mais modular, pelo que tem apenas oito geradores de vapor integrados, em comparação com os 60 e 72 módulos de geradores de vapor do BN-800 e do BN-600, respetivamente. Do mesmo modo, os quatro circuitos de refrigeração do sistema secundário do BN-1200 são normalizados e colocados simetricamente, simplificando assim a construção e reduzindo os custos das tubagens por um fator de 1,8. Estas e outras simplificações do projeto permitem prever um custo de capital próximo dos projectos VVER modernos.

JAPÃO REACTOR RÁPIDO ARREFRIGERADO A SÓDIO (JSFR)

(H. Kamide, ... M. Morishita, 2016,) [117] Os esforços do Japão para desenvolver reactores da Geração IV centram-se nos reactores rápidos arrefecidos a sódio. Com o objetivo de alcançar um elevado nível de segurança e economia, foi desenvolvido um conceito de conceção de central, designado reator rápido arrefecido a sódio do Japão (JSFR). Trata-se de um reator do tipo loop e caracteriza-se, em termos de segurança, por um sistema de paragem do reator auto-acionado (passivo), uma conceção de núcleo sem criticidade e um sistema de remoção do calor de decaimento por circulação natural. Caracteriza-se também, do ponto de vista económico, por um sistema de transporte de calor em dois circuitos, um componente intermédio integrado de permutador de calor/bomba, e outros. Foram identificadas dez tecnologias inovadoras essenciais, tendo sido realizadas actividades de investigação e desenvolvimento para confirmar a viabilidade dessas tecnologias. Após o acidente de Fukushima-Daiichi, o projeto foi atualizado para prosseguir o reforço da segurança, reflectindo os ensinamentos retirados do acidente.

H. Kamide,[117] O projeto do JSFR adopta um SG fiável de parede dupla e tubo reto para segurança e proteção do investimento. São necessárias inspecções periódicas dos tubos interiores e exteriores para manter a fiabilidade dos limites sódio-água. O SG de tubo de parede dupla do JSFR pode eliminar a propagação de falhas nos tubos. A prevenção da propagação da falha do tubo foi confirmada abrangendo os seguintes modos de falha de dupla fronteira:
Falha de modo comum: Falha do tubo interior e exterior devido a uma causa comum.
Falha dupla dependente: Falha do tubo interior causada por falha do tubo exterior ou falha do tubo exterior causada por falha do tubo interior.
Falhas duplas independentes: A falha do tubo interior e exterior ocorre coincidentemente no mesmo tubo.
Falha na soldadura da chapa tubo a tubo: Fuga na soldadura da chapa tubo a tubo.
Pode resumir-se que a tecnologia SFR proporciona grandes medidas de segurança do reator, a eficiência térmica é grande e o rácio de reprodução do combustível (BR) é elevado. Isto leva a uma melhor utilização do combustível e, por conseguinte, a uma melhor economia na produção de energia. A tecnologia SFR também queima os actinídeos menores, o que leva à redução da produção de resíduos. Existem medidas que aumentam a resistência à proliferação. A

tecnologia está madura, pelo que a sua implantação é fácil [106].

MATERIAL

As questões relacionadas com os materiais são abrangidas por diferentes programas de I&D, incluindo o material de revestimento do combustível, o comportamento de interdifusão para combustíveis com MA, o desenvolvimento de aços de alta resistência para utilização em estruturas e tubagens a fim de melhorar a economia e materiais melhorados para sistemas de reciclagem. Foram implementados diferentes programas de I&D, incluindo a investigação intensiva das diferentes propriedades dos materiais candidatos, por exemplo: propriedades termofísicas (transferência de calor, pressão de vapor, ponto de ebulição e ponto de fusão); propriedades dos materiais (estabilidade térmica, estabilidade à radiação, compatibilidade dos materiais) e propriedades neutrónicas (absorção de neutrões, radioatividade induzida, efeito de moderação).

A temperatura de funcionamento não deve exceder a temperatura de fusão do combustível. A interação química entre o combustível e o revestimento (FCCI) deve ser evitada. A FCCI é a fusão eutéctica entre o combustível e o *ponto de fusão do revestimento. O urânio, o plutónio e o lantânio (um produto de cisão) interdifundem-se com o* ferro do revestimento. A liga que se forma tem uma baixa temperatura de fusão eutéctica. O FCCI faz com que o revestimento reduza a sua resistência e pode eventualmente romper-se Asayama, 2017 [118].
As propriedades de deformação a longo prazo e o comportamento à fadiga de baixo ciclo do aço austenítico, em condições representativas do funcionamento do reator rápido arrefecido a sódio, têm de ser medidos para a análise de segurança. Assim, uma série de cerca de 800 amostras de aço será irradiada no Reator de Alto Fluxo no período 1975-1976. As condições de irradiação são 450-500 graus C e fluências rápidas até 5×10 à vigésima quarta potência n/metro quadrado, En superior a 0,1 MeV. Para as experiências de deformação, foi construída uma instalação especial blindada com chumbo, equipada com dez máquinas de deformação de 3 toneladas. As experiências são efectuadas em estreita colaboração com o TNO e a GfK, Karlsruhe.

O aço inoxidável austenítico atualmente utilizado para os tubos de revestimento sofre alterações dimensionais significativas em termos de asa dos subconjuntos de combustível devido à dilatação diferencial dos vazios resultante da distribuição desigual do fluxo de neutrões e da temperatura no núcleo do reator. Estas alterações dimensionais resultam em graves problemas de manuseamento do combustível, limitando assim a sua queima. A fim de obter uma elevada queima de combustível, os aços ferríticos-martensíticos com resistência inerente à dilatação de vazios estão a ser ativamente considerados para aplicações de invólucro em futuros SFR. A degradação das propriedades de fratura induzida pela irradiação, em termos de aumento da temperatura de transição dúctil-frágil (DBTT) e de diminuição da energia da plataforma superior (USE), é uma questão de grande preocupação para os aços ferríticos-martensíticos. A prevenção da falha por fluência-fadiga é um dos pontos mais importantes para um projeto a 60 anos, especialmente para componentes sujeitos a transientes térmicos cíclicos, devido a arranques e paragens, como os dos reactores rápidos arrefecidos a sódio. Os aços ferríticos-martensíticos convencionais apresentam coeficientes de expansão térmica mais baixos, o que é vantajoso em termos de tensões térmicas.

Os aços de grau 91, ao contrário dos aços inoxidáveis austeníticos convencionais, são um material de amolecimento cíclico, e este aspeto deve ser tido em conta de forma adequada na avaliação da fadiga por fluência. Têm sido efectuados vários trabalhos de investigação sobre a fadiga por fluência deste tipo de material [119].

Takaya et al. analisaram em pormenor o comportamento de fadiga por fluência do aço Mod.9 Cr-1Mo utilizando uma base de dados de ensaios de fadiga por fluência uniaxiais controlados por deformação com um tempo máximo até à rotura superior a 20 000 h. Asayama realizou um estudo sobre novos métodos de avaliação da fadiga por fluência para procurar a possibilidade de evitar a dificuldade associada à regra da fração de tempo. Foram também realizados ensaios estruturais para verificar as metodologias de avaliação da fluência-fadiga utilizando um provete de barra entalhada sob carga uniaxial e um cilindro cónico espesso sujeito a transientes térmicos cíclicos impostos por um fluxo alternado de sódio quente e frio. Estes estudos demonstraram o carácter conservador dos actuais métodos de avaliação da fadiga por fluência.

Para garantir a estabilidade de funcionamento dos futuros SFRs a temperaturas de 480-700°C, o CEA propôs um tubo hexagonal

SiCf/SiC. A CEA registou uma patente para um tubo misto CMC/metal SA que inclui um SiC$_f$/SiC. Os compósitos SiC$_f$/SiC como materiais de núcleo para os reactores nucleares da Geração IV têm um menor inchaço induzido por neutrões, um excelente comportamento de fluência a alta temperatura e uma boa compatibilidade com o sódio líquido.

Foi reunido um painel de peritos para identificar lacunas na investigação sobre combustíveis e materiais no que respeita à conceção de reactores rápidos arrefecidos a sódio (SFR). O painel de peritos considerou os combustíveis metálicos e de óxido, vários materiais de revestimento e de condutas, materiais estruturais, códigos de desempenho dos combustíveis, capacidade de fabrico e registos e comportamento transitório dos tipos de combustível. A base tecnológica para combustíveis e revestimentos foi dividida em três regimes: informação de elevada maturidade em condições de funcionamento conservadoras, informação de baixa maturidade em condições de funcionamento mais agressivas e expectativas de conceção futuras [113].

CONVERSÃO DE ENERGIA

Os programas básicos de I&D em conversão de energia para sistemas SFR consistem em estabelecer a base técnica para acoplar ciclos Brayton de dióxido de carbono supercrítico a reactores rápidos arrefecidos a sódio e desenvolver tecnologias revolucionárias de geradores de vapor para minimizar o custo das instalações. O desenvolvimento do ciclo Brayton para aplicação no SFR é abordado no Plano de I&D GIF. Os sistemas SFR beneficiarão também de simplificações inovadoras no equilíbrio das instalações, no âmbito das actividades transversais do programa Geração IV dos EUA, tal como referido na secção "Conversão de energia" do plano do programa.

O sódio do circuito primário (ou seja, em contacto direto com o núcleo) não é utilizado em nenhum dos projectos de reactores reprodutores rápidos para produzir vapor. Em vez disso, é utilizado um circuito de sódio intermédio (circuito secundário), que permite evitar a libertação de sódio radioativo em caso de falha do gerador de vapor. A utilização de um circuito secundário de sódio isola o circuito primário e, por conseguinte, o reator cheio de sódio radioativo, de qualquer contacto com a água.

Não é fácil conceber geradores de vapor que sejam capazes de manter o sódio e a água efetivamente separados. Uma vez que todos os permutadores de calor de elevada capacidade, por exemplo, os geradores de vapor, têm um risco de falha, a probabilidade de fugas deve ser considerada no projeto e na operação. O Projeto de Investigação Coordenada da AIEA (CRP) sobre "Processamento de Sinais Acústicos para a Deteção de Ebulição de Sódio ou Reação Sódio/Água em LMFR" abrangeu a deteção acústica de fugas, bem como a deteção acústica de ruído de ebulição. Utilizou registos experimentais de ruído de fugas de bancos de ensaio e de ruído de fundo de geradores de vapor em funcionamento [120]. Foi estudado o processamento de sinais acústicos para a deteção da ebulição do sódio nos núcleos dos reactores ou para a deteção e localização de fugas.

Os reactores rápidos refrigerados a sódio SFR estão bem adaptados ao ciclo Brayton sCO2, que está bem adaptado às condições do reator [121]. O projeto do reator é o Advanced Fast Reator-100 (AFR-100), um SFR de 100 MW. O ciclo proporciona uma eficiência bruta de 42,3%, na medida em que a produção eléctrica do gerador é de 104,8 MWe relativamente à taxa de entrada de energia térmica nos permutadores de calor intermédios sódio-CO2 de 250 MWt. A queda de temperatura do sódio no permutador de calor sódio-CO2 é de 155°C, o aumento de temperatura do CO_2 no permutador de calor é de 150°C e a queda de temperatura do co2 na turbina é de 113°C.

Nas temperaturas em que um ciclo Brayton de sCO2 opera com um SFR, o aço inoxidável austenítico (por exemplo, 316, 321) e as ligas Inconel podem ser usados para os materiais do conversor de energia (Furukawa et al., 2011a,b; Tan et al., 2011; Cao et al., 2012; Firouzdor etal., 2013; Mahaffey et al., 2015; Rouillard etal., 2011). Os aços inoxidáveis tipo 316 e 321 também têm excelente compatibilidade com o sódio, o que os torna excelentes materiais para os permutadores de calor sódio-CO2.
Recentemente, surgiram novas necessidades energéticas em países em desenvolvimento como a China e a Índia, enquanto o aquecimento global devido à utilização extensiva de combustíveis fósseis e o problema crescente da eliminação dos resíduos radioactivos do combustível usado dos LWR se tornaram questões importantes. O objetivo era utilizar os recursos de urânio através do plutónio, que é gerado pela transmutação do[238] U durante o funcionamento de um

reator.

VANTAGENS E DESVANTAGENS

Alguns dos reactores rápidos arrefecidos a sódio têm sido explorados com êxito e outros têm sido afectados por muitos problemas, pelo que é interessante resumir algumas das vantagens e desvantagens, especialmente no que diz respeito à segurança destes reactores Gianni Petrangeli, (2006). Segurança nuclear, (2006).

Vantagens

O sódio é escolhido como fluido de arrefecimento porque pode remover eficazmente o calor do núcleo compacto do reator e permanece no estado líquido numa gama de temperaturas bastante ampla. O sódio apresenta a melhor combinação das caraterísticas exigidas em comparação com outros refrigerantes possíveis, nomeadamente excelentes propriedades de transferência de calor, uma baixa necessidade de potência de bombagem, baixos requisitos de pressão do sistema (pode utilizar-se praticamente a pressão atmosférica), a capacidade de absorver uma energia considerável em condições de emergência (devido ao seu funcionamento muito abaixo do ponto de ebulição), uma tendência para reter (reagir ou dissolver) muitos produtos de cisão que podem ser libertados para o refrigerante devido a falhas do elemento combustível e, finalmente, boas propriedades neutrónicas.

Todos os reactores rápidos têm várias vantagens sobre a atual frota de reactores arrefecidos a água, na medida em que os fluxos de resíduos são significativamente reduzidos. Fundamentalmente, quando um reator funciona com neutrões rápidos, os isótopos de plutónio têm muito mais probabilidades de se fissionarem ao absorverem um neutrão. Assim, os neutrões rápidos têm uma probabilidade muito maior de provocar a cisão do urânio e do plutónio. Isto significa que o inventário de resíduos transurânicos é altamente reduzido nos reactores rápidos. O seguinte resume algumas das vantagens do refrigerante de sódio metálico líquido:

- A principal vantagem dos refrigerantes metálicos líquidos, como o sódio líquido, é que os átomos metálicos são moderadores de neutrões fracos, em comparação com a água, que é um moderador de neutrões muito mais forte, porque os átomos de hidrogénio presentes na água são muito mais leves do que os átomos metálicos e, por isso, os neutrões perdem mais energia nas colisões com os átomos de hidrogénio. Por conseguinte, é difícil utilizar a água como refrigerante para um reator rápido porque a água tende a abrandar (moderar) os neutrões rápidos, transformando-os em neutrões térmicos.

- O refrigerante de sódio funde a 371K e ferve/vapora a 1156K, o que representa um intervalo de temperatura total de 785K entre os estados sólido/congelado e gasoso/vapor.
- Apesar do baixo calor específico do sódio (em comparação com a água), isto permite a absorção de calor significativo na fase líquida, permitindo mesmo margens de segurança devido à elevada inércia térmica do refrigerante de sódio.
- O sódio cria efetivamente um reservatório de capacidade térmica que proporciona uma inércia térmica contra o sobreaquecimento.
- O sódio também não precisa de ser pressurizado e funciona a baixa pressão, uma vez que o seu ponto de ebulição é muito superior à temperatura de funcionamento do reator.
- O sódio não corrói as peças de aço do reator.
- As elevadas temperaturas atingidas pelo refrigerante (a temperatura de saída do reator Phénix era de 560 C) permitem uma eficiência termodinâmica mais elevada do que nos reactores arrefecidos a água.
- O sódio fundido, sendo condutor de eletricidade, permite a utilização de bombas electromagnéticas.
- Dimensões reduzidas com a consequente possibilidade de considerar pequenos reactores modulares com arrefecimento de emergência intrínseco.
- Os reactores rápidos arrefecidos a sódio podem resolver definitivamente o problema da disponibilidade de combustível, uma vez que podem converter isótopos não cindíveis em isótopos cindíveis.
- O sistema de reator rápido arrefecido a *sódio* (SFR) Gen IV é considerado o projeto com maior maturidade para a combustão de actinídeos menores (MA) porque os neutrões de espetro rápido têm geralmente uma maior probabilidade de cisão de MA do que os térmicos.

- Como reator rápido, o SFR satisfaz os requisitos da geração IV de maior eficiência de combustível e de redução da produção de resíduos.
- A dificuldade de o reator atingir condições de ebulição em resultado do coeficiente de reatividade de vazio positivo.
- O facto de o sódio não ser pressurizado implica que pode ser utilizada uma cuba de reator muito mais fina (2 cm de espessura).

- Combinado com as temperaturas muito mais elevadas alcançadas no reator, isto significa que o reator em modo de paragem pode ser arrefecido passivamente. Por exemplo, as condutas de ar podem ser concebidas de modo a que todo o calor de decaimento após a desativação seja removido por convecção natural, não sendo necessária qualquer ação de bombagem. Os reactores deste tipo são auto-controlados.

- Se a temperatura do núcleo aumentar, o núcleo expandir-se-á ligeiramente, o que significa que mais neutrões escaparão do núcleo, abrandando a reação.

Apresentam, no entanto, alguns aspectos problemáticos que podem ser resumidos da seguinte forma:

Outro problema são as fugas. A altas temperaturas, o sódio inflama-se em contacto com o oxigénio. Estes incêndios de sódio podem ser extintos com pó ou substituindo o ar por azoto. Um reator reprodutor russo, o BN-600, registou 27 fugas de sódio num período de 17 anos, 14 das quais conduziram a incêndios de sódio.

Desvantagens

Entre as caraterísticas desfavoráveis do sódio contam-se a sua reatividade química com o ar e a água, a sua ativação sob irradiação, a sua opacidade ótica e as suas ligeiras propriedades de desaceleração e absorção de neutrões, mas considera-se que, na prática, estas desvantagens são ultrapassadas pelos méritos do sódio como refrigerante Ref.

- Uma das principais desvantagens é o problema relacionado com a ativação de neutrões. A principal interação dos neutrões com o líquido de arrefecimento dos reactores rápidos é a reação (n, gama), que induz radioatividade no líquido de arrefecimento. A irradiação de neutrões ativa uma fração significativa do fluido de arrefecimento nos reactores rápidos de alta potência, que pode atingir cerca de um terabecquerel de decaimentos beta por quilograma de fluido de arrefecimento em funcionamento estável. Esta é a razão pela qual os reactores arrefecidos a sódio têm um circuito de arrefecimento primário integrado numa piscina de sódio separada. O sódio-24 resultante da captura de neutrões sofre um decaimento beta para magnésio-24 com uma meia-vida de quinze horas[2]; o magnésio é removido numa armadilha fria.

- A reatividade química do sódio representa uma grave desvantagem, que é a possibilidade de reação do refrigerante (sódio) com a água e o ar (incêndio), o que exige precauções especiais para prevenir e suprimir incêndios. Se o sódio entrar em contacto com a água, reage para produzir hidróxido de sódio e hidrogénio, e o hidrogénio arde quando em contacto com o ar. Foi o que aconteceu na central nuclear de Monju, num acidente ocorrido em 1995.
- Outro problema são as fugas de sódio, "praticamente impossíveis de evitar".
- Presença de efeitos estruturais negativos no núcleo (deformações, fluência, etc.).
- Este tipo de reator está a ser desenvolvido apenas por alguns países; muitos países com uma indústria nuclear abandonaram-nos, principalmente por razões de segurança e de não-proliferação (associadas à necessidade de reprocessar o combustível e à produção de plutónio).

3.4. Reactores refrigerados a metais pesados (HMR)

Reator rápido arrefecido a chumbo (LFR) e Eutéctico de chumbo-bismuto (LBE)

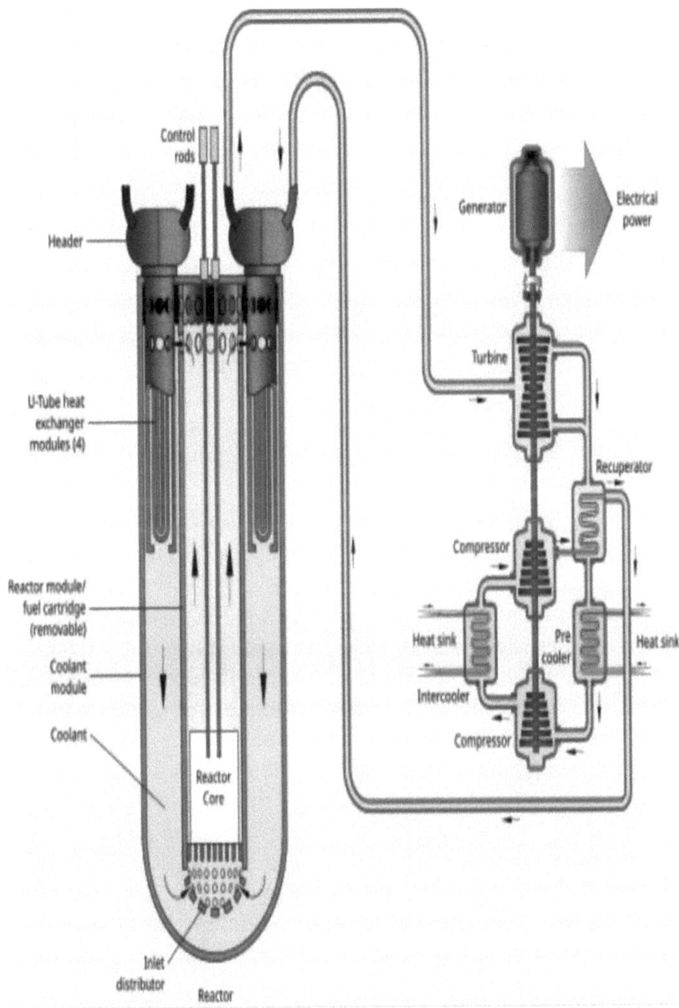

Fig. (17) Reator rápido arrefecido a chumbo (LFR)

O refrigerante dos reactores rápidos pode ser chumbo (LFR) ou ligas à base de chumbo (eutéctico chumbo-bismuto (LBE)) [96,122,123]. Estes dois reactores à base de refrigerante são também designados reactores arrefecidos por metais pesados (HMR). Os reactores rápidos arrefecidos a chumbo (LFR) Fig. (17) são um reator nuclear caracterizado por um espetro de neutrões rápidos e têm capacidades satisfatórias de gestão do combustível. O LFR utiliza um ciclo de combustível fechado para converter recursos de urânio fértil em combustível cindível. Os LFR estão a funcionar a altas temperaturas e a baixa pressão (perto da pressão atmosférica) com reciclagem de actinídeos, para produzir resíduos de menor volume e menor radiotoxicidade, possivelmente com um ciclo de combustível central ou regional

(Smith & Cinotti, 2016 [122]) O LFR pode funcionar como reprodutor/queimador para consumir actinídeos do combustível LWR usado. O chumbo e, em menor grau, o bismuto têm baixa absorção de neutrões e pontos de fusão relativamente baixos. Se os neutrões atingirem um átomo muito mais pesado como o chumbo, os neutrões serão reflectidos sem perderem parte da sua energia. O líquido de arrefecimento funciona, no entanto, como um refletor de neutrões e não como um moderador.

A escolha do chumbo ou das ligas de chumbo (Pb-Bi) como fluido de arrefecimento de um reator rápido oferece o potencial para uma maior segurança e fiabilidade devido às suas caraterísticas físicas e químicas benignas. O elevado ponto de ebulição (até 1743°C), a baixa pressão de vapor e as caraterísticas termodinâmicas e neutrónicas fundamentais do refrigerante de chumbo permitem que os LFR ofereçam um grande potencial para novas concepções de reactores que atinjam um elevado grau de segurança inerente, um funcionamento simplificado e um excelente desempenho económico. Além disso, o LFR oferece as vantagens caraterísticas dos reactores rápidos. O líquido de arrefecimento tem uma margem muito elevada até à ebulição e uma interação benigna com o ar ou a água. Os conceitos de LFR oferecem um potencial substancial em termos de segurança, simplificação da conceção, resistência à proliferação e desempenho económico resultante. Um fator importante é o potencial para um estado final benigno em relação a acidentes graves. A descrição das vantagens, desafios e caraterísticas importantes dos sistemas LFR da Geração IV e um levantamento das concepções e conceitos em diferentes fases de desenvolvimento são questões importantes a investigar.

CHUMBO EM COMPARAÇÃO COM O REFRIGERANTE DE SÓDIO

Na década de 1950, o sódio, o chumbo e o LBE foram investigados como refrigerantes para reactores rápidos. O resultado foi o Breeder Reator (BR), que era o objetivo nessa altura. As vantagens do chumbo-bismuto eutéctico e do arrefecimento do reator com chumbo são as elevadas temperaturas de ebulição e a relativa inércia à água em comparação com o sódio. O chumbo é um material quimicamente relativamente inerte que pode ser manuseado próximo da pressão atmosférica, não reage com a água e o ar a baixa pressão, protege da radiação gama e retém o césio, o iodo e outros produtos de cisão. Os pontos de fusão e de ebulição do sódio são 98 e 883°C, respetivamente. Para o chumbo-bismuto eutéctico, estes valores são 123,5 e 1670°C e para o chumbo 327 e 1740°C, à pressão atmosférica, respetivamente. Num reator arrefecido a chumbo-bismuto (Pb-Bi) ou a chumbo, o ponto de ebulição do refrigerante pode aumentar até cerca de 2 300°C devido à elevada pressão do refrigerante no interior do núcleo. No entanto, os pontos de ebulição estão muito acima das temperaturas de rotura do revestimento. O calor específico por unidade de volume do chumbo-bismuto e do chumbo é quase semelhante ao do sódio, mas as condutividades são inferiores em cerca de um fator de quatro. Existe uma grande margem de temperatura entre as fases líquida e de ebulição do refrigerante de metal pesado (chumbo e LBE), o que reduz as preocupações associadas a vazamentos, etc. As vantagens dos reactores rápidos arrefecidos a chumbo e LBE são as margens de segurança mais elevadas, o funcionamento a altas temperaturas e o facto de o coeficiente de reatividade do fluido de arrefecimento não ser positivo [Om Pal Singh]. Consequentemente, são eliminados os potenciais problemas de perturbação previstos para o caso do sódio e a necessidade de pressurizar o fluido de arrefecimento (especificação de componentes, bombas especializadas e pressurizadores). Os refrigerantes de chumbo e LBE têm maior inércia térmica devido à sua elevada densidade e volume, o que é vantajoso em caso de perda de refrigerante. No entanto, existem alguns inconvenientes e desafios de investigação associados ao chumbo ou ao LBE como fluido de arrefecimento no que respeita ao desempenho dos materiais, à opacidade e à corrosão.

O chumbo e o LBE são relativamente mais corrosivos para o aço e a potência de bombagem é elevada devido à alta densidade do chumbo. O líquido de arrefecimento é altamente tóxico e forma-se[210] Po radioativo. Este facto representa um risco de poluição ambiental. Uma questão técnica fundamental deste conceito de reator são as consequências da produção de aerossóis de Pb-Bi no interior da cuba, o seu transporte nos componentes do ciclo de potência e o impacto na conceção e funcionamento da turbina.

LBE COMPARADO COM O REFRIGERANTE DE CHUMBO

O LBE, em comparação com o chumbo, tem um ponto de fusão baixo que permite que o reator funcione e seja mantido a uma temperatura mais conveniente do que no caso do chumbo. No entanto, o LBE tem os inconvenientes de um custo mais elevado devido ao preço mais elevado do Bi e ao elevado nível de radioatividade associado à produção de polónio a partir do bismuto. Por conseguinte, para os reactores de grande dimensão, há uma tendência para utilizar o chumbo como refrigerante. Este é considerado extremamente bom em termos de segurança e de economia. O chumbo proporciona também uma melhor proteção contra os neutrões energéticos e os raios gama. Em termos de sustentabilidade, o chumbo é abundante e, por conseguinte, está disponível, mesmo no caso da instalação de um grande número de reactores. Mais importante ainda, tal como acontece com outros sistemas rápidos, a sustentabilidade do combustível é grandemente reforçada pelas capacidades de conversão do ciclo do combustível LFR. Os actinídeos têm uma melhor solubilidade com o chumbo. Em caso de fusão do núcleo, minimiza o potencial de recriticidade. No entanto, existem desafios associados ao desempenho dos materiais, à opacidade e às caraterísticas de corrosão [124&125].

MATERIAIS

O chumbo é um material relativamente inerte do ponto de vista químico, com muito boas propriedades termodinâmicas, que pode ser manuseado próximo da pressão atmosférica, não reage com a água e o ar a baixa pressão, protege da radiação gama e retém o césio, o iodo e outros produtos de cisão. As temperaturas de entrada e saída do LFR situam-se entre 400°C e 480°C, a velocidade máxima é estimada em 2 m/s, e a sua eficiência varia entre 42% e 44%, dependendo do projeto que está a ser tratado [123].

O LFR tem excelentes capacidades de gestão de materiais, uma vez que funciona no espetro de neutrões rápidos e utiliza um ciclo de combustível fechado para uma conversão eficiente do urânio fértil. Uma caraterística importante da LFR é a segurança reforçada que resulta da escolha do chumbo fundido devido às suas caraterísticas físicas e químicas benignas e ao refrigerante de baixa pressão. A escolha do chumbo ou das ligas de chumbo como fluido de arrefecimento de um reator rápido oferece potencial e fiabilidade. Em termos de sustentabilidade, o chumbo é abundante e, por conseguinte, está disponível, mesmo em caso de implantação de um grande número de reactores. A sustentabilidade do combustível é grandemente reforçada pelas capacidades de conversão do ciclo do combustível LFR. Dado que incorporam um líquido de arrefecimento com uma margem muito elevada até à ebulição e que é quimicamente inerte com uma interação benigna com o ar ou a água, os conceitos LFR oferecem um potencial substancial em termos de segurança, fiabilidade, simplificação da conceção e desempenho económico resultante. Um fator importante é o potencial de um estado final benigno para acidentes graves.

O LFR tem necessidades de desenvolvimento nos domínios dos combustíveis, do desempenho dos materiais e do controlo da corrosão. Esperam-se progressos nos materiais, na conceção do sistema e nos parâmetros de funcionamento. Estão previstas actividades significativas de ensaio e demonstração. O conceito de LMFBRs conduziu a programas de investigação e desenvolvimento em grande escala relativos ao comportamento de corrosão de metais líquidos. O resultado é um conhecimento altamente fiável relacionado com o comportamento corrosivo dos reactores de fermentação rápida de metal líquido. A formação de compostos no metal líquido em circulação e a acumulação de depósitos em regiões localizadas são problemas sérios. Com um metal puro, o desgaste da superfície pode ocorrer de forma ordenada e plana, controlado pela dissolução ou por uma reação superficial. No caso de uma liga multicomponente, a perda selectiva de certos elementos pode conduzir a uma transformação de fase.

Factores como a dissolução direta a partir de uma superfície, o ataque intergranular, as reacções de impurezas e intersticiais, a formação de ligas, a redução de compostos e a reação superficial envolvendo átomos de metal sólido e elementos de impureza presentes no metal líquido representam as principais categorias que afectam o processo de corrosão. O desgaste da superfície, a profundidade da zona esgotada para as ligas e a presença de ataque intergranular são factores que devem ser avaliados coletivamente num sistema de metal líquido.

As diferentes composições de metais e ligas metálicas resultam num comportamento corrosivo variado. A corrosão rápida é observada durante o período primário de exposição e atinge uma condição estável à medida que o equilíbrio é alcançado nas diferenças de atividade no sistema, dependendo da combinação de material de contenção e metal líquido ou liga líquida. O tipo básico de danos por corrosão, que é o mais perigoso para os materiais estruturais, tanto em refrigerantes de Pb-Bi como de Pb, é a corrosão local dos materiais que aparecem como **centros** de corrosão-erosão separados ("pittings"). Os danos de corrosão local dos elementos estruturais podem aparecer a temperaturas superiores a 550°C, alterados durante algumas centenas de horas, nas seguintes condições: desequilíbrio dos elementos de liga e impurezas no aço, má qualidade do metal, ausência de controlo de qualidade do refrigerante e regimes de fluxo de refrigerante não optimizados. A taxa de corrosão típica nestes casos é estimada em 2,55 mm/ano.

O problema da corrosão deve ser resolvido selecionando os materiais que são resistentes à corrosão. O material estrutural pode ser protegido através da adição de inibidores como o zircónio ao líquido de arrefecimento e do revestimento de metais refractários como o W, Mo, Nb e nitretos, carbonetos e cerâmicas nos tubos. A I&D centra-se no desenvolvimento de materiais isentos de corrosão e erosão, na química adequada do líquido de arrefecimento, no MOX, nos nitretos, no combustível de suporte MA, na tecnologia de manuseamento do combustível e na modelização e simulação avançadas.

O LFR funciona a temperaturas relativamente elevadas e a baixas pressões, o que implica que o material estrutural em condições normais de funcionamento do reator está sujeito a tensões primárias baixas e a tensões secundárias elevadas, principalmente de origem térmica. Como consequências para o LFR, o material estrutural selecionado deve apresentar resistência a altas temperaturas e integridade estrutural. Os requisitos do material estrutural de um componente LFR estão relacionados com a sua função de segurança e, para os componentes primários pertencentes à classe de segurança mais elevada, os requisitos dos materiais são muito rigorosos em termos da sua composição, propriedades mecânicas independentes do tempo (por exemplo, propriedades de tração) e propriedades dependentes do tempo (por exemplo, fluência, fadiga) e sua verificação.

As propriedades mecânicas dependentes do tempo e dependentes do tempo dos aços austeníticos, ferríticos e ferríticos/martensíticos convencionais quando expostos ao Pb e ao Pb-Bi líquidos podem ser afectadas, mesmo que a química do Pb e do Pb-Bi líquidos seja controlada. As degradações observadas foram menos evidentes nos aços austeníticos e mais pronunciadas nos aços ferríticos e ferríticos/martensíticos, estes últimos apresentando perda de ductilidade, o que pode representar um importante motivo de preocupação em determinadas condições. Por conseguinte, há que ter cuidado ao definir as regras de conceção e o tempo de vida operacional dos componentes expostos a estes metais líquidos, em que o Pb-Bi parece ser mais agressivo do que o Pb. Além disso, os primeiros resultados experimentais mostraram que podem ocorrer efeitos sinergéticos degradantes do Pb e do Pb-Bi líquidos e da irradiação de neutrões nas propriedades mecânicas do aço.

Os aços convencionais com uma superfície "isenta de defeitos" expostos aos metais pesados líquidos com potencial oxidante apresentam propriedades mecânicas semelhantes às do ar, dado que as tensões aplicadas são baixas e que os materiais estão sujeitos a uma deformação reduzida. No entanto, o impedimento da molhagem dependente da formação de camadas de óxido na superfície do aço implica a garantia de que estas camadas de óxido se mantêm intactas durante a vida útil do componente. Estão a ser investigados métodos de atenuação para reduzir a corrosão e a degradação das propriedades mecânicas. Estes métodos poderão ser úteis para aliviar o peso dos materiais estruturais quando expostos a Pb-Bi e Pb líquidos [126&127]. Em resultado de estudos a longo prazo, verificou-se que a resistência à corrosão depende essencialmente da concentração de oxigénio dissolvido. Ao atingir um determinado nível de concentração de oxigénio dissolvido, os processos de corrosão são interrompidos devido à formação de uma película protetora de óxido na superfície do aço. As películas de óxido formadas na superfície do aço impedem a sua interação com o chumbo líquido. Uma vez que é possível a quebra das películas de óxido durante o funcionamento, devem ser tomadas precauções para retomar e manter a sua espessura e densidade. Assim, a corrosão do aço no chumbo fundido pode ser significativamente abrandada pela película de óxido formada na superfície do aço. O principal problema tecnológico é a manutenção de um teor de oxigénio no líquido de arrefecimento que, por um lado, proporcione a estabilidade da película de óxido (Fe3O4) nas superfícies do aço, mas, por outro lado, impeça a geração de óxido de chumbo (PbO) no líquido de arrefecimento, o que poderia resultar na escória do circuito. Existem algumas gamas de teor de oxigénio dissolvido no chumbo que satisfazem estas duas condições, por exemplo ($\sim 5\times10 -10^{-6-3}$ wt %).

O teor de oxigénio no chumbo pode ser controlado quer pela injeção de oxigénio gasoso quer pela dissolução de PbO sólido. O teor de oxigénio necessário no chumbo pode ser mantido de duas formas: (a) borbulhar uma mistura de árgon, hidrogénio e vapor de água ou oxigénio gasoso através do chumbo fundido; (b) enchimento de óxido de chumbo através do qual o chumbo fundido é bombeado. A fim de alterar o teor de oxigénio e remover o excesso de PbO, podem ser utilizadas reacções com vapor de água ou hidrogénio. Para determinar o teor de oxigénio no chumbo fundido (à semelhança do desenvolvimento da tecnologia Pb-Bi), pode ser utilizada uma célula galvânica.

A altas temperaturas, uma condição indispensável para a inibição da corrosão é a presença de silício no aço como elemento de liga adicional. O teor de silício nos aços varia entre 1-3,5%, consoante o tipo de aço. O problema da resistência à corrosão hipertérmica dos materiais estruturais foi ultrapassado através do desenvolvimento de revestimentos protectores preliminares para as superfícies de trabalho do aço. Em particular, as unidades estruturais mais importantes do circuito, por exemplo, os revestimentos das barras de combustível e os tubos do gerador de vapor, são cobertos por estes revestimentos na fase final do seu fabrico. Barreiras adicionais são também formadas diretamente nas superfícies internas do circuito de metal líquido sob o efeito do refrigerante na fase inicial do funcionamento do reator.

Os factores básicos que garantem uma elevada resistência à corrosão-erosão dos materiais estruturais no refrigerante de metal líquido pesado

(Pb, Pb-Bi) são os seguintes:
— Aplicação de aços com ligas de silício;
— Passivação por oxigénio utilizando um regime especial de líquido de arrefecimento;
-Utilização de barreiras à corrosão adicionais, tais como películas de óxido formadas nas superfícies de trabalho dos componentes do circuito em condições de arranque do reator.

Em conclusão, parece que a resistência à corrosão dos materiais estruturais foi assegurada através da utilização de ligas de aço especiais, da aplicação prévia de películas protectoras e da manutenção da concentração necessária de inibidor de corrosão - oxigénio dissolvido - no LBC. As cerâmicas à base de SiC são candidatas a espaçadores de grelha e a suportes do conjunto de combustível devido à sua boa resistência à corrosão do LBE e à erosão [128-130].

CONSIDERAÇÕES NEUTRÓNICAS

Devido às suas elevadas secções transversais de dispersão e ao baixo poder de abrandamento devido à dispersão elástica, o chumbo e as suas ligas funcionam como excelentes reflectores de neutrões. O chumbo apresenta também uma pequena secção transversal de captura para a mesma fração de volume de combustível e de refrigerante. A secção transversal de captura do208-Pb é menor do que a dos outros isótopos de Pb e do bismuto. Além disso, o limiar da sua secção transversal de dispersão inelástica ocorre a uma energia mais elevada. Espera-se que o espetro de neutrões de um núcleo arrefecido com Pb a estabelecer num núcleo arrefecido com 208-Pb seja mais duro e que a economia de neutrões seja melhor. A absorção muito baixa de neutrões e a moderação do refrigerante de chumbo mantêm um fluxo rápido de neutrões, mesmo com uma grande quantidade de refrigerante no núcleo. A utilização eficiente do excesso de neutrões permite que o reator atinja um rácio de reprodução de cerca de 1, uma longa vida útil do núcleo e uma elevada queima de combustível, alcançando a sustentabilidade e a utilização de recursos. Um fluxo rápido de neutrões reduz significativamente a produção e a gestão de resíduos. A reciclagem do Pu num ciclo fechado é uma das condições reconhecidas pela GEN IV para a minimização dos resíduos. A capacidade dos sistemas LFR para queimar com segurança actinídeos menores reciclados no combustível aumentará as vantagens da LFR[131].

É igualmente previsível uma dose baixa para os operadores, devido à sua baixa pressão de vapor e elevada capacidade de retenção dos produtos de cisão e elevada proteção contra a radiação gama. O ΔT moderado entre as temperaturas de entrada e saída do núcleo reduz o stress térmico durante os transientes, e a temperatura relativamente baixa de saída do núcleo minimiza os efeitos de fluência no aço.

Via pouco atractiva *para o desvio de material utilizável em armas, uma vez que* a utilização de um combustível MOX contendo MA aumenta a Resistência à Proliferação. A utilização de um líquido de arrefecimento quimicamente compatível com o ar e a água e que funciona à pressão ambiente aumenta a proteção física.

O Reator Rápido arrefecido a chumbo (LFR) teria múltiplas aplicações, incluindo a produção de eletricidade, hidrogénio e calor de processo. A temperatura do líquido de arrefecimento à saída do reator situa-se normalmente entre 500 e 600 °C, podendo ultrapassar os 800 °C com materiais avançados em projectos posteriores. Estas temperaturas são teoricamente suficientemente elevadas para suportar a produção termoquímica de hidrogénio através do ciclo do sulfuriodine.

MATERIAIS COMBUSTÍVEIS

O LFR tem capacidades satisfatórias de gestão do combustível porque utiliza um ciclo de combustível fechado para converter recursos de urânio fértil em combustível cindível e pode também ser utilizado como queimador para o consumo de actinídeos em combustíveis usados de reactores a água leve (LWR). Os materiais de combustível que estão a ser explorados para este esquema de reator incluem o urânio fértil como metal, óxido metálico ou nitreto metálico. São utilizados os combustíveis à base de metal ou nitreto contendo urânio fértil e transurânico. O LFR é caracterizado por um espetro de neutrões rápidos que utiliza MOX, UN + PuN ou nitreto enriquecido como combustível central.

DESENHOS

Devido às caraterísticas termodinâmicas e neutrónicas fundamentais do chumbo como refrigerante, os LFR oferecem um grande potencial para novas concepções de reactores que atinjam um elevado grau de segurança inerente, um funcionamento simplificado e um excelente desempenho económico, proporcionando simultaneamente as vantagens da gestão do material combustível dos reactores rápidos. Os projectos de LFR abrangem uma vasta gama de dimensões de reactores e cenários potenciais de utilização.

O Reator Rápido de Arrefecimento Metálico gere um ciclo de combustível fechado reforçado pela conversão fértil do urânio. A configuração do tipo Pool incorpora o núcleo do reator com reflectores e barras de controlo; um circuito de circulação de refrigerante de chumbo com geradores de vapor e bombas; equipamento de reabastecimento e gestão de combustível; e sistemas de segurança e auxiliares. Como vantagens, a configuração tipo Pool apresenta excelentes condições em termos de simplificação da central no caso dos reactores rápidos, devido à eliminação do circuito intermédio, com base na escolha de um refrigerante relativamente inerte e na redução do número de componentes. Esta tecnologia pode ser utilizada como queimador para consumir os actinídeos do combustível LWR usado [123].

Os reactores rápidos arrefecidos a chumbo de menor capacidade (como o SSTAR) podem ser arrefecidos por convecção natural, enquanto que os de maior capacidade (como o ELSY) utilizam a circulação forçada em funcionamento normal, mas utilizam o arrefecimento de emergência por circulação natural. Não é necessária qualquer interferência do operador, nem qualquer tipo de bombagem para arrefecer o calor residual do reator após a desativação.

A União Soviética operou com sucesso os submarinos da classe Alfa com um reator rápido arrefecido a chumbo-bismuto nos anos sessenta e setenta, que tinha aproximadamente 30 MW de potência mecânica para 155 MW térmicos. Outras opções incluem unidades com núcleos pré-fabricados de longa duração, que não necessitam de reabastecimento durante muitos anos.

A bateria de reactores rápidos arrefecidos a chumbo é uma pequena central eléctrica do tipo "chave na mão" que utiliza núcleos de cassetes funcionando com um ciclo de combustível fechado com um intervalo de reabastecimento de 15 a 20 anos, ou módulos de reactores inteiramente substituíveis. Foi concebida para a produção de eletricidade em pequenas redes (e outros recursos, incluindo hidrogénio e água potável).

É possível conceber conjuntos de combustível com pinos de combustível mais espaçados, o que permite uma grande fração de refrigerante. Isto resulta numa perda de pressão moderada através do núcleo de cerca de 1 bar, apesar da elevada densidade do chumbo, com uma melhor remoção do calor por circulação natural associada, o que melhora vários aspectos que afectam a segurança. O chumbo permite um elevado nível de circulação natural do fluido de arrefecimento, o que resulta em requisitos menos rigorosos no que respeita ao calendário das operações e à simplificação dos sistemas de controlo e proteção. Qualquer fuga de chumbo solidificar-se-ia sem reacções químicas significativas que afectassem o funcionamento ou o desempenho do equipamento ou das estruturas circundantes, tal como mencionado nas "Actas do ICAPP 2007Nice, França, 13-18 de maio de 2007Paper 7585"

A manutenção do estado líquido da LBC em todos os regimes de funcionamento do sistema de alimentação de vapor nuclear (NSSS) é assegurada pela utilização de um gerador de vapor (SG) com circulação múltipla no circuito secundário, além de que a temperatura da água à entrada do SG é superior ao ponto de fusão da LBC. Para o aquecimento inicial e a manutenção do circuito primário em condições quentes a um baixo nível de potência no núcleo, pode ser utilizado um sistema de aquecimento a vapor ou de aquecimento elétrico.

CUSTOS DO CICLO DE VIDA

Os custos do ciclo de vida do LFR incluem um baixo custo de capital, uma curta duração de construção e baixos custos de combustível. Devido às caraterísticas favoráveis do chumbo fundido, será possível simplificar significativamente os sistemas LFR em comparação com as concepções bem conhecidas do SFR e, por conseguinte, reduzir o seu custo de capital durante a noite, que é um fator de custo importante para a produção competitiva de eletricidade nuclear.

O projeto ASTRID (protótipo do CEA francês de reator rápido arrefecido a sódio de 600 MW a construir na central nuclear de Marcoule) foi dotado de um orçamento de 652 milhões de euros (723 milhões de dólares) em 2010. No final de 2017, o investimento no projeto tinha atingido 738 milhões de euros, segundo dados de um auditor público citados pelo Le Monde.

A configuração de um sistema primário de baixa pressão do tipo piscina oferece um grande potencial de simplificação da central. Espera-se que a utilização de unidades de sistema gerador de vapor (SGUs) no interior do reservatório e a consequente eliminação do circuito intermédio proporcionem uma produção competitiva de eletricidade no LFR. Adicionalmente, pode ser considerado um sistema de conversão de energia de ciclo Brayton de dióxido de carbono supercrítico. O chumbo fundido tem a vantagem de permitir o funcionamento a baixa pressão (atmosférica), resultando num funcionamento mais seguro e fiável do sistema primário. A conversão da energia térmica do núcleo em eletricidade com uma elevada eficiência da central de 44% é realizada utilizando um conversor de energia de ciclo Brayton de dióxido de carbono supercrítico.

VANTAGENS DO REACTOR RÁPIDO ARREFECIDO A CHUMBO

- Simplicidade de controlo, elevada manobrabilidade e curto tempo para atingir o regime de potência fora do estado subcrítico do reator.
- A possibilidade de funcionamento do NSSS em caso de pequenas fugas no sistema de tubagens do SG, a elevada capacidade de reparação do SG através da obturação das tubagens despressurizadas.
- A possibilidade de funcionamento estável da central do reator a qualquer nível baixo de potência.
- A possibilidade de alterar rapidamente o regime de circulação do fluido de arrefecimento com uma alteração essencial do seu caudal e a produção quase completa da potência projectada pelos núcleos em condições normais e aceitáveis de estanquidade dos revestimentos das barras de combustível.
- A liga de chumbo-bismuto é inflamável no ar ou na água.
- Em princípio, o reator arrefecido a chumbo-bismuto não teria de ter um circuito intermédio que separasse o refrigerante primário

da água/vapor.

- O LFR é um dos seis tipos de sistemas de reactores avançados selecionados no programa Geração-IV, atingindo os objectivos de maior segurança, sustentabilidade, eficiência e custo, em comparação com as gerações anteriores de reactores.
- O chumbo fundido não modera significativamente os neutrões.
- O chumbo fundido actua como um refletor de neutrões, o que permite uma melhor economia de neutrões e um maior espaçamento entre os elementos de combustível no reator, permitindo uma melhor remoção do calor pelo refrigerante de chumbo[3].
- O chumbo quase não sofre ativação por neutrões. Assim, praticamente nenhum elemento radioativo é criado pela absorção de neutrões pelo chumbo, ao contrário do eutéctico chumbo-bismuto. O bismuto nesta mistura é ativado até certo ponto para ^{210} Po, Polónio-210, que é um emissor alfa.
- O chumbo é muito eficaz na absorção de raios gama e de outras radiações ionizantes. Isto assegura que os campos de radiação fora do reator são extremamente baixos.
- O chumbo não tem problemas de inflamabilidade e solidifica-se com uma fuga.
- A ampla gama de temperaturas a que o chumbo permanece líquido (1126 °C) implica que quaisquer excursões térmicas são absorvidas sem qualquer aumento de pressão. Na prática, a temperatura operacional será mantida em torno de 500 °C - 550 °C.
- O arrefecimento passivo é possível em situações de emergência. Os sistemas de remoção passiva de calor não requerem energia eléctrica, nem bombagem eléctrica, nem ação do operador. A convecção natural do ar é suficiente para remover o calor residual após o encerramento.
- Eficiência termodinâmica significativamente mais elevada nos geradores de vapor. Os LFR funcionam a temperaturas substancialmente mais elevadas no núcleo do que os reactores arrefecidos por água moderada. Isto permite que uma parte maior da energia nuclear seja convertida em eletricidade.

- É possível obter uma eficiência superior a 40% na vida real, em comparação com cerca de 30% nos reactores arrefecidos a água.
- O líquido de arrefecimento não é pressurizado, o que significa que não é necessário um vaso de pressão extremamente dispendioso e que as tubagens e condutas podem ser construídas com aço e ligas não resistentes à pressão.[ ][4]
- Qualquer fuga no circuito primário de refrigeração não será ejectada a pressões muito elevadas.
- O chumbo tem uma condutividade térmica elevada (35 W/m.K) em comparação com a da água (0,58), o que significa que o transporte de calor dos elementos do combustível para o fluido de arrefecimento é mais eficaz.
  - Em vez de ser reabastecido, todo o núcleo pode ser substituído após muitos anos de funcionamento. Este tipo de reator é adequado para países que não planeiam construir as suas próprias infra-estruturas nucleares.
  - As propriedades nucleares do chumbo permitem-lhe evitar um coeficiente de vazio positivo, que é difícil de evitar em grandes núcleos de reactores rápidos de sódio.
  - O chumbo não reage significativamente com a água ou o ar, ao contrário do sódio, permitindo um confinamento mais fácil, mais barato e mais seguro e a conceção de um permutador de calor/gerador de vapor.

DESVANTAGENS DO REACTOR RÁPIDO ARREFECIDO A CHUMBO

  - O chumbo e o chumbo-bismuto são muito densos, aumentando o peso do sistema e exigindo, por conseguinte, mais apoio estrutural e, possivelmente, proteção sísmica, o que aumenta o custo da construção.
  - A inspeção e reparação de um reator imerso em metal fundido opaco é difícil.

- Enquanto o chumbo é barato e abundante, o bismuto é caro e bastante raro. O reator de chumbo-bismuto requer centenas de toneladas de chumbo-bismuto, dependendo da dimensão do reator.
- A solidificação da solução de chumbo-bismuto torna o reator inoperacional.
- Ao vazar e solidificar, o líquido de arrefecimento pode danificar o equipamento.
- O chumbo tem um ponto de fusão elevado de 327 °C (621 °F).
- O chumbo tem uma capacidade térmica substancialmente inferior à do sódio, o que significa que é necessário mais fluxo para a remoção do calor do núcleo.
- O chumbo tem uma condutividade térmica inferior à do sódio.
- O chumbo é tóxico para os seres humanos.
- Problema do perigo de radionuclídeos do polónio α-ativo (210-Po):

A caraterística específica do LBC é a formação do radionuclídeo α-ativo 210Po com uma semi-vida de ~ 138 dias quando o bismuto é irradiado com neutrões. Este elemento radioativo dissolver-se-á no chumbo-bismuto. Este facto pode complicar a manutenção e colocar um problema de contaminação da instalação. A partícula alfa emitida tem uma energia elevada e é, por conseguinte, perigosa. A principal razão para o seu perigo de radiação é a formação de aerossóis de polónio radioativo quando o LBC quente entra em contacto com o ar. A rápida solidificação do LBC derramado restringe a área de contaminação radioactiva e simplifica a sua remoção sob a forma de resíduos radioactivos sólidos.

Verificou-se [132-135] que a atividade α específica do refrigerante típico de chumbo-bismuto é definida por 210mBi (semi-vida = 3,6×106 anos), gerada na reação 209Bi (n,γ) 210mBi. A atividade β de longa duração do 208Bi (meia-vida = 3,65×10⁵ anos) é produzida na reação 209Bi (n, 2n) 208Bi. Assim, espera-se que a atividade residual do refrigerante de chumbo-bismuto seja de milhões de anos. Tal como referido em [135], a purificação do chumbo-bismuto dos radionuclídeos de longa duração seria demasiado dispendiosa.

O problema mais difícil do chumbo é o potencial de erosão e corrosão dos componentes internos do reator [136]. Novos materiais especializados, que mantêm uma camada protetora de óxido nos componentes do reator, são candidatos que estão a ser investigados. A formação de depósitos de óxido de metais pesados e de outras impurezas coloca problemas. É necessário um controlo cuidadoso da pureza do líquido de arrefecimento para evitar a formação de tais depósitos. Foi necessário melhorar os aços resistentes e efetuar um pré-tratamento da superfície dos componentes, bem como utilizar inibidores especiais no líquido de arrefecimento de chumbo-bismuto. Registaram-se incidentes com o reator arrefecido a chumbo-bismuto. Algumas áreas do núcleo do reator foram obstruídas por óxidos de chumbo e outras impurezas, bem como pelos produtos da interação entre a água e o chumbo-bismuto devido a fugas de SG, provocando a fusão do núcleo. Por conseguinte, a eliminação do circuito intermédio exige esforços adicionais de I&D. Geração de aerossóis de Pb-Bi no interior da cuba, seu transporte nos componentes do ciclo de potência e impacto na conceção e funcionamento da turbina.

IMPLEMENTAÇÃO

O Roteiro Tecnológico do Fórum Internacional da Geração IV (GIF) identificou o Reator Rápido Arrefecido a Chumbo (LFR) como uma das seis tecnologias avançadas de reactores com grande potencial para satisfazer as necessidades de eletricidade de pequenas unidades, oferecendo também vantagens como um grande sistema central para uma central eléctrica ligada à rede. De acordo com o Roteiro GIF, o LFR apresenta um espetro de neutrões rápidos e um ciclo de combustível fechado para uma conversão eficiente do urânio fértil. Pode também ser utilizado como queimador de actinídeos menores a partir de combustível irradiado e como queimador/queimador. Uma caraterística importante da LFR é a segurança reforçada que resulta da escolha de um fluido de arrefecimento relativamente inerte. No Roteiro, o LFR foi principalmente previsto para missões nos domínios da eletricidade, produção de hidrogénio, calor de processo e gestão de actinídeos. A aplicação da tecnologia do chumbo à energia nuclear teve início na Rússia nos anos 70 e 80, onde foram desenvolvidos e utilizados sistemas nucleares arrefecidos por Eutéctico de Chumbo-Bismuto (LBE) para a propulsão de submarinos. A atenção dada aos refrigerantes de metais líquidos pesados para reactores desenvolveu-se em vários países do mundo, à medida que as suas caraterísticas vantajosas foram sendo gradualmente reconhecidas. O Comité Diretor Provisório do Sistema LFR (PSSC) elaborou um plano de investigação baseado no Reator Rápido Europeu arrefecido a chumbo, no BRESTOD-300 russo e no SSTAR concebido nos EUA. Os reactores cumprem muitos dos objectivos dos reactores da Geração IV. A eficiência energética térmica destes reactores é superior a 40%.

A cooperação internacional sobre LFR no âmbito do GIF foi iniciada em outubro de 2004 e a primeira reunião formal do Comité Diretor do Sistema Provisório (LFR-PSSC) teve lugar em março de 2005 em Monterey, CA, EUA, com a participação de representantes da EURATOM, Japão, Estados Unidos e peritos da República da Coreia. Desde então, o PSSC tem realizado reuniões regulares, aproximadamente duas vezes por ano, com sessões de trabalho adicionais para preparar e atualizar o projeto de Plano de Investigação do Sistema LFR (SRP). O projeto de SRP foi revisto pelo Grupo de Peritos (EG) do GIF em meados de 2007 e novamente em meados de 2008. As reuniões formais do PSSC foram complementadas por reuniões informais adicionais com representantes da indústria nuclear, organizações de investigação e universidades envolvidas no desenvolvimento do LFR.

Os membros do Comité Diretor do Sistema Provisório (PSSC) do Fórum Internacional Geração IV (GIF) avaliaram as opções tecnológicas e apoiam o LFR com base no cumprimento dos objectivos da Geração IV. A abordagem do plano integrado que está a ser preparado pelo Comité de Direção Provisório do Sistema LFR da GIF, conhecido como Plano de Investigação do Sistema LFR (SRP), reconhece dois objectivos ou vias tecnológicas principais: um sistema pequeno e transportável de 10-100 MWe e um sistema de média ou grande dimensão com cerca de 600 MWe, destinado à produção de eletricidade em centrais e à transmutação de resíduos.

Os LFR de pequena dimensão, como o conceito SSTAR, têm os atributos desejados para a implantação internacional, proporcionando resistência à proliferação, autossuficiência em matéria de cindíveis, seguimento autónomo da carga, simplicidade de funcionamento e fiabilidade, transportabilidade, um elevado grau de segurança passiva e uma elevada eficiência da central, melhorando a competitividade económica.

Um passo importante a favor do LFR ocorreu quando a EURATOM

decidiu financiar o projeto ELSY, em resposta ao convite "Nuclear Waste Transmutation in Critical Reactors", para investigar a viabilidade económica da utilização de reactores críticos para a transmutação de resíduos nucleares. Espera-se que o ELSY de 600 MWe, de maiores dimensões, seja um reator simples e inovador, apelativo para os serviços públicos de produção de energia eléctrica actualizada, com custos de capital e tempo de construção reduzidos. Além disso, a compacidade do sistema primário e a reduzida área de implantação e altura do edifício do reator são caraterísticas atractivas.

O PEACER (Proliferation-resistant, Environment-friendly, Accident-tolerant, Continual, and Economical Reator) foi desenvolvido na NUTRECK, na República da Coreia, como um reator de transmutação de combustível nuclear irradiado em grande escala e de produção central de energia, com controlos multinacionais para a resistência à proliferação.

O desenvolvimento do reator rápido arrefecido a chumbo (LFR) em apoio aos sistemas de energia nuclear da Geração IV (GEN IV) foi apresentado por Cinotti et al. Considerando que é possível encontrar pontos comuns significativos de I&D entre o sistema pequeno e transportável e o sistema de média ou grande dimensão das duas abordagens da GEN IV, o plano de ação especial do GIF propõe uma investigação coordenada com uma única instalação de demonstração que possa satisfazer as necessidades de I&D de ambas as abordagens. A abordagem adoptada pelo plano GIF consiste em abordar as prioridades de investigação de cada Estado-Membro no desenvolvimento de um programa de investigação integrado e coordenado para atingir objectivos comuns, evitando simultaneamente a duplicação de esforços.

As actividades em curso para desenvolver o Pequeno Reator Autónomo Transportável e Seguro (SSTAR) e o Sistema Europeu de Arrefecimento por Chumbo (ELSY) estão estreitamente alinhadas com as orientações gerais do Programa de Investigação Científica e descreve os Reactores Económicos, Contínuos, Resistência à Proliferação, Respeitadores do Ambiente e Tolerantes a Acidentes (PEACER) concebidos com especial incidência na queima/transmutação de resíduos de longa duração de TRU e de fragmentos de cisão que suscitam preocupação, como o Tc e o Iodo [124&137].

Nas avaliações tecnológicas da GEN IV, o sistema LFR está classificado em primeiro lugar em termos de sustentabilidade, resistência à proliferação e proteção física. É classificado como bom em termos de segurança e económicos. A segurança é reforçada pela escolha de um fluido de arrefecimento relativamente inerte. O LFR está principalmente previsto para missões de produção de eletricidade e hidrogénio e de gestão de actinídeos. A avaliação preliminar dos conceitos de LFR considerados pelo PSSC aborda o seu desempenho nos domínios da sustentabilidade, economia, segurança e fiabilidade, resistência à proliferação e proteção física. Em especial, os membros do GIF PSSC avaliaram os dois projectos conceptuais de LFR de pequena e média dimensão selecionados, tendo em conta os quatro domínios de objectivos e os oito objectivos específicos da Geração IV. Foi considerada a preparação de um Acordo de Sistema para aprovação pelos membros participantes do GIF.

As principais caraterísticas identificadas para atingir os objectivos da GEN IV baseiam-se quer nas caraterísticas inerentes ao chumbo como fluido de arrefecimento quer nos projectos específicos a conceber.

- ### V.A. Sustentabilidade Utilização dos recursos

Dado que o chumbo é um refrigerante com uma absorção e moderação de neutrões muito baixa, é possível manter um fluxo rápido de neutrões mesmo com uma grande quantidade de refrigerante no núcleo. Isto permite uma utilização eficiente do excesso de neutrões.
Os projectos de reactores podem facilmente atingir um rácio de reprodução de cerca de 1, uma longa vida útil do núcleo e uma elevada queima de combustível.
- ### Minimização e gestão de resíduos.
Um fluxo rápido de neutrões reduz significativamente a produção de resíduos, sendo a reciclagem de Pu num ciclo fechado a condição reconhecida pela GEN IV para a minimização dos resíduos. A capacidade dos sistemas LFR para queimar com segurança actinídeos menores reciclados dentro do combustível aumentará o atrativo da LFR.

- ### V.B. Economia. Custo do ciclo de vida

As caraterísticas de vantagem económica do LFR devem incluir um baixo custo de capital, uma curta duração de construção e baixos custos de combustível e de produção. A utilização económica do combustível

MOX num espetro rápido já foi demonstrada no caso do SFR, não sendo de esperar uma conclusão significativamente diferente para o LFR. Dadas as caraterísticas favoráveis do chumbo fundido, será possível simplificar significativamente os sistemas LFR em comparação com as concepções bem conhecidas do SFR e, por conseguinte, reduzir o seu custo de capital durante a noite, que é um fator de custo importante para a produção competitiva de eletricidade nuclear. Uma central simples será a base para a redução dos custos de capital e de exploração. A configuração de um sistema primário de baixa pressão do tipo piscina oferece um grande potencial de simplificação da central. Espera-se que a utilização de unidades geradoras de vapor (SGU) no interior do reservatório e a consequente eliminação do circuito intermédio, típico da tecnologia de sódio, proporcionem uma produção competitiva de eletricidade na LFR. Esta abordagem é possível devido à ausência de reacções químicas vigorosas entre o chumbo e a água, embora o acidente de rutura do tubo SG (i.e., ondas de pressão no interior da SGU) deva ser considerado no projeto. A configuração dos componentes internos do reator será tão simples quanto possível. A pressão de vapor muito baixa do chumbo fundido deverá permitir a flexibilização dos requisitos rigorosos de estanquidade ao gás da cabeça do reator e, eventualmente, a adoção de sistemas simples de manuseamento do combustível. A limitação da temperatura de saída do núcleo minimizará a corrosão pelo chumbo fundido dos aços estruturais candidatos para o sistema primário. Considerando que não haverá circuito intermédio para degradar o ciclo térmico e que a temperatura prevista de entrada no núcleo, de cerca de 400°C, é relativamente elevada, é possível a adoção de um ciclo supercrítico de alta eficiência a vapor de água. Adicionalmente, pode ser considerado um sistema de conversão de energia de ciclo Brayton de dióxido de carbono supercrítico.

- **Risco para o capital**

Para sistemas pequenos e transportáveis, uma limitação do risco de capital resulta da pequena dimensão do reator. Além disso, e no que diz respeito ao sistema de estação central de dimensão moderada ou grande, uma redução do risco de capital resulta do potencial para componentes amovíveis/substituíveis no interior do reservatório.

- **Segurança e fiabilidade**.

O chumbo fundido tem a vantagem de permitir o funcionamento do sistema primário a baixa pressão (atmosférica). Pode também prever-se uma dose baixa para os operadores, devido à sua baixa pressão de vapor e à sua elevada capacidade de aprisionamento dos produtos de cisão e elevada proteção contra as radiações gama. Em caso de entrada acidental de ar, em especial durante o reabastecimento, qualquer óxido de chumbo produzido pode ser reduzido a chumbo por injeção de hidrogénio e o funcionamento do reator pode ser retomado em segurança. O ΔT moderado entre as temperaturas de entrada e saída do núcleo reduz o stress térmico durante os transientes, e a temperatura relativamente baixa de saída do núcleo minimiza os efeitos de fluência nos aços.

* **Baixa probabilidade e grau de danos no núcleo.**
É possível conceber conjuntos de combustível com pinos de combustível mais espaçados do que no caso do sódio, o que permite uma grande fração de refrigerante, como no caso do reator a água. Isto resulta numa perda de pressão moderada através do núcleo de cerca de 1 bar. O chumbo permite um elevado nível de circulação natural do fluido de arrefecimento, o que resulta em requisitos menos rigorosos em termos de tempo de funcionamento e na simplificação dos sistemas de controlo e proteção. Em caso de fuga da cuba do reator, o nível livre do fluido de arrefecimento pode ser concebido para manter um nível que garanta a circulação do fluido de arrefecimento e a remoção segura do calor do núcleo. Qualquer fuga de chumbo solidificar-se-ia sem reacções químicas significativas que afectassem o funcionamento ou o desempenho do equipamento ou das estruturas circundantes.

* **Não há necessidade de resposta de emergência fora do local**
Com o chumbo de alta densidade como refrigerante, a dispersão do combustível predomina sobre a sua compactação, tornando menos provável a ocorrência de recriticidade. De facto, o chumbo, com a sua densidade mais elevada do que o combustível óxido e o seu fluxo natural de convecção, torna difícil a agregação do combustível com a subsequente formação de uma massa crítica secundária em caso de falha postulada do combustível.

* **V. D. Resistência à proliferação e proteção física**
Via pouco atractiva para o desvio de material utilizável em armas.
A utilização de um combustível MOX contendo MA aumenta a

resistência à proliferação.

- *Proteção física.*

A utilização de um líquido de arrefecimento quimicamente compatível com o ar e a água e que funciona à pressão ambiente aumenta a proteção física. A necessidade de uma proteção robusta contra o risco de acontecimentos catastróficos, iniciados por actos de sabotagem, é reduzida, devido ao reduzido risco de propagação de incêndios e às funções de segurança passiva. Não existem cenários credíveis de pressurização significativa da contenção.

RÚSSIA/URSS

A Rússia parece estar na vanguarda do desenvolvimento sério no domínio dos reactores rápidos arrefecidos a chumbo. A Rússia desempenha um papel importante na promoção do interesse de outros países neste domínio. Em 1998, a Rússia desclassificou uma grande quantidade de informação de investigação derivada da sua experiência com reactores submarinos. Os estudos sobre reactores rápidos arrefecidos a chumbo-bismuto (LBC) foram realizados nas organizações da Federação Russa SSC RF IPPE (Instituto de Física e Engenharia de Energia e EDO GIDROPRESS), nas quais foi acumulada uma grande experiência no decurso do desenvolvimento e funcionamento de reactores submarinos arrefecidos com eutéctico chumbo-bismuto. Os principais resultados da experiência de funcionamento do sistema de fornecimento de vapor nuclear de propulsão (NSSS) utilizando refrigerante de chumbo-bismuto, I&D sobre a tecnologia de reactores LBC, bem como as caraterísticas e parâmetros de conceção do reator SVBR-75/100 são intensamente estudados. Na Federação Russa, são considerados dois sistemas: o SVBR-75/100, um reator rápido modular arrefecido a LBE com uma potência compreendida entre 75 e 100 MWe, e o conceito de reator rápido BREST arrefecido a chumbo e o ciclo de combustível associado.

A União Soviética operou com sucesso os submarinos da classe Alfa com um reator rápido arrefecido a chumbo-bismuto nos anos sessenta e setenta, que tinha aproximadamente 30 MW de potência mecânica para 155 MW de potência térmica.

Os reactores BREST utilizam chumbo puro como refrigerante, um combustível de plutónio/nitreto de urânio, geram 300 MWe (eléctricos) a partir de 750 MWth e são um reator de tipo piscina. Dois reactores arrefecidos a chumbo foram desenvolvidos pelos russos: BREST-300 e BREST-1200. O projeto do BREST-300 foi concluído em setembro de 2014. O reator está instalado nas instalações da Siberian Chemical Combine (SCC) em Seversk.

Dois tipos de reactores rápidos arrefecidos a chumbo foram utilizados nos submarinos soviéticos da classe Alfa da década de 1970. Os modelos OK-550 e BM-40A eram ambos capazes de produzir 155MWt. Eram significativamente mais leves do que os reactores típicos arrefecidos a água e tinham a vantagem de serem capazes de alternar rapidamente entre os modos de funcionamento de potência máxima e de ruído mínimo.

Em 2010, foi anunciada uma empresa comum denominada AKME Engineering para desenvolver um reator comercial de chumbo-bismuto [138] O SVBR-100 ("Svintsovo-Vismutovyi Bystryi Reaktor" - reator rápido de chumbo-bismuto) baseia-se nos projectos Alfa e produzirá 100MWe de eletricidade a partir de uma potência térmica bruta de 280MWt, cerca do dobro da dos reactores submarinos. Podem também ser utilizados em grupos de até 16, se for necessária mais potência. A temperatura do líquido de arrefecimento aumenta de 345 °C (653 °F) para 495 °C (923 °F) à medida que atravessa o núcleo. O óxido de urânio enriquecido a 16,5% de U-235 pode ser utilizado como combustível, e o reabastecimento seria necessário a cada 7-8 anos[138].

O conceito de LFR de pequena dimensão tem os atributos desejados para a implantação internacional, proporcionando resistência à proliferação, autossuficiência em matéria de físseis, seguimento autónomo da carga e simplicidade de funcionamento. A fiabilidade, a transportabilidade, a segurança passiva e a melhoria da competitividade económica são também altamente necessárias.

O Instituto Russo de Investigação e Desenvolvimento da Engenharia Energética (NIKIET), com o conceito de reator rápido BREST, arrefecido por chumbo puro e o ciclo de combustível associado, indicou uma abordagem inovadora para a gestão dos resíduos nucleares num ciclo de combustível fechado.

Na ex-URSS foram construídos oito submarinos com reactores de chumbo-bismuto. Durante o funcionamento do NSSS com reator de chumbo-bismuto, houve acidentes em três unidades que resultaram no encerramento prematuro [139]. A produção de 210Po α-radioativo, com uma semi-vida de 138 dias, sofre um decaimento α. O bismuto causa alguns problemas devido à sua migração do refrigerante para o gás de cobertura e à formação de aerossóis [140]. O 210Po é volátil, pelo que a fuga do gás de cobertura representa um perigo para os operadores da instalação.

ESTADO UNIDO

A Westinghouse desenvolveu uma central nuclear de média capacidade da próxima geração baseada na tecnologia de reator rápido arrefecido a chumbo (LFR). As caraterísticas inerentes ao chumbo como refrigerante e as concepções específicas a conceber para o projeto LFR satisfazem os principais requisitos para atingir os objectivos da GEN IV. A tecnologia LFR está a ser desenvolvida para obter eletricidade fiável, acessível e sustentável com um desempenho comercialmente competitivo, com emissões zero (tecnologia sem carbono), segurança e operacionalidade. A capacidade de cumprir os objectivos ambientais e de sustentabilidade, juntamente com os mais elevados padrões de segurança e a garantia de competitividade económica, são requisitos prévios da LFR.

A seleção da LFR baseou-se principalmente em: · Potencial económico e de comercialização
• segurança *Nível de preparação tecnológica (TRL) suficiente para reduzir o risco de desenvolvimento
• Melhoria da utilização dos recursos naturais e redução da produção de resíduos, o que resulta numa tecnologia sustentável e de baixo impacto ambiental.

O principal objetivo da Westinghouse é desenvolver um roteiro tecnológico que abra caminho a uma tecnologia de energia nuclear da próxima geração comercialmente viável que utilize chumbo líquido como refrigerante primário. Os objectivos do LFR da Westinghouse são: · Segurança · Custos reduzidos de capital/pernoita · Custo nivelado de eletricidade (LCOE*) competitivo, mesmo nos mercados globais mais exigentes · Capacidade para aplicações de co-eletricidade, como a co-geração de calor* e a dessalinização da água do mar · Volume reduzido de resíduos de combustível nuclear por unidade de eletricidade gerada. O LFR é capaz de funcionar de forma flexível, sem carga de base, com produção variável de eletricidade, o que permite complementar a produção de energias renováveis, fornecendo energia quando a rede o exige. A Westinghouse selecionou a LFR como a tecnologia preferida com o melhor potencial para uma implantação comercial bem sucedida. O objetivo final do programa LFR da Westinghouse é apoiar o desenvolvimento de uma frota de reactores inovadores baseados em tecnologia de ponta. O primeiro passo para a comercialização é a implantação de um protótipo de LFR (PLFR) baseado em materiais comprovados para acelerar a implantação.

O Westinghouse LFR é uma central de reactores de ~450 MWe, altamente simplificada, passivamente segura, compacta e escalável. A escalabilidade dos sistemas e componentes é utilizada para permitir que a potência de saída das evoluções da central se adapte às necessidades dos diversos mercados futuros, minimizando simultaneamente os esforços de reconcepção. O reator compacto, juntamente com a ausência de fontes apreciáveis de pressurização, não exige a grande estrutura de contenção resistente a altas pressões típica das centrais convencionais. Devido à sua pequena dimensão, o PLFR é adequado para uma instalação subterrânea e segura, o que é importante para os aspectos de segurança. A LFR funciona a temperaturas relativamente elevadas, o que conduz a uma elevada eficiência, permitindo uma utilização eficiente dos recursos naturais. O resultado será uma maior sustentabilidade através de uma redução do volume de resíduos nucleares e da possibilidade de utilizar combustível reprocessado.

A colaboração entre a Westinghouse e organizações globais com conhecimentos especializados em tecnologia de ponta e conceção de reactores rápidos assegurará o êxito do programa e é um elemento-chave da estratégia da Westinghouse. Para melhorar o desempenho económico e a operacionalidade, devem ser realizados esforços adicionais de investigação e desenvolvimento em simultâneo com o desenvolvimento do PLFR. Benefícios Com base numa comparação exaustiva e alargada de potenciais concepções alternativas de reactores avançados e tendo em consideração os objectivos acima mencionados, a Westinghouse selecionou o LFR como a tecnologia preferida com o melhor potencial para uma implantação comercial bem sucedida e uma tecnologia de baixo impacto ambiental. A seleção do LFR baseou-se principalmente no nível de preparação tecnológica (TRL) suficiente para reduzir o risco de desenvolvimento e facilitar o licenciamento [141].

O Laboratório Nacional Lawrence Livermore desenvolveu uma conceção arrefecida a chumbo do Pequeno Reator Autónomo Transportável Seguro SSTAR. O SSTAR é o sistema de reator rápido arrefecido a chumbo da geração IV dos EUA. O projeto pré-concetual do SSTAR pressupõe o desenvolvimento com êxito de uma série de tecnologias avançadas. Estas incluem um código qualificado, materiais avançados de revestimento e estruturais que permitam o serviço em Pb durante 15 a 30 anos a temperaturas de pico de revestimento até cerca de 650°C a uma temperatura de saída do núcleo de 570°C. O conceito SSTAR constitui um motor para o desenvolvimento das tecnologias avançadas. Se o SSTAR fosse desenvolvido para uma implantação a curto prazo, as temperaturas do sistema de funcionamento seriam reduzidas para permitir a utilização de materiais codificados existentes e um tipo de combustível existente poderia ter de ser qualificado e utilizado.

Foi realizada nos EUA uma investigação inicial sobre a viabilidade de uma instalação-piloto/reator de ensaio de demonstração (demo) da tecnologia LFR implantável a curto prazo que funcione a baixas temperaturas e permita a utilização de materiais existentes, como o aço ferrítico/martensítico T91 ou o aço inoxidável tipo 316, que demonstrou em numerosos ensaios realizados a nível mundial durante a última década ter resistência à corrosão em relação às ligas de chumbo a temperaturas até ~ 550°C com controlo ativo do oxigénio. As análises neutrónicas e termo-hidráulicas do sistema indicam que uma demo de 100 MWth arrefecida a chumbo com combustível metálico, com fluxo forçado e uma temperatura de saída do núcleo de 480°C, suporta o desenvolvimento dos LFR ELSY e SSTAR. Os reactores rápidos arrefecidos a chumbo de menor capacidade (como o SSTAR) podem ser arrefecidos por convecção natural, enquanto os projectos de maior dimensão (como o ELSY[]) utilizam a circulação forçada em funcionamento normal, mas utilizarão o arrefecimento de emergência por circulação natural.

As caraterísticas específicas do refrigerante de chumbo, o combustível de nitreto que contém elementos transurânicos, o núcleo de espetro rápido e as pequenas dimensões combinam-se para promover uma abordagem única para conseguir a resistência à proliferação, permitindo simultaneamente a autossuficiência em matéria de matéria físsil, o seguimento autónomo da carga, a simplicidade de funcionamento, a fiabilidade, a transportabilidade, bem como um elevado grau de segurança passiva.

O atual projeto de referência para o SSTAR nos Estados Unidos é um conceito de reator de piscina de circulação natural de 20 Mwe com uma pequena cuba de reator transportável. O refrigerante Pb está contido dentro de uma cuba de reator rodeada por uma cuba de proteção. O chumbo é escolhido como refrigerante em vez do LBE para reduzir drasticamente a quantidade de isótopo 210 Po emissor de alfa formado no refrigerante em relação ao LBE e para eliminar a dependência do bismuto, que pode ser um recurso limitado ou dispendioso.

A temperatura do líquido de arrefecimento à saída do reator situa-se normalmente entre 500 e 600 °C, podendo ultrapassar os 800 °C com materiais avançados para concepções posteriores. Temperaturas superiores a 800°C são teoricamente suficientemente elevadas para suportar a produção termoquímica de hidrogénio através do ciclo enxofre-iodo, embora tal não tenha sido demonstrado. As caraterísticas específicas do refrigerante de chumbo, o combustível de nitreto que contém transurânicos, o núcleo de espetro rápido e as pequenas dimensões combinam-se para promover uma abordagem única para conseguir a resistência à proliferação, permitindo simultaneamente a autossuficiência em matéria de matéria físsil, o seguimento autónomo da carga, a simplicidade de funcionamento, a fiabilidade, a transportabilidade, bem como um elevado grau de segurança passiva. A conversão da energia térmica do núcleo em eletricidade com uma elevada eficiência da central de 44% é realizada utilizando um conversor de energia de ciclo Brayton de dióxido de carbono supercrítico.

O Pb flui para cima através do núcleo e de uma chaminé acima do núcleo formada por um invólucro cilíndrico. O recipiente tem uma relação altura/diâmetro suficientemente grande para facilitar a remoção de calor por circulação natural em todos os níveis de potência até e acima de 100% da nominal. O fluido de arrefecimento flui através de aberturas perto do topo da cobertura e entra em quatro permutadores modulares de calor Pb-para-CO_2 localizados no anel entre a cuba do reator e a cobertura cilíndrica. O CO^2 quente sai do permutador de calor através de dois bocais de entrada superior de menor diâmetro. Entretanto, o Pb sai dos permutadores de calor e flui para baixo através do tubo de descida anular para entrar nas aberturas de fluxo na cabeça do distribuidor de fluxo por baixo do núcleo. Não é necessária qualquer interferência do operador, nem qualquer tipo de bombagem para arrefecer o calor residual do reator após a desativação. A conversão da energia térmica do núcleo em eletricidade com uma eficiência elevada de 44% é realizada utilizando um conversor de energia de ciclo Brayton de dióxido de carbono supercrítico.

Foi proposto um reator rápido arrefecido a chumbo (LFR) mais compacto e económico do que o LFR convencional de circulação forçada. Um pequeno reator rápido arrefecido a Pb-Bi (PBWFR) pode produzir vapor por contacto direto da água de alimentação com o refrigerante primário de Pb-Bi acima do núcleo e fazer circular o refrigerante de Pb-Bi através da flutuabilidade das bolhas de vapor.

Para avaliar esta classe de refrigerantes de metais pesados em sistemas nucleares avançados da próxima geração IV, foi explorado um conceito inovador de reator rápido que elimina a necessidade de geradores de vapor e de componentes do sistema de arrefecimento, tais como as principais bombas de arrefecimento primário, tornando assim o sistema do reator simples e compacto e oferecendo assim uma redução do custo de capital e de funcionamento. O refrigerante primário é chumbo-bismuto eutéctico, que flui através do núcleo e remove o calor gerado pela cisão no combustível. A água sub-arrefecida é injetada na piscina quente de refrigerante primário acima do núcleo. A transferência de calor por contacto direto entre os fluidos provoca a rápida vaporização da água, levando à formação de vapor na chaminé do reator. O vapor de trabalho gerado pela vaporização da água em contacto direto com o metal líquido na chaminé acima do núcleo é então enviado diretamente para a turbina.

A conceção do núcleo desenvolvida no Massachusetts Institute of Technology (MIT) para a queima de actinídeos do combustível usado do reator de água leve (LWR) foi adoptada como núcleo de referência do PBWR. O combustível é feito de uma liga metálica de zircónio, plutónio e actinídeos menores e revestido com um aço inoxidável martensítico/ferrítico designado EP823, especificamente concebido pelos russos para aplicações Pb-Bi a alta temperatura. A conceção do núcleo baseia-se em conjuntos de combustível de fluxo de neutrões e apresenta excelentes propriedades neutrónicas, por exemplo, coeficientes de Doppler e de vazio negativos, pequeno pico de potência axial e radial. Foi demonstrado que a presença de uma fase mais leve na chaminé do reator não perturba o desempenho neutrónico deste núcleo. Se o núcleo for acidentalmente inundado, a reatividade dos neutrões diminui, tornando o conceito PBWR muito resistente a situações de perda do refrigerante primário.

A descrição dos principais desafios técnicos do núcleo de referência PBWR (pb-bi/water reator pbwr) é objeto de um estudo intensivo. O transporte de aerossóis de metais pesados num reator rápido arrefecido a água de bismuto-chumbo pode permanecer arrastado no vapor e ser transportado para os componentes do ciclo de potência, com consequências importantes para o seu funcionamento [por exemplo, fragilização por metal líquido (LME) das partes sob tensão da turbina e entupimento dos tubos de drenagem do condensador].

Uma questão técnica fundamental deste conceito de reator são as consequências da geração de aerossóis de Pb-Bi no interior da cuba, o seu transporte nos componentes do ciclo de potência e o impacto na conceção e funcionamento da turbina. A geração, o transporte e a deposição de aerossóis de Pb-Bi foram modelados. Verificou-se que a utilização de um separador de vapor chevron adequado reduz o metal pesado-líquido transportado para as linhas de vapor em cerca de três ordens de grandeza. No entanto, prevê-se que a taxa de formação de Pb-Bi residual (-0,003 kg/s) seja suficiente para causar a fragilização das lâminas da turbina se forem utilizados materiais convencionais e se a instalação funcionar durante 40 anos. Foram avaliadas quatro soluções para este problema, consideradas potencialmente viáveis do ponto de vista técnico: revestimento das pás, utilização de materiais alternativos, precipitação eletrostática e oxidação das gotículas de Pb-Bi.

Dado que a fase líquida flui da chaminé diretamente para o downcomer, pode ocorrer um arrastamento significativo de bolhas de vapor para o downcomer (fenómeno conhecido como steam carryunder), o que é prejudicial para o desempenho do sistema primário porque reduz a densidade da cabeça de circulação natural. Por outro lado, a presença de bolhas de baixa densidade (ou seja, vazios) no núcleo causaria flutuações indesejáveis de reatividade que podem prejudicar a segurança do reator. A transferência de Pb-Bi por arrastamento de líquido, embora não seja grande, é significativa e exige a utilização de um secador de vapor para remover ainda mais o metal líquido do fluxo de vapor.

A temperatura máxima do ponto quente do material do tubo de revestimento é de 619°C. As cerâmicas à base de SiC são candidatas a espaçadores de grelha e a suportes do conjunto de combustível devido à sua boa resistência à corrosão do LBE e à erosão [128].

É necessário avaliar a potência térmica máxima removível por transferência de calor por contacto direto sem violar os limites de temperatura do combustível, do revestimento e da cuba. Isto exige uma modelização termo-hidráulica precisa dos fenómenos multifásicos que ocorrem na chaminé do reator. É necessário que a potência do reator seja compatível com a capacidade de remoção de calor de um sistema passivo de emergência de calor de decaimento numa situação de perda de dissipador de calor. O contacto direto do Pb-Bi com o vapor agrava significativamente a questão da ativação do refrigerante. Os fluidos de arrefecimento primário e secundário (Pb-Bi e água, respetivamente) não estão fisicamente segregados e uma quantidade substancial de polónio radioativo (o principal produto da ativação neutrónica do bismuto) pode ser libertada para o sistema secundário e, eventualmente, para o ambiente.

Foi efectuado muito trabalho para identificar as caraterísticas térmicas do PBWR. Os seguintes tópicos são abordados em pormenor: (a) definição de uma estratégia de controlo do oxigénio para minimizar a corrosão dos materiais, (b) remoção passiva do calor de decaimento, (c) análise semiquantitativa do sub-canal do núcleo, (d) análise da estabilidade estática e dinâmica do sistema primário, (e) caraterização dos fenómenos de transporte de vapor e (f) análise estrutural estática da cuba do reator.

O vapor é enviado para a turbina e funciona num ciclo de Rankine análogo a um reator de água a ferver (BWR). No entanto, ao contrário dos BWR, esta conceção oferece a possibilidade de sobreaquecer o vapor e obter eficiências térmicas um pouco maiores. No entanto, o conceito PBWR apresenta vários desafios técnicos, sendo o mais significativo o facto de a separação do Pb-Bi e do vapor no secador de vapor não ser completa [142 & 143].

EURATOM

Um passo importante a favor do LFR ocorreu quando a EURATOM decidiu financiar o projeto European Lead-cooled SYstem ELSY para investigar a viabilidade económica da utilização de reactores críticos para a transmutação de resíduos nucleares, em resposta ao convite "Nuclear Waste Transmutation in Critical Reactors". O ELSY pode contar com a importante contribuição europeia para o desenvolvimento do LFR, que inclui os resultados dos projectos russos ISTC no âmbito do anterior PQ5 e das actividades em curso no âmbito do PQ6 sobre ADS.

ELSY

A conceção de referência do sistema europeu arrefecido a chumbo (ELSY) é um reator de 600 MWe arrefecido a chumbo puro. O ELSY está a ser desenvolvido desde setembro de 2006 e é financiado pelo Sexto Programa-Quadro da Euratom. O projeto ELSY está a ser conduzido por um grande consórcio constituído por vinte organizações, incluindo dezassete da Europa, duas da Coreia e uma dos EUA, para demonstrar a possibilidade de conceber um reator crítico rápido competitivo e seguro utilizando caraterísticas de engenharia simples, cumprindo plenamente os objectivos da Geração IV, incluindo a capacidade de queima de actinídeos menores. A utilização de um circuito primário compacto e simples, com o objetivo adicional de que todos os componentes internos sejam amovíveis, faz parte das caraterísticas do reator destinadas a assegurar uma produção competitiva de energia eléctrica e a proteção do investimento a longo prazo. Espera-se que a simplicidade reduza tanto o custo de capital como o tempo de construção; estes factores são também apoiados pela compacidade do edifício do reator *(ou seja,* pegada e altura reduzidas). O ELSY é um reator simples e inovador para a produção de energia eléctrica actualizada com custos de capital e tempo de construção reduzidos. Além disso, a compacidade do sistema primário e a redução da área de implantação e da altura do edifício do reator são caraterísticas atractivas. A redução da área de implantação é a consequência da eliminação do sistema de arrefecimento intermédio; a redução da altura é o resultado da abordagem de projeto de circulação forçada e de componentes de altura reduzida. Com base nos promissores resultados iniciais, espera-se que o ELSY possa cumprir os ambiciosos objectivos dos projectistas e abrir uma nova fase de forte apoio internacional ao desenvolvimento e implantação de LFR. Os principais dados de projeto do SSTAR e do ELSY são apresentados no quadro (7).

Quadro (7): Principais dados de conceção do SSTAR e do ELSY

Parameter/system	SSTAR	ELSY
Power (MWe)	19.8	600
Conversion Ratio	~1	~1
Thermal efficiency (%)	44	42
Primary coolant	Lead	Lead
Primary coolant circulation (Power)	Natural	Forced
Primary coolant circulation (DHR)	Natural	Natural
Core inlet temperature(°	420	400	0
Core outlet temp. (°C)	567	480
Fuel	MOX,	(Nitrides)
Fuel cladding material	Si-Enhanced F/M	StainlessSteelT91(aluminized)
Peak cladding temp. (°C)	650	550
Fuel pin diameter (mm)	25	10.5
Active core Height/equivalent diameter (m)	0.976/1.22	0.9/4.32
Primary pumps - N° 8, SG	mechanical,	integrated in the
Working fluid superheated steam	Supercritical CO2	Water-
	at 20MPa, 552°C	at 18MPa,450°C
Primary/secondary heat transfer system N°4 to-H2	Pb-to- CO2	HXs N°8 Pb-

O sistema redundante e diversificado de remoção do calor de decaimento (DHR) é fornecido com (i) condensadores de vapor nos circuitos de vapor, (ii) circuitos de arrefecimento direto do reator com refrigeradores inovadores de imersão em água com chumbo que utilizam água armazenada à pressão ambiente e (iii) um sistema de arrefecimento do ar da cuba do reator (RVACS). O comportamento sísmico geral é fortemente melhorado pelas soluções técnicas incorporadas, em particular a cuba de pequena altura e os apoios anti-sísmicos 2D acima do edifício do reator. As cargas adicionais sob investigação são o sloshing de chumbo resultante do movimento sísmico ou em resultado de um acidente SGTR. Está também em curso uma análise de segurança exaustiva para tratar de acidentes representativos das condições de base do projeto e das condições alargadas do projeto

O ALFRED (Advanced Lead Fast Reator European Demonstrator) [144] é um demonstrador de reator rápido arrefecido a chumbo concebido pela Ansaldo Energia de Itália e cuja construção está prevista para Mioveni, na Roménia. O ALFRED é um dos principais conceitos actuais de reactores nucleares da Geração IV e é um reator rápido de chumbo (LFR) de pequena dimensão (300 MWth) do tipo piscina. O núcleo do ALFRED é composto por 171 FAs hexagonais enrolados, cada um contendo 127 pinos de combustível dispostos numa rede triangular. O combustível considerado para o ALFRED é constituído por pastilhas anulares de MOX U-Pu, com diferentes teores de plutónio de acordo com a zona radial do núcleo. O aço da classe 15-15Ti foi selecionado como material de revestimento.

Os pormenores sobre os parâmetros de conceção do pino de combustível tal como foi fabricado são apresentados no quadro (8)

Quadro (8) Parâmetros-chave de projeto dos pinos de combustível fabricados no estado atual

Especificação de conceção do pino de combustível

Fuel type	MOX
Cladding type	AIM1
Coolant type	Lead
Fuel enrichment as Pu/(Pu+U), inner zone (wt.%)	21.7
Fuel enrichment as Pu/(Pu+U), outer zone (wt.%)	27.8
Fuel density (% TD)	95
O/M (/)	1.97
Rod filling gas	He
Initial filling pressure (MPa)	0.1
Upper plenum volume (mm^3)	~30000
Upper plenum length (mm)	120
Fuel active length (mm)	600
Lower plenum length (mm)	550
Cladding outer diameter (mm)	10.5
Cladding inner diameter (mm)	9.3
Fuel pellet outer diameter (mm)	9
Fuel pellet inner diameter (mm)	2
Initial fuel-cladding gap width (μm)	150
Pin pitch (mm)	13.86

MOX, mixed oxide; *TD*, theoretical density.

A análise centra-se em dois canais de arrefecimento diferentes do reator ALFRED, ou seja, o canal médio (AC), representativo das condições médias do núcleo, e o canal quente (HC), representativo das condições mais críticas atingidas no núcleo.

Este canal é caracterizado pela maior potência linear, que diminui do início ao fim da vida útil. O historial de potência do ALFRED é calculado através do código determinístico ERANOS [145].

BÉLGICA

O projeto MYRRHA (Multi-purpose hYbrid Research Reator for High-tech Applications) é uma conceção inédita de um reator nuclear acoplado a um acelerador de protões (Accelerator-driven system (ADS)). Será um "reator rápido arrefecido a chumbo-bismuto" com duas configurações possíveis: subcrítica ou crítica. O projeto é gerido pelo SCK·CEN, o centro belga para a energia nuclear. Será construído com base num primeiro demonstrador bem sucedido: GUINEVERE. O projeto entrou numa nova fase de desenvolvimento em 2013, quando foi adjudicado um contrato para a conceção da engenharia de ponta a um consórcio liderado pela Areva. O MYRRHA é reconhecido internacionalmente e, em dezembro de 2010, foi incluído na lista da Comissão Europeia como um dos 50 projectos para manter a liderança europeia na investigação de alta tecnologia nos próximos 20 anos [146].

ALEMANHA

O *reator de duplo fluido* (DFR) é um projeto alemão que combina as vantagens do reator de sal fundido com as do reator arrefecido por metal líquido. Como reator reprodutor, o DFR pode queimar urânio natural e tório, bem como reciclar resíduos nucleares. Devido à elevada condutividade térmica do metal fundido, o DFR é um reator intrinsecamente seguro (o calor de decaimento pode ser removido passivamente).

SUÉCIA

A empresa L eadCold está a desenvolver, em colaboração com o KTH Royal Institute of Technology e a Uniper, o reator SEALER (Swedish Advanced Lead Reator), um reator arrefecido a chumbo que utiliza nitreto de urânio como combustível.[1 9]

COREIA DO SUL

O PEACER (Proliferation-resistant, Environment-friendly, Accident-tolerant, Continual, and Economical Reator) foi desenvolvido na Nuclear Power South Korea, em NUTRECK, na República da Coreia, como um reator de transmutação de combustível nuclear irradiado em grande escala e de produção de energia central com controlo multinacional para resistência à proliferação.

Il Soon Hwang* e Jun Lim

Centro de Investigação da Energia de Transmutação Nuclear da
Coreia (NUTRECK)
Universidade Nacional de Seul, www.peacer.org,
San 56-1 Shillim-dong, Gwanak-gu, Seul 151-742, República da
Coreia
Telefone: +82-2-880-7200, Fax: +82-2-3285-9600
Correio eletrónico*: hisline@snu.ac.kr

O PEACER foi desenvolvido em 1996 para a transmutação de isótopos radioactivos de longa duração a partir de combustíveis nucleares usados, como reactores rápidos arrefecidos por líquido de chumbo-bismuto eutéctico (LBE). O refrigerante LBE tem excelentes caraterísticas de segurança e neutrónicas, mas o tempo de vida dos componentes estruturais primários continua a ser questionável devido ao problema da corrosão. Reduzindo a temperatura para 400C, os componentes primários do limite do refrigerante do PEACER-300 são projectados para uma vida útil de 60 anos com base no AISI 316L. Com uma temperatura exterior máxima de 450C, os revestimentos do combustível são concebidos para assegurar uma resistência adequada, ductilidade e resistência à corrosão durante cerca de três anos, utilizando aços martensíticos ferríticos. Embora a durabilidade dos materiais se tenha revelado adequada para o PEACER-300, foram desenvolvidas ligas avançadas resistentes à corrosão, a fim de permitir temperaturas mais elevadas nas pernas quentes e uma vida útil mais longa do combustível no PASCAR, um novo pequeno reator modular de combustão longa. Os novos aços ferríticos contendo Si e Al-demonstraram ter uma excelente resistência à corrosão até 600C. No entanto, a sua resistência às radiações é modesta e está a ser feita uma abordagem híbrida. Todos os requisitos em termos de materiais podem ser satisfeitos através do desenvolvimento de um tubo híbrido com a nova liga formando uma camada exterior de aços ferríticos martensíticos resistentes à radiação. Estão a ser desenvolvidos processos de fabrico de tubos híbridos tanto para o revestimento de combustível como para os tubos do gerador de vapor para o PASCAR. Foram efectuados ensaios em CAD 3D e em circuito a toda a altura para verificar a conceção do PEACER-300 e do PEACER-550 MWe, ambos arrefecidos pelo eutéctico chumbo-bismuto. A conceção do PEACER com uma temperatura relativamente baixa (400 °C) permite a utilização de materiais certificados existentes, como o aço inoxidável tipo 316L e o HT-9 [147].

ACIDENTES COM CENTRAIS DE REACTORES LBC

No decurso do funcionamento do sistema de abastecimento de vapor nuclear (NSSS) que utiliza LBC, ocorreram acidentes em três unidades: a união do núcleo (1968), em que o núcleo foi obstruído pelos óxidos e produtos da interação vapor/água, causando a fusão parcial do núcleo; a danificação das condutas do circuito primário (1971) devido à corrosão no seu lado exterior e à fuga de refrigerante radioativo; e a danificação por corrosão do feixe de tubos do gerador de vapor (SG) (1982) causada pela má qualidade da água de alimentação (~ 150 L de refrigerante radioativo derramado no compartimento devido a erros do pessoal).

Foi também dada uma atenção especial à questão da atenuação das consequências do acidente de rotura do tubo do gerador de vapor (SGTR) para reduzir o risco de pressurização da fronteira primária; para o efeito, foram concebidas disposições inovadoras que tornam o sistema primário mais tolerante ao evento SGTR. A primeira disposição consiste em eliminar o risco de falha dos colectores de água e de vapor no interior da fronteira primária, instalando-os no exterior da cuba do reator. Esta abordagem tem por objetivo eliminar, através da conceção, um potencial iniciador de um acidente grave de baixa probabilidade mas com consequências potencialmente catastróficas. A segunda disposição consiste na instalação, em cada tubo, de uma válvula de retenção junto ao coletor de vapor e de um bocal venturi junto ao coletor de água de alimentação. A terceira disposição visa assegurar que o fluxo de qualquer mistura de água de alimentação-vapor-refrigerante primário seja redireccionado para cima no interior do SG, reduzindo, por conceção, o risco de propagação de grandes ondas de pressão através da cuba do reator. Isto ocorre porque o próprio pico de pressão interior provoca rapidamente o fecho do caminho normal do fluxo radial de refrigerante.

I&D EM TECNOLOGIA DE REACTORES LBC

Um dos principais problemas da tecnologia LBC é o desenvolvimento de sistemas e dispositivos que garantam a medição e a manutenção da qualidade LBC necessária durante o seu funcionamento prolongado, tanto em condições normais de circuito à prova de fugas como em caso de perda parcial da integridade do circuito durante a reparação e o reabastecimento do reator. O funcionamento destes sistemas e dispositivos é necessário para eliminar a corrosão do material estrutural e a escória do circuito pelos óxidos de chumbo.

As seguintes caraterísticas obtidas no decurso do ensaio e funcionamento da NSSS foram objeto de investigação e desenvolvimento intensivos. São elas: potência e parâmetros de instalação, tempo de vida do núcleo, margem de reatividade, coeficientes de reatividade, efeitos de envenenamento, distribuição da temperatura, parâmetros dinâmicos, radioatividade do refrigerante e taxas de dose causadas pela radiação de neutrões e γ por detrás da blindagem.

As actividades de investigação no Japão concentram-se no desempenho da transferência de calor do LBE no circuito intermédio; nas caraterísticas do fluxo bifásico do LBE em água e vapor; no desempenho da elevação de gás e vapor do LBE; no LBE-o mecanismo de ebulição por contacto direto da água; as caraterísticas de corrosão e o comportamento de corrosão do refrigerante do reator; os materiais estruturais e de revestimento; o controlo do oxigénio com injeção de vapor no LBE; e o comportamento do polónio no sistema de refrigeração.

O programa LFR é fortemente promovido no Centro de Investigação de Sistemas Inovadores de Energia Nuclear no Instituto de Tecnologia de Tóquio. Abrange vastas áreas de estudos de refrigerantes de chumbo e LBE, tais como estudos de conceção de reactores nucleares, medições de secções transversais, experiências de hidráulica térmica, especialmente para bombas de elevação de vapor, testes de corrosão estática e dinâmica e experiências de comportamento do polónio.

C: REACTOR ARREFECIDO POR SAL FUNDIDO
3.5: INTRODUÇÃO DO REACTOR DE SAL FUNDIDO (MSR)

Um reator de sal fundido (MSR) é uma classe de reactores nucleares de cisão em que o refrigerante primário do reator nuclear e/ou o combustível é uma mistura de sal fundido com um material cindível. Os reactores de sal fundido (MSR) utilizam sais de fluoreto fundido como refrigerante primário e funcionam a baixa pressão. Em vez de barras de combustível sólidas, os reactores de sal fundido utilizam o sal líquido como substrato para que o combustível e os sais fundidos férteis sejam diretamente dissolvidos no núcleo. A dissolução dos sais cindíveis e férteis do combustível no sal de arrefecimento representa certamente um salto ou uma partida radical e uma mudança extraordinária na forma tradicional de pensar em relação a quase todos os reactores operados até agora. Os reactores de sal fundido são relativamente seguros porque o combustível já está dissolvido no líquido e funcionam a pressões mais baixas do que os reactores nucleares convencionais, o que reduz o risco de fusão explosiva. No entanto, o conceito não é novo, mas é visto como uma tecnologia promissora, principalmente como uma perspetiva de ciclo de combustível de tório LeBlanc 2009/2010 [148].

Embora os LWR que utilizam combustível de tório na forma sólida possam produzir U233, não oferecem as várias vantagens dos MSR. É a combinação única do ciclo do tório e do reator de fluoreto líquido que garante todas as vantagens que caracterizam o sistema LFTR.

As caraterísticas básicas de segurança dos MSR, em comparação com os reactores convencionais de água pressurizada (PWR) mais frequentemente utilizados, são o facto de os MSR eliminarem o cenário de fusão nuclear presente nos reactores arrefecidos a água, uma vez que a mistura de combustível é mantida em estado fundido. A mistura de combustível é concebida para escoar sem bombagem do núcleo para um recipiente de contenção em situações de emergência, onde solidifica, extinguindo a reação. Além disso, não ocorre evolução do hidrogénio, o que elimina o risco de explosões de hidrogénio (como no desastre nuclear de Fukushima). Funcionam à pressão atmosférica ou perto dela, em vez de 75-150 vezes a pressão atmosférica de um reator de água leve típico (LWR). Isto reduz a necessidade e o custo dos reservatórios de pressão do reator e reduz o risco de acidentes devidos à elevada pressão de funcionamento, como fugas de refrigerante ou explosão do sistema [149&150]. [https://world-nuclear.org/].

Os produtos de cisão gasosos, principalmente Xe e Kr, têm pouca solubilidade no sal combustível[47] e podem ser capturados com segurança à medida que saem do combustível, em vez de aumentar a pressão dentro dos tubos de combustível, como no caso dos reactores convencionais. Os MSR podem ser reabastecidos durante o funcionamento (essencialmente reprocessamento nuclear em linha), enquanto os reactores PWR convencionais são desligados para reabastecimento. As temperaturas de funcionamento dos MSR são de cerca de 700 °C (1 292 °F), significativamente mais elevadas do que as dos LWR tradicionais, que rondam os 300 °C (572 °F). Isto aumenta a eficiência da geração de eletricidade e as oportunidades de aplicação do calor de processo.

O tório é muito mais abundante do que o combustível nuclear convencional de urânio. Queima de Th dissolvido como fluoreto em sal fundido em LiF e BeF2, juntamente com uma pequena quantidade de 235U ou fluoreto de Pu para iniciar o processo. Os produtos de cisão que se escapam por borbulhamento podem ser recolhidos e armazenados no mesmo local do reator. Com o combustível líquido transferido periodicamente para o núcleo, a central pode funcionar durante um longo período de tempo sem transporte de material cindível para o reator ou de resíduos do reator durante esse período. As vantagens que incluem a utilização de um combustível abundante, a inacessibilidade desse combustível a terroristas ou para desvio para utilização em armas, juntamente com boas caraterísticas económicas e de segurança, diminuirão as preocupações do público.

O reator nuclear de sal fundido à base de tório é um reator nuclear que gera energia eléctrica e é alimentado pelo elemento fértil tório. O ciclo de combustível de tório oferece várias vantagens potenciais sobre o ciclo de combustível de urânio, incluindo a maior abundância de Th na Terra, propriedades físicas e de combustível nuclear superiores, produção reduzida de resíduos nucleares, risco limitado de criticidade e falta de potencial significativo de armamento. A energia à base de tório "pode significar uma solução de mais de 1000 anos ou uma ponte de qualidade com baixo teor de carbono para fontes de energia verdadeiramente sustentáveis, resolvendo uma grande parte do impacto ambiental negativo da humanidade". [148]. A Associação Nuclear Mundial explica alguns dos possíveis benefícios do ciclo do combustível de tório. O ciclo do combustível de tório oferece enormes benefícios em termos de segurança energética a longo prazo devido ao seu potencial para ser um combustível autossustentável sem a necessidade de reactores de neutrões rápidos. É, por conseguinte, uma tecnologia importante e potencialmente viável que parece poder contribuir para a construção de cenários credíveis de energia nuclear a longo prazo [151 & 152].

Existem vários conceitos diferentes de conceção de MSR e uma série de desafios interessantes na comercialização. As MSR podem funcionar com espectros de neutrões epitérmicos ou rápidos e com uma variedade de combustíveis. Grande parte do interesse em reavivar o conceito de MSR está relacionado com a utilização de tório (para produzir urânio-233 físsil). Está a ser desenvolvida uma variedade de concepções, entre as quais o reator de neutrões térmicos moderado a grafite (MSRE Oak Ridge National Laboratory (ORNL) EUA), o reator de neutrões rápidos (MSFR França/Europa) e o reator de neutrões rápidos (MSBR EUA). Embora alguns projectos tenham combustível sólido semelhante ao combustível HTR, o principal conceito de MSR é ter o combustível dissolvido no refrigerante como sal combustível e, em última análise, reprocessá-lo em linha.

A investigação e o desenvolvimento do projeto de reactores nucleares arrefecidos a sal fundido à base de tório, principalmente o reator de tório arrefecido a fluoreto líquido, foram ou estão a ser realizados nos EUA, Reino Unido, Rússia, Alemanha, Brasil, Índia, China, França, República Checa, Japão, Rússia, Canadá, Noruega, Israel e Países Baixos, Rússia, Alemanha, Brasil, Índia, China, França, República Checa, Japão, Rússia, Canadá, Noruega, Israel e Países Baixos[153][154]. Realizam-se conferências com peritos de 32 países, incluindo uma da Organização Europeia para a Investigação Nuclear em 2013, que se centra no tório como uma tecnologia nuclear alternativa com uma produção reduzida de resíduos nucleares altamente radioactivos de longa duração. A investigação global é atualmente liderada pela China. Durante a última década, a investigação LFTR do Laboratório Nacional de Oak Ridge (ORNL) dos anos 60 e 70 foi reavivada em vários programas globais. Uma empresa privada japonesa está a procurar financiamento para um LFTR chamado FUJI. O Canadá está a investigar um projeto de LFTR de quebra rápida no âmbito da sua atual investigação sobre a CANDU [148]. Os LFTR fazem parte da investigação sobre reactores de geração IV em França. A China anunciou um programa LFTR em fevereiro de 2011.

Desde 2008, os peritos em energia nuclear têm-se interessado cada vez mais pelo tório para fornecer combustível nuclear em vez de urânio para gerar energia nuclear. Um grupo de cientistas do Instituto de Tecnologia da Geórgia considerou que o tório é a chave para o desenvolvimento de uma nova geração de energia nuclear mais limpa e segura [149 & 150]. A nível federal dos EUA, os senadores Harry Reid e Orrin Hatch apoiam a atribuição de 250 milhões de dólares em fundos federais de investigação para relançar a investigação do ORNL. Peritos reconhecidos, como Hans Blix, antigo diretor da Agência Internacional de Energia Atómica, apelam a um apoio alargado às novas tecnologias de energia nuclear e afirmam: "... a opção do tório oferece ao mundo não só um novo fornecimento sustentável de combustível para a energia nuclear, mas também um que faz melhor uso do conteúdo energético do combustível". LeBlanc considera os reactores de tório de sal fundido como um "novo começo para uma velha ideia" [148].

A produção de energia nuclear está a ser objeto de um intenso escrutínio devido aos vários acidentes nucleares graves, especialmente os de Three-mile Island, Chernobyl e o desastre japonês de Fukushima. Os programas nucleares em todo o mundo estão a reavaliar as suas futuras fontes de energia, centrando-se em preocupações de segurança válidas. A resolução dos perigos reais e perceptíveis da energia nuclear é fundamental para o investimento futuro. Os LFTR apresentam um forte potencial para melhorar significativamente a segurança. Existe uma opção viável para a utilização de reactores de fluoreto de tório líquido (LFTR) [149].

Existem várias vias e desafios técnicos para a utilização do tório. A estratégia de implementação precisa pode alterar os números exactos aqui citados, mas os benefícios fundamentais permanecem válidos. Os LFTR têm vantagens distintas em termos de segurança, ambiente e economia em relação à energia nuclear à base de urânio e de combustível sólido. A maior vantagem dos LFTR é que existe uma probabilidade muito baixa de uma fusão catastrófica e explosiva como a de Chernobyl, ou de uma fusão parcial como a de Fukushima-Daiichi no Japão ou a de Three-mile Island na Pensilvânia. Na eventualidade de um terramoto ou outro evento perturbador, um simples tampão de drenagem de congelação derreteria, permitindo que o refrigerante e o material físsil fluíssem para uma câmara de contenção onde o sistema poderia ser arrefecido a ar. Não são necessários eletricidade nem controlos activos para este processo [151 & 152]. Os LFTR funcionam perto da pressão atmosférica, com poucas possibilidades de rutura ou explosão do confinamento. Ao evitar o arrefecimento com água pressurizada, o gás hidrogénio, que causou as explosões nas instalações de Fukushima-Daiichi, não pode ser produzido. O combustível líquido permite a remoção em linha de produtos de cisão gasosos para processamento, aumentando assim a economia de neutrões, evitando o seu impacto negativo na reação de cisão e impedindo que estes produtos de decaimento se espalhem numa catástrofe [152] . Além disso, os produtos cindíveis estão quimicamente ligados ao sal de flúor, incluindo o iodo, o césio e o estrôncio, impedindo a disseminação de material radioativo no ambiente [148].

Os principais materiais reprodutores e cindíveis (tório, urânio e plutónio) formam sais de fluoreto adequados que se dissolvem facilmente na mistura LiF-BeF2 (FLiBe). O tório e o urânio podem ser facilmente separados um do outro na forma de fluoreto. A grafite como moderador é quimicamente compatível com os sais de fluoreto. O reprocessamento por lotes é provável a curto prazo, e a vida útil do combustível é estimada em 4-7 anos, com elevada queima [155].

Os métodos de manutenção do sistema foram desenvolvidos concetualmente com base na experiência do MSRE. O funcionamento a alta temperatura do reator é compatível com aplicações de calor de processo e pode ser acoplado a sistemas de conversão de energia de alta eficiência para a produção de eletricidade.

A caraterística única dos MSRs é a utilização de combustível líquido em vez dos combustíveis sólidos utilizados em projectos mais convencionais. Foi demonstrado que os sais de halogenetos proporcionam um elevado grau de solubilidade dos actinídeos em concentrações suficientes para manter um sistema crítico. A utilização de combustível líquido permite muitas opções de conceção e oportunidades de ciclo de combustível que não são possíveis com o combustível sólido. Os reactores alimentados com combustível líquido eliminam o processo de fabrico e validação do combustível. A utilização de combustível de actinídeos e/ou TRU apresenta desafios técnicos e pode resultar na necessidade de instalações e equipamento de capital intensivo. No MSR, cada lote de combustível introduzido no reator é misturado com o inventário de combustível existente; consequentemente, a adição de combustível tem um impacto limitado na composição isotópica do combustível, pelo que não é necessário controlar a variabilidade da concentração isotópica do combustível de alimentação. O combustível de alimentação pode apresentar-se na forma sólida ou líquida.

Um ciclo de combustível MSFR consiste num núcleo de sal fundido de espetro rápido (FS-MSR) com um sistema de remoção de calor e de conversão de energia e um sistema de processamento e limpeza do sal. O reator pode ser concebido para ter uma gama de taxas de conversão de metais pesados, de modo a servir funções de gestão de resíduos (com uma taxa de conversão baixa) ou funções de sustentabilidade do ciclo do combustível com uma taxa de conversão elevada (unidade ou superior). No que respeita à função de gestão dos resíduos, o sistema seria configurado com um sistema de processamento frontal para o combustível LWR usado.

No caso de um reator de gestão de resíduos, o sistema de processamento inicial pode estar localizado no local ou o combustível LWR usado pode ser processado numa instalação central que apoie vários reactores. No caso da opção de reprocessamento no local, grande parte da infraestrutura pode desempenhar uma dupla função, removendo os produtos de cisão do combustível LWR usado e do sal combustível FS-MSR [156].

Os FS-MSR têm potencial para caraterísticas de ciclo de combustível altamente desejáveis, com excelente sustentabilidade dos recursos, transmutação de resíduos de actinídeos, economia favorável e caraterísticas de segurança desejáveis. A forma de conversor de separação mínima do FS-MSR não envolve o transporte de materiais cindíveis (após a carga inicial do reator) nem a separação do combustível no local. Além disso, o combustível líquido evita o revestimento, o fabrico, a validação e os danos causados pela radiação do combustível sólido e as limitações materiais que prejudicam gravemente os conceitos alternativos de núcleo de vida longa de reator rápido. O FS-MSR tem o modelo de conceção de núcleo mais simples de todos. É necessário mais trabalho para otimizar as caraterísticas de segurança, a modelização da segurança, a avaliação dos critérios de conceção dos códigos e os cenários de acidente.

Os sais de cloreto parecem ser vantajosos para produzir um espetro de neutrões mais duro, melhorando assim a queima e a reprodução de actinídeos. No entanto, o comportamento do material estrutural e a informação num reator de sal de cloreto são incertos. Recomenda-se a realização de ensaios de compatibilidade de ligas de sal de cloreto como uma atividade de fase inicial. A modelação termoquímica dos parâmetros térmicos e hidráulicos do sal (por exemplo, ponto de fusão, viscosidade, condutividade térmica, densidade) é necessária para permitir o desenvolvimento de modelos fiáveis de desempenho e segurança do sistema do reator. Terá de ser desenvolvido e demonstrado equipamento de processamento de manuseamento remoto, bem como abordagens de manutenção e instrumentação.

A utilização de sal fundido como fluido de arrefecimento em reactores nucleares atraiu a atenção dos projectistas nucleares, apoiados pelo funcionamento bem sucedido do Molten Salt Reator Experiment (MSRE). A utilização do sal fundido como refrigerante ganhou confiança graças às suas excelentes caraterísticas físicas, químicas e nucleares. O sistema é dinamicamente estável e funciona a baixa pressão com elevada capacidade térmica e capacidade de transferência de calor por circulação natural. A melhoria da economia com os sistemas de segurança passiva (incluindo a remoção totalmente passiva do calor de decaimento) cria o potencial para uma segurança robusta que permite densidades de potência mais elevadas e o escalonamento para reactores de grandes dimensões.

É possível confiar nos FS-MSR, uma vez que se baseiam em tecnologias de reactores demonstradas tanto no MSRE como no programa do reator rápido integral (IFR). O MSRE demonstrou que o manuseamento do sal num reator em funcionamento é bastante prático, a química do sal é bem conhecida, as caraterísticas nucleares estão muito próximas das previsões e o sistema é dinamicamente estável. A contenção dos produtos de cisão tem sido excelente e a manutenção dos componentes radioactivos tem sido realizada sem atrasos excessivos e com pouca exposição à radiação. Os sais utilizados como refrigerante primário, na sua maioria fluoreto de lítio-berílio. O fluoreto de lítio permanece líquido sem pressurização entre cerca de 500°C e cerca de 1400°C, em nítido contraste com um PWR que funciona a cerca de 315°C sob 150 atmosferas de pressão. Uma vez que os pontos de ebulição dos sais de fluoreto fundidos estão próximos dos 1400°C, o reator pode funcionar a temperaturas muito elevadas e à pressão atmosférica. O ponto de fusão do líquido de arrefecimento salino é superior a 450°C. As elevadas temperaturas mínimas colocam desafios ao reabastecimento e exigem caraterísticas especiais para controlar as temperaturas, evitando temperaturas excessivamente elevadas ou o congelamento do líquido de arrefecimento que poderia afetar os sistemas de arrefecimento por calor de decomposição.

O LFTR é altamente denso em termos energéticos, a eletricidade e o excesso de calor do reator podem ser utilizados para alimentar outras indústrias para além da produção de eletricidade, incluindo a dessalinização económica da água, o craqueamento de hidrogénio a partir de hidrocarbonetos, a produção de amoníaco para fertilizantes e células de combustível e a extração de hidrocarbonetos de xisto betuminoso e areias betuminosas.

O fluido de arrefecimento de sal fundido a baixa pressão, com a sua elevada capacidade térmica e capacidade de transferência de calor por circulação natural, cria o potencial para uma segurança robusta (incluindo a remoção totalmente passiva do calor de decaimento) e uma economia melhorada com sistemas de segurança passiva que permitem densidades de potência mais elevadas e a ampliação para reactores de grandes dimensões [>1000 MW(eléctricos)].

Sendo um tipo de reator homogéneo de baixa pressão, os núcleos MSFR são estruturalmente mais simples do que os núcleos LWR heterogéneos convencionais. Os contentores de paredes mais finas necessários para o funcionamento a baixa pressão são mais fáceis de fabricar do que os seus homólogos de paredes espessas. Consequentemente, a tecnologia de fabrico dos principais componentes estruturais do MSFR está relativamente madura [156].

Os MSFR têm excelentes caraterísticas de utilização de recursos cindíveis e de resíduos. Os MSFR eliminam o dispendioso fabrico de combustível sólido e os aspectos de qualificação dos reactores de espetro rápido com núcleo heterogéneo. Além disso, como reactores de temperatura mais elevada, terão uma maior eficiência na produção de eletricidade.

Darryl D. Siemer (2015) [155] explica por que razão um isobreeder MSFR corretamente concebido representa a "melhor" opção atual da Geração IV porque:

- Relativamente barata para construir e operar devido ao seu tamanho compacto e simplicidade em relação aos combustíveis sólidos alternativos (menos metal necessário para fabricar/manter e nenhum custo inicial de fabrico, manuseamento, durabilidade, baralhamento, transporte, reprocessamento ou refabricação do combustível).

- O ciclo do combustível é verdadeiramente sustentável - não se prevê qualquer escassez de combustível num futuro próximo.
- A gestão dos resíduos radioactivos deve ser relativamente reduzida, simples e barata.
- A exploração não geraria nem exigiria grandes quantidades de TRU.
- A sua temperatura de funcionamento de ~700° C e o fluido de trabalho de elevada capacidade térmica traduzem-se em eficiências de produção de eletricidade mais elevadas e em aplicações de calor de processo mais diretas.
- O seu fluido de trabalho não reativo e com elevada temperatura de ebulição reduz a probabilidade e as consequências de acidentes (derrames, etc.).
- Quando se atinge o estado estacionário, evitariam a necessidade de enriquecimento de urânio ou de extração de urânio.
- O seu abastecimento de combustível teria um impacto ambiental muito menor (por exemplo, rejeitos de minas, etc.) do que qualquer um dos conceitos de reactores não reprodutores da Geração IV [155].

algumas caraterísticas dos sais de molibdénio utilizados em MSRs

A determinação das propriedades dos diferentes sais candidatos será essencial para a seleção correta da composição do sal combustível para MSRs. Entre as principais questões a estudar contam-se as propriedades físico-químicas (coeficientes de atividade e solubilidade), as propriedades de transporte de calor (densidade, capacidade térmica, viscosidade, expansão térmica e condutividade térmica), os diagramas de fase dos sistemas (cálculos CALPHAD) e a solubilidade do PuF_3 .

O sal fundido utilizado no reator deve satisfazer uma lista de requisitos relativos às suas propriedades físico-químicas. Trata-se de um baixo ponto de fusão, baixa condutividade térmica, baixa pressão de vapor e baixas secções transversais de absorção de neutrões. Os sistemas que contêm metais alcalinos e alcalino-terrosos com uma base halogénea satisfazem estas condições. Os esforços da química dos sais fundidos durante o século XX centraram-se nos sais à base de fluoreto. São necessários investigação e desenvolvimento no domínio da química dos sais fundidos, dos materiais, da química da corrosão, do processamento de combustíveis e da gestão de resíduos. As propriedades/caraterísticas dos próprios sais devem ser analisadas e compreendidas. As propriedades físicas, químicas e termodinâmicas dos sais fundidos foram recentemente reavaliadas e amplamente estudadas para aplicações em energia nuclear, a fim de evitar qualquer discrepância em relação aos valores anteriores determinados desde meados da década de 1960. Foi medido um conjunto de propriedades, por exemplo, a densidade, a viscosidade, a tensão superficial, a capacidade térmica e a condutividade térmica, o calor de fusão, a difusão, a condutância eléctrica e a pressão de vapor. O Molten Salt Handbook contém dados e correlações para as propriedades físicas, termodinâmicas, electroquímicas, espectroscópicas e estruturais de sais simples e multicomponentes.

A composição escolhida para o sal combustível deve satisfazer as propriedades neutrónicas, a temperatura de fusão, o ponto de vaporização, as propriedades físico-químicas (viscosidade, densidade, solubilidade dos elementos...), a capacidade térmica, o potencial redox (necessário para a compatibilidade dos materiais), combinados com medições experimentais e simulação molecular da economia de reprocessamento do combustível. Foram propostas duas opções para a composição do combustível LiF-ThF4-UF4-PuF3 (78,6-12,9-3,5-5 mol%) e LiF-ThF4-UF4- (TRU)F3 (77,5-6,6-12,3-3,6). O urânio-235 e/ou o plutónio-239 (ou elementos transurânicos) podem ser necessários para iniciar a reação nuclear da MSFR.

A composição exacta e as propriedades do sal combustível serão abordadas a partir do sistema binário LiF-ThF4. A composição será optimizada no que respeita à margem de congelação, à solubilidade dos actinídeos e às propriedades físicas (ponto de fusão, densidade e viscosidade), à capacidade térmica e à condutividade térmica. Devem também ser considerados os componentes cindíveis UF4 e PuF3. Os estudos experimentais constituirão uma parte significativa do projeto de investigação e serão complementados com cálculos teóricos (primeiros princípios, dinâmica molecular) e modelização.

O sal combustível serve múltiplas funções e, por conseguinte, deve satisfazer múltiplos condicionalismos. Serve como combustível, moderador, mecanismo de feedback de reatividade térmica negativa, meio de transferência de calor e mecanismo de circulação natural para a remoção do calor de decaimento. Os requisitos funcionais do sal combustível são semelhantes para qualquer MSR: ponto de fusão razoavelmente baixo, ausência de isótopos/elementos com elevada absorção parasitária (os reactores de espetro rápido podem tolerar materiais com secções transversais de absorção de neutrões térmicos mais elevadas do que os MSR de espetro térmico), grande coeficiente de expansão térmica para proporcionar uma forte retroação de reatividade negativa e uma circulação natural eficiente, dissolução suficiente de material cindível para criar concentrações que suportem a criticalidade, estabilidade térmica e radiolítica, baixa pressão de vapor à temperatura de funcionamento, propriedades hidrodinâmicas e de transferência de calor razoáveis e compatibilidade com materiais estruturais e outros materiais dos componentes do núcleo. No entanto, o facto de a solução salina do combustível estar em contacto direto com a solução salina do refrigerante primário resulta na sua contaminação e toda a solução do refrigerante se torna radioactiva, o que complica os procedimentos de manutenção [156].

Os sais de fluoreto têm uma pressão de vapor muito baixa, transportam mais calor do que o mesmo volume de água, têm propriedades de transferência de calor razoavelmente boas, não são danificados pela radiação, não reagem violentamente com o ar ou a água e são inertes para alguns metais estruturais comuns. A química do sal deve ser monitorizada de perto para manter um estado quimicamente reduzido e minimizar a corrosão. Algumas das novas concepções evitam a utilização de berílio no sal refrigerante devido à sua toxicidade.

No entanto, o LiF pode transportar uma maior concentração de urânio do que o FLiBe, permitindo um menor enriquecimento. O LiF é excecionalmente estável do ponto de vista químico e a mistura LiF-BeF2 (Li2BeF4, 2:1 molar, "FLiBe") é eutéctica (a 459°C) e tem um ponto de fusão mais baixo do que qualquer um dos ingredientes e entra em ebulição a 1430°C. É preferido no arrefecimento primário de MSR e, quando não contaminado, tem um baixo efeito de corrosão. O LiF sem o berílio tóxico solidifica a cerca de 500°C e entra em ebulição a cerca de 1200°C. Os três nuclídeos (Li-7, Be, F) têm secções transversais de captura de neutrões térmicos suficientemente baixas para não interferirem com as reacções de cisão. O lítio utilizado no sal de arrefecimento deve ser Li-7 razoavelmente puro, uma vez que o Li-6 produz trítio. O Li-7 tem uma secção transversal de neutrões muito pequena (0,045 barns). Isto significa que o lítio deve ser enriquecido para além do seu nível natural de 92,5% de Li-7 para minimizar a produção de trítio.

No MSRE dos anos 60, foi considerado um sal refrigerante secundário alternativo (8% NaF + 92% NaF-BeF2) com ponto de fusão de 385°C, embora fosse mais corrosivo. O FLiNaK (LiF-NaF-KF) é também eutéctico e solidifica a 454°C e entra em ebulição a 1570°C. Tem uma secção transversal de neutrões mais elevada do que o FLiBe ou o LiF, mas pode ser utilizado em circuitos de arrefecimento intermédios.

Todos os elementos TRU contidos no combustível LWR usado podem formar sais química e radioliticamente estáveis com átomos de halogenetos. A relativa inércia química, a absorção de neutrões parasitas aceitavelmente pequena e a estabilidade radiolítica dos sais de halogenetos de TRU permitem que sejam utilizados como fluidos de trabalho de engenharia perto dos núcleos dos reactores nucleares. A maior parte do trabalho anteriormente estudado limita-se aos sais de fluoreto e cloreto, principalmente devido à sua maior base de conhecimentos e ao desempenho geralmente aceitável dos halogenetos mais leves. A capacidade de remoção de calor do sistema de transporte de calor estabelece um limite superior efetivo para a densidade de potência do núcleo. Todos os sais de fluoreto e de cloreto são bons materiais de transferência de calor, com grandes calores específicos e grandes coeficientes de expansão térmica. A reação de corrosão do PuF4 reduziria o plutónio ao PuF3, menos solúvel. Contudo, a utilização de sais de tetrafluoreto de TRU exigiria o desenvolvimento de materiais estruturais avançados, como ligas refractárias e/ou compósitos à base de carbono.

Os sais alcalinos mais leves transferem calor de forma um pouco mais eficaz do que os seus homólogos mais pesados, resultando em menores requisitos de potência de bombagem. Os sais de cloreto, no entanto, tendem a ter uma viscosidade mais baixa do que os seus homólogos de fluoreto. Em geral, para além das diferenças de ponto de fusão, as propriedades hidrodinâmicas e térmicas dos sais de fluoreto e de cloreto são suficientemente semelhantes.

No caso dos sais de fluoreto, os fluoretos de actinídeos têm vários estados de ionização. São necessários mais dados sobre os pontos de fusão e as propriedades físicas e químicas do estado de ionização mais elevado dos fluoretos de TRU (Am, Np e Cm). Os actinídeos pesados encontram-se em concentrações tão baixas que são bem solúveis em qualquer fluoreto fundido. O tetrafluoreto de plutónio apresenta uma solubilidade muito maior do que o PuF3 em solventes de fluoreto, mas seria um agente oxidante mais forte, necessitando de materiais de contentor alternativos.

A elevada viscosidade do sal fundido é compensada pela sua maior condutividade térmica. Dos sais de fluoreto puros, o BeF2 satisfaz o requisito do ponto de fusão; no entanto, o BeF2 é demasiado viscoso para ser utilizado no seu estado puro. Por conseguinte, é necessário misturar dois ou três sais de fluoreto para obter pontos de fusão e propriedades físicas desejáveis. Os sistemas de fluoreto que têm o ponto de fusão mais baixo contêm BeF2, LiF ou NaF. O fluoreto tem uma secção transversal de absorção baixa e uma relação de moderação decente, em comparação com o H2O. A adição de berílio, que tem um rácio de moderação muito bom, diminuiria a massa crítica do sistema de combustível líquido. O fluoreto é um moderador demasiado bom para criar o espetro duro necessário para um reator rápido; no entanto, a utilização de um sal mais pesado pode endurecer o espetro de neutrões do sistema MSR. Uma das maiores dificuldades da utilização de sais de combustível de fluoreto é lidar com a corrosividade dos sais fundidos. Será necessário desenvolver ligas metálicas capazes de resistir a uma interação prolongada com sais fundidos a altas temperaturas. Do mesmo modo, devido ao elevado ponto de fusão do sal, o equipamento através do qual o sal fundido flui será aquecido para evitar que o sal congele fora do núcleo.

Sabe-se que os fluoretos de lítio e de berílio apresentam uma solubilidade relativamente elevada para os trifluoretos de TRU. Tanto os fluoretos de lítio como os de berílio têm uma baixa absorção parasitária de neutrões e, consequentemente, os projectos de MSR de espetro térmico têm-se baseado nestes sais. O sal diluente da MSRE era LiF-BeF2. O MSRE funcionou com 4,5 e 4,75 % em peso (~0,5 mol %) de urânio no sal combustível. O sal diluente utilizado no conceito do reator MOSART, NaF-7LiF-BeF2 (58-15-27 mol %), dissolve fluoreto de TRU suficiente, mas com um espetro de neutrões demasiado termalizado para maximizar o consumo de TRU. Os reactores de sal fundido com flúor podem ser concebidos para terem um espetro de neutrões mais duro. A perda de energia cinética dos neutrões no sal MOSART é predominantemente causada pela dispersão elástica com os núcleos de lítio e berílio.

No caso dos sais de cloreto, o cloro tem dois isótopos estáveis (35Cl - 75,77 átomos % e 37Cl - 24,23 átomos %) e vários números de oxidação (+7, +5, +3, +1 e -1). Como resultado das configurações de ligação mais complexas disponíveis nos cloretos, a sua química de solução e corrosão é mais complexa do que a dos fluoretos. Os tricloretos de actinídeos formam soluções de ponto de fusão relativamente baixo com sais de cloreto e contêm quantidades significativas de TRU. Um exemplo de sal que foi objeto de uma análise prévia significativa é o PuCl3-NaCl, que pode conter ~40 mol % de PuCl3 e que apresenta um ponto de fusão inferior a 500°C. Em geral, o NaCl apresenta boas propriedades nucleares, químicas e físicas. Como o ponto de fusão do NaCl contendo apenas 12 mol % de PuCl3 é de quase 800°C, o sal selecionado terá de ser uma mistura de NaCl e outro sal diluente selecionado para baixar a temperatura de fusão da mistura. Tanto o MgCl2 como o CaCl2 são possíveis componentes adicionais para um sal de NaCl. No entanto, são um pouco menos estáveis quimicamente e mais caros do que o NaCl. Ambos têm uma absorção de neutrões relativamente baixa. Os cloretos fundidos apresentam uma viscosidade baixa algumas dezenas de graus acima dos seus pontos de fusão; por conseguinte, prevê-se que a fusão tenha uma viscosidade adequada a 500°C.

O seu produto de ativação, o 36Cl, é um emissor beta energético (709 keV) de longa duração (301 000 anos) e altamente solúvel em água. A produção de grandes quantidades de 36Cl pode ser problemática em alguns cenários de eliminação e para minimizar a radiotoxicidade na biosfera. O 36Cl pode dar uma contribuição significativa para a dose num depósito localizado num ambiente argiloso. A produção de cloro-36 pode ser evitada separando isotopicamente o cloro para minimizar o 35Cl. A utilização de cloro separado isotopicamente poderia ser uma opção preferida para os sais combustíveis à base de cloreto.

Nenhum dos prováveis sais à base de cloreto é agressivamente corrosivo para os aços inoxidáveis ou ligas à base de níquel a temperaturas do reator (<600°C) sem a presença de oxigénio. Contudo, o funcionamento a longo prazo exige um elevado grau de compatibilidade dos materiais, o que não foi estabelecido para o sal de cloreto específico selecionado (NaCl-MgCl- (TRU)Cl3). O controlo redox numa fusão de sal de cloreto seria mais complexo do que num sal de fluoreto devido à química mais complexa resultante do maior número de estados de ionização.

Os sais de fluoreto têm uma viscosidade elevada perto dos seus pontos de fusão, exibindo essencialmente uma transição vítrea por oposição a um ponto de fusão acentuado. O mesmo é geralmente verdade, em menor grau, para os cloretos fundidos. Para evitar um transiente de sobrearrefecimento, recomenda-se que a temperatura mais baixa no circuito primário exceda o ponto de fusão do sal primário em, pelo menos, 50°C e, de preferência, para sistemas de fluoreto, em 100°C. Consequentemente, as temperaturas quentes e frias mínimas representativas do reator de sal de fluoreto são 650 e 600°C, respetivamente. Do mesmo modo, as temperaturas mínimas representativas do reator de sal de cloreto, a quente e a frio, são de 600 e 550°C, respetivamente. A temperatura elevada do reator aumenta a eficiência da produção de eletricidade. Sendo uma classe de reactores de alta temperatura, os MSFR podem apoiar a produção de eletricidade de alta eficiência ou ciclos termoquímicos.

O flúor é o elemento mais eletronegativo e tem um único número de oxidação (1). O flúor tem apenas um isótopo estável (19F) e não se torna facilmente radioativo sob bombardeamento de neutrões. Em comparação com o cloro e outros halogenetos, o flúor também absorve menos neutrões e abranda ("modera") melhor os neutrões. Estes sais fundidos são "quimicamente estáveis" quando mantidos muito abaixo dos seus pontos de ebulição. Os sais de fluoreto dissolvem-se mal em água e não formam hidrogénio inflamável.

O cloro tem dois isótopos estáveis (35Cl e 37Cl), bem como um isótopo de decaimento lento entre eles. Muito menos investigação tem sido feita em projectos de reactores que utilizam sais de cloreto. O cloro, ao contrário do flúor, deve ser purificado para isolar o isótopo estável mais pesado, o 37Cl, reduzindo assim a produção de tetracloreto de enxofre que ocorre quando o 35 Cl absorve um neutrão para se tornar 36Cl, degradando-se depois por decaimento beta para 36S. O enxofre deve ser removido devido ao seu ataque corrosivo às ligas à base de níquel à temperatura operacional.

O lítio deve estar na forma de 7Li purificado, porque o 6Li capta eficazmente neutrões e produz trítio. Mesmo que seja utilizado 7Li puro, os sais que contêm lítio provocam uma produção significativa de trítio.

As misturas de sais do reator são normalmente próximas de misturas eutécticas para reduzir o seu ponto de fusão. Um ponto de fusão baixo simplifica a fusão do sal no arranque e reduz o risco de o sal congelar à medida que é arrefecido no permutador de calor. O flúor-lítio-berílio ("FLiBe") pode ser utilizado com adições de berílio para baixar o potencial redox e quase eliminar a corrosão. Até à data, a maior parte da investigação tem-se centrado no FLiBe, porque o lítio e o berílio são moderadores razoavelmente eficazes e formam uma mistura eutéctica de sais com um ponto de fusão inferior ao de cada um dos sais constituintes. O berílio também realiza a duplicação de neutrões, melhorando a economia de neutrões. Este processo ocorre quando o núcleo de berílio emite dois neutrões depois de absorver um único neutrão.

Para os sais portadores de combustível, adiciona-se geralmente 1% ou 2% (por mole) de UF4. Foram também utilizados fluoretos de tório e de plutónio. Uma fase de purificação com redução do teor de água, utilizando HF e gás de varrimento de hélio, foi especificada para funcionar a 400 °C. A contaminação por óxidos e enxofre das misturas de sais foi removida por aspersão de gás de mistura HF/H2, com o sal aquecido a 600 °C. A contaminação estrutural por metais nas misturas de sais foi removida utilizando a aspersão de gás hidrogénio, a 700 °C. O hidrofluoreto de amónio sólido foi proposto como uma alternativa mais segura para a remoção de óxidos.

CORROSÃO

Os sais fundidos são altamente corrosivos e a corrosividade aumenta com a temperatura. Para o circuito de arrefecimento primário, é necessário um material que possa resistir à corrosão a altas temperaturas e à radiação intensa. As experiências mostram que o Hastelloy-N e ligas semelhantes são adequados para estas tarefas a temperaturas de funcionamento até cerca de 700 °C. Os materiais para uma gama de temperaturas mais elevadas têm de ser validados. Os compósitos de carbono, as ligas de molibdénio, os carbonetos e as ligas à base de metais refractários ou de ODS poderão ser viáveis.

A abordagem de conceção da liga melhorada baseou-se na criação de um grande número de armadilhas de hélio (carbonetos finamente dispersos) na microestrutura do Hastelloy N para evitar que o hélio gerado migrasse para os limites dos grãos. A grafite aumentaria provavelmente a taxa de corrosão dos componentes metálicos do reator. O Hastelloy N modificado com nióbio, que apresentava uma resistência melhorada à fragilização por neutrões até 650°C, foi um avanço tecnológico fundamental dos MSR na década de 1970 [157].

A tecnologia dos materiais é a chave para o sucesso dos sistemas nucleares da Geração IV. A resistência aos danos provocados pela irradiação; a estabilidade dimensional, especialmente no que respeita à fluência a alta temperatura; a resistência à corrosão, incluindo a corrosão uniforme e os efeitos localizados, como a fissuração por corrosão sob tensão; e respostas altamente previsíveis a níveis extremos de temperatura e de danos provocados por neutrões são questões importantes que devem ser tidas em consideração. Para os combustíveis HTR, foi demonstrado que uma combinação de camadas de carboneto de silício e de carbono pirolítico pode proporcionar níveis de desempenho excepcionais. A liga PE16, com elevado teor de níquel, atingiu doses de 145 deslocamentos por átomo sem falhas. Estão a ser considerados revestimentos alternativos, como o carboneto de zircónio, ou mesmo revestimentos duplex que oferecem as vantagens de dois ou mais materiais. O programa de irradiação planeado e futuro terá como objetivo melhorar a compreensão fundamental dos efeitos da estrutura e composição do grão no desempenho destes revestimentos. Este será um pré-requisito para alcançar melhorias futuras. Do mesmo modo, está também planeado um programa de investigação sobre irradiação que melhorará a compreensão fundamental de outros materiais-chave, como a grafite estrutural, para a qual o importante fenómeno da alteração dimensional induzida pela irradiação não pode ainda ser previsto com qualquer precisão, e os aços para recipientes sob pressão de reactores, para os quais o 9Cr1Mo parece ser uma alternativa interessante ao atual aço ASME SA-508 utilizado nos recipientes sob pressão LWR.

O Hastelloy-N utilizado no passado para conter sais fundidos é fragilizado pelo hélio produzido no metal quando este é irradiado. Embora o material atual tenha sido satisfatório para a Experiência do Reator de Sal Fundido (MSRE), é necessária uma liga melhorada para reactores de maior potência. Os MSRs funcionariam normalmente a temperaturas muito mais elevadas do que os LWRs - até pelo menos 700°C. Até esta temperatura, estão disponíveis materiais estruturais satisfatórios. A 'Liga N' é uma liga à base de níquel (Ni-Cr-Mo-Si) desenvolvida no ORNL especificamente para o MSRE.

Num MSR, o núcleo do reator está em contacto direto com a camada interior do seu contentor. Por conseguinte, a camada interior do reservatório funciona como uma camada de revestimento do combustível que tem de suportar níveis elevados de fluxo de neutrões e temperaturas elevadas. As ligas com alto teor de níquel fragilizam-se quando sujeitas a uma elevada fluência de neutrões (>~1020 n/cm2) a altas temperaturas (>500°C). Assim, a cuba do reator deve ser protegida de fluxos elevados de neutrões ou devem ser utilizados materiais que não sejam ligas de níquel de alta qualidade. Alguns aços ferríticos e martensíticos têm muito boa tolerância ao fluxo de neutrões. No entanto, a resistência dos aços martensíticos ferríticos diminui muito a temperaturas mais elevadas, e mesmo as variantes mais tolerantes à temperatura tornam-se largamente inutilizáveis como material estrutural acima dos 650°C. Note-se que o desenvolvimento de ligas ferríticas de alta resistência e alta temperatura é uma área atual de investigação ativa, e ligas avançadas como a NF616 tratada termomecanicamente mostram resultados promissores para o aumento da temperatura dos aços martensíticos ferríticos. No entanto, os aços ferríticos-martensíticos não são quimicamente compatíveis com sais de flúor ou cloreto a temperaturas úteis. Uma abordagem possível para permitir a utilização de aços ferríticos-martensíticos como recipientes MSR consiste em empregar uma camada de revestimento espessa (mm) à base de níquel nas superfícies molhadas pelo sal. Desta forma, a compatibilidade química das ligas à base de níquel pode ser combinada com a resistência e a tolerância à radiação dos aços ferríticos-martensíticos. A utilização de ligas com microestruturas avançadas nas centrais nucleares consiste em mecanismos de reforço da liga (por exemplo, carboneto, γ' , nitreto). Assim, os componentes terão de ser substituídos (talvez mais do que uma vez) durante o tempo de vida da central eléctrica. Como o aço da blindagem é maciço e se torna altamente radioativo durante o funcionamento do reator, a sua substituição é dispendiosa.

A liga N é uma liga à base de níquel (Ni-7Cr-16Mo1Si) desenvolvida no ORNL explicitamente para conter sais de fluoreto fundidos a alta temperatura. A liga N tem resistência adequada e excelente compatibilidade com o sal e o ar até 704°C e foi utilizada com sucesso na construção de ambos os MSRs desenvolvidos no ORNL.

A cuba do reator é protegida do núcleo por uma camada de blindagem espessa. Uma peça de aço ferrítico-martensítico fortemente revestida de níquel seria adequada para servir de camada de proteção. A peça de blindagem situar-se-ia no limite do núcleo e, por conseguinte, sofreria uma fluência de neutrões rápidos comparativamente mais baixa do que as estruturas no interior do núcleo. A peça de blindagem teria uma espessura mínima de 20 cm para limitar o efeito do fluxo de neutrões incidente na cuba do reator. O aço ferrítico-martensítico fortemente niquelado pode provavelmente servir também como material da cuba e das grandes tubagens. Para um reator de sal de fluoreto, foi demonstrado que a liga N tem um bom desempenho a temperaturas até 700°C. Não existe nenhuma opção comprovada para sistemas de sal de cloreto. No entanto, as ligas de formação de alumina são prometedoras no que respeita à compatibilidade com sais de cloreto.

Estudos que tratam da influência do potencial redox na corrosão de materiais mostraram que na presença de menos de 2 ppm de O_2 no meio em equilíbrio com o sal, observa-se a formação de oxifluoreto de tório estável ($ThOF_2$). A elevada estabilidade deste composto aumenta o poder oxidante do O_2.

Quando o UF_4 é adicionado ao sal fundido sem UF_3, ocorre uma diminuição da sua concentração com o tempo devido à oxidação química do UF_4 pelo O_2 que, por sua vez, produz UO_2F_2 solúvel. A avaliação da solubilidade dos oxifluoretos UO_2F_2 e $ThOF_2$ é importante para determinar a concentração na qual ocorrerá a precipitação.

O potencial redox do sal é o principal parâmetro que controla a corrosão do material estrutural e pode ser controlado através da regulação da relação [UF4]/[UF3] utilizando a relação de Nernst. O potencial redox do sal combustível aumenta quando ocorre a reação de cisão e é responsável pela corrosão dos materiais estruturais. É também estudado o controlo do potencial do sal combustível através da adição de um reagente redutor no sal combustível quando o potencial se torna demasiado elevado. Este potencial pode ser ajustado através da adição de urânio metálico no sal fundido contendo UF4. Neste caso, ocorre a seguinte reação química: 3UF4 + U → 4UF3, que é uma reação rápida e total e a massa de urânio metálico adicionada está diretamente relacionada com a quantidade de UF3 produzida e, portanto, a razão [UF4]/[UF3] pode ser ajustada. Para determinar a influência do potencial redox na corrosão, foram efectuados ensaios a 600°C durante um período de 360 h com e sem controlo do potencial em duas ligas: Hastelloy C276 (uma liga à base de níquel) e AISI 304 (uma liga à base de ferro). Os testes evidenciaram o papel importante e eficaz do controlo do potencial redox para evitar a corrosão em ambos os casos [158].

ABUNDÂNCIA DE TÓRIO

O tetrafluoreto de tório tem uma estrutura cristalina monoclínica (mS60, grupo espacial C12/c1, n.º 15) em que os iões Th4+ estão coordenados com iões F- em antiprismas quadrados algo distorcidos Fig. (18). O fluoreto de tório (ThF4) pode ser produzido através da reação do tório com flúor gasoso. O fluoreto de tório é não inflamável, não explosivo e insolúvel em água, produzido pela reação do tório com o gás flúor. Massa molar do fluoreto de tório (IV) 308,03 g/mol, Densidade: 6,3 g/cm3, Ponto de fusão: 1.110 °C (2.030 °F; 1.380 K), Ponto de ebulição: 1.680 °C (3.060 °F; 1.950 K).

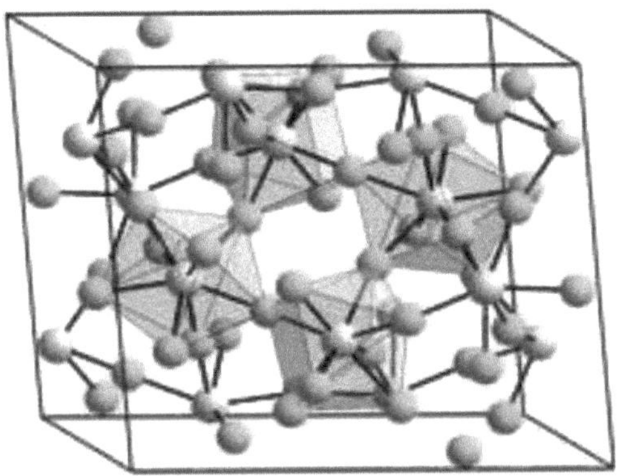

Fig. (18) Estrutura cristalina do tetrafluoreto de tório.

O tório é abundante na crosta terrestre. É o 36° elemento mais abundante na crosta (quatro vezes mais comum que o urânio e 5.000 vezes mais abundante que o ouro).

De acordo com o U.S. Geological Survey's 2006 Mineral Yearbook, estima-se que os Estados Unidos tenham cerca de 20% do fornecimento mundial, mais de metade do qual é facilmente extraível. Para além das reservas naturais, os Estados Unidos possuem atualmente 3.200 toneladas métricas de nitrato de tório processado enterrado no deserto do Nevada.

O tório tem uma abundância comparável à do chumbo e do molibdénio, duas vezes superior à do arsénio, 5000 vezes mais abundante que o ouro e três vezes superior à do estanho. Encontra-se em pequenas quantidades na maioria dos solos de areias rochosas. O solo contém uma média de cerca de 6 partes por milhão (ppm) de tório [de acordo com estimativas da Thorium Energy Alliance (TEA)]. Os minerais de tório ocorrem em todos os continentes e estão amplamente distribuídos na natureza como um recurso facilmente explorável em muitos países.

O tório ocorre naturalmente principalmente como um isótopo "fértil" 232Th e é várias vezes (3 a 4) mais abundante na crosta terrestre do que todos os isótopos de urânio combinados. O tório é quase sempre encontrado na extração de metais de terras raras. Um metro cúbico de crosta média produz tório suficiente para suprir as necessidades energéticas de uma pessoa durante mais de dez anos, se completamente fissionado. Utilizando os LFTR, existe tório suficiente a preços acessíveis para satisfazer as necessidades energéticas globais durante centenas de milhares de anos.

Na natureza, o tório ocorre no estado de oxidação +4, juntamente com o urânio (IV), o zircónio (IV), o háfnio (IV) e o cério (IV), mas também com o escândio, o ítrio e os lantanídeos trivalentes que têm raios iónicos semelhantes. No entanto, o tório ocorre apenas como um constituinte menor da maioria dos minerais.

A fonte comum de tório é o mineral fosfato de terras raras, a monazite, que é a mais importante fonte comercial de tório. O teor de tório da monazite varia muito de um depósito para outro. A monazite pode conter até cerca de 12% de fosfato de tório, mas em média 6-7%. As concentrações mais ricas de monazite encontram-se em depósitos de placer, concentrados pela ação das ondas e das correntes com outros minerais pesados. Os recursos mundiais de monazite têm depósitos substanciais em vários países, dos quais se destacam os depósitos de areias minerais pesadas nas costas sul e leste da Índia, Brasil, Austrália, EUA e na costa norte do Egito (100000 Inferidos e 280000 Prognosticados) [World Nuclear Energy 2014]. De acordo com o U.S. Geological Survey em 2009, as reservas comprovadas de tório dos EUA são de aproximadamente 440.000 toneladas, o suficiente para durar centenas de anos numa implementação LFTR à escala real. Segundo a Thorium Energy Alliance, "só nos Estados Unidos existe tório suficiente para alimentar o país com o seu atual nível de energia durante mais de 1000 anos".

A alanite pode ter 0,1 a 2% de tório e o zircão até 0,4%. Um grande depósito de veios de tório e metais de terras raras encontra-se em Idaho, EUA. O dióxido de tório ocorre como o mineral raro thorianite (thoria), que normalmente contém até 12% de ThO2. A torite, ou silicato de tório (ThSiO4), também tem um elevado teor de tório e é o mineral em que o tório foi descoberto pela primeira vez. Nos minerais de silicato de tório, os iões Th e SiO4 são frequentemente substituídos por iões M (M= Sc, Y, Ln) e iões fosfato, respetivamente.

A publicação da AIEA-NEA Uranium 2014 "Resources, Production and Demand" (frequentemente referida como o Livro Vermelho) apresenta um valor de 6,355 milhões de toneladas de recursos totais conhecidos e estimados.

Os LFTR utilizam apenas uma tonelada de tório por ano para uma central de 1000 MW e é o único combustível adicionado durante o funcionamento contínuo.(1) Há uma carga de arranque de cerca de 1,5 toneladas de material cindível, como 235U ou 239Pu, após o que o reator produz termicamente 233U para manter a cisão.

CICLO DO COMBUSTÍVEL DE TÓRIO

O ciclo do combustível de tório é um ciclo de combustível nuclear que utiliza o tório-232 (Th-232) como material fértil. Os reactores de tório com fluoreto líquido (LFTR) utilizam sais de combustível de fluoreto e transformam o tório-232 em urânio-233 no espetro térmico. Num LFTR, o tório-232 e o urânio-233 são dissolvidos em sais de transporte, formando um combustível líquido. Numa operação típica, o líquido é bombeado entre um núcleo crítico e um permutador de calor, onde o calor é transferido para um sal secundário não radioativo. O sal secundário transfere então o seu calor para uma turbina a vapor ou uma turbina a gás de ciclo fechado [159].

O tório-232 é "fértil" e, ao absorver um neutrão, transmuta-se em urânio-233 (U-233), que é um excelente material combustível cindível. Neste aspeto, é semelhante ao urânio-238 que se transmuta em plutónio-239. Todos os conceitos de combustível de tório requerem, portanto, que o Th-232 seja primeiro irradiado num reator para fornecer a necessária dosagem de neutrões. O U-233 produzido pode ser quimicamente separado do combustível de tório de origem e reciclado em novo combustível, ou o U-233 pode ser utilizado "insitu" na mesma forma de combustível em reactores de sal fundido (MSR).

Os combustíveis de tório necessitam, por conseguinte, de um material cindível como "propulsor", de modo a que possa ser mantida uma reação em cadeia para o fornecimento de neutrões excedentários. As opções de condutores cindíveis são os materiais cindíveis U-233, U-235 ou Pu-239. Um outro propulsor cindível é o sistema de propulsão por acelerador (ADS).

O sal fundido no núcleo do reator é constituído por fluoretos de lítio, berílio (FLiBe) e U-233 físsil. O diagrama de fases do sal binário LiF-ThF4 é mostrado na Fig. (19). Funciona a uma temperatura de cerca de 700°C e circula a baixa pressão. A maior parte dos produtos de cisão dissolvidos ou suspensos no sal são removidos progressivamente numa unidade de processamento radioquímico adjacente. Um circuito de cobertura contém uma quantidade significativa de tetrafluoreto de tório no sal de fluoreto de Li-Be fundido. O U-233 recém-formado forma tetrafluoreto de urânio solúvel (UF4), que é convertido em hexafluoreto de urânio gasoso (UF6) por borbulhamento de gás flúor através do sal (que não afecta quimicamente o tetrafluoreto de tório menos reativo). O hexafluoreto de urânio volátil é capturado, reduzido de novo ao UF4 solúvel pelo gás hidrogénio e, finalmente, é encaminhado para o núcleo para servir de combustível físsil. O protactínio - um absorvente de neutrões - não é um problema grave no sal de cobertura.

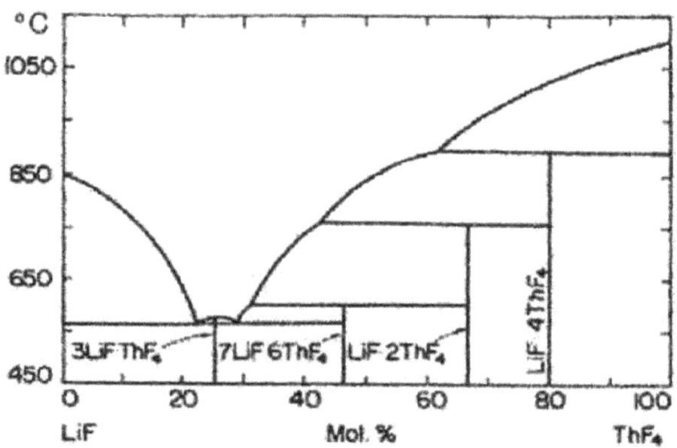

Fig. (19) Diagrama de fases do sal binário LiF-ThF4 (Meer, Konings e

Oonk 2006).

Nos reactores de reprodução térmica, o 232Th fértil (o isótopo de tório mais comum) é bombardeado por neutrões lentos, sofrendo captura de neutrões para se transformar em 233Th com uma semi-vida de cerca de 22 minutos, que sofre dois decaimentos beta consecutivos para se transformar primeiro em 233Pa com uma semi-vida de 27 dias e depois no 233U cindível. O 233U é cindível e, por conseguinte, pode ser utilizado como combustível nuclear da mesma forma que o 235U ou o 239Pu, normalmente utilizados. Quando o 233U sofre fissão nuclear, os neutrões emitidos podem atingir outros núcleos de 232Th, reiniciando o ciclo do combustível. O ciclo do combustível de tório é apresentado na Fig. (20)].

$$\mathrm{^{232}_{90}Th} + \mathrm{n} \rightarrow \mathrm{^{233}_{90}Th} + \gamma \xrightarrow{\beta^-} \mathrm{^{233}_{91}Pa} \xrightarrow{\beta^-} \mathrm{^{233}_{92}U}$$

Uma parte do U-233 incorporado é convertida em U-234 por absorção adicional de neutrões. O U-234 é um absorvedor de neutrões parasita não desejado. Converte-se em U-235 cindível (o isótopo cindível natural do urânio), o que compensa de certa forma esta penalidade neutrónica. Em média, um núcleo de U-233 produz mais neutrões quando se fissiona (divide) do que um núcleo de urânio-235 ou de plutónio-239.

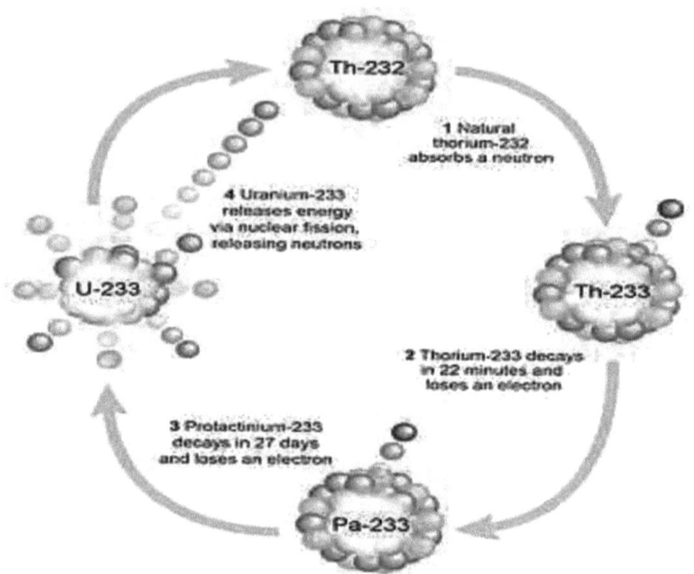

Fig. (20) Ciclo do combustível de tório

A principal vantagem do ciclo do combustível de tório é o facto de o tório ser mais abundante do que o urânio e, por conseguinte, poder satisfazer as necessidades energéticas mundiais durante mais tempo. Uma vantagem adicional do 233U e do 239Pu é o facto de poderem ser produzidos a partir dos isótopos naturais 232Th e 238U, respetivamente [World Nuclear Association]. Além disso, o 233U é facilmente detectado, o que impede a sua utilização direta em armas nucleares e limita a proliferação nuclear. O potencial do tório para melhorar a resistência à proliferação e as caraterísticas dos resíduos levou a um interesse renovado no ciclo do combustível de tório. Atualmente, alguns países, como a Índia, estão a desenvolver tecnologia para reactores nucleares de tório [160].

O Reator de Sal Fundido de Espectro Rápido (FS-MSR) pode suportar o consumo de resíduos ou a extensão de recursos cindíveis ou pode servir como centrais eléctricas de ciclo aberto modificadas sem separação de metais pesados no local. O diagrama de processamento mínimo do combustível não inclui a eventual eliminação de todo o núcleo do sal combustível. O espetro de neutrões rápidos permite a configuração sem separação de metais pesados. Os produtos de cisão absorvem os neutrões predominantemente a baixas energias. Uma FS-MSR tem poucos neutrões a estas energias. Assim, é tolerável uma acumulação de produtos de cisão muito maior numa FS-MSR do que numa MSR de espetro térmico. A adição de urânio ao reator de ciclo de conversão pode ser muito baixa durante vários anos, uma vez que o rácio de conversão aproximadamente unitário compensa a queima de material cindível.

DESEMPENHO DO REACTOR

O Reator de Fluoreto de Tório Líquido (LFTR) possui caraterísticas únicas que se reflectem no desempenho do reator e num núcleo de reator com melhor desempenho, uma vez que tem um ponto de fusão mais elevado, maior condutividade térmica e menor coeficiente de expansão térmica. Os MSR eliminam o dispendioso fabrico de combustível sólido e os aspectos de qualificação dos reactores de espetro rápido com núcleo heterogéneo. A produção final de energia do U-233 depende de numerosos parâmetros de conceção do combustível, incluindo a queima do combustível atingida, as caraterísticas do combustível, o espetro de energia dos neutrões e o fluxo de neutrões.

A secção transversal de absorção de neutrões térmicos do 232Th (7,4 barns) é quase três vezes superior à do 238U (2,7 barns), o que afecta positivamente o desempenho do reator. A secção transversal de cisão dos neutrões térmicos do 233U é comparável à do 235U e 239Pu e tem uma secção transversal de captura muito mais baixa do que a dos dois últimos isótopos cindíveis, proporcionando menos radionuclídeos não cindíveis de longa duração e uma melhor absorção de neutrões e economia de neutrões. O rácio de neutrões libertados por cada neutrão absorvido no 233U é superior ao do 235U e do 239Pu numa vasta gama de energias, incluindo o espetro térmico; por conseguinte, os combustíveis à base de tório podem constituir a base de um reator reprodutor térmico. Um reator de reprodução no ciclo urânio-plutónio tem de utilizar um espetro de neutrões rápidos, porque no espetro térmico um neutrão absorvido pelo 239Pu dá origem, em média, a menos de dois neutrões, enquanto o núcleo de U-233 produz mais neutrões e tem, em média, mais possibilidades de fissão (splits) do que um núcleo de urânio-235 ou de plutónio-239. Por outras palavras, por cada neutrão térmico absorvido num combustível de U-233, há um maior número de neutrões produzidos e libertados no combustível circundante. Isto permite uma melhor economia de neutrões no sistema do reator e uma melhor eficiência do mesmo. O "rácio de reprodução" de um reator é uma medida do desempenho do reator e representa o rácio entre o novo material cindível no combustível usado e o material cindível consumido do combustível novo.

O reabastecimento em linha não necessita de tempo de paragem para reabastecimento. Os LFTR têm combustíveis líquidos, pelo que não é necessário desligar o reator apenas para o reabastecer, como acontece com os reactores de combustível sólido. Os LFTR podem assim reabastecer-se sem causar um corte de energia através do reabastecimento em linha.

Devido à capacidade de um reator de espetro rápido para tolerar a acumulação de quantidades significativas de produtos de cisão, o único processamento de combustível que parece ser necessário para muitos anos de funcionamento do ciclo de conversão MSR é a captura dos gases de cisão (possivelmente extraídos através de aspersão de hélio) e a filtragem mecânica das partículas de produtos de cisão de metais nobres à medida que se acumulam no sal combustível. Os metais nobres podem, na verdade, ser benéficos para o funcionamento da MSFR (e, portanto, podem não precisar de ser removidos) se se depositarem como uma camada protetora no limite de pressão do material estrutural.

Os sais de fluoreto líquido, especialmente os sais à base de LiF, têm boas propriedades de transferência de calor e têm uma condutividade térmica cerca de duas vezes superior à da água quente pressurizada num PWR. O LiF-ThF4 tem uma capacidade térmica volumétrica cerca de 22% superior à da água e o FLiBe tem uma capacidade térmica cerca de 12% superior à da água. Em comparação com o gás hélio, um refrigerante de reator de alta temperatura concorrente, a diferença é ainda maior. O sal combustível tem uma capacidade calorífica volumétrica 200 vezes superior à do hélio quente pressurizado e uma condutividade térmica 3 vezes superior. Um circuito de sal fundido utilizará tubagens com 1/5 do diâmetro e bombas com 1/20 da potência das que são necessárias para o hélio a alta pressão, mantendo-se à pressão atmosférica. Estas caraterísticas excepcionais reflectem-se positivamente no desempenho e no custo de construção dos reactores de sal fundido e resultam numa transferência de calor eficiente e num circuito primário compacto.

Os sais de halogenetos são quimicamente inertes, pelo que não têm reacções exotérmicas com o ambiente (oxigénio, água), como aconteceria com o sódio quente ou o zircónio quente. Os FS-MSR também não possuem qualquer material hidrogénico no interior do confinamento, pelo que não podem gerar hidrogénio. Devido à pressão mais baixa, serão necessárias quantidades menores de materiais.

O combustível líquido dos MSFRs permite uma vasta gama de opções de conceção, desde o queimador ao conversor e ao reprodutor. A carga de metais pesados do sal combustível tem impacto na taxa de conversão, alterando o espetro de neutrões. O rácio de conversão dos MSFR depende tanto da composição isotópica do sal combustível como da carga de metais pesados.

No que diz respeito à eficiência do consumo de combustível, os reactores convencionais consomem menos de um por cento do urânio extraído, deixando o resto como resíduo. Com um bom reprocessamento, os LFTR podem teoricamente consumir cerca de 99% do seu combustível de tório. A maior eficiência do combustível significa que 1 tonelada de tório natural num LFTR produz tanta energia como 35 toneladas de urânio enriquecido em reactores convencionais (que requerem 250 toneladas de urânio natural) [161]. Os LFTR utilizam apenas uma tonelada de tório por ano para 1000 MW em funcionamento contínuo. O combustível sólido retém os subprodutos da cisão, que param a cisão com <2% do combustível utilizado; nesse caso, a vareta de combustível tem de ser substituída [156].

Os reactores de alta temperatura terão uma elevada eficiência na produção de eletricidade. Os MSR têm uma elevada eficiência termodinâmica, uma vez que o calor da cisão faz girar uma turbina para produzir eletricidade de forma mais eficiente do que nos LWR e é também utilizado para processos industriais de alta temperatura, por exemplo, dessalinização da água do mar, produção de hidrogénio ou fabrico de gasolina... etc.

As centrais LFTR que funcionam com turbinas a vapor supercríticas modernas funcionariam com uma eficiência térmica e eléctrica de 45%. Com ciclos Brayton a gás fechados, que poderiam ser utilizados numa central eléctrica LFTR devido ao seu funcionamento a alta temperatura, a eficiência poderia atingir 54%. Este valor é 20-40% superior ao dos reactores de água leve actuais (33%), o que resulta numa redução de 20 a 40% do consumo de combustível físsil e fértil, dos produtos de cisão produzidos, da rejeição de calor residual para arrefecimento e da potência térmica do reator. A produção de energia dos MSFR que funcionam a uma temperatura mais elevada do que a dos LWR (~300°C) ou dos LMFBR (~500°C) explica a razão pela qual os MSFR têm uma eficiência superior de conversão calor-eletricidade, especialmente quando são acoplados a uma turbina eficiente (CO2 supercrítico/Brayton em vez de vapor/Rankine)

A função do sistema de conversão de energia (PCS) é converter a quantidade máxima de entalpia contida no fluido de trabalho aquecido em trabalho de eixo e rejeitar a entalpia restante para o ambiente de uma forma aceitável. A turbina a gás de dióxido de carbono supercrítico que emprega o ciclo de recompressão parece ser a melhor candidata para acoplamento ao reator. O PCS inclui quatro permutadores de calor, a turbina principal, o compressor principal, o re-compressor e o gerador elétrico. A produção de trítio é uma consequência inevitável da utilização de lítio e berílio na mistura de sal, pelo que o PCS inclui também um sistema de remoção de trítio.

Produção de energia - Uma vez que quase todo o tório é utilizado num LFTR, o reator atinge uma elevada produção de energia por tonelada métrica de minério combustível, da ordem de 300 vezes a produção de um LWR de urânio típico. O LFTR permite temperaturas de funcionamento muito mais elevadas do que um LWR típico e, por conseguinte, uma maior eficiência termodinâmica. O sistema de turbinas considerado mais adequado para o seu funcionamento é um sistema de turbinas de hélio de ciclo fechado com triplo aquecimento, que deverá converter 50% do calor do reator em eletricidade, em comparação com o atual ciclo de vapor (~25% a 33%). Os custos de capital são mais baixos devido à menor dimensão do reator, à dimensão das turbomáquinas, às baixas pressões do reator e aos sistemas de segurança redundantes mínimos. A maior capacidade de produção de energia dos LFTR significa que estimamos que o custo da eletricidade de uma central LFTR poderá ser 25% a mais de 50% inferior ao dos LWR.

Dado que o LFTR é tão denso em termos energéticos, o excesso de calor do reator pode ser utilizado noutras indústrias para além da produção de eletricidade, incluindo a dessalinização da água, o craqueamento do hidrogénio a partir da água ou de hidrocarbonetos, a produção de amoníaco para fertilizantes e a extração de hidrocarbonetos do xisto betuminoso e das areias betuminosas, etc. [156].

SEGURANÇA DO REACTOR

Os MSFR podem proporcionar um elevado grau de excelentes caraterísticas de segurança nuclear passiva, permitindo simultaneamente a extensão dos recursos cindíveis, mantendo uma elevada produção de energia e atingindo uma elevada densidade de potência. Os reactores de tório com fluoreto líquido têm muitas caraterísticas de segurança atractivas, como um risco limitado de criticidade e uma profunda segurança inerente devido ao seu forte coeficiente negativo de reatividade térmica contra excursões de reatividade. O elevado grau de retroação negativa da reatividade térmica devido ao grande coeficiente de expansão térmica do sal combustível, combinado com a retroação negativa da reatividade no vazio, é uma caraterística única dos MSR. Um coeficiente de temperatura negativo significa que se, por qualquer razão, a temperatura num reator começar a subir, a reação nuclear abranda e pára rapidamente - mesmo que não esteja presente nenhum operador [o valor do diferencial parcial de reatividade em relação à temperatura é referido como o "coeficiente de temperatura de reatividade"]. As alterações na reatividade do combustível devidas à temperatura resultam de um fenómeno conhecido como alargamento doppler. O coeficiente negativo de retroação da reatividade térmica do sal combustível nos núcleos dos MSR desempenha um papel significativo na estabilização inerente do reator, estabilizando a resposta de potência no interior do núcleo e impedindo que a potência sofra excursões significativas.

Os MSFR têm um coeficiente negativo de vazios no sal, em que o combustível expandido é empurrado para fora do núcleo, o que evita um conjunto de grandes limitações de conceção nos reactores rápidos de combustível sólido. A expansão térmica ocorre quando o combustível sobreaquece e se expande consideravelmente, abrandando a reação, o que, devido à natureza líquida do combustível, o empurra para fora da região do núcleo ativo através dos tampões superior e inferior. Num núcleo pequeno (por exemplo, o reator de ensaio MSRE) ou bem moderado, isto reduz a reatividade. A dependência da temperatura resulta também do facto de o tório absorver mais neutrões se sobreaquecer. Isto deixa menos neutrões para continuar a reação em cadeia, reduzindo a potência. O elevado grau de retroação negativa da reatividade térmica, devido ao elevado coeficiente de expansão térmica do sal combustível, combinado com a retroação negativa da reatividade no vazio, é uma caraterística única do reator MSFR.

Em comparação com o reator de combustível sólido arrefecido a água, o LFTR tem um risco muito baixo de combustão, explosão, decomposição e não acumulação de hidrogénio combustível e caracteriza-se pela estabilidade do material combustível de fluoreto fundido e pela segurança inerente profunda, arrefecimento passivo, núcleo do reator de risco zero [156,162].

Uma equipa de peritos analisou cuidadosamente as MSR históricas, para determinar os critérios de segurança, estabilidade intrínseca, boas propriedades de reprodução e um baixo inventário inicial de combustível. A escolha do MSFR corresponde a estes critérios. Além disso, o reator também possui a caraterística de segurança partilhada pela maioria dos reactores de sal fundido "o tampão de congelação".

(ThEC13) 2013), Elsa Merle-Lucotte.

O tampão de congelamento é um sistema de drenagem de sal ligado ao fundo do núcleo que permite o despejo do núcleo em tanques passivamente arrefecidos e seguros para a criticidade, para facilitar a manutenção ou responder a emergências. Este sistema inclui válvulas de congelação que derretem assim que se perde a energia eléctrica ou o sal sobreaquece seriamente. O "tampão de frio" no fundo da cuba do reator foi concebido para uma questão de segurança passiva (em caso de corte elétrico ou de forte aumento da temperatura). O tampão de congelação é um bloqueio arrefecido ativamente, constituído por sal solidificado (congelado). Este tampão é essencialmente um pedaço do mesmo sal que também se encontra no núcleo, mas este pedaço é solidificado por arrefecimento ativo, em que uma pequena ventoinha eléctrica faz o trabalho. No caso de um acidente postulado, como um apagão na central, o tampão derreterá porque o arrefecimento ativo parará, permitindo que o conteúdo da cuba do reator flua para tanques subterrâneos. O ventilador é alimentado pela eletricidade que o reator produz. Se a energia falhar, o ventilador pára, o tampão derrete e o sal simplesmente escorre para o tanque de armazenamento subcrítico. Este era o procedimento de paragem em Oak Ridge, na década de 1960. Este processo tem de ser concluído em 8 minutos para evitar danos na cuba do reator e nos componentes do MSFR. Um dos projectos promissores consiste numa placa de distribuição espessa que contém orifícios de um determinado diâmetro. Esta conceção aumenta a superfície de fusão e diminui o tempo de drenagem da cuba do reator. O material e a geometria da placa foram variados. De acordo com cálculos preliminares, o tempo de drenagem pode ser reduzido para 6 minutos, o que é inferior aos 8 minutos prescritos. A utilização de aletas de arrefecimento adicionais está a ser investigada [163].

Segurança--Os LFTRs são concebidos para tirar partido da física do ciclo do tório para uma segurança óptima. O fluido no núcleo não é pressurizado, eliminando assim a força motriz da libertação de radiação nas abordagens convencionais. O reator LFTR não pode entrar em fusão devido a uma reação descontrolada ou a outros acidentes de reatividade nuclear (como em Chernobyl), porque qualquer aumento da temperatura de funcionamento do reator resulta numa redução da potência do reator, estabilizando-o assim sem necessidade de intervenção humana. Além disso, o reator foi concebido com um dreno de sal no fundo da cuba do núcleo. Estas caraterísticas evitam quaisquer acidentes do tipo Three Mile Island ou libertações de radiação devido a acidente ou sabotagem e proporcionam um meio conveniente para desligar e reiniciar o sistema de forma rápida e fácil. A capacidade de drenar passivamente o inventário radioativo do conteúdo do núcleo através de um tampão de fusão para tanques de drenagem de decaimento geometricamente subcríticos que proporcionam uma remoção passiva do calor de decaimento fornece uma resposta altamente robusta a acidentes graves que se compara favoravelmente com as capacidades dos reactores de combustível sólido. A sua capacidade de drenar o combustível líquido para uma configuração passivamente arrefecida e não crítica é um fator decisivo no controlo da segurança do reator [156&163].

A remoção do protactínio não é necessária no MSFR devido às suas propriedades neutrónicas rápidas. A remoção do protactínio pode representar um risco de proliferação. O facto de a MSFR poder prescindir da remoção do protactínio torná-la-á mais atraente do ponto de vista do risco de proliferação e da concessão de licenças.

Em conclusão, apresentam-se a seguir alguns parâmetros de segurança adicionais importantes:

Os compostos de flúor e os fluoretos fundidos são refrigerantes quimicamente estáveis, impermeáveis à radiação, os sais não ardem, não explodem, nem se decompõem, mesmo sob radiação elevada, não há reacções rápidas e violentas com a água e o ar, não há produção de hidrogénio combustível que os refrigerantes de água têm [44,45&47].

O líquido de arrefecimento e o combustível são inseparáveis, pelo que qualquer fuga ou movimento de combustível será intrinsecamente acompanhado por uma grande quantidade de líquido de arrefecimento, resultando num aquecimento lento.

Os fluoretos fundidos têm uma excelente expansão térmica, condutividade térmica, propriedades de transferência de calor e uma elevada capacidade térmica volumétrica. Isto permite-lhes absorver grandes quantidades de calor durante transientes ou acidentes [44,45&47].

Os LFTR podem incluir um tampão de congelação no fundo, permitindo que o combustível seja drenado, em caso de emergência, para uma instalação de armazenamento subcrítica passivamente arrefecida com absorvedor de neutrões. Isto não só pára o reator, como também pode dissipar mais facilmente o calor do decaimento radioativo de curta duração dos combustíveis nucleares irradiados quando o reator não está em funcionamento. Este tanque está planeado para ter algum tipo de remoção passiva do calor de decaimento, dependendo das propriedades físicas para funcionar.

Devido ao funcionamento a baixa pressão, o potencial para grandes fugas é muito reduzido. Além disso, devido à densidade e viscosidade relativamente elevadas do sal de combustível fundido, a fuga (se ocorrer) será um processo muito lento, permitindo tempo suficiente para reagir. Além disso, uma vez que o combustível líquido se desprenda da sua rota, solidificar-se-á e selará a fonte de fuga devido à queda de temperatura. Mesmo no caso de uma grande fuga do núcleo, como a rutura de um tubo, o sal combustível será drenado por gravidade para um tanque de descarga passivamente arrefecido.

Os núcleos LFTR são concebidos para funcionar a baixas pressões (0,6 MPa), sem risco de fusão, quando a reação em cadeia não pode ser mantida e a cisão pára por defeito em caso de acidente. Mesmo que o núcleo falhe, o aumento de volume é reduzido. Assim, o edifício de contenção não pode explodir. Os sais de arrefecimento LFTR têm pontos de ebulição elevados.

Os LFTR não estão sujeitos à acumulação de pressão de produtos de cisão gasosos e voláteis. Um reator de combustível líquido fundido tem a vantagem de permitir a fácil remoção em linha dos produtos de cisão gasosos do xénon-135. O xénon-135 é um importante absorvedor de neutrões em comparação com os reactores de combustível sólido. Os produtos de decaimento não se espalhariam numa catástrofe em caso de acidente, uma vez que os produtos de cisão estão quimicamente ligados ao sal de fluoreto, incluindo o iodo, o césio e o estrôncio, evitando a poluição ambiental.

RESISTÊNCIA À PROLIFERAÇÃO

Os LFTR têm uma extraordinária resistência à proliferação porque o tório não pode ser transformado diretamente numa arma. O tório, por si só, não apresenta riscos de proliferação. Os combustíveis para reactores de potência à base de tório seriam uma fonte pobre de material cindível utilizável no fabrico de explosivos.

O LFTR resiste ao desvio do seu combustível para armas nucleares de diferentes formas. O tório-232 reproduz-se convertendo-se primeiro em protactínio-233, que depois decai para urânio-233. O U233 é considerado uma escolha inadequada para material de armas nucleares porque sempre que o U233 é gerado, ocorre inevitavelmente a contaminação com urânio-232 (U232). O U-232 tem um produto da cadeia de decaimento que emite raios gama poderosos e perigosos. Estes não são um problema no interior de um reator, mas no fabrico de bombas, complicam a produção da bomba, danificam a eletrónica e revelam a localização da bomba. O U232 decompõe-se rapidamente noutros elementos, incluindo o tálio-208, um emissor de raios gama fortes cuja assinatura é facilmente detetável. Os raios gama duros do tálio-208 causam a ionização de materiais que destroem os explosivos e os componentes electrónicos de uma arma nuclear, sendo necessária uma blindagem pesada de chumbo para proteger o pessoal que monta a ogiva. Qualquer tentativa de aumentar a produção de U233 num reator LFTR gerará contaminação por U232. O 233U pode ser desnaturado misturando-o com urânio natural ou empobrecido para evitar a possibilidade de utilização militar, exigindo a separação dos isótopos antes de poder ser utilizado em armas nucleares. O processamento local do combustível nas configurações de reprodutores e queimadores também elimina a possibilidade de desvio durante o transporte.

A segunda caraterística de resistência à proliferação advém do facto de os LFTR produzirem pouco plutónio, sobretudo Pu-238, que produz níveis elevados de neutrões espontâneos e elevado calor de decaimento, o que torna inadequada ou mesmo impossível a construção de uma bomba de cisão apenas com este isótopo. Além disso, um LFTR não produz muito combustível de reserva num curto espaço de tempo. Com este tipo de reator, a construção rápida de bombas implica a desativação de centrais eléctricas, o que constitui uma indicação fácil das intenções nacionais. Isto cria problemas significativos de manuseamento e aumenta a detetabilidade (rastreabilidade) e a capacidade de salvaguardar este material.

Os LFTR poderiam ser utilizados para tratar o seu próprio plutónio e também o plutónio de outros reactores. No entanto, o plutónio tem de ser quimicamente separado do tório, o que não é um processo fácil, e o plutónio não pode ser utilizado em bombas se for diluído em grandes quantidades de tório. A produção de calor do Pu-238 (567 W/kg) cria temperaturas inaceitavelmente elevadas que destruiriam o conjunto da bomba. Mesmo percentagens muito pequenas deste isótopo reduziriam drasticamente o rendimento da bomba por "pré-detonação" devido aos neutrões da cisão espontânea que iniciam a reação em cadeia, provocando um "chiado" em vez de uma explosão. O reprocessamento em si envolve um manuseamento automatizado numa célula quente totalmente fechada e contida, o que complica o desvio.

O combustível FS-MSR tem uma concentração isotópica uniforme de actinídeos, incluindo isótopos de plutónio ou urânio altamente queimados, juntamente com outros actinídeos menores e produtos de cisão, o que o torna indesejável para a produção de armas. O processamento local do combustível nas configurações de reprodutor e queimador também elimina a possibilidade de desvio durante o transporte. O reator FS-MSR de ciclo conversor sem separação de metais pesados apresenta uma capacidade distintiva para um reator de espetro rápido com recursos sustentáveis altamente resistente à proliferação.

CONCEPÇÃO DO REACTOR

O Laboratório Nacional de Oak Ridge projectou e construiu um Reator de Sal Fundido (MSR) de demonstração que funcionou de 1965 a 1969. O U-233, originalmente produzido a partir do Th- 232, foi utilizado como combustível durante o seu último ano. A experiência de investigação do Laboratório Nacional de Oak Ridge utilizou LiF-BeF2-ThF4-UF4 (72-16-12-0.4) como combustível e tem uma temperatura máxima de funcionamento de 705 °C. O reator funcionou com potências até 7,4 MW t. O sal de lítio-berílio funcionou a 600-700°C e à pressão ambiente. O programa de I&D demonstrou a viabilidade deste sistema e salientou algumas questões únicas relativas à conceção, corrosão e segurança que teriam de ser abordadas na conceção e construção de um MSR piloto de maiores dimensões. A experiência dos Laboratórios Nacionais de Oak Ridge demonstrou a conceção, os materiais, o equipamento, os procedimentos, as operações, a segurança e a utilização de diferentes combustíveis. Verificou-se que se tratava de um reator extremamente estável e que a taxa de cisão era automaticamente regulada pela expansão/contração natural do calor do combustível fundido [149].

O reator de fluoreto de tório líquido (LFTR) é desenvolvido como um reator de reprodução térmica de tório. Os reactores de reprodução térmica utilizam neutrões de espetro térmico (moderados) para produzir urânio-233 físsil a partir de tório-232. Com base no comportamento dos vários combustíveis nucleares, considera-se que um reator de reprodução térmica é comercialmente viável com combustível de tório, o que evita a acumulação dos transurânicos mais pesados e a acumulação de produtos de cisão envenenados por neutrões, uma vez que estes são continuamente removidos através de reprocessamento em linha.

O ORNL construiu e operou o Molten Salt Reator Experiment (MRSE) durante quatro anos. Este reator gerou 7,4 Megawatts, permitindo aos cientistas determinar os parâmetros de conceção que permitem a queima de combustível nuclear em sais fundidos. O MSRE resolveu quase todas as questões-chave necessárias para a construção de um LFTR. Muitos dos problemas tecnológicos e de engenharia do programa ORNL já foram resolvidos através da investigação não nuclear, incluindo as caraterísticas dos fluoretos líquidos e as turbinas de alta temperatura.

Como as vantagens inerentes ao conceito de sal fundido se tornaram mundiais, é importante voltar aos princípios básicos para oferecer o melhor projeto utilizando objectivos e capacidades actualizados. Existem duas opções principais de conceção: a tradicional de um único fluido (fig. 21) e a de dois fluidos (fig. 22).

Uma das principais alterações potenciais à conceção tradicional de MSBR com um único fluido, Fig. (21), é o regresso ao modo de funcionamento que o ORNL propôs para a maior parte do seu programa MSR. Trata-se da conceção de dois fluidos, Fig. (22), em que são utilizados sais separados para o 233UF4 físsil e o ThF4 fértil. Uma simples mas crucial modificação da geometria do núcleo pode permitir as muitas vantagens da conceção de dois fluidos. Além disso, outra via muito promissora apresentada pelo ORNL foi a dos reactores simplificados de conversão de um único fluido, que poderiam obter uma utilização do urânio durante o tempo de vida muito superior à dos reactores LWR ou CANDU, com um controlo químico simples. O êxito da experiência de investigação do Laboratório Nacional de Oak Ridge deu origem a diferentes propostas de projectos de reactores reprodutores de sal fundido (MSBR). A conceção de um reator alimentado a fluoreto de tório líquido (LFTR) deve incidir na otimização da conceção do núcleo para alcançar a auto-sustentabilidade e a máxima segurança.

Um princípio importante na conceção de sistemas de combustível de tório é o da disposição heterogénea do combustível, em que uma zona de combustível altamente cindível (e, por conseguinte, de maior potência), denominada região de semente, está fisicamente separada da parte fértil (de baixa ou nula potência) de tório do combustível, frequentemente denominada manta. Esta disposição de dois líquidos é muito melhor para fornecer neutrões excedentários aos núcleos de tório para que estes se possam converter em U-233 cindível. O termo "dois-sais" é agora geralmente reservado para conceitos de reactores em que

100% do tório (e, por conseguinte, da geração de matéria cindível) se encontra na manta envolvente.

Seguem-se exemplos especiais de projectos de reactores de fluoreto líquido de tório Fig. (21) e de dois fluidos líquidos Fig. (22) selecionados de entre os muitos projectos de reactores de fluoreto líquido de tório propostos na literatura.

Fig. (21) Reator de fluoreto de tório líquido monofluido

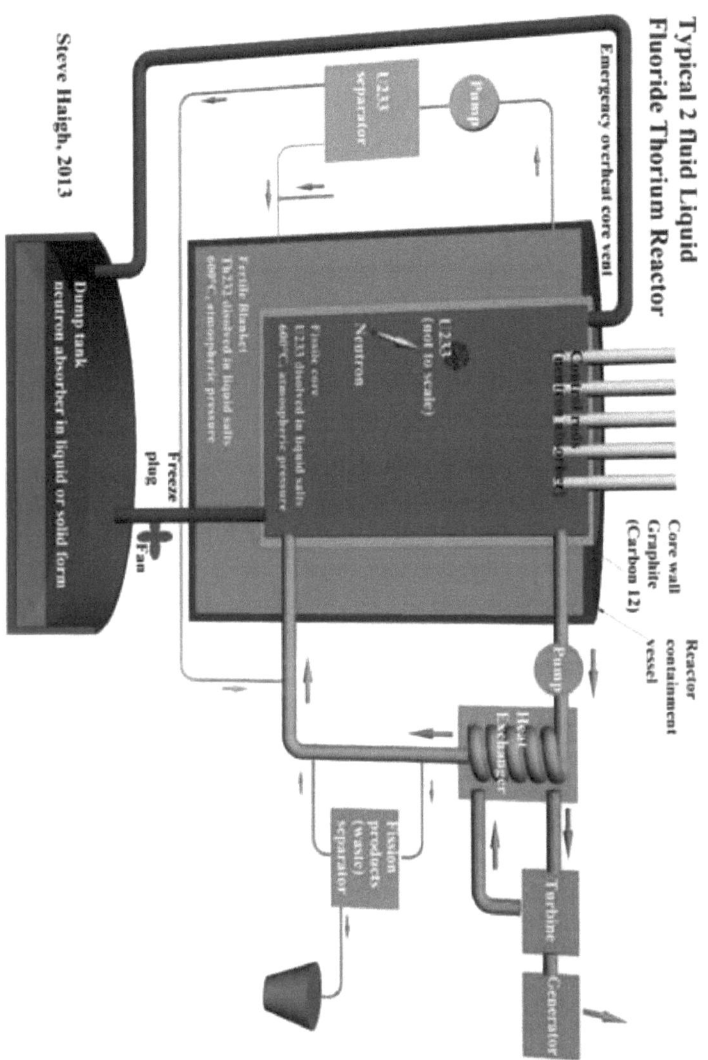

Fig. (22) Reator de tório com fluoreto líquido de dois fluidos

Num LFTR de "dois fluidos", uma mistura eutéctica fundida de sais como LiF e BeF2 contendo UF4 dissolvido forma o núcleo cindível central. Uma região anular separada contendo sais de fluoreto de Li e Be fundidos com ThF4 dissolvido forma a manta fértil. O excesso de neutrões é absorvido pelo Th-232 na manta de sal fundido, produzindo U-233 que é continuamente removido com gás flúor e utilizado para reabastecer o núcleo. A partir do permutador de calor, um circuito separado de sal fundido aquece os gases da turbina a gás de hélio de ciclo fechado, que gera energia. Todos os circuitos de sal fundido estão à pressão atmosférica. Este fluido cindível aquecido atinge uma geometria não crítica à medida que é bombeado através de pequenas passagens no interior de um permutador de calor.

Os LFTR utilizam uma estrutura de contenção apenas ligeiramente maior do que a cuba do reator. Por outro lado, os reactores a água leve utilizam água pressurizada, sendo a estrutura de contenção muito maior em volume do que a cuba do reator. A estrutura de contenção dos LFTR pode ser não só mais pequena em termos de dimensão física, mas também de baixa pressão.

Não existem fontes de energia armazenada que possam causar um aumento rápido da pressão no confinamento (como o hidrogénio ou o vapor no caso dos reactores arrefecidos a água). Este facto confere ao LFTR uma vantagem teórica substancial, não só em termos de segurança inerente, mas também em termos de dimensões mais reduzidas, menor qualidade dos materiais e menor custo de construção. Os LIFTR podem ser pequenos reactores nucleares transportáveis.

No que diz respeito à conceção do reator rápido de sal fundido (MSFR), a região crítica dos reactores rápidos de sal fundido não moderados consiste numa cavidade preenchida com um combustível líquido. Os reactores de sal fundido não moderados com um combustível líquido em circulação têm em comum uma estrutura semelhante a um tanque que permite uma distribuição do fluxo livre na região crítica do circuito do combustível. A falta de estrutura interna implica uma estrutura de fluxo complexa do sal combustível em circulação. Foi efectuada uma otimização preliminar da forma do núcleo durante o projeto europeu EVOL para limitar a recirculação e os pontos quentes. Esta otimização baseou-se numa abordagem de Reynolds Averaged Navier Stokes (RANS) que fornece valores médios temporais para a velocidade e a temperatura. No entanto, a estabilidade da potência é sensível às flutuações térmicas induzidas pela própria turbulência do escoamento. Este fenómeno é estudado utilizando uma abordagem de simulação de correntes parasitas para resolver a turbulência no reator e obter uma distribuição de temperatura dependente do tempo.

Os códigos de Dinâmica dos Fluidos Computacional (CFD) são normalmente utilizados para calcular a distribuição da velocidade e da temperatura. Graças a esta modelação, o efeito da turbulência é corretamente considerado na distribuição média do fluxo. Um estudo utilizando a geometria "EVOL" desenvolvida no âmbito do projeto europeu mostra que as distribuições da velocidade e da temperatura são suaves no núcleo, com um aumento uniforme da temperatura [164,165,166].

Uma flutuação de temperatura local devido à turbulência teria impacto na reatividade e produziria uma flutuação de potência. A caraterização destas flutuações de potência é importante para otimizar ainda mais o projeto. Foi utilizada uma modelação refinada baseada na simulação de grandes turbulências (LES) para estudar a forma como as flutuações térmicas locais interagem com os neutrões através dos efeitos de feedback de densidade e Doppler. A região do núcleo ativo da MSFR é de baixo custo porque é muito pequena (3 m3/GWt, Um tanque esférico com 2 cm de espessura e 9 m3 de núcleo pesaria cerca de 4 toneladas. Este é um ponto de importância vital porque a durabilidade e a acessibilidade de um sistema são determinadas tanto pela sua capacidade de manutenção como pela sua frequência de falha.

REPROCESSAMENTO

O processamento é composto por duas partes: um processamento físico em linha e um processamento químico fora de linha. A possibilidade de processamento em linha pode ser uma vantagem da MSR. O processamento contínuo em linha reduziria o inventário de produtos de cisão, controlaria a corrosão e melhoraria a economia de neutrões através da remoção de produtos de cisão com elevada absorção de neutrões. O processamento químico fora de linha começa com a remoção diária de 10-40 L do sal combustível para o processamento em lote de várias reacções químicas baseadas nas propriedades redox e ácido-base dos elementos do sal combustível. As diferentes etapas envolvidas no processamento fora de linha baseiam-se nas propriedades químicas dos elementos que compõem o sal combustível.

O processamento físico em linha é realizado através da injeção de um gás borbulhante no sal combustível, seguido de uma separação líquido-gás. Este processo serve para pulverizar os produtos de cisão gasosos, bem como alguns dos fluoretos mais voláteis. Desta forma, o 85Kr (T1/2 = 11 y), o 133Xe (T1/2 = 5,2 d) e o 135Xe (T1/2 = 9,1 h) são removidos num tempo relativamente muito curto. Estes gases são retidos em leitos de carvão ativado (ou zeólito) e deixados a decair. A meia-vida do 85Kr é suficientemente longa para que o decaimento no local durante o período de funcionamento de um LFTR não seja suficiente para reduzir a sua atividade para níveis inconsequentes. Por conseguinte, os 85Kr terão de ser despojados e enviados para armazenagem de decaimento a longo prazo. O trítio eventualmente presente no gás de dispersão terá de ser separado antes do contacto com o leito de grafite e enviado para a instalação de tratamento do trítio para posterior processamento e purificação". Os gases são mantidos em primeiro lugar durante cerca de 2 dias até que uma grande fração do Xe-135 e outros isótopos de curta duração tenham decaído. A maior parte dos gases pode então ser reciclada. Após uma retenção adicional de vários meses, a radioatividade é suficientemente baixa para separar o gás a baixas temperaturas em hélio (para reutilização), xénon (para venda) e crípton. O crípton necessita de ser armazenado (por exemplo, sob forma comprimida) durante um período prolongado (várias décadas) para aguardar o decaimento do Kr-85.

Esta parte do processamento, que implica a borbulhagem de gás hélio inerte, tem dois objectivos principais. Em primeiro lugar, a remoção dos produtos de cisão gasosos xénon e crípton e, em segundo lugar, a remoção de parte dos metais nobres produzidos no núcleo quando se encontram no estado metálico. Alguns produtos de cisão (por exemplo, metais e gases nobres) não são solúveis no sal e serão removidos por borbulhamento de hélio e filtração num sistema em linha separado. A separação líquido-gás no caso do processamento físico em linha do sal fundido é um processo eficiente para capturar partículas dispersas não solúveis num líquido e absorver parcialmente o gás dissolvido. O processo, baseado numa técnica de flotação, já foi estudado pelo ORNL. Uma quantidade de 15% dos produtos de cisão gasosos com um tempo de vida muito curto diminuirá no sal antes da extração. Os outros produtos de cisão gasosa (85%) têm tempos de vida suficientemente longos para permitir a sua extração e tratamento. Em 2017, foram efectuados ensaios de borbulhamento de hélio e de separação líquido-gás no FFFER, com resultados satisfatórios na configuração utilizada.

A etapa de fluoração foi estudada no ORNL para o MSRE térmico e os resultados obtidos foram adaptados para o processamento do MSFR. O objetivo é remover os elementos com elevados estados de oxidação gasosa, tais como os produtos de cisão (nióbio, telúrio, iodo, molibdénio, crómio e tecnécio) e os actinídeos (urânio, plutónio e neptúnio). Nos projectos que utilizam um fluorinador, existe a possibilidade de o Np-237 aparecer com o urânio sob a forma de hexafluoreto gasoso, mas pode ser facilmente separado utilizando leitos de absorção de pastilhas de flúor. A extração por fluoração é possível utilizando pequenas gotículas de sal líquido (cerca de 100 μm) que caem numa atmosfera de 50% de F2 a uma temperatura da ordem dos 550-660°C. Até 90% do plutónio foi removido do sal que caiu num fluorinador de 1,3 m de altura, e espera-se que esta eficiência seja melhorada a temperaturas mais elevadas e com diâmetros de gota mais pequenos [166].

A fluoração por flúor molecular (F2) resulta numa reação muito exotérmica que bloqueia a fluoração posterior. Foram estudados agentes fluorantes alternativos, nomeadamente ClF3 e ClF. Com o ClF3, o UF6 volatiliza-se a uma temperatura inferior a 300°C. As vantagens do processo incluem a sua relativa compacidade e a ausência de efluentes aquosos.

O flúor elementar borbulhado através do sal fundido - quer se trate da manta ou do combustível - oxida seletivamente o urânio em UF6 gasoso, que é depois adsorvido num filtro frio constituído por armadilhas de grânulos de sal NaF. Esta reação de adsorção depende da temperatura das armadilhas. Por exemplo, a 400°C, ocorre a adsorção de produtos de cisão (como molibdénio, tântalo, nióbio, telúrio, fluoretos), mas não ocorre a adsorção de UF6 e NpF6. A adsorção destes dois actinídeos ocorre quando o gás passa por uma segunda armadilha aquecida a 25°C. O tetrafluoreto de tório não reage com o flúor gasoso no processo de fluoração e permanece no combustível ou na manta inalterado como tetrafluoreto. O gás passa por várias armadilhas de NaF aquecidas a diferentes temperaturas para adsorver produtos de cisão ou actinídeos específicos e efetuar a sua separação. Os produtos de cisão são reduzidos pelo hidrogénio e são geridos como resíduos. Os actinídeos extraídos pela fluoração são reduzidos pelo hidrogénio gasoso e reintroduzidos no sal combustível. Finalmente, os restantes elementos gasosos removidos por fluoração são também reduzidos ao estado sólido com hidrogénio gasoso antes do armazenamento. Verifica-se que todos os produtos de cisão são retidos por absorção na primeira armadilha (a 400°C) e todos os actinídeos são absorvidos na segunda armadilha (a 25°C).

No âmbito do primeiro período do projeto EVOL, as actividades de I&D sobre o esquema de processamento centraram-se na separação de actinídeos e lantanídeos. Prevê-se que esta separação seja efectuada em duas fases baseadas na extração redutora, com uma "primeira extração redutora" dedicada aos actinídeos e uma "segunda extração redutora" para os lantanídeos. A extração redutora é feita através do contacto entre duas fases líquidas: o sal fundido que contém os actinídeos solúveis e os produtos de cisão que devem ser extraídos, e um metal líquido constituído por bismuto líquido, que contém lítio. Foi demonstrado que a quantidade de lítio é o principal parâmetro para controlar a seletividade e a eficiência da separação de actinídeos e lantanídeos.

A extração redutora requer a utilização de uma mistura líquida de Bi-Li de elevada pureza. Foram realizados testes de extração redutora à escala laboratorial em LiF-ThF4 contendo urânio e neodímio para simular actinídeos e lantanídeos, respetivamente, em contacto com Bi-Li (10 mol%). A eficiência foi baixa porque se formou uma liga sólida de Th3Bi4 e BiTh na interface do metal líquido/sal fundido, que bloqueia a transferência de urânio e neodímio do sal fundido para o metal líquido.

Durante o projeto SAMOFAR, foi efectuada uma avaliação da segurança da instalação de reprocessamento pelo CNRS e pelo CEA. O ciclo fechado de Th oferece o melhor desempenho no que diz respeito à radiotoxicidade dos resíduos de longa duração em comparação com os cenários U/Pu, em particular se forem utilizados reactores rápidos.

As descrições dos sistemas de reprocessamento MSFR continuam invariavelmente a invocar sistemas de extração líquido-líquido em contracorrente com mais de 20 fases, como os previstos para o MSBR do ORNL.

Os valores da produção de resíduos TRU deste cenário MSFR foram calculados por Carlo Fiorina utilizando um programa "extended-EQL3D" e a base de dados nucleares JEFF3.1. Os valores dos resíduos TRU dos LWR baseiam-se numa análise recente de 37 GWd/MTU de barras de combustível de Fukishima (ORNL TM2010/286).

Nos sistemas de espetro térmico, é importante remover os produtos de cisão do sal para minimizar a captura parasitária de neutrões resultante dos produtos de cisão com secções transversais de captura elevadas. Num sistema de espetro rápido, estas perdas parasitas são menores, uma vez que as secções transversais de captura dos produtos de cisão são mais baixas na gama de energia de espetro rápido. Não é necessário parar o reator para reabastecer e reprocessar o combustível irradiado, como no caso do reator de combustível sólido arrefecido a água. Em 2008, o Commissariat a l'Energie Atomique (CEA) francês tem planos para conceber e avaliar fluxogramas conceptuais para o processamento de um reator de sal fundido alimentado a tório. É importante remover os produtos de cisão, incluindo os REE (mais o ítrio), de modo a que o esquema de processamento deixe os actinídeos no sal combustível para continuar a queima. Em especial, as concentrações de alguns dos elementos de terras raras devem ser mantidas baixas, uma vez que têm uma grande secção transversal para a captura de neutrões. A remoção dos produtos de cisão melhoraria a economia de neutrões.

Em comparação com os LWR, num reator de combustível fundido, o xénon-135, um importante absorvente de neutrões, pode ser facilmente removido. Por outro lado, o xénon-135, nos reactores de combustível sólido, permanece preso no revestimento do combustível e torna os reactores de combustível sólido difíceis de controlar. Alguns outros elementos com uma pequena secção transversal, como o Cs ou o Zr, podem ser tolerados até um certo nível de concentração, pelo que podem acumular-se ao longo de anos de funcionamento. O protactínio - um absorvente de neutrões - não constitui um problema grave no sal de cobertura. Por outro lado, o protactínio-233 deve ser extraído do núcleo dos reactores reprodutores de tório de sal fundido para permitir o seu decaimento em 233U físsil e evitar a transmutação em 234Pa. A figura (23) mostra o MSFR de referência (2009-2013).

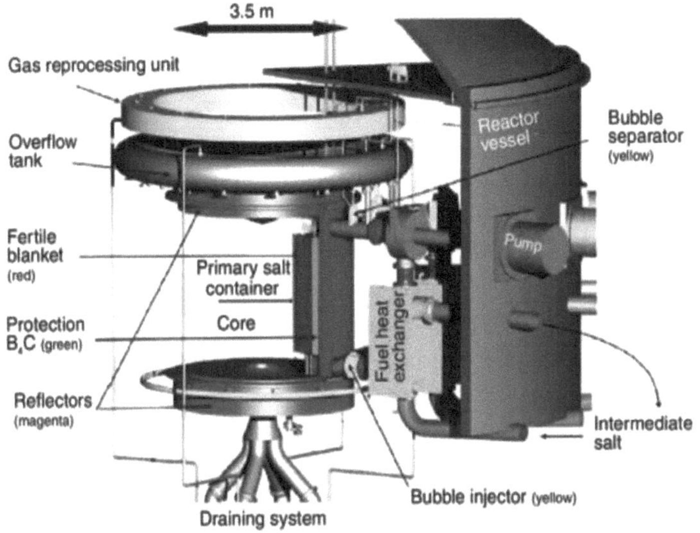

Fig. (23) MSFR de referência (2009-2013).

Separação piroquímica

A separação química no local, perto do reator, evita o transporte, melhora a economia do processo e reduz o inventário total do ciclo do combustível. Dado que o combustível de um LFTR é uma mistura de sal fundido, é interessante utilizar métodos de piro-processamento a alta temperatura que funcionem diretamente a partir do sal fundido quente. Os piroprocessos do sal LFTR já começam com uma forma líquida quente adequada. A remoção dos produtos de cisão é semelhante ao reprocessamento de elementos de combustível sólido, sem necessidade de remover e reconstruir o revestimento do combustível. Em comparação com o reprocessamento PUREX clássico, o piroprocessamento pode ser mais compacto e produzir menos resíduos secundários. O piroprocessamento não utiliza solventes orgânicos sensíveis à radiação e não é facilmente perturbado pelo calor de decaimento, podendo ser utilizado no combustível altamente radioativo diretamente do reator. Outro conceito de processamento piroquímico que também pode ser adequado para o MSFR baseado num sal de fluoreto é o método de volatilidade do fluoreto. Este método foi investigado como uma tecnologia de reprocessamento de combustível para reactores reprodutores rápidos e foi proposto para utilização no conceito MOSART. O manuseamento e as caraterísticas do hexafluoreto de urânio e da volatilidade do fluoreto estão bem estabelecidos e bastante bem desenvolvidos e testados com base na experiência anterior de enriquecimento de urânio. Os projectos mais recentes geralmente evitam a remoção de Pa e enviam menos sal para reprocessamento, o que reduz o tamanho e os custos necessários para a separação química. Também evita problemas de proliferação devido à falta de U-233 de elevada pureza que poderia estar disponível a partir do decaimento do Pa separado quimicamente.

Destilação em vácuo a alta temperatura:

Um método simples, testado durante o programa MSRE, é a destilação em vácuo a alta temperatura. Em princípio, é possível separar o fluoreto de tório dos fluoretos de lantanídeos de ponto de ebulição ainda mais elevado. Sob vácuo, a temperatura pode ser inferior ao ponto de ebulição à pressão ambiente.

Para remover os produtos cindíveis do sal do núcleo, primeiro o urânio é removido através da volatilidade do flúor. Em seguida, os sais portadores LiF e BeF podem ser recuperados por destilação a temperaturas relativamente elevadas. Uma temperatura de cerca de 1000 °C é suficiente para recuperar a maior parte do sal portador FLiBe. Os fluoretos com um ponto de ebulição elevado, incluindo os lantanídeos, ficam para trás como resíduos. O NpF_6, o RuF_x e o TcF_x são separados por condensação selectiva a temperaturas entre 100 e 400°C. A 100°C, até 45% do Ru e 93% do Tc são eliminados do combustível; a 300°C, 46% do Np volatilizam-se; a 400°C, 60% do Nb-Zr são eliminados da mistura combustível. O iodo é arrastado com o fluxo de fluoreto gasoso [167].

Precipitação de óxidos

A utilização de um oxidante químico (por exemplo, $Li2O$ ou outros óxidos alcalino-terrosos) para separar os actinídeos e os REE por precipitação sequencial a partir de sais de fluoreto fundidos também foi considerada no passado. Uma vantagem desta abordagem é a simplicidade do equipamento necessário e os requisitos menos rigorosos de corrosão dos materiais para o equipamento. As limitadas investigações experimentais realizadas até à data indicam que, após a adição gradual de um oxidante, os actinídeos são os primeiros a precipitar como óxidos, seguidos pelos REE. Por conseguinte, não é claro que um sistema de processamento baseado na precipitação de óxidos apresente uma vantagem convincente em relação ao processo redutor de metais ou a um processo eletroquímico.

O combustível líquido permite a remoção em linha dos produtos de cisão gasosa dos metais nobres. Os metais nobres (Pd, Ru, Ag, Mo, Nb, Sb,) não formam fluoretos no sal normal, mas formam partículas metálicas finas no sal. Estas partículas podem ser removidas por filtros de elevada área superficial, que são mais fáceis de remover antes de serem plaqueadas em superfícies metálicas como o permutador de calor. Outros produtos de cisão, não voláteis, estão quimicamente ligados ao sal de fluoreto, incluindo iodo, césio e estrôncio, evitando a disseminação de material radioativo para o ambiente. O Xe e o Kr saem facilmente sob a forma de gás, com a ajuda de uma corrente de hélio. Além disso, uma parte dos metais "nobres" é removida juntamente com o gás sob a forma de uma fina névoa. A remoção rápida do Xe-135 é especialmente importante, uma vez que este é um veneno de neutrões muito forte e torna o controlo do reator mais difícil se for deixado no reator. A remoção do Xe também melhora a economia de neutrões. Nos reactores de combustível sólido, o xenon-135 permanece no combustível e interfere com o controlo do reator e exerce pressão sobre os materiais de revestimento.

Foi sugerido o electrodesbaste como meio de remover os metais nobres e semi-nobres do sal de fluoreto. O electrodesbaste é normalmente utilizado na indústria para obter metais puros a partir de óxidos ou halogenetos que foram dissolvidos num sal fundido. No caso de um sal que contenha Be, o sistema de electrodesbaste utilizaria uma célula eletroquímica constituída por um ânodo consumível fabricado a partir de Be metálico e um cátodo de Ni sobre o qual os metais nobres/semi-nobres e o zircónio são revestidos.

Enquanto a diferença de energia livre entre o BeF2 e o MFn for negativa, esta reação será espontânea, pelo que a célula poderá funcionar de forma passiva. A diferença de potencial gerada externamente entre os eléctrodos aumentaria a taxa de transferência de massa. Os potenciais electroquímicos do plutónio, outros actinídeos e lantanídeos situam-se entre os do berílio e do lítio, pelo que este processo não removerá estes elementos do sal fundido.

Reação Redox com Bismuto Fundido:

Talvez a abordagem de processamento mais madura seja a que se baseia na extração redutora de metais do sal utilizando um metal fundido, como o Bi, o Al ou o Cd, que contém um redutor, normalmente um metal alcalino como o Li. O programa do reator de sal fundido desenvolveu vários esquemas de extração utilizando esta tecnologia testada à escala de referência. O programa também realizou um esforço de engenharia associado para construir e testar o equipamento necessário para a aplicação prática do método num reator de sal fundido. Trabalhos mais recentes nesta área foram realizados para o sistema de processamento eletrometalúrgico desenvolvido no Argonne National Laboratory para os programas Integral Fast Reator e Experimental Breeder Reator (National Research Council, Electrometallurgical Techniques). Estão disponíveis dados de partição, para muitos dos elementos de interesse, para extração em Bi fundido com quantidades variáveis de Li adicionadas como redutor. Este processo pode ser descrito pela reação:

MFn(sal) + n Li(Bi) = M(Bi) + nLiF(sal),

Em que: MFn é um fluoreto metálico dissolvido em sal fundido.

Numa reação redox, alguns metais podem ser transferidos para a fusão de bismuto em troca de lítio adicionado à fusão de bismuto. A baixas concentrações de lítio, U e Pa deslocam-se para a fusão de bismuto. Em condições mais redutoras (mais lítio na massa de bismuto), os lantanídeos e o tório são transferidos para a massa de bismuto. Os produtos de cisão são então removidos da liga de bismuto numa fase separada, por exemplo, por contacto com uma fusão de LiCl. Este processo pode remover os metais nobres e semi-nobres, os actinídeos, o Y, os REE e o Zr. Os álcalis divalentes e monovalentes e os alcalino-terrosos são removidos em muito menor grau.

Na aplicação LFTR, o interesse é principalmente dirigido para a remoção do produto de cisão REE do sal, deixando os actinídeos e outros produtos de cisão no sal para que possam ser transmutados. Isto pode ser possível utilizando um esquema relativamente simples de extração sequencial dos actinídeos para o Bi:Li fundido, seguido da extração dos REE e do Th para um reservatório separado de Bi:Li fundido com um teor mais elevado de Li. Os actinídeos e o Zr separados seriam transferidos electroliticamente do Bi:Li para o sal combustível. Os REE (juntamente com quaisquer álcalis e alcalino-terrosos presentes) podem então ser seletivamente extraídos do fluxo de Bi:Li por contacto do metal líquido com um sal de LiCl fundido. Poderão ser obtidas eficiências de separação mais elevadas utilizando vários extractores em contracorrente em cada uma das etapas de separação. Nas condições redox de um combustível de sal fundido, a solubilidade do Bi no flibe é muito baixa (da ordem de 1 ppm), pelo que a contaminação do sal combustível com Bi deve ser negligenciável.

O processo de remoção de fluoreto no fluxo de Bi que flui do contactor de sal combustível para o contactor de LiCl é importante porque se verificou que a contaminação do sal de LiCl com fluoreto reduz a separação do Th dos REE. Do mesmo modo, é necessário dispor de um processo de remoção de cloretos para o fluxo de retorno de Bi para o contacto de sal combustível, de modo a que o sal combustível não seja contaminado com cloretos.

Quaisquer metais nobres ou semi-nobres não removidos pelo processo de limpeza seriam fortemente particionados na fase metálica na primeira etapa de extração de metais; poderiam ser removidos com maior eficiência simplesmente contactando o sal combustível fundido com Bi fundido sem redutor de Li numa etapa de extração que precede a etapa de extração de actinídeos. Seriam necessários dados de partição utilizando a(s) composição(ões) do sal selecionada(s) para um LFTR de sal fundido para fazer uma avaliação quantitativa da eficiência da separação e das possíveis armadilhas do processo. Um método semelhante pode também ser possível com outros metais líquidos, como o alumínio.

Reação redox com alumínio fundido :

O alumínio é usado como um solvente metálico eficiente para a separação de actinídeos (An) de lantanídeos (Ln). No sal de fluoreto fundido, foi desenvolvida a técnica de extração redutora em que a separação se baseia em diferentes distribuições de An e Ln entre o sal e as fases de Al metálico. Os actinídeos são extraídos seletivamente pela liga de alumínio fundido que actua como redutor e solvente. Um processo de extração redutora numa só fase, utilizando uma solução concentrada, permite uma recuperação de mais de 99,3% de Pu e Am. Foram também obtidos excelentes factores de separação entre Pu e Ln.

Métodos electroquímicos:

No processo eletroquímico, o tório é separado da mistura de actinídeos e produtos de cisão. O meio de transporte é um sal fundido de NaCl-KCl a 1000 K. O tório é recolhido no cátodo e removido periodicamente para processamento posterior. Os produtos de cisão de metais nobres (Zr, Mo, Ru, etc.) permanecem no ânodo. Os actinídeos e os produtos de cisão das terras raras permanecem no sal fundido. Dado que os potenciais de redução dos REE se situam entre os dos actinídeos e os do Li ou Be, os actinídeos teriam de ser removidos electroquimicamente antes de os REE poderem ser removidos. Os actinídeos separados seriam redissolvidos (por fluoração ou por dissolução anódica) de novo no sal combustível. Os REE seriam removidos quer electroquimicamente, quer por precipitação sob a forma de óxidos. Na literatura é apresentado um fluxograma concetual para um esquema de separação eletroquímica dos REE. Note-se que a remoção efectiva dos REE do sal combustível neste esquema é feita por oxidação com Li2O e não electroquimicamente.

A viabilidade da separação de actinídeos-lantanídeos-solvente por eletrodeposição selectiva dos elementos num substrato catódico inerte (Mo, Ta) ou reativo (Ni) foi testada com êxito em meios de fluoreto fundido. Os solventes a utilizar para uma separação eficiente devem ser meios de fluoreto que contenham lítio como catião. Os substratos inertes são adequados para a separação actinídeos/lantanídeos. O substrato de níquel é mais adequado para a extração de lantanídeos do solvente, devido à despolarização que ocorre no processo catódico através da formação de ligas. A viabilidade da via eletroquímica em fluoretos fundidos para separar o tório e os lantanídeos e extrair os lantanídeos do solvente foi investigada na literatura.

Piroquímica (electrorefinação)

Os processos de electrorefinação foram investigados para utilização no IFR no Argonne National Laboratory e poderiam ser adaptados para utilização num queimador de actinídeos FS-MSR. Note-se que este tipo de processo poderia ser utilizado tanto como parte do processamento do combustível LWR de base como como parte da limpeza dos sais de combustível que circulam pelo reator. As separações electroquímicas podem ter lugar em electrólitos de sais fundidos; para utilização no MSR, faz sentido utilizar o sal portador de combustível como eletrólito, se possível. Estas técnicas tiram partido de processos químicos eléctricos em vez de equilíbrio químico para obter separações.

Os processos incluem a redução electrolítica e a electrorefinação como principais métodos de tratamento do combustível nuclear usado. Os combustíveis de óxido usados devem ser reduzidos à forma metálica antes da etapa de electrorefinação. A etapa de redução electrolítica pode ser utilizada para remover o oxigénio da fusão sob a forma de gás. Um metal específico pode ser recuperado ajustando o potencial elétrico através da célula de separação para valores de sentido oposto à força eletromotriz desse metal no eletrólito de sal fundido. Ajustes sucessivos no potencial permitem que os vários metais sejam recuperados sequencialmente, ou múltiplos cátodos podem ser usados para capturar os metais de interesse.

Separação por permuta iónica

O pertecnetato e o iodeto aniónicos são menos capazes de se adsorverem nas superfícies dos minerais, pelo que são provavelmente mais móveis. A química ambiental do tecnécio é uma área de investigação ativa. Em 2012, o composto cristalino Notre Dame Thorium Borate-1 (NDTB-1) foi apresentado por investigadores da Universidade de Notre Dame. Os resultados laboratoriais utilizando os cristais NDTB-1 removeram aproximadamente 96% do tecnécio-99 (meia-vida de 211.000 anos). A longa meia-vida do tecnécio-99 e a sua capacidade de formar uma espécie aniónica fazem dele, juntamente com o 129-I, uma grande preocupação quando se considera a eliminação a longo prazo de resíduos radioactivos de alto nível. Um método alternativo de eliminação é a transmutação em ruténio estável (100Ru).

Limpeza de sal combustível

O sal combustível no circuito primário do MSR deve ser processado para remover os venenos de neutrões e os gases dos produtos de cisão à medida que são gerados, a fim de minimizar as perdas de neutrões, e possivelmente remover os metais nobres que podem espalhar-se nas superfícies do sistema do reator e interferir com as operações da central. Além disso, será necessário remover impurezas, como o oxigénio, para manter o potencial redox adequado de flúor ou cloro no sal, a fim de combater a corrosão dos materiais. A hidrofluoração é normalmente utilizada para remover a humidade. O sal é mantido reduzido para controlar a corrosão dos materiais estruturais, mantendo o rácio UF4/UF3 ((TRU)F4/(TRU)F3) em aproximadamente 0,05 como agente tampão.

RESÍDUOS RADIOACTIVOS

O processo de extração do tório da crosta terrestre é um método de extração muito mais seguro e eficiente do que o do urânio. O minério de tório, a monazite, contém geralmente concentrações mais elevadas de tório do que a percentagem de urânio encontrada no respetivo minério. Este facto torna o tório uma fonte de combustível mais eficiente em termos de custos e menos prejudicial para o ambiente. A extração de tório é maioritariamente feita a céu aberto, o que é mais fácil e menos perigoso do que a extração de urânio. As minas de tório não requerem ventilação como as minas subterrâneas de urânio, onde os níveis de rádon são potencialmente nocivos. Com combustível fundido, um LFTR geraria 4.000 vezes menos resíduos de mineração, resolvendo o impacto ambiental negativo da humanidade.

Reator de água leve de combustível sólido, utiliza 250 toneladas de urânio natural (incluindo 1,75 toneladas de U-235) para produzir 1 gigawatt de eletricidade durante 1 ano, produzindo 35 toneladas de urânio enriquecido (1,15 toneladas de U-235). Sobram 215t de urânio empobrecido (0,6t U-235), 35t de combustível irradiado (33,4t U- 238, 0,3t U-235, 1,0t de produtos de cisão e 0,3t de plutónio) que é altamente radioativo durante 10 000 a 1 milhão de anos, segundo Kirk Sorensen TEAC3. A utilização do tório pode reduzir e eventualmente eliminar a necessidade do processo de enriquecimento de urânio.

Um GW é aproximadamente a dimensão média de um reator nuclear típico da atual geração. Atualmente, o mundo tem quase mais de 400 000 toneladas de combustível usado (2017), com um aumento anual de cerca de 10 500 a 11 000 toneladas. Os reactores de água leve com combustível de urânio transmutam normalmente parte do U-238 em Pu-239, um isótopo de vida longa, com uma semi-vida de 24 000 anos, que é o transurânico mais comum no combustível nuclear irradiado de reactores de água leve Fig. 24. Os elementos transurânicos radiotóxicos de longa duração presentes no combustível irradiado dos PWR, como o Pu-239, Np, Pu, Am, Cm, Bk e Cf, causam a perceção de que os resíduos dos reactores são um problema eterno Fig. 25. Os EUA geram

2.000 toneladas de resíduos nucleares por ano, para gerar 838TWh/ano de eletricidade. (http://www.pdfdrive.net/fast-reator-development-in-the-united-states- e2611848.html.)

O facto de os LFTR de combustível fundido gerarem até 10 000 vezes menos resíduos nucleares do que qualquer reator de combustível sólido reduz a dor de cabeça da gestão dos resíduos radioactivos a longo prazo. Os LFTR evitam a acumulação dos transurânicos mais pesados, eliminando a necessidade de instalações provisórias de armazenamento e eliminação em grande escala a longo prazo para o combustível irradiado e os resíduos altamente radioactivos. Os subprodutos da cisão podem ser facilmente separados, pelo que o resto do combustível cede completamente no núcleo do reator, resultando num sistema de reciclagem mais limpo e completo.

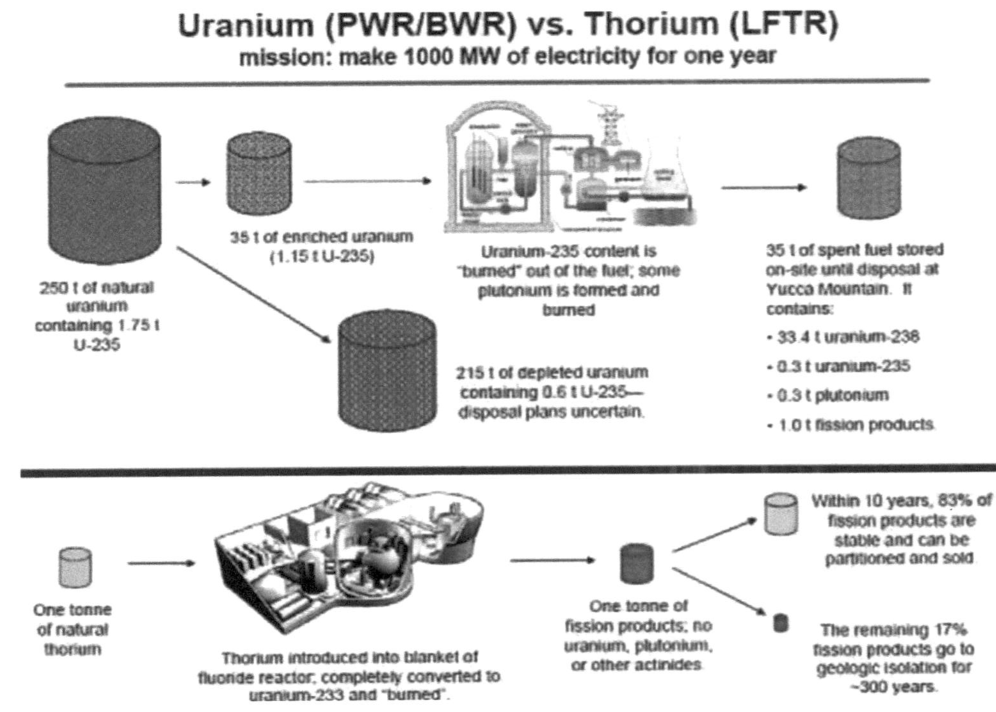

Fig.(24) Urânio (PWR/BWR) vs. Tório LFTR (aliança energética do tório). outubro (2012)

293

A LFTR Produces Much Less Long-lived Waste than PWRs

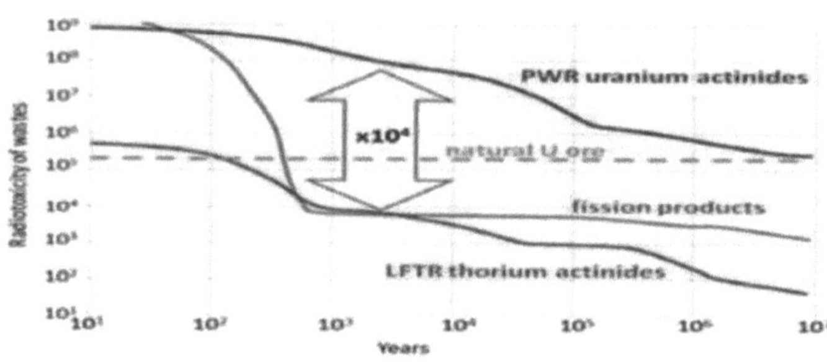

Fig. (25) O LFTR produz muito menos resíduos de longa duração do que o PWR

O LFTR continua a produzir produtos de cisão radioactivos nos seus resíduos, mas estes não duram muito tempo - a radiotoxicidade destes produtos de cisão é dominada pelo césio-137 e pelo estrôncio-90. Dez meias-vidas reduzirão a radioatividade por um fator de 1024. Os produtos de cisão, nesse momento, em cerca de 300 anos, são menos radioactivos do que o urânio natural. O estado líquido e a elevada temperatura do material combustível permitem a fácil separação dos produtos de cisão.

Em conclusão, as centrais LFTR produziriam muito menos resíduos ao longo de toda a sua cadeia de processos, desde a extração do minério até ao armazenamento dos resíduos nucleares, do que as centrais LWR. Uma central eléctrica LFTR produziria menos resíduos mineiros (sólidos e líquidos de carácter semelhante aos da extração de urânio). Para produzir a mesma quantidade de eletricidade num ano, um reator LFTR à base de tório produziria 0,8-1,0 toneladas de resíduos, principalmente produtos de cisão. Os subprodutos da cisão são facilmente removidos do sal fundido e armazenados em segurança. Todos têm meias-vidas curtas: 83% são seguros em 10 anos ou menos; 17% (135kg ou 300lbs por 1 giga-watt-ano de eletricidade) são seguros em 300 anos Fig. (25). Os elementos com meias-vidas longas transmutam-se no reator, onde o bombardeamento de neutrões os faz cindir ou decair em elementos com meias-vidas curtas. O tório é uma fonte de energia verdadeiramente sustentável, que resolve uma grande parte do impacto ambiental negativo da humanidade e constitui uma ponte de baixo carbono.

A tabela (9) compara um kg GWe-ano de resíduos radioactivos gerados pelo cenário MSFR com os gerados pelos combustíveis dos reactores LWR e VHTR do tipo leito de seixos (também conhecido como PBMR).

[155] Darryl D. Siemer, Why the molten salt fast reator (MSFR) is the "best" Gen IV reator, Energy Science and Engineering, Volume 3, Issue 2, 2015. https://doi.org/10.1002/ese3.59].

Os valores da produção de resíduos TRU deste cenário MSFR foram calculados por Carlo Fiorina utilizando um programa "extended-EQL3D" e a base de dados nucleares JEFF3.1. Os valores dos resíduos TRU dos LWR baseiam-se numa análise recente de 37 GWd/MTU de barras de combustível de Fukishima (ORNL TM2010/286 http://info.ornl.gov/sites/publications/files/Pub27046.pdf). Os valores HTGR Pu-waste/GWe foram calculados a partir dos dados da tese de mestrado de Julian Lebenhaft (MIT 2001) http://hdl.handle.net/1721.1/28288.

Quadro (9) Resíduos radioactivos gerados por MSFR em comparação
com os gerados por LWR e PBMR VHTR

	kg waste/GWe-year		
TRU isotope	MSFR	LWR	PBMR
Np			
237	3.67	9.88	NA
238	0.003	NAa	NA
239	4.5E-4	NA	NA
Pu			
238	1.301	3.46	3.9
239	0.159	109.00	75.2
240	0.027	63.00	56.2
241	0.003	27.00	37.0
242	0.000	7.80	32.1

| | kg waste/GWe-year | | |
TRU isotope	MSFR	LWR	PBMR
Am			
241	0.002	0.98	NA
242	1.3E-6	0.01	NA
243	7.9E-5	1.95	NA
Cm			
242	1.5E-4	0.50	NA
243	1.5E-05	0.01	NA
244	2.4E-5	0.50	NA
Total TRU kg	5.16	224	204
Other radwastes			
FP	762	1154	952
U	0	~20,000	~12,000
"Hot" metallic	~700	~3000	0
"Hot" moderator	0	0	377,000

a NA = o documento não menciona esse isótopo.

https: //cordis.europa. eu/proj ect/id/249696/reporting

Os resíduos radioactivos têm de ser geridos, isolados e confinados em instalações de eliminação adequadas durante um período de tempo suficiente até deixarem de ter efeitos perigosos. O período de tempo durante o qual os resíduos devem ser armazenados e finalmente eliminados depende do tipo de resíduos e das meias-vidas dos isótopos radioactivos (dez vezes a meia-vida). Pode variar entre alguns dias, no caso dos isótopos de vida muito curta, e milhões de anos, no caso do combustível nuclear sólido usado.

TRANSMUTAÇÃO E DESTRUIÇÃO DE RESÍDUOS DE LONGA DURAÇÃO

O sal fundido de fluoreto líquido (combustível e refrigerante) é um líquido homogéneo impermeável aos danos causados pelas radiações e pode aceitar qualquer composição de plutónio, neptúnio, amerício e cúrio até ao limite de solubilidade. Os reactores de combustível sólido só podem aceitar quantidades limitadas destes actinídeos superiores e o fabrico de combustíveis sólidos com quantidades elevadas destes actinídeos é difícil. Os reactores de combustível sólido utilizam normalmente plutónio reprocessado, mas não utilizam o amerício e o cúrio, que constituem uma grande parte da radiotoxicidade dos resíduos de longa vida. A transmutação dos actinídeos menores e dos produtos de cisão de longa duração resultantes da fase final do ciclo do combustível seria uma das etapas-chave de qualquer futuro ciclo do combustível nuclear sustentável.

No caso do 233U, a probabilidade de cisão na absorção de um neutrão térmico é de cerca de 92%; o rácio captura/fissão do 233U é de cerca de 1:12, o que é melhor do que os rácios captura/fissão correspondentes do 235U (cerca de 1:6), ou do 239Pu ou 241Pu (ambos cerca de 1:3). O resultado são menos resíduos transurânicos do que num reator que utilize o ciclo do combustível urânio-plutónio. Em conclusão, os LFTR podem reduzir drasticamente a radiotoxicidade a longo prazo dos resíduos dos seus reactores.

A quase totalidade dos núcleos de combustível do ciclo do tório (98-99%) produziria 233U ou 235U, pelo que são produzidos menos transurânicos de longa duração. Por este motivo, o tório é uma alternativa potencialmente atractiva ao combustível de urânio para minimizar a produção de transurânicos e maximizar a destruição do plutónio.

Certos elementos radioactivos (como o plutónio-239 e outros actinídeos dos reactores de combustível sólido) no combustível "usado" continuarão a ser perigosos para os seres humanos e outras criaturas durante centenas de milhares de anos. Assim, estes resíduos devem ser protegidos durante séculos e isolados do ambiente vivo [156].

O MSFR é constituído por um sistema de processamento frontal para a utilização do combustível irradiado dos LWR e por um sistema de processamento do sal para a limpeza do sal combustível que passa pelo reator. O combustível para um queimador de actinídeos de um reator de sal fundido de espetro rápido (FS-MSR) é uma mistura de fluoretos ou cloretos de plutónio e actinídeos menores (Np, Am, Cm) provenientes de combustível LWR usado. São necessários processos prévios para converter o combustível LWR usado numa forma adequada para dissolução num sal fundido. O processamento frontal começa com o combustível irradiado da parte de trás do LWR e inclui etapas para remover as barras de combustível usadas dos conjuntos de barras de combustível e cortar ou cisalhar as barras em pedaços mais pequenos para posterior manuseamento. Dependendo dos processos de separação selecionados para o tratamento do combustível usado antes da dissolução dos actinídeos no sal portador de fluoreto ou cloreto, é utilizada a desclassificação mecânica ou química do combustível usado. As separações iniciais dos actinídeos podem ser efectuadas por processos hidrometalúrgicos tradicionais ou, em alternativa, por piroprocessos [156].

Os resíduos radioactivos LFTR que não têm aplicação útil possível nos diferentes domínios são tratados como resíduos de média ou alta radioatividade, dependendo do tipo e da concentração de sais na solução de resíduos, do nível de radioatividade e da meia-vida dos resíduos de radionuclídeos separados. Os principais objectivos destes processos de tratamento/solidificação serão reduzir o volume e o peso dos fluxos de resíduos e transformá-los em formas finais de resíduos sólidos, incorporando-os numa matriz inerte estável para reduzir a sua possível libertação para o ambiente. As formas finais de resíduos serão adequadas para eliminação a longo prazo e isolamento do ambiente.

Outro método de transformação do fluxo de resíduos do processamento em linha, após tratamento químico, em resíduos sem flúor, é depois solidificado por incorporação em zeólito com uma frita de vidro borossilicato e sinterização da mistura numa prensa isostática quente. A forma de resíduo resultante consiste numa cerâmica multifásica ligada a vidro. Se o sal de fluoreto for primeiro convertido num óxido, a produção de um vidro ou de uma cerâmica multifásica envolvendo as fases acima mencionadas seria uma extensão direta do trabalho anterior. O flibe solúvel pode ser transformado em fluorapatite como forma final de resíduos de produtos de cisão com uma transferência mínima de actinídeos.

Nos LFTR, a fração de combustível que atinge elementos transurânicos é de apenas 2%, cerca de 15 kg por GWe-ano. Trata-se de uma produção de transurânicos 20 vezes inferior à dos reactores de água leve, que produzem 300 kg de transurânicos por GWe-ano. Esta produção transurânica muito mais pequena é muito mais fácil de reciclar. No LFTR, apenas uma fração de um por cento, como perdas de reprocessamento, vai para os resíduos finais. Quando se combinam estes dois benefícios de uma menor produção transurânica e de reciclagem, um ciclo de combustível de tório reduz a produção de resíduos transurânicos em mais de dez mil vezes (como já foi referido) em comparação com um reator convencional de água leve alimentado a urânio, de passagem única Fig (25). Em conclusão, os LFTR podem reduzir drasticamente a radiotoxicidade a longo prazo dos seus resíduos [155, 162].

PROJECTOS DE INVESTIGAÇÃO E DESENVOLVIMENTO

O desenvolvimento da tecnologia MSR está a decorrer em muitos países com base numa variedade de conceitos de reactores, que podem ter a sua origem na Experiência do Reator de Sal Fundido (Oak Ridge National Laboratories na década de 1960). Os actuais esforços de investigação e desenvolvimento centram-se na resolução de questões relacionadas com os materiais, na avaliação das caraterísticas de segurança, no desenvolvimento de métodos de conceção do núcleo e na avaliação de modelos económicos.

A AIEA promove um intercâmbio internacional de informações sobre os avanços na tecnologia dos reactores MSR. Proporciona um fórum para a colaboração internacional em actividades de I&D e apoia os Estados-Membros fornecendo informações objectivas e fiáveis e a compreensão de várias tecnologias de reactores e das suas aplicações não eléctricas.

O interesse renovado nos últimos anos deveu-se ao potencial significativo de aumento da flexibilidade, segurança e fiabilidade, bem como às caraterísticas de segurança passiva inerentes, em comparação com os reactores tradicionais de água pressurizada (PWR). Os MSR cumprem muitos objectivos futuros em matéria de energia nuclear, como a melhoria da sustentabilidade, a elevada segurança, a elevada eficiência, as caraterísticas passivas de elevada segurança e ajudam a reduzir os resíduos nucleares. O MSR foi escolhido como um dos seis projectos da Geração IV selecionados para desenvolvimento futuro. No programa da Geração IV para a MSR, a I&D em colaboração é levada a cabo por membros interessados sob os auspícios de um comité diretor provisório.

A experiência adquirida com a conceção, operação e manutenção de componentes com sais limpos facilita muito a consideração da utilização de combustíveis líquidos para obter várias vantagens importantes, como a capacidade de operar reactores a baixa pressão e a temperaturas mais elevadas.

O objetivo do projeto do reator de tório com fluoreto líquido (LFTR) proposto pela Flibe Energy é desenvolver uma central nuclear que produza energia eléctrica a baixo custo. Ao utilizar combustível de tório num espetro de neutrões térmicos, o reator é capaz de utilizar o conteúdo energético do tório com uma eficiência muito elevada. Alguns dos principais princípios seguidos na conceção são: (i) segurança intrínseca, sem fusão e com um núcleo não pressurizado; (ii) simplicidade, para ter uma conceção intrinsecamente estável e auto-regulada; (iii) eficiência de combustível e (iv) potencial para produzir muito menos resíduos.

Tem havido um interesse crescente no conceito de reactores de sal fundido (MSR) em vários países, por exemplo, Japão, Rússia, China, França e EUA. A investigação e o desenvolvimento de reactores nucleares à base de tório, principalmente o reator de fluoreto líquido de tório (LFTR), conceção MSR, foram ou estão atualmente a ser realizados nos EUA, Reino Unido, Alemanha, Brasil, Índia, China, França, República Checa, Japão, Rússia, Canadá, Israel e Países Baixos. Realizam-se conferências com peritos de 32 países, incluindo uma da Organização Europeia para a Investigação Nuclear em 2013, que se centra no tório. Seguem-se alguns exemplos de países que se dedicam à tecnologia MSR.

EUA

EUA (MSRE & MSBR) (ORNL)

O Laboratório Nacional de Oak Ridge (ORNL) assumiu a liderança na investigação dos MSRs durante a década de 1960, especialmente o Molten-Salt Reator Experiment (MSRE). O MSRE era um reator de ensaio de 7,4 MWth que simulava o "núcleo" neutrónico de um tipo de reator epitérmico de tório de sal fundido chamado reator de fluoreto de tório líquido (LFTR). A grande (e dispendiosa) manta de sal de tório foi omitida em favor das medições de neutrões. Os primeiros trabalhos de desenvolvimento, realizados no âmbito do Programa do Reator de Sal Fundido no ORNL, estão na origem da maior parte dos trabalhos atualmente realizados em diferentes países sobre uma variedade de conceitos de MSR. Nas décadas de 1960 e 1970, o desenvolvimento do combustível de tório para a energia nuclear foi de grande interesse a nível mundial. Foi demonstrado que o tório podia ser utilizado praticamente em qualquer tipo de reactores existentes. Os reactores de sal fundido (MSR) são considerados em alguns países como uma tecnologia avançada de reactores promissora devido aos vários benefícios que lhes estão associados. A conceção do Molten Salt Reator Experiment (MSRE) começou no ORNL, EUA, em 1960, a construção foi iniciada em 1962 e a criticalidade inicial foi atingida em 1965 [23]. O pequeno protótipo da Experiência do Reator de Sal Fundido (MSRE) funcionou em Oak Ridge durante quatro anos até 1969, enquanto o programa MSR decorreu entre 1957 e 1976.

Em 1965-68, o tetrafluoreto de urânio-235 (UF_4) enriquecido a 33% foi dissolvido em fluoretos fundidos de lítio, berílio e zircónio a 600-650°C, que fluíram através de um moderador de grafite à pressão ambiente. A MSRE utilizou sal combustível com um ponto de fusão de 434°C e sal refrigerante com um ponto de fusão de 455°C. As tubagens, a cuba do núcleo e os componentes estruturais da MSRE foram fabricados em Hastelloy-N, moderados por grafite pirolítica. O objetivo inicial do MSRE era, em primeiro lugar, demonstrar o conceito como um reator simples e fiável, o que foi conseguido em março de 1965. O segundo objetivo foi atingido em (1968-69) utilizando combustível U-233 que estava então disponível, tornando o MSRE o primeiro reator a utilizar U-233, embora este fosse importado e não criado no reator. Este programa preparou o caminho para a construção de um reprodutor MSR utilizando tório, que operaria no espetro de neutrões térmicos (lentos). Foi registado um total de 10.000 horas de funcionamento. O programa de investigação de Oak Ridge em 1970-76 resultou num projeto MSR que utilizaria LiF-BeF -ThF -UF$_{244}$ (72:16:12:0.4) como refrigerante primário com combustível. Seria moderado por grafite com um calendário de substituição de quatro anos, utilizaria NaF-NaBF4 como refrigerante secundário e teria um pico de temperatura de funcionamento de 705°C.

A MSRE atingiu a potência máxima (7,34 MW) em 1966. As operações com 235U (~32% de enriquecimento) continuaram até 1968. As operações com o isótopo 233U (~91,5%) começaram em 1968 e continuaram até dezembro de 1969. As últimas adições de reabastecimento foram efectuadas utilizando trifluoreto de plutónio (239PuF3). Foram testados três tipos de combustível: urânio enriquecido a 30wt% com U-235, U-233 puro e Pu-239. Nos EUA, foi iniciado em 1971 um projeto de produção de um reprodutor de sal fundido.

Trabalhos recentes centraram-se no fluido de arrefecimento de fluoreto de lítio e berílio (FLiBe) num espetro de neutrões rápidos (o MSFR) com combustível dissolvido de tório e U-233. Os MSFR têm grandes coeficientes negativos de temperatura e de vazio. Foi estudado em profundidade na década de 1960 e está agora a ser reavivado devido à disponibilidade de tecnologia avançada para os materiais e os componentes.
O Idaho National Laboratory concebeu um reator arrefecido a sal fundido e alimentado a sal fundido com uma potência prevista de 1000 MWe.

Em 2021, a Tennessee Valley Authority (TVA) e a Kairos Power anunciaram a construção de um reator de teste TRISO de 140 MWe, alimentado a baixa pressão e arrefecido a sal de flúor, em Oak Ridge, Tennessee. A Comissão Reguladora Nuclear dos EUA (NCR) emitiu uma licença de construção para o projeto em 2023. Prevê-se que o projeto funcione com uma eficiência de 45%. A temperatura de saída é de 650 °C (1.202 °F). A pressão do vapor principal é de 19 MPa. A estrutura do reator é em aço inoxidável 316. O combustível é enriquecido a 19,75%. O arrefecimento por perda de potência é passivo.

Também em 2021, a Southern Company, em colaboração com a TerraPower e o Departamento de Energia dos EUA, anunciou planos para construir o Molten Chloride Reator Experiment, o primeiro reator de sal de espetro rápido no Laboratório Nacional de Idaho.

A Abilene Christian University (ACU) solicitou à NRC uma licença de construção para um reator de investigação de sal fundido (MSRR) de 1MWt, a construir no seu campus em Abilene, Texas, como parte do laboratório Nuclear Energy eXperimental Testing (NEXT). A ACU planeia que o MSRR atinja a criticalidade em dezembro de 2025. Em janeiro de 2012, foi noticiado que o Departamento de Energia dos EUA está a "colaborar discretamente com a China" em projectos de energia nuclear à base de tório utilizando um reator de sal fundido.

Na altura, o programa MSR estava em concorrência com o programa de produção rápida de energia (fast breeder), que arrancou mais cedo e dispunha de abundantes fundos governamentais para o desenvolvimento, com contratos que beneficiavam muitas regiões do país. O projeto MSBR recebeu um financiamento de 74,9 milhões de dólares em 2022.

O reator de sal fundido desnaturado (DMSR) [editar] foi um projeto teórico de Oak Ridge que nunca foi construído. Engel et al 1980 afirmaram que o projeto "examina a viabilidade concetual de um reator de potência de sal fundido alimentado com urânio-235 desnaturado (ou seja, com urânio pouco enriquecido) e operado com um mínimo de processamento químico". A principal prioridade do projeto era a resistência à proliferação. Embora o DMSR possa teoricamente ser abastecido parcialmente com tório ou plutónio, o abastecimento apenas com urânio pouco enriquecido (LEU) ajuda a maximizar a resistência à proliferação. Outros objectivos do DMSR eram minimizar a investigação e o desenvolvimento e maximizar a viabilidade. O Fórum Internacional Geração IV (GIF) inclui o "processamento do sal" como uma lacuna tecnológica para os reactores de sal fundido. Teoricamente, o projeto do DMSR exige um processamento químico mínimo, uma vez que se trata de um queimador e não de um reprodutor [149].

O reator de fluoreto de tório líquido (LFTR) é um projeto de MSR heterogéneo que produz o seu combustível de U-233 a partir de uma manta fértil de sais de fluoreto de lítio-berílio (FLiBe) com fluoreto de tório. Os LFTR podem alterar rapidamente a sua potência de saída e, por conseguinte, ser utilizados para o seguimento da carga. Dado que se prevê que a sua construção e funcionamento sejam pouco dispendiosos, os LFTR de 100 MWe poderiam ser utilizados como unidades de energia de reserva e de pico.

A Flibe Energy, nos EUA, está a estudar um conceito de reator térmico moderado a grafite com dois fluidos de 40 MW, baseado no programa americano de reactores de sal fundido dos anos 60-70. Utiliza sal de fluoreto de lítio/fluoreto de berílio (FLiBe) como refrigerante primário em ambos os circuitos. O combustível é o urânio-233 produzido a partir do tório no sal de cobertura FLiBe. O sal combustível circula através de toros de grafite. O sal de arrefecimento do circuito secundário é fluoreto de sódio-berílio (BeF2-NaF). Está prevista uma instalação piloto de 2 MWt e, eventualmente, instalações comerciais de 2225 MWt.

A Transatomic Power (TAP) é uma nova empresa americana, parcialmente financiada pelo Founders Fund, cujo objetivo é desenvolver um MSR de um único fluido utilizando combustível de urânio muito pouco enriquecido (1,8%) ou a totalidade da componente de actinídeos do combustível LWR usado. O reator TAP tem um moderador eficiente de hidreto de zircónio e um sal combustível à base de LiF que contém o UF4 e os actinídeos, o que lhe confere um núcleo muito compacto. O refrigerante secundário é o sal FLiNaK (LiF- KF-

NaF). Devido ao moderador de ZrH, há significativamente mais neutrões na região térmica (menos de 1 eV) em comparação com um moderador de grafite, permitindo assim que o reator produza energia a partir de urânio muito pouco enriquecido ou de combustível LWR usado. Após um reator de demonstração de 20 MWt, a primeira central comercial prevista será de 1250 MWt/550 MWe, com uma eficiência térmica de 44% e uma temperatura de 650°C no circuito primário, utilizando um ciclo de vapor. O custo noturno de uma central de 550 MWe, incluindo o inventário de lítio-7 e a remoção e armazenagem em linha de produtos de cisão, foi estimado em 2 mil milhões de dólares, com um calendário de construção de três anos.

O programa MSR nos EUA começou com um estudo exaustivo do processo de fabrico de componentes hidráulicos de sal fundido em grande escala. Os estudos de conceção térmica e hidráulica de um gerador de vapor nuclear qualificado para uma grande MSR foram concluídos por um projetista industrial em meados da década de 1970 [168].

Em 1972, a Comissão de Energia Atómica efectuou uma avaliação da tecnologia MSR, documentada no relatório WASH-1222. O relatório indicava que seria necessário o desenvolvimento de engenharia de grandes componentes, uma melhor compreensão do comportamento dos produtos de cisão e técnicas adequadas de inspeção e manutenção remotas antes de as MSR serem adequadas para desenvolvimento.

A proliferação dos ciclos de combustível nuclear foi uma questão importante seriamente discutida durante a década de 1970. Os projectos de MSR que existiam nos EUA em 1976 não se centravam em tornar difícil ou facilmente detetável o desvio de material cindível. Progressos na gestão dos resíduos radioactivos de grafite. [IAEA TECDOC 1647, 2010 http://www-pub.iaea. org/MTCD/Publications/PDF/te_1647_web.pdf]

https://www.presidency.ucsb.edu/node/243132

França

O projeto TMSR (Thorium Molten Salt Reator) foi iniciado em França pelo Laboratoire de Physique Subatomique et de Cosmologie (LPSC-lab) em Grenoble, Électricité de France (EdF) e Centre National de la Recherche Scientifique (CNRS). A proposta do projeto EVOL (Evaluation and Viability Of Liquid Fuel Fast Reator System) aborda um conceito comum de reator rápido de sal fundido apoiado por todos os parceiros envolvidos na investigação europeia sobre MSR. Nas últimas décadas, as instituições europeias propuseram uma grande variedade de conceitos de reactores de sal fundido e de reactores reprodutores. Após os estudos e programas de investigação do consórcio multidisciplinar, foi aprovado um conceito europeu comum de reator de sal fundido para a GEN-IV. O projeto MSFR proposto será uma importante contribuição europeia para a iniciativa GEN-IV e, especificamente, para a atividade MSR, na qual a França e a EURATOM são os parceiros. Trata-se de um sistema inovador não moderado, capaz de produzir 233U a partir de 232Th e de funcionar também como queimador de plutónio e actinídeos menores, tendo sido escolhido como representante das actividades de investigação francesas no domínio do reator de sal fundido. [169]

O projeto EVOL do CNRS, com o objetivo de propor uma conceção do reator rápido de sal fundido (MSFR), publicou o seu relatório final em 2014 (1 de abril de 2015)[169]. O projeto EVOL será continuado pelo projeto financiado pela UE Safety Assessment of the Molten Salt Fast Reator (SAMOFAR), no qual colaboram vários institutos de investigação e universidades europeus. Vários projectos MSR, como o FHR, o MOSART e o MSFR, têm temas comuns de investigação e desenvolvimento[169].

Em França, a Comissão Francesa das Energias Alternativas e da Energia Atómica (Commissariat à l'Énergie Atomique, CEA) e a Électricité de France (EDF) desenvolveram a MSR de 1973 a 1983. Este trabalho envolveu quatro circuitos experimentais, incluindo o desenvolvimento de uma bomba e de um permutador de calor. As MSR foram identificadas como um dos tipos mais prometedores em muitos documentos [169].

A I&D francesa sobre MSRs teve duas fases. A primeira fase, de 1998 a 2005, consistiu numa otimização e estudo aprofundados de um reator do tipo MSBR (molten salt breeder reator). A primeira fase concluiu que nenhuma conceção de um reator do tipo MSBR moderado por grafite atingia todos os objectivos de conceção (ou seja, iso-breeding, coeficientes de feedback de reatividade negativos e, especialmente, um tempo de vida razoável da grafite). Foi tomada a decisão de evitar a utilização de grafite e de desenvolver conceitos MSR não moderados.

A segunda fase da I&D francesa decorreu de 2004 a 2021. Em 2004, o CNRS propôs o TMSR não moderado, que utiliza um sal de flúor e é um iso-breeder. Este conceito passou a designar-se MSFR.

Foi estudada a viabilidade de um TMSR (MSFR) sem grafite no núcleo. O objetivo era resolver os problemas que afligiam o MSBR. Este reator terá duas zonas: um recipiente homogéneo com sal combustível onde ocorrem as fissões e uma zona envolvente de tório fértil. Os cálculos mostram que este conceito tem várias caraterísticas positivas: coeficientes de reatividade muito negativos e uma razão de reprodução elevada (~ 1,10).

Os reactores rápidos de sal fundido alimentados com combustível líquido, com várias opções de conceção, apresentam diferenças de desempenho em relação aos actuais LWR. A diferença mais óbvia dos MSFR é o facto de não ser necessária uma instalação de fabrico de combustível sólido. O fabrico e a qualificação de formas de combustível sólido que incluam as quantidades variáveis de actinídeos menores presentes no combustível usado dos LWR é tecnicamente difícil e dispendioso. Os MSFR evitam essencialmente toda a questão da qualificação do combustível e são tolerantes a qualquer composição de material cindível (dentro do limite de solubilidade). Graças à forte reatividade térmica negativa que lhes é inerente, é facilitado o controlo necessário para acomodar um fluxo de alimentação de combustível variável. Os MSFR oferecem um potencial único para a extensão dos recursos cindíveis sem necessidade de uma fase do processo de separação de materiais cindíveis. O único processamento de combustível que parece ser necessário para muitos anos de funcionamento do ciclo de conversão MSFR é a captura dos gases dos produtos de cisão (possivelmente extraídos por aspersão de hélio) e a filtragem mecânica das partículas de produtos de cisão de metais nobres à medida que se acumulam no sal combustível. Os metais nobres podem, na verdade, ser benéficos para o funcionamento da MSFR, uma vez que se depositam construindo uma camada protetora no limite de pressão do material estrutural (e, por isso, podem não ter necessariamente de ser removidos).

O MSFR é um conceito de reator homogéneo que utiliza um espetro de neutrões rápidos, sal fundido como refrigerante e sal combustível líquido em circulação, sem moderador no núcleo. O calor é extraído do núcleo por um permutador de calor intermédio de sal fundido. As espécies voláteis são continuamente removidas por borbulhamento de gás e armazenadas e processadas em invólucros de gás específicos. Os grandes coeficientes negativos de temperatura e de vazio permitem um controlo da reatividade baseado no equilíbrio entre a energia gerada no sal combustível e a energia extraída nos permutadores de calor, pelo que não são necessárias barras de controlo e/ou venenos de neutrões. A ausência de barras de controlo simplifica a construção e o funcionamento do reator e elimina alguns factores iniciadores de acidentes (por exemplo, a ejeção de uma barra de controlo). Em caso de falha, o sal combustível fundido e o líquido de arrefecimento são drenados passivamente para um sistema de drenagem de emergência, onde são arrefecidos passivamente por convecção de gás natural ou ar.

Os projectos franceses de MSR desenvolvidos entre 1998 e 2008 fornecem informações técnicas pormenorizadas sobre o trabalho de investigação em reactores de sal fundido moderados e não moderados. O CNRS, Centro Nacional de Investigação Científica de França (Centre National de la Recherche Scientifique), desenvolveu desde 2004 um conceito inovador de reator rápido de sal fundido (MSFR) baseado na particularidade de utilizar combustível líquido, considerando a remoção da grafite e do BeF2 e utilizando um reprocessamento reduzido para evitar os inconvenientes da conceção anterior. Este conceito é derivado da experiência americana de demonstração de reactores de sal fundido desenvolvida nos anos 60 (Oak Ridge National Laboratory).

O CNRS levou a cabo actividades de I&D sobre o conceito MSFR com parceiros nacionais e europeus. O Fórum Internacional Geração IV selecionou o MSFR representativo de um reator com sal fundido como combustível e refrigerante devido às suas promissoras caraterísticas de segurança e de conceção.

A configuração "MSFR de referência" utiliza um sal de fluoreto, foi estudada durante mais de 15 anos no CNRS e em projectos europeus, e está principalmente adaptada ao ciclo Th-U em modo reprodutor. Nesta configuração, o sal combustível é baseado no eutéctico LiF- ThF4 e contém UF4 e PuF3 como sais cindíveis. A conceção do MSFR de referência é um reator de 3000 MW(th) baseado num volume de sal combustível de fluoreto de 18 m3 e que funciona a uma temperatura média do sal combustível de 700°C [170].

O núcleo do MSFR de referência é um cilindro circular direito com diâmetro igual à altura (cada um com 2,17 m), rodeado axialmente por espessos reflectores de aço e radialmente por uma camada de sal de cobertura fértil com 50 cm de espessura e uma camada de carboneto de boro. O núcleo do MSFR de referência é preenchido com o sal combustível, sem estruturas internas no núcleo. O combustível circula para fora do núcleo através de 16 circuitos externos, cada um dos quais inclui uma bomba. Um tanque de transbordo geometricamente seguro acomoda a expansão/contração do sal devido a mudanças de temperatura. Todo o circuito primário, incluindo a unidade de reprocessamento de gás, estaria contido numa cuba de contenção secundária. A figura (26) mostra um esquema da disposição do circuito primário e o quadro (10) resume os seus parâmetros principais.

As referências [164 e 165] apresentam descrições mais pormenorizadas do próprio reator e das suas caraterísticas, se utilizado como tecnologia de tratamento de resíduos para TRU derivadas de LWR, e abordam caraterísticas relevantes para a sua utilização como reator alimentado a tório genuinamente sustentável, operado para produzir eletricidade barata e limpa [171].

Em 2018, tiveram início novas actividades de investigação sobre pequenas versões modulares do MSFR (S-MSFR), a operar como um ciclo de combustível reprodutor ou como um queimador de actinídeos e utilizando um sal de cloreto. Estas actividades de I&D foram alargadas à luz de um interesse crescente em França em avaliar a capacidade destes sistemas MSFR para satisfazer os objectivos dos reactores da Geração IV [170 & 172] em termos de sustentabilidade, poupança de recursos (por exemplo, ciclo de combustível fechado, sem enriquecimento de urânio), segurança, gestão de resíduos (por exemplo, queimador de actinídeos) e não proliferação

A Electricité de France também propôs um MSR iso-breeder não moderado em 2004, o REBUS-3700 [65, 66] com um ciclo clássico de U-Pu empobrecido. Este reator utiliza um sal de cloreto (38UCl3-7TRUCl3-55NaCl mol%) porque um estudo preliminar mostrou que a reprodução de 238U-239Pu é difícil de alcançar com um sal de fluoreto. Ambos os reactores não moderados apresentam coeficientes de feedback de reatividade largamente negativos e são iso-produtores com reprocessamento limitado de combustível (cerca de 40 L de sal reprocessado por dia) [173 & 174].

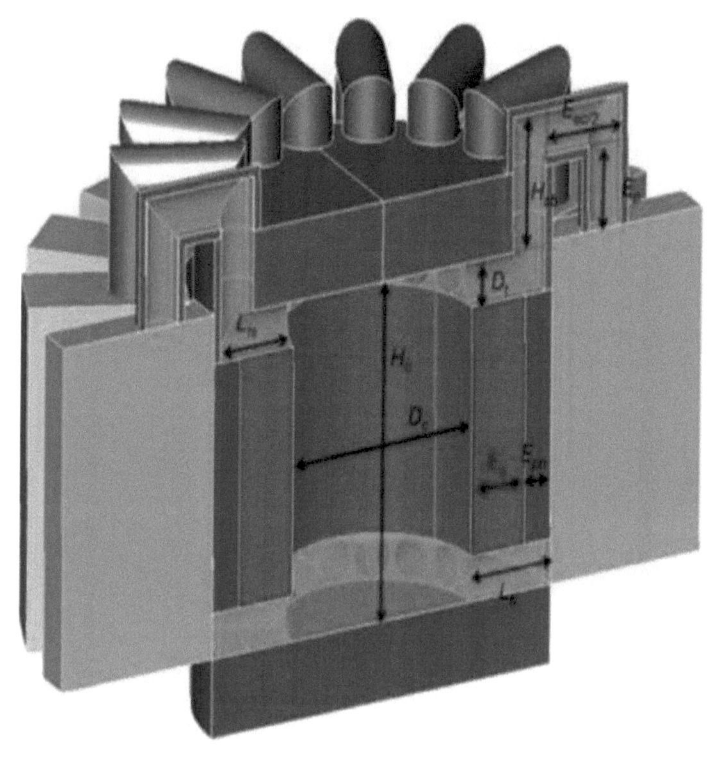

E_{inj2}
H_{ab}
E
D_t
L_{fb}
H_a
D_c
R_b
E_{inj}
L_b

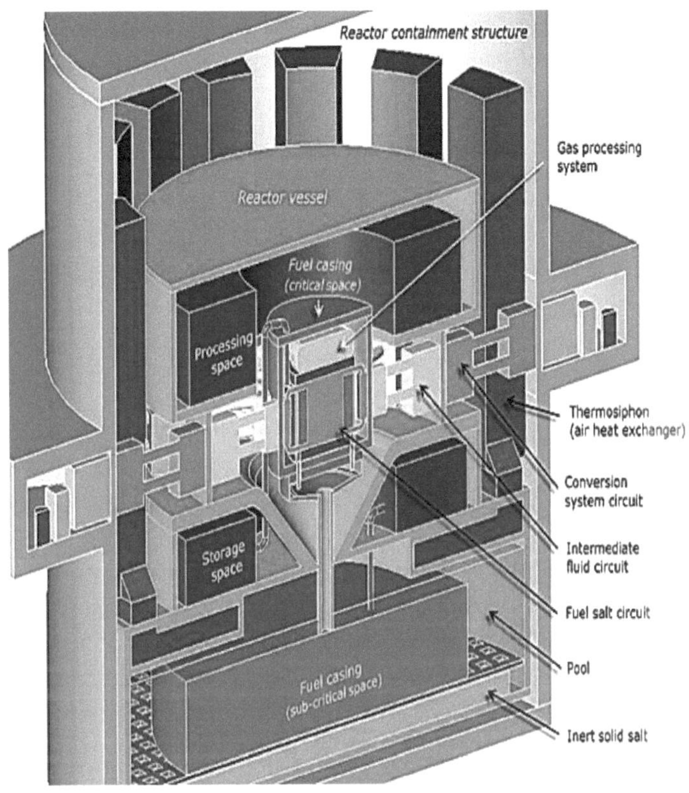

Figura 26 Esquema do traçado do circuito primário (MSFR)

Tabela (10) Parâmetros de projeto MSFR

Parâmetros de conceção

Salt velocity in pipes assuming 0.3 m diameter	~4 m/sec
Thermal/electric power output	3000 MWt/1500 Mwe
Core inlet/outlet temperatures	923/1023 K
Fuel salt volume total fuel inventory	18 m^3
Fraction of salt inside the core	50%
Number of loops for heat exchange	16
Blanket thickness	50 cm
Blanket salt volume	7.3 m^3
Boron carbide layer thickness	20 cm

China

A República Popular da China iniciou um projeto de investigação e desenvolvimento da tecnologia de reactores de sal fundido com tório. Este projeto foi formalmente anunciado na conferência anual da Academia Chinesa de Ciências (CAS) em janeiro de 2011. O seu objetivo final é investigar e desenvolver um sistema nuclear de sal fundido à base de tório em cerca de 20 anos [175].

Na conferência anual da Academia Chinesa de Ciências de 2011, foi anunciado que "a China iniciou um projeto de investigação e desenvolvimento no domínio da tecnologia de reactores de sal fundido com tório". O programa de I&D sobre LFTRs, conhecido como reator de sal fundido alimentado a tório (Th-MSR ou TMSR), "afirma ter o maior esforço nacional do mundo neste domínio, esperando obter todos os direitos de propriedade intelectual sobre a tecnologia". A China planeia que o TMSR seja uma solução energética para a metade noroeste do país, com menor densidade populacional e pouca água. No início de 2012, foi noticiado que a China, utilizando componentes produzidos pelo Ocidente e pela Rússia, planeava construir dois protótipos de reactores de sal fundido com tório até 2015.

Um piloto de 10 MW e um demonstrador maior da variante de combustível líquido (TMSR-LF) foram planeados para 2024 e 2035, respetivamente. A China acelerou então o seu programa de construção de dois reactores subterrâneos de 12 MW nas instalações de investigação de Wuwei até 2020, começando com o protótipo TMSR-LF1 de 2 megawatts[176 & 177]. O projeto procurava testar novos materiais resistentes à corrosão[178]. [178] Em 2017, a ANSTO/Shanghai Institute Of Applied Physics anunciou a criação de uma liga de NiMo-SiC para utilização em MSR.

Em 2021, a China declarou que o protótipo de Wuwei poderia começar a produzir energia a partir do tório em setembro, com um protótipo a fornecer energia para cerca de 1.000 casas. É o primeiro reator nuclear de sal fundido do mundo, depois do projeto de Oak Ridge. O sucessor de 100 MW deverá ter 3 metros de altura e 2,5 metros de largura, com capacidade para fornecer energia a 100 000 habitações.

Foi anunciada a continuação dos trabalhos sobre reactores comerciais, com a data de conclusão prevista para 2030. O Governo chinês planeia construir reactores semelhantes nos desertos e planícies da China Ocidental, bem como até 30 reactores em países envolvidos na iniciativa chinesa "Uma Faixa, Uma Rota".

Em 2022, o Instituto de Física Aplicada de Xangai (SINAP) recebeu a aprovação do Ministério da Ecologia e do Ambiente para colocar em funcionamento uma MSR experimental alimentada a tório. O SINAP tem duas vertentes de desenvolvimento de TMSR: combustível sólido (TRISO em seixos ou prismas/blocos TMSR-SF) com ciclo de combustível único e combustível líquido TMSR-LF (dissolvido em fluoreto refrigerante) com reprocessamento e reciclagem. Está previsto um terceiro fluxo de reactores rápidos para consumir actinídeos dos LWR. O objetivo é desenvolver tanto o ciclo do combustível de tório como as aplicações não eléctricas num prazo de 20-30 anos.

O fluxo TMSR-SF tem uma utilização apenas parcial do tório, dependendo de alguma reprodução, tal como acontece com o U-238, e necessitando também de urânio físsil. Está optimizado para aplicações de energia nuclear híbrida com base em altas temperaturas. O SINAP tinha como objetivo inicial uma central piloto de 2 MW, embora esta tenha sido substituída por um simulador (TMSR- SF0). Está planeada para cerca de 2025 uma central de demonstração de 100 MWt em leito de seixos (TMSR-SF2) com ciclo de combustível aberto. As partículas TRISO serão produzidas com urânio pouco enriquecido e tório, separadamente.

O fluxo TMSR-LF reivindica um ciclo de combustível Th-U totalmente fechado com reprodução de U-233 e uma sustentabilidade muito melhor com o tório, mas com maiores dificuldades técnicas. É optimizada para a utilização de tório com piroprocessamento eletrometalúrgico. O SINAP visa inicialmente uma instalação piloto de 2 MWt (TMSR-LF1), depois um reator experimental de 10 MWt (TMSR-LF2) até 2025 e uma instalação de demonstração de 100 MWt (TMSR-LF3) com reprocessamento eletrometalúrgico completo até cerca de 2035, seguida de uma instalação de demonstração de um GW. O calendário da TMSR-LF está cerca de dez anos atrasado em relação ao da SF. Seguir-se-á um reator rápido de combustível líquido com sal fundido de tório (TMSFR-LF) optimizado para a combustão de actinídeos menores. O programa TMSR-SF está a avançar com o projeto preliminar de engenharia em cooperação com o Nuclear Power Institute of China (NPIC) e o Shanghai Nuclear Engineering Research & Design Institute (SNERDI). Estão a ser desenvolvidas ligas à base de níquel para as estruturas, juntamente com grafite de granulação muito fina.

O SINAP considera que o combustível de sal fundido é superior ao combustível TRISO em termos de queima efetivamente ilimitada, menos resíduos e menor custo de fabrico, mas atinge temperaturas mais baixas (600°C+) do que os reactores de combustível TRISO. Os objectivos a curto prazo incluem a preparação de ThF_4 e ThO_2 de qualidade nuclear e o seu ensaio num MSR. O adiamento da construção do reator de ensaio de 2 MW pode dever-se a um fornecimento inadequado de lítio-7 puro.

O TMSR-SF0 está à escala de um terço e tem uma fonte de calor eléctrica de 370 kW com refrigerante primário FLiNaK a 650°C e refrigerante secundário FLiNaK.

O TMSR-LF1 de 2 MWt está a ser construído em Wu Wei, em Gansu, no âmbito de um programa de 3,3 mil milhões de dólares. Utilizará combustível enriquecido a menos de 20% de U-235, terá um inventário de tório de cerca de 50 kg e um rácio de conversão de cerca de 0,1. Utilizar-se-á FLiBe com 99,95% de Li-7 e combustível como UF4. O projeto teria início numa base descontínua com algum reabastecimento em linha e remoção de produtos de cisão gasosos, mas descarregando todo o sal combustível após 5-8 anos para reprocessamento e separação dos produtos de cisão e actinídeos menores para armazenamento. Para além destes, está previsto um pequeno reator modular MSR a combustível líquido de 373 MWt/168 MWe, com ciclo supercrítico de CO2 num circuito terciário a 23 MPa utilizando o ciclo Brayton, após um circuito secundário de isolamento radioativo. Estão previstas várias aplicações, bem como a produção de eletricidade. Seria carregado com 15,7 toneladas de tório e 2,1 toneladas de urânio (enriquecido a 19,75%), com um quilograma de urânio adicionado diariamente com 30% de energia proveniente do tório. O reabastecimento em linha permitiria oito anos de funcionamento antes de ser encerrada, devendo o moderador de grafite ser objeto de atenção.

Rússia

O programa de investigação MSR da União Soviética teve início em 1976 [179 & 180] e incluiu reactores arrefecidos por sal fundido, MSR de espetro térmico e, eventualmente, sistemas de espetro rápido. Incluía estudos teóricos e experimentais, nomeadamente a investigação das propriedades mecânicas, de corrosão e de radiação dos materiais do reservatório de sal fundido. Incluía também um circuito de circulação natural de sal fundido no núcleo. O Instituto Kurchatov foi a principal organização sob a qual colaboraram várias instituições especializadas. Após o acidente da central nuclear de Chornobyl, em 1986, a atividade diminuiu e a indústria nuclear estagnou. No entanto, no final da década de 1980, o número de estudos conceptuais aumentou à medida que cresia o interesse pela segurança inerente aos reactores de nova geração. Os principais resultados apoiaram a conclusão de que nenhum obstáculo físico ou tecnológico impedia a implementação prática dos MSR[181]. [181] Estes estudos sobre a tecnologia MSR foram principalmente direcionados para o desenvolvimento de conceitos Th-U. O programa MSR russo abordou os seguintes temas: física e segurança dos reactores; materiais de contentor para o combustível e os sais de arrefecimento; propriedades físicas e químicas das misturas de sais fundidos; transferência de calor e hidráulica do combustível e dos sais de arrefecimento; manuseamento e circulação do combustível e dos sais de arrefecimento; ensaios de bancada de processos e radioquímicos de instalações-modelo e radioquímica do sal combustível de fluoreto fundido.

Em 2020, a Rosatom anunciou planos para construir uma MSR com queimador de FLiBe de 10 MWth. Seria alimentada por plutónio proveniente de combustível nuclear VVER reprocessado e fluoretos de actinídeos menores. O seu lançamento está previsto para 2031.

O projeto russo MOSART (Molten Salt Actinide Recycler and Transmuter) é um reator rápido alimentado apenas por fluoretos transurânicos (TRU) de urânio e combustível usado MOX-LWR. Faz parte do projeto MARS (reciclagem de actinídeos menores em sal fundido) que envolve a RIAR, a Kurchatov e outras organizações de investigação. O projeto de 2400 MWt tem um núcleo homogéneo de fluoretos de Li-Na-Be ou Li-Be sem moderador de grafite e reduziu o reprocessamento em comparação com o projeto original dos EUA [181]. Após 1986, verificou-se uma redução da atividade devido ao acidente de Chernobyl, juntamente com uma estagnação geral da energia nuclear e da indústria nuclear.

Índia

Com enormes recursos de tório facilmente acessíveis, a Índia fez da utilização do tório para a produção de energia em grande escala um dos principais objectivos do seu programa de energia nuclear, utilizando um conceito de três fases. A Índia está a desenvolver a sua própria tecnologia avançada para utilizar o tório como combustível nuclear, embora não esteja envolvida no GIF [182]. Foi implementado um programa em três fases. A primeira fase já está bem estabelecida, com Reactores de Água Pesada Pressurizada (PHWRs), alimentados por urânio natural para gerar plutónio. Na segunda fase, os reactores rápidos (FBR) utilizam este combustível à base de plutónio para produzir U-233 a partir do tório e, finalmente, na terceira fase, os sistemas avançados de energia nuclear utilizam o U-233. O combustível usado será reprocessado para recuperar materiais cindíveis para reciclagem. O governo indiano está a desenvolver vários reactores de tório, que espera estarem operacionais em 2025. É o "único país do mundo com um plano detalhado, financiado e aprovado pelo governo" para se concentrar na energia nuclear baseada no tório. O país obtém atualmente menos de 3% da sua eletricidade a partir da energia nuclear, dependendo o resto das importações de carvão e de petróleo. O país espera produzir cerca de 25% da sua eletricidade a partir da energia nuclear. Em 2009, foi anunciado que a Índia, com as suas enormes reservas de tório, tem um "objetivo a longo prazo de se tornar independente em termos energéticos com base nos seus vastos recursos de tório". No final de junho de 2012, a Índia anunciou que o seu "primeiro reator rápido comercial" estava quase concluído. A visão de utilizar o tório em vez do urânio foi definida na década de 1950 pelo físico Homi Bhabha. O primeiro reator comercial rápido da Índia (o Prototype Fast Breeder Reator (PFBR) de 500 MWe) encontra-se no Centro Indira Gandhi de Investigação Atómica, em Kalpakkam, Tamil Nadu.

Em julho de 2013, o equipamento principal do PFBR tinha sido montado. Os pinos de combustível para o primeiro núcleo do PFBR estavam a ser fabricados no Complexo de Combustível Nuclear em Hyderabad e montados em Kalpakkam. Em 2015, investigadores indianos publicaram um projeto de MSR, como uma via alternativa aos reactores à base de tório, de acordo com o programa de energia nuclear em três fases da Índia [182].

REINO UNIDO

IN UK O Reator de Sal Estável da Moltex Energy (Moltex SSR) é um projeto concetual de reator britânico que, tal como todos os reactores convencionais em funcionamento, se baseia na convecção a partir de tubos de combustível verticais estáticos no núcleo para transportar o calor para o refrigerante do reator.

Uma vez que o material nuclear está contido em conjuntos de combustível, podem ser utilizadas bombas industriais normais para o sal refrigerante. A temperatura do núcleo é de 500-600°C, à pressão atmosférica. O calor de decaimento é removido por convecção natural do ar.

Os tubos de combustível de liga de níquel-crómio, preenchidos a três quartos com o sal combustível fundido (60% NaCl, 40% Pu, U e tricloretos de lantanídeos), são agrupados em conjuntos de combustível semelhantes aos utilizados nos reactores normais e utilizam materiais estruturais semelhantes. Os tubos de combustível individuais são ventilados de modo a que os gases dos produtos de cisão se escapem para o sal refrigerante, que é uma mistura de $NaF-KF-ZrF_4$ (o fluoreto de Li-7 é evitado por razões de custo). Os conjuntos podem ser deslocados lateralmente sem serem removidos. O reabastecimento é, assim, contínuo em linha e, após cinco anos, os conjuntos esgotados são armazenados num dos lados da piscina, aguardando o reprocessamento. Existem três versões: o SSR-W (Stable Salt Reator - Wasteburner); o SSR-U (alimentado a urânio); e o SSR-Th (tório).

O SSR-W é o mais simples e mais económico, devido ao seu núcleo compacto e à ausência de moderador. O combustível físsil primário nesta versão original do reator rápido deveria ser cloreto de plutónio-239 com actinídeos e lantanídeos menores, recuperado de combustível LWR ou de um reator SSR-U. Em 2020, o combustível do SSR-W era constituído por 25% de $PuCl_3$ de qualidade de reator, 30% de UCl_3 e 45% de KCl. Este combustível encontra-se em 451 conjuntos de combustível numa matriz hexagonal. O sal de arrefecimento primário é ZrF_4-KF estabilizado com ZrF_2 a uma temperatura máxima de 590°C.

O refrigerante secundário é um tampão de sal de nitrato. Estava prevista uma central de demonstração de 750 MWt/300 MWe, a SSR-W300.

A empresa anunciou então a versão SSR-U "global workhorse version" do seu projeto, fisicamente maior e mais cara, com um espetro de neutrões térmicos funcionando com fluoretos de LEU (até 7% enriquecidos) com grafite incorporada nos conjuntos de combustível, o que aumenta a dimensão do núcleo. Funciona a uma temperatura - mínima de 600°C - com sal refrigerante ZrF4-NaF estabilizado com ZrF2. Para além da eletricidade, o seu objetivo é a produção de hidrogénio. Foi concebido para ser compatível com a transformação do tório em U-233. Prevê-se que a sua implantação inicial no Reino Unido ocorra na década de 2030.

No SSR-Th, o tório estaria no sal refrigerante e o U-233 produzido seria progressivamente dissolvido em bismuto no fundo da piscina de sal. Uma vez atingido o nível desejado de U-233, o bismuto com urânio seria retirado por lotes e o urânio de isótopos mistos seria clorado para se tornar combustível. Se o combustível for utilizado num reator rápido, podem ser adicionados plutónio e actinídeos. O reator de sal estável, concebido pela Moltex Energy, foi selecionado como o mais adequado dos seis projectos MSR para implementação no Reino Unido num estudo de 2015 encomendado pela agência de inovação do Reino Unido [183].

Canadá

A Terrestrial Energy, uma empresa com sede no Canadá, está a desenvolver um projeto de DMSR denominado Integral Molten Salt Reator (IMSR). Este MSR simplificado, baseado no MSRE de Oak Ridge, integra os componentes primários do reator, incluindo os permutadores de calor primários e o circuito secundário de sal limpo, num núcleo compacto selado e substituível, com uma vida útil prevista de sete anos. O IMSR foi concebido para poder ser utilizado como um pequeno reator modular (SMR). Com temperaturas de funcionamento elevadas (600-700°C), o IMSR tem aplicações nos mercados de calor industrial, bem como nos mercados tradicionais de energia. O calor de decaimento é removido passivamente utilizando azoto (com ar como alternativa de emergência). O arrefecimento de emergência e a remoção do calor residual são passivos. Esta última caraterística permite a simplicidade operacional necessária para a implantação industrial. A IMSR funciona no espetro térmico de neutrões com uma disposição hexagonal de elementos de grafite que formam o moderador. O sal combustível é um eutéctico de combustível de urânio-235 pouco enriquecido (2-4%) (como UF4) e um sal portador de fluoreto - provavelmente fluoreto de rubídio e sódio. Inicialmente, não será utilizado Li ou Be, mas existe a possibilidade de mudar para FLiBe - à pressão atmosférica. O sal de arrefecimento do circuito secundário é ZrF4-KF. Bombas múltiplas e seis permutadores de calor permitem a redundância. Cada central teria espaço para dois reactores, o que permitiria uma mudança de sete anos, sendo a unidade usada removida para reprocessamento no exterior quando tiver arrefecido. O IMSR foi projetado em três tamanhos: 80 MWt (32,5 MWe), 300 MWt e 600 MWt, mas o conceito atual é de 440 MWt/195 MWe. O mais pequeno foi concebido para aplicações de energia remota e fora da rede e como protótipo.

Japão

O FUJI MSR foi um projeto japonês de um reator térmico reprodutor de sal fundido de 100 a 200 MWe alimentado a tório, utilizando tecnologia e conceção semelhantes às do Oak Ridge National Laboratory Reator Experiment. Foi desenvolvido por um consórcio internacional que inclui membros do Japão, dos Estados Unidos e da Rússia. Como reator reprodutor, converte o tório em combustíveis nucleares. Como todos os reactores de sal fundido, o seu núcleo é quimicamente inerte, sob baixas pressões para evitar explosões e libertações tóxicas. Um grupo industrial apresentou planos actualizados sobre o FUJI MSR em julho de 2010.

Em junho de 2012, a empresa japonesa Chubu Electric Power escreveu que considera o tório "um dos futuros recursos energéticos possíveis". No Japão, as actividades relacionadas com a tecnologia MSR começaram no final da década de 1970 [184] e centraram-se principalmente em pequenos projectos FUJI com uma capacidade autossustentável de produção de energia, devido à adoção do tório como material fértil e do 233U como material físsil. O Reator de Sal

Fundido de Fuji é um LFTR de 100 a 200 MWe [185]. O projeto demoraria provavelmente 20 anos a desenvolver um reator em tamanho real, mas parece não ter financiamento. O Fuji MSR é um projeto moderado a grafite que funciona como um reator de quase fusão com sal combustível ThF4-UF4 e refrigerante FLiBe a 700°C. Pode consumir plutónio e actinídeos.

Dinamarca

A Copenhagen Atomics é uma empresa dinamarquesa de tecnologia de sal fundido que desenvolve reactores de sal fundido fabricáveis em massa. O queimador de resíduos da Copenhagen Atomics é um reator de sal fundido de um só fluido, moderado por água pesada, à base de flúor, de espetro térmico e controlado autonomamente. Foi concebido para caber dentro de um contentor marítimo de aço inoxidável de 40 pés, estanque a fugas. O moderador de água pesada é isolado termicamente do sal e continuamente drenado e arrefecido a menos de 50 °C (122 °F). Está também a ser estudada uma versão de moderador de lítio-7 deuteroxido (7LiOD) fundido. O reator utiliza o ciclo do combustível de tório, utilizando plutónio separado do combustível nuclear usado como carga físsil inicial para a primeira geração de reactores, passando depois para um reator de tório. A Copenhagen Atomics está a desenvolver e a testar ativamente válvulas, bombas, permutadores de calor, sistemas de medição, sistemas de química e purificação de sal e sistemas de controlo e software para aplicações de sal fundido.

A Seaborg Technologies está a desenvolver o núcleo de um reator compacto de sal fundido (CMSR). O CMSR é um MSR térmico de alta temperatura, de sal único, concebido para funcionar em condições críticas com urânio comercialmente disponível e pouco enriquecido. O projeto do CMSR é modular e utiliza o moderador NaOH. [Estima-se que o núcleo do reator seja substituído de 12 em 12 anos. Durante o funcionamento, o combustível não será substituído e arderá durante todo o período de vida do reator de 12 anos. A primeira versão do núcleo do Seaborg está planeada para produzir 250 MWth de potência e 100 MWe de potência. [66]

D- REACTOR SUPERCRÍTICO ARREFECIDO A ÁGUA 3.6. INTRODUÇÃO AO REACTOR DE ÁGUA SUPERCRÍTICA (SCWR)

O Reator de Água Supercrítica (SCWR) é uma das seis tecnologias de reactores selecionadas pelos Estados membros do Fórum Internacional da Geração IV (GIF) para o programa internacional de investigação e desenvolvimento (I&D) do reator da Geração IV. O SCWR foi concebido como um reator de água leve (LWR) que funciona a alta temperatura e a uma pressão supercrítica (ou seja, superior a 22,1 megapascal [3 210 psi]) com um ciclo direto de passagem única. O funcionamento acima da pressão crítica elimina a ebulição do refrigerante, pelo que este permanece monofásico em todo o sistema. A água aquecida no núcleo do reator torna-se um fluido supercrítico acima da temperatura crítica de 374 °C (705 °F), passando de um fluido mais semelhante à água líquida para um fluido mais semelhante ao vapor saturado (que pode ser utilizado numa turbina a vapor), sem passar pela transição de fase distinta da ebulição.

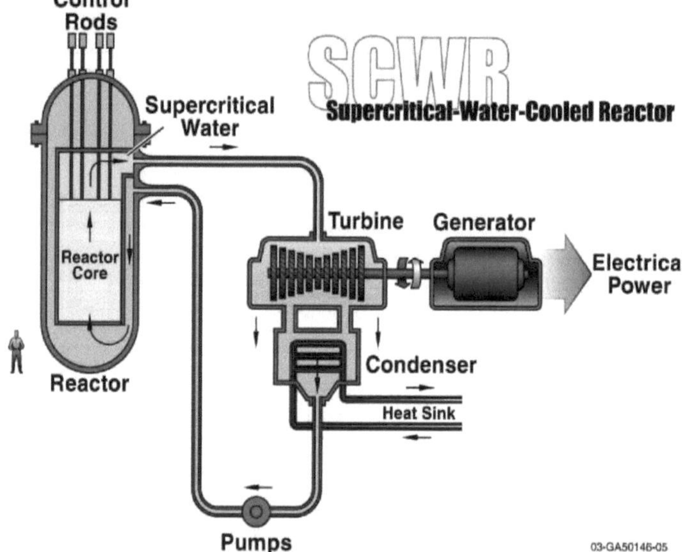

Fig. (27) Reator supercrítico arrefecido a água (SCWR) [190]

Em contraste, os bem estabelecidos reactores de água pressurizada (PWR) que têm um circuito de arrefecimento primário de água líquida a alta pressão, transportando o calor do núcleo do reator para um circuito de arrefecimento secundário, onde o vapor para acionar as turbinas é produzido numa caldeira (chamada gerador de vapor). Os reactores de água em ebulição (BWR) funcionam a pressões ainda mais baixas, com o processo de ebulição para gerar o vapor a ocorrer no núcleo do reator. O desenvolvimento de sistemas SCWR é considerado um avanço promissor para as centrais nucleares devido à sua elevada eficiência térmica (~45% contra ~33-35% para os actuais LWR) e à considerável simplificação da central com uma conceção mais simples. A principal missão do SCWR é a produção de eletricidade a baixo custo [186].

A informação geral sobre o conceito SCWR e os seus desafios técnicos está amplamente disponível na literatura [GIF 2002, Kataoka et al. 2002, Spinks et al. 2002, Squarer et al. 2002]. O conceito de SCWR foi desenvolvido a partir da década de 1990 e estava a ser investigado por 32 organizações em 13 países. Um livro de 2010 inclui métodos de conceção e análise concetual, como a conceção do núcleo, o sistema da central, a dinâmica e o controlo da central, o arranque e a estabilidade da central, a segurança, a conceção de reactores rápidos, etc. Um documento de 2013 prevê a conclusão de um ensaio prototípico de circuito alimentado em 2015. Um ensaio de qualificação do combustível foi concluído em 2014]. Num livro de 2014, foi apresentado o projeto concetual de um reator de espetro térmico (Super LWR) e de um reator rápido (Super FR) e os resultados experimentais da hidráulica térmica, dos materiais e das interações material-refrigerante [187 & 188].

Os SCWR são instalações simples, uma vez que é eliminada a necessidade de muitos dos componentes tradicionais dos LWR, como as bombas de recirculação do fluido de arrefecimento, o pressurizador, os geradores de vapor e os separadores e secadores de vapor. O SCWR é também adequado para a produção de hidrogénio por eletrólise e pode apoiar o desenvolvimento da economia do hidrogénio. Os SCWR baseiam-se em duas tecnologias comprovadas, os LWR, que são os reactores de produção de eletricidade mais utilizados no mundo, e as caldeiras supercríticas alimentadas a combustíveis fósseis, um grande número das quais é também utilizado em todo o mundo.

Nos EUA, o programa SCWR Geração-IV é liderado pelo INEEL (Laboratório Nacional de Engenharia e Ambiente de Idaho) e centra-se na produção de eletricidade a baixos custos de capital e de funcionamento: ♦ Ciclo direto, ♦ Espectro térmico, ♦ Refrigerante e moderador de água leve, ♦ Combustível de óxido de urânio pouco enriquecido, ♦ Funcionamento em carga de base.

O Reator de Água Super Crítica (SCWR) utiliza como refrigerante água para além do ponto crítico termodinâmico. O objetivo era atingir uma eficiência elevada de cerca de 45%, em comparação com 33% para os reactores de água leve comerciais existentes. As concepções dos núcleos dos SCWR existentes são bastante diferentes das dos reactores de água em ebulição ou dos reactores de água pressurizada, o que afecta ainda mais o seu desempenho em termos de segurança e a conceção do sistema de segurança.

O objetivo do programa SCWR é avaliar a viabilidade técnica do conceito SCWR. A tónica foi colocada no estabelecimento de um projeto concetual, na avaliação das suas caraterísticas de segurança e estabilidade e na identificação e ensaio de materiais candidatos para todos os componentes do reator [190].

PROJECTO DE REFERÊNCIA

O reator de água supercrítica (SCWR) utiliza água para além do ponto crítico termodinâmico como refrigerante, com o objetivo de alcançar uma elevada eficiência térmica de cerca de 45%, em comparação com 33% para os reactores de água leve comerciais existentes. A fim de aumentar a temperatura de funcionamento e a criticalidade do reator, a conceção dos núcleos dos SCWR existentes é bastante diferente da dos reactores de água em ebulição ou dos reactores de água pressurizada, o que afecta ainda mais o seu desempenho em termos de segurança e a conceção do sistema de segurança [191].

Do ponto de vista da estrutura do núcleo, os conceitos SCWR podem ser divididos em tipo de tubo de pressão e tipo de reservatório de pressão. O SCWR canadiano (Yetisir et al., 2016 [192]) aplica o tubo de pressão para conter o refrigerante de alta pressão e o combustível no núcleo do reator, enquanto os conceitos de SCWR desenvolvidos por outros países aplicam o vaso de pressão para conter o refrigerante e os combustíveis. Do ponto de vista do nível de energia dos neutrões, os conceitos de SCWR podem ser divididos em SCWR de espetro

rápido, de espetro térmico (Wu et al., 2014 [193]) e de espetro misto
(Xu et al., 2011; Liu et al., 2013 [194]).

A fim de aumentar a temperatura de funcionamento do reator e a
criticalidade do reator, a conceção do núcleo dos SCWR existentes é
bastante diferente da dos reactores de água em ebulição ou dos reactores
de água pressurizada, o que afecta ainda mais o seu desempenho em
termos de segurança e a conceção do sistema de segurança. O sistema
de conceção de referência SCWR centra-se numa central de grande
dimensão, de ciclo direto, de espetro térmico, arrefecida a água leve e
moderada, alimentada a urânio pouco enriquecido, em carga de base,
para produção de eletricidade a baixos custos de capital e de exploração.
A Westinghouse selecionou um confinamento do tipo supressão de
pressão com uma piscina de condensação, essencialmente a mesma
conceção dos BWR modernos. Os volumes dos poços secos e húmidos
foram calculados para limitar a acumulação de pressão de modo a evitar
LOCA ou um acidente grave com fusão do núcleo. O inventário de água
da piscina de condensação foi concebido para proporcionar uma
margem para a remoção do calor residual.

No dimensionamento do confinamento, foram adoptados os requisitos
muito conservadores dos serviços de utilidade pública europeus para a
atenuação de acidentes graves e foi acrescentado ao projeto um
dispositivo de captação do núcleo. Apesar desta abordagem
conservadora, o confinamento do SCWR é mais pequeno do que o de
um BWR avançado de potência térmica semelhante, e
significativamente mais pequeno numa base de potência eléctrica por
unidade. Na sequência de uma revisão crítica da estratégia de atenuação
de acidentes graves, será explorada uma maior redução dos volumes de
confinamento.

As grandes varetas de água quadradas com fluxo descendente são
utilizadas para proporcionar uma moderação adequada no núcleo. A
conceção do pino de combustível é semelhante à de um reator de água
pressurizada (PWR), mas com uma pressão de enchimento mais

elevada e um plenum de gás de cisão mais longo. Os materiais candidatos para todos os componentes internos do conjunto do combustível e da cuba foram identificados pelo ORNL e incluem aços ferríticos-martensíticos e aços austeníticos de baixo inchamento para os componentes expostos a doses elevadas de neutrões, e aços austeníticos de alta resistência e ligas à base de níquel para os componentes expostos a doses baixas. No entanto, estes materiais não estão comprovados no ambiente potencialmente agressivo do SCWR, e o seu desempenho terá de ser testado. Para o efeito, foi preparado um programa de desenvolvimento de materiais.

O projeto SCWR de referência para o programa dos EUA é um sistema de ciclo direto que funciona a 25,0 MPa com temperaturas de entrada e saída do núcleo de 280 e 500°C, respetivamente. A densidade do refrigerante diminui de cerca de 760 kg/m3 na entrada do núcleo para cerca de 90 kg/m3 na saída do núcleo. O fluxo de entrada divide-se em cerca de 10% do fluxo de entrada que desce pelo espaço entre o tambor do núcleo e a cuba de pressão do reator (o downcomer) e cerca de 90% do fluxo de entrada que vai para o plenum no topo da cuba de pressão do reator para depois descer através do núcleo em hastes de água especiais até ao plenum de entrada. Aqui, mistura-se com a água de alimentação do downcomer e flui para cima para remover o calor nos canais de combustível. Esta estratégia é utilizada para proporcionar uma boa moderação no topo do núcleo. O líquido de arrefecimento é aquecido a cerca de 500°C e enviado para a turbina.

A densidade média de potência do núcleo do SCWR é de cerca de 70 kW/L, ou seja, entre a densidade de potência dos reactores de água em ebulição (BWR) e dos PWR. A potência térmica nominal do núcleo é de 3.575 MW, o que resulta numa cuba de pressão com um diâmetro interior de 5,3 m e uma espessura de 46 cm na região da linha de cintura. A cuba funciona a 280°C e podem ser utilizados aços tradicionais de baixa liga para LWR, como o SA-508

As instabilidades térmico-hidráulicas e térmico-nucleares acopladas foram investigadas no ANL com um código de análise de estabilidade linear no domínio da frequência baseado em hidráulica térmica de canal único, condução de calor de combustível unidimensional e modelos de cinética pontual. Foram adoptados os critérios de estabilidade dos BWR e verificou-se que o SCWR é estável contra oscilações em fase em todo o núcleo em condições normais de potência e fluxo de funcionamento.

A Westinghouse e a INEEL efectuaram uma análise crítica dos eventos anormais dos LWR e da sua classificação pela NRC. Foram selecionados quatro eventos que poderiam ser potencialmente problemáticos:

(i)   perda do fluxo de água de alimentação, que no SCWR de ciclo direto de passagem única coincide com a perda do fluxo do núcleo,

(ii)   disparo da turbina sem desvio de vapor, o que pressuriza o sistema e pode resultar numa inserção significativa de reatividade positiva devido à baixa densidade do líquido de arrefecimento do SCWR,

(iii)   perda de aquecimento da água de alimentação, que também resulta na inserção de reatividade positiva devido à falta de mistura da água de alimentação com o líquido de arrefecimento mais quente no recipiente, e

(iv)   uma grande rutura nas condutas de água de alimentação, que, se não for resolvida, provoca a estagnação do líquido de arrefecimento no núcleo e o rápido sobreaquecimento do combustível.

O BREI realizou também uma conceção prévia do sistema de controlo do SCWR. As principais caraterísticas que afectam a conceção do sistema de controlo do SCWR são o inventário relativamente baixo de água do reservatório, o acoplamento nuclear/térmico-hidráulico, a falta de indicação do nível em condições supercríticas e a ausência de fluxo de recirculação. As principais variáveis a controlar incluem a potência do reator, a temperatura de saída do núcleo durante o funcionamento a pressão supercrítica (por exemplo, funcionamento a plena potência), a pressão do reator, o nível do reator durante o funcionamento a pressão subcrítica (por exemplo, durante o arranque) e o caudal de água de alimentação.

No AF-03, dois aços austeníticos tradicionais (304L e 316L) foram testados no MIT e na Universidade de Michigan quanto à suscetibilidade à corrosão e à fissuração por corrosão sob tensão (SCC) em água supercrítica. Verificou-se que ambas as ligas são susceptíveis de SCC (a 316L menos do que a 304L) tanto em água supercrítica de alta temperatura (>400°C) desarejada como não desarejada. Assim, estas ligas não podem ser utilizadas para componentes de alta temperatura no SCWR. No entanto, poderiam ser utilizadas para componentes que operam na gama de 280-350°C (por exemplo, a placa inferior do núcleo, os tubos de guia da barra de controlo), dado o seu comportamento satisfatório em água desaerada a estas temperaturas.

O sistema de arrefecimento do reator do SCWR inclui as linhas de água de alimentação e as linhas de vapor principais até ao conjunto mais exterior de válvulas de isolamento da contenção. À semelhança de um BWR, o SCWR utiliza duas linhas de água de alimentação feitas de aço-carbono. No entanto, o BREI determinou que, devido ao seu vapor de alta densidade, o SCWR necessita apenas de duas linhas de vapor, ao contrário das quatro de um BWR de potência térmica semelhante. Este facto contribui ainda mais para as vantagens económicas do conceito SCWR. As linhas de vapor podem ser construídas em aços ferríticos como o P91 e o P92, que são atualmente utilizados nas linhas de vapor de centrais fósseis supercríticas.

A Westinghouse selecionou uma contenção do tipo supressão de pressão com uma piscina de condensação, essencialmente a mesma conceção dos BWR modernos. Os volumes dos poços secos e húmidos foram calculados para limitar a acumulação de pressão aos níveis típicos dos BWR após um LOCA ou um acidente grave com fusão do núcleo. No dimensionamento da contenção, foram adoptados os requisitos muito conservadores dos serviços de utilidade pública europeus para a atenuação de acidentes graves e foi acrescentado ao projeto um dispositivo de captação do núcleo. Apesar desta abordagem conservadora, o confinamento do SCWR é um pouco mais pequeno do que o de um BWR avançado de potência térmica semelhante e, por conseguinte, significativamente mais pequeno numa base de potência eléctrica por unidade. Na sequência de uma revisão crítica da estratégia de atenuação de acidentes graves, será explorada uma maior redução dos volumes de confinamento.

As instabilidades térmico-hidráulicas e térmico-nucleares acopladas foram investigadas no ANL com um código de análise de estabilidade linear no domínio da frequência baseado em hidráulica térmica de canal único, condução de calor de combustível unidimensional e modelos de cinética pontual. Foram adoptados os critérios de estabilidade dos BWR e verificou-se que o SCWR é estável contra oscilações em fase em todo o núcleo em condições normais de potência e fluxo de funcionamento. A Westinghouse e a INEEL efectuaram uma revisão crítica dos eventos anormais dos LWR e da sua classificação pela NRC, tendo em mente a aplicação do SCWR.

O sistema SCWR de referência tem um ciclo de conversão de energia muito semelhante ao de uma central a carvão supercrítico, com a caldeira substituída pelo reator nuclear. Foi realizado um estudo concetual pelo BREI [195] para identificar uma configuração óptima para os objectivos de maximização da eficiência térmica e minimização dos custos de capital. O ciclo de conversão de energia do SCWR utiliza uma turbina-gerador de veio único, operando a velocidade reduzida (1.800 rpm), com uma unidade de turbina de alta pressão/pressão intermédia (HPT/IPT) e três unidades de turbina de baixa pressão (LPT) com seis vias de escoamento, com um reaquecedor separador de humidade entre a HPT/IPT e as LPT, oito aquecedores de água de alimentação, bombas de água de alimentação acionadas por turbinas a vapor e torres de arrefecimento de tiragem natural. A conceção de referência gera 1.600 MWe com uma eficiência térmica (energia eléctrica líquida para a rede / energia de cisão) de 44,8%, contra cerca de 35% para os LWR em condições equivalentes.

A viabilidade da turbina-gerador de 1.600 MWe foi verificada pelo BREI com vários fornecedores de turbinas. Foi criado um modelo faseado da HPT/IPT e da LPT, que demonstrou que os parâmetros do vapor à entrada da turbina, as velocidades do vapor no anel de escape da LPT, os comprimentos das pás da LPT e o teor de humidade estão todos dentro das gamas padrão actuais para as turbinas a vapor. Note-se que a dimensão física global do gerador de turbina SCWR é semelhante à de um gerador de turbina LWR de 1.300-1.500 MWe porque o caudal volumétrico de vapor processado no LPT é semelhante para ambas as centrais. Todos os outros componentes principais, incluindo os aquecedores de água de alimentação, as bombas, a torre de arrefecimento, as linhas de vapor, o condensador, etc., foram dimensionados e estão disponíveis comercialmente ou dentro das capacidades actuais de conceção. Os materiais candidatos para todos os componentes do ciclo de conversão de energia foram identificados pelo ORNL com base na experiência das centrais fósseis.

Pressupondo um funcionamento em carga de base, a abordagem recomendada para o SCWR é aquela em que as barras de controlo efectuam o controlo primário da potência térmica, a válvula de controlo da turbina fornece o controlo da pressão, o fluxo de água de alimentação (ou seja, as bombas de água de alimentação) fornece o controlo primário da temperatura de saída e o controlo do inventário do refrigerante no reservatório é efectuado assegurando que o fluxo de vapor e de alimentação são equilibrados, mantendo a temperatura correta de saída do núcleo.

A questão do transporte dos produtos de ativação do refrigerante para o balanço da instalação foi também avaliada no INEEL. Verificou-se que a atividade do 16N no vapor do SCWR é cerca de duas vezes superior à do vapor de um BWR com química de água com hidrogénio. No entanto, um modelo simples de atenuação gama mostrou que este facto resulta em requisitos de blindagem para o SCWR apenas até 12% superiores aos do BWR. Além disso, devido à maior potência eléctrica do SCWR, prevê-se que os custos específicos de blindagem ($/kWe) associados ao 16N sejam semelhantes ou melhores do que os do BWR.

O trabalho de investigação do programa SCWR da Geração IV

confirmou os pressupostos básicos contidos no relatório sobre o roteiro da Geração IV e não foram encontrados novos obstáculos potenciais. As principais questões de viabilidade do SCWR continuam a ser o desenvolvimento de materiais no núcleo e a demonstração de uma segurança adequada. As instabilidades dinâmicas parecem ser uma preocupação menor.

A figura (28) mostra a cuba de pressão do reator SCWR. Os danos por radiação previstos para o vaso durante os 60 anos de vida útil estão dentro da gama típica dos PWR devido a uma largura semelhante do downcomer e a uma densidade de potência ligeiramente inferior. Os problemas de fragilização por radiação serão minimizados através do controlo da utilização de materiais sensibilizadores (Cu, P) nas regiões de soldadura. Além disso, será implementado um programa de vigilância para monitorizar a evolução das secções espessas do vaso. O anel de forjamento da linha de cintura para a região do núcleo ativo (para evitar a necessidade de soldaduras circunferenciais) é de 4,3 m, correspondendo à altura do núcleo ativo. O ORNL avaliou a possibilidade de utilizar materiais avançados (de maior resistência) para reduzir a espessura e o peso do SCWR RPV. Estes incluem A508 Grau 4N Classe 1 e um aço em desenvolvimento, 3Cr-3WV. A utilização destes aços permitiria uma redução superior a 30% da espessura do casco, o que poderia reduzir significativamente os custos de fabrico.

A SCWR RPV foi dimensionada pela Westinghouse para cumprir os requisitos do código ASME, Secção III, Classe I, NB-3324, e a sua conceção estrutural foi verificada tanto na Westinghouse como na INEEL com análises tridimensionais pormenorizadas de elementos finitos, incluindo o efeito das penetrações, o peso da embarcação e as tensões térmicas. A RPV é suportada verticalmente abaixo dos quatro bocais.

A conceção da cuba é semelhante à de uma cuba PWR típica de grandes dimensões, sem grandes penetrações na parte inferior da cabeça. No entanto, a espessura é significativamente maior devido à pressão de funcionamento mais elevada. O percurso do fluxo do reator é concebido para manter a temperatura da água de alimentação a 280°C, o que requer a utilização de uma manga térmica para o bocal de saída. Em seguida, podem ser utilizados materiais típicos de LWR de última geração, ou seja, SA 508 Grau 3 Classe 1 para o invólucro e a cabeça, revestidos com uma camada de soldadura de aço inoxidável 308; a liga 82 pode ser utilizada para a soldadura em bocais e acessórios. A utilização de materiais LWR normalizados para o RPV é uma vantagem económica importante para o SCWR em comparação com outros conceitos da Geração IV.

CONCEPÇÃO DOS INTERIORES DOS RECIPIENTES E SELECÇÃO DE MATERIAIS

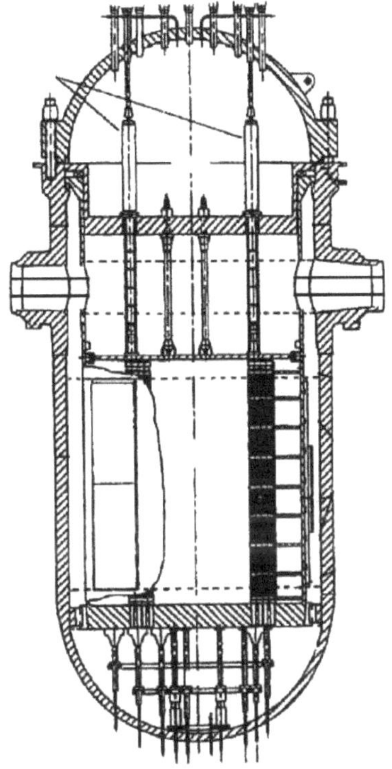

Fig. (28) A cuba de pressão do reator SCWR

Os componentes internos da cuba de pressão do reator incluem a placa inferior de suporte do núcleo, a forma do núcleo, o tambor do núcleo, a placa superior de suporte do núcleo, os tubos de calandria situados imediatamente acima da placa superior de suporte do núcleo, a placa superior de suporte da guia, a manga térmica ou o isolamento do bocal quente e os tubos de guia da barra de controlo. A localização e a forma aproximada da maioria destes componentes são indicadas na figura

(28). Todos os componentes internos da cuba de pressão do reator serão concebidos para substituição periódica, pelo que não será necessário considerar cargas de fluência muito elevadas. Alguns destes componentes, incluindo a placa inferior de suporte do núcleo e os tubos de guia da barra de controlo na cabeça superior, serão semelhantes aos componentes tipicamente utilizados nos PWR. No entanto, alguns dos componentes internos da cuba de pressão do reator, incluindo o tambor do núcleo (ou possivelmente o formador do núcleo, dependendo dos pormenores do projeto), a placa superior de suporte da guia, os tubos de calandria e a manga do bocal quente da cuba de pressão do reator, estarão em contacto com o refrigerante a uma temperatura de entrada de 280°C de um lado e com o refrigerante quente de saída a uma temperatura de 500°C do outro lado. As análises preliminares de tensões efectuadas na Westinghouse indicam que não podem ser utilizadas concepções de paredes metálicas semelhantes às atualmente utilizadas nos LWR para esses componentes. Uma queda de temperatura tão elevada através dessas paredes fará com que as tensões e deformações térmicas sejam demasiado grandes e/ou causará a transferência de demasiado calor através das paredes. Foi efectuada uma análise simplificada das tensões térmicas da placa de suporte da guia superior, utilizando uma diferença de temperatura de 220°C (396°F) e o software ProZMechanica. O resultado foi que algumas questões podem exigir novas caraterísticas de projeto, incluindo materiais especiais, camadas de isolamento e/ou a utilização de uma camada de isolamento entre paredes duplas. Os possíveis materiais de isolamento para os internos da cuba serão explorados no AF-04. Alguns outros componentes internos da cuba de pressão do reator, como a placa superior de suporte do núcleo, serão expostos ao refrigerante de saída a uma temperatura de cerca de 500°C em todos os lados e não necessitarão de isolamento. A dimensão e a forma da maior parte dos componentes internos da cuba de pressão do reator deverão ser semelhantes às de componentes comparáveis de

Os aços ferríticos e os aços inoxidáveis de baixa dilatação são recomendados para os componentes mais expostos ao fluxo de neutrões, enquanto os aços inoxidáveis de alta resistência e as ligas à base de níquel podem ser utilizados em regiões onde se prevêem danos reduzidos por radiação.

Em comparação com os projectos avançados de contenção dos BWR, a câmara de secagem de contenção dos SCWR pode ser reduzida porque
• O SCWR tem apenas duas linhas de vapor e de água de alimentação.
• O SCWR tem um diâmetro mais pequeno do vaso de pressão.
• As barras de controlo entram na cuba de pressão do reator pela parte superior. Além disso, são necessárias menos instalações de acionamento das barras de controlo e menos áreas para o transporte do equipamento. Além disso, não são necessárias instalações para a manutenção do acionamento das barras de controlo abaixo da cuba de pressão.
• Não existem bombas de recirculação internas.

CONCEPÇÃO DO NÚCLEO E DO CONJUNTO DE COMBUSTÍVEL

A conceção do pino de combustível é semelhante à de um reator de água pressurizada (PWR), mas com uma pressão de enchimento mais elevada e um plenum de gás de cisão mais longo. Os materiais candidatos para todos os componentes internos do conjunto do combustível e da cuba foram identificados pelo ORNL e incluem aços ferríticos-martensíticos e aços austeníticos de baixo inchamento para os componentes expostos a doses elevadas de neutrões, e aços austeníticos de alta resistência e ligas à base de níquel para os componentes expostos a doses baixas. No entanto, estes materiais não estão comprovados no ambiente potencialmente agressivo do SCWR, e o seu desempenho terá de ser testado. Para o efeito, foi preparado um programa de desenvolvimento de materiais [190].

O núcleo tem 145 conjuntos com um diâmetro equivalente de cerca de 3,9 metros. A densidade média de potência é de cerca de 70 kW/L (ou 30% superior à dos BWR e 35% inferior à dos PWR). As taxas médias e máximas de produção linear de calor são semelhantes aos valores típicos dos LWR. A queda de pressão estimada do núcleo é também comparável às quedas de pressão típicas dos LWR e os orifícios de entrada são utilizados para ajustar o caudal a cada conjunto com base na sua potência prevista.

O conjunto de combustível tem barras de água quadradas e uma conduta externa. As grandes varetas quadradas de água com fluxo descendente são utilizadas para proporcionar uma moderação adequada no núcleo. As análises efectuadas no INEEL mostraram que pode ser necessário isolar as caixas de moderador de água para manter uma densidade de moderador suficiente. No entanto, os cálculos das barras de controlo não estão completos e pode ser desejável alterar o número e/ou a dimensão dos elementos de controlo, ou pode ser desejável alterar a localização dos elementos de controlo. Além disso, assume-se que existe um tubo de instrumentação em cada conjunto na localização central da vareta de combustível. A espessura da parede do feixe de combustível e o tamanho da folga entre os conjuntos, bem como os espaçadores dos pinos de combustível, ainda não foram projectados.

As dimensões do pino de combustível são típicas dos pinos de montagem de combustível PWR (17×17). A análise termomecânica do pino de combustível SCWR, efectuada no INEEL com o código FRAPCON, mostrou que é necessária uma pressão de enchimento mais elevada e um plenum de gás de cisão mais longo. Para aumentar a velocidade do fluido de arrefecimento e a transferência de calor, o passo do pino de combustível é consideravelmente mais pequeno do que o passo utilizado nos LWR. O enriquecimento em U-235, a distribuição da carga de $Gd2O3$, a queima do combustível na cavilha de combustível, no conjunto do combustível e em todo o núcleo devem ser determinados com maior precisão.

Os peritos em materiais do ORNL identificaram materiais candidatos para todos os componentes do conjunto de combustível. Os materiais estruturais recomendados para estes componentes são principalmente aços ferríticosmartensíticos (por exemplo, T91, A-21, NF616, HCM12A) e variantes de baixo inchamento dos aços inoxidáveis austeníticos (por exemplo, D-9, PNC). Entre os materiais mais avançados contam-se os aços ferríticos reforçados por dispersão de óxidos (por exemplo, MA-957) e os compósitos cerâmicos (por exemplo, SiC-SiC), dado o seu potencial para uma resistência superior a altas temperaturas. Muitos destes materiais foram selecionados com base em propriedades satisfatórias não irradiadas e/ou desempenho comprovado sob irradiação. [190].

As temperaturas máximas admissíveis do invólucro são especificadas tanto para os fenómenos transitórios (fenómenos de condição II) como para os acidentes (fenómenos de condição III e IV). Note-se que um critério de temperatura do invólucro é classificado pela NRC dos EUA como um acontecimento de frequência moderada (Condição II) para os LWR e não deve resultar em danos significativos para o combustível, enquanto o LOCA de grande rutura é classificado como um acontecimento raro (Condição IV) e são permitidos danos limitados para o combustível.

O critério da temperatura do revestimento (<1205°C, <2200°F) utilizado para os LWR é também adotado para os acidentes dos SCWR. O limite para os transientes é assumido como sendo de 840°C, o que é um valor razoável, mas terá de ser verificado com os códigos de desempenho do combustível.

Os seguintes limites são também assumidos para o combustível dos SCWR e são idênticos aos utilizados nos BWR: não fusão da linha central sob sobrepotência transitória, e entalpia média radial do combustível (em qualquer ponto do núcleo) inferior a 0,711 kJ/g (170 cal/g) durante os transientes e inferior a 1,17 kJ/g (280 cal/g) durante os acidentes.

Para caraterizar as constantes de tempo do sistema, de modo a poder determinar os tempos de resposta e as capacidades necessárias para os vários sistemas de segurança, foi efectuada uma análise preliminar do SCWR no INEEL. A análise foi efectuada utilizando uma versão modificada do RELAP5-3D, especificamente melhorada para suportar a análise do SCWR. Os melhoramentos incluíram alterações das interpolações das propriedades da água em torno do ponto crítico, modificação do esquema de solução na região supercrítica e adição de correlações de transferência de calor e de atrito com a parede aplicáveis às condições supercríticas. O modelo RELAP5 inclui o canal médio, o canal quente (com factores de pico de potência radial, axial e local de 1,4, 1,4 e 1,2, respetivamente, mas sem os outros factores do canal quente) e três trajectos de derivação do núcleo; utiliza orifícios de entrada para minimizar as discrepâncias entre potência e caudal e condições de fronteira para representar os sistemas de água de alimentação e de vapor principal; e calcula a potência transiente do reator com um modelo cinético pontual de melhor estimativa, utilizando a realimentação da reatividade gerada com o código MCNP-4B.

CONTAMINAÇÃO

A contenção do SCWR foi projectada pela Westinghouse (Jonsson et al. 2003 [196]) e é uma contenção do tipo supressão de pressão com uma piscina de condensação (essencialmente a mesma conceção dos BWR modernos). Os volumes dos poços secos e húmidos foram calculados para limitar a acumulação de pressão aos níveis típicos dos BWR após um LOCA ou um acidente grave com fusão do núcleo (a produção de hidrogénio a partir da oxidação do revestimento foi considerada nos cálculos). Os pavimentos de betão foram concebidos para suportar tais cargas. O inventário de água da piscina de condensação proporciona uma ampla margem para a remoção de calor residual e cumpre o requisito de que não são necessários sistemas de segurança ativa durante as primeiras 24 horas após um evento iniciador que resulte num acidente grave. Os tubos ou aberturas de ventilação são colocados nas paredes cilíndricas exteriores devido à falta de espaço nas paredes cilíndricas interiores.

O volume do poço seco de contenção do SCWR aumenta devido ao fluido de alta temperatura que se desloca do reator para a turbina, uma vez que é necessário espaço adicional para arrefecimento e expansão térmica. Além disso, o betão tem de suportar temperaturas mais elevadas durante um acidente. Além disso, o confinamento do SCWR é mais baixo porque o reservatório de pressão é mais baixo. No entanto, este facto tende a aumentar o diâmetro do confinamento e a reduzir o espaço para as ligações e os pavimentos. Quando todos estes efeitos são tidos em conta, o confinamento do SCWR acaba por ser um pouco mais pequeno do que o de um BWR avançado de potência térmica semelhante e, por conseguinte, significativamente mais pequeno numa base de potência eléctrica por unidade.

SISTEMA DE ARREFECIMENTO DO REACTOR

O sistema de arrefecimento do reator inclui as linhas de água de alimentação das válvulas de isolamento até à RPV e as linhas de vapor da RPV até ao segundo conjunto de válvulas principais de isolamento de vapor fora da contenção. O sistema de arrefecimento do reator SCWR foi concebido pela BREI e tem duas linhas de água de alimentação e duas linhas de vapor (por oposição às quatro de um BWR de potência térmica semelhante). Este facto contribui ainda mais para a força económica do conceito SCWR. As linhas de vapor podem ser construídas a partir de aços ferríticos como o P91 e o P92, que são atualmente utilizados nas linhas de vapor de centrais fósseis supercríticas. Linhas de água de alimentação Materiais de referência SA-106 Grau C (aço carbono) Número 2, temperatura de funcionamento 500°C, pressão de funcionamento/design 25/27,5 MPa, diâmetro externo/espessura 470 mm / 51 mm, material de referência das linhas de vapor P91 (9Cr-1Mo) ou P92 (9Cr-2W).

O SCWR funciona a uma pressão supercrítica e o líquido de arrefecimento à saída do reator é água supercrítica. A água leve é utilizada como moderador de neutrões e refrigerante. Acima do ponto crítico, o vapor e o líquido passam a ter a mesma densidade e são indistinguíveis, eliminando um grande número de materiais de construção (por exemplo, pressurizadores, gerador de vapor, bombas de jato/recirculação, separadores de vapor e secadores). A simplificação da SCWR deverá reduzir os custos de construção e melhorar a fiabilidade e a segurança.

Um SCWR do tipo LWR adopta barras de água com isolamento térmico e um SCWR do tipo CANDU mantém o moderador de água num tanque Calandria. O núcleo de um reator rápido do tipo LWR SCWR adopta uma estrutura de barras de combustível apertada como um LWR de alta conversão. O SCWR de espetro de neutrões rápido tem a vantagem de uma maior densidade de potência, mas necessita de combustível de plutónio e de óxidos mistos de urânio, que estará disponível a partir do reprocessamento. Os SCWR teriam provavelmente barras de controlo inseridas no topo, como acontece nos PWR. A temperatura no interior de um SCWR é superior à dos LWR. Embora as centrais supercríticas a combustível fóssil tenham muita experiência nos materiais, não incluem a combinação de ambiente de alta temperatura e radiação intensa de neutrões. Nos ciclos de arrefecimento de passagem única, como os SCWR, todo o líquido de arrefecimento do reator é processado a baixa temperatura após a condensação. A combinação de ambiente de alta temperatura e intensa radiação de neutrões exige que os materiais do núcleo (especialmente o revestimento do combustível) resistam a este ambiente. Os SCWR necessitam de materiais de núcleo (especialmente o revestimento de combustível) para resistir ao ambiente. A I&D centra-se em:

* A química da água supercrítica sob radiação
* Estabilidade dimensional e microestrutural
* Materiais que resistem às condições de alta temperatura e não absorvem demasiados neutrões, o que afecta a economia de combustível

ACTIVAÇÃO DO LÍQUIDO DE ARREFECIMENTO (N-16)

Por ser um sistema nuclear arrefecido a água com um ciclo térmico direto, o SCWR partilha com o BWR a questão da ativação do refrigerante e do transporte dos produtos de ativação do refrigerante para a turbina e a central. De acordo com a experiência com os BWR, o nuclídeo dominante que contribui para a radioatividade do refrigerante do SCWR a plena potência é o 16N, que é produzido por uma reação (n,p) com o 16O. A questão do transporte dos produtos de ativação do refrigerante para o balanço da instalação foi avaliada no INEEL. Verificou-se que a atividade do 16N no vapor do SCWR é cerca de duas vezes superior à do vapor de um BWR. A produção e o decaimento do 16N no circuito de arrefecimento do SCWR, juntamente com os requisitos de blindagem impostos ao balanço da instalação, foram analisados no INEEL e comparados com os de um BWR de potência térmica semelhante. As actividades de 16N nas linhas de vapor do SCWR são significativamente mais elevadas do que as do BWR (~385 vs. ~ 180 µCi/g) pelas quatro razões seguintes:

♦= O tempo de trânsito do refrigerante no núcleo do SCWR é cerca de duas vezes superior ao do núcleo do BWR, ♦= O fluxo de neutrões é mais elevado no SCWR devido à maior densidade de potência, ♦= A passagem lenta do refrigerante nas barras de água produz uma atividade significativa de 16N no núcleo do SCWR

♦= Todo o 16N gerado no núcleo do SCWR é enviado para as linhas de vapor, uma vez que não existe recirculação no interior do vaso.

Um modelo simples de atenuação gama mostrou que a maior atividade de 16N no SCWR resulta em requisitos de blindagem apenas até 12% superiores aos do BWR. No entanto, devido à maior potência eléctrica do SCWR, espera-se que os custos específicos de blindagem ($/kWe) associados ao 16N sejam semelhantes ou melhores do que os do BWR.

CICLO DE CONVERSÃO DE ENERGIA

As instabilidades térmico-hidráulicas e térmico-nucleares acopladas foram investigadas no ANL com um código de análise de estabilidade linear no domínio da frequência baseado em hidráulica térmica de canal único, condução de calor de combustível unidimensional e modelos de cinética pontual. Foram adoptados os critérios de estabilidade dos BWR e verificou-se que o SCWR é estável contra oscilações em fase em todo o núcleo em condições normais de potência e fluxo de funcionamento.

O sistema SCWR de referência tem um ciclo de conversão de energia muito semelhante ao de uma central a carvão supercrítico, com a caldeira substituída pelo reator nuclear. O BREI [195] realizou um estudo concetual do ciclo de conversão de energia para o SCWR a fim de identificar uma configuração óptima para os objectivos de maximização da eficiência térmica e da produção de energia eléctrica e de minimização dos custos de capital. Foi também dada especial atenção à garantia de que todos os componentes estão disponíveis comercialmente ou dentro das actuais capacidades de conceção. Foram consideradas as seguintes soluções de compromisso que afectam os objectivos: velocidade total vs. velocidade reduzida do módulo turbina-gerador, disposição do módulo turbina-gerador num só veio vs. em vários veios, bombas de água de alimentação acionadas por turbina a vapor vs. acionadas por motor. As seguintes opções de projeto devem ser tidas em conta:

• Velocidade de rotação reduzida, 1800 rpm

• Turbina-gerador de veio único

• Uma unidade de turbina de alta pressão/pressão intermédia (HPT/IPT) e três unidades de turbina de baixa pressão (LPT) com seis vias de escoamento

• Reaquecedor do separador de humidade entre o HPT/IPT e os LPT

• Oito aquecedores de água de alimentação que aumentam a temperatura da água de alimentação para 280°C

- Bombas de água de alimentação acionadas por turbinas a vapor que funcionam a cerca de 190°C
- Rejeição de calor em torres de arrefecimento de tiragem natural

A viabilidade da turbina-gerador de 1.600 MWe foi verificada com vários fornecedores de turbinas. O BREI [195] criou um modelo faseado da HPT/IPT e da LPT, demonstrando que os parâmetros do vapor à entrada da turbina (494°C e 23,4 MPa), as velocidades do vapor no anel de escape da LPT (<225 m/s), os comprimentos das pás da LPT (52") e o teor de humidade (<15%) estão todos dentro da tecnologia atual disponível. Note-se que a dimensão global do gerador de turbina SCWR é semelhante à de um gerador de turbina LWR de 1.300-1.500 MWe porque o caudal volumétrico de vapor processado no LPT é semelhante para ambas as centrais. Note-se que o SCWR se baseia amplamente na experiência bem sucedida com materiais em centrais fósseis supercríticas.

CONCEPÇÃO E CARACTERÍSTICAS DO SISTEMA DE SEGURANÇA

O SCWR comporta-se de forma diferente dos reactores arrefecidos a água existentes em funcionamento normal, uma vez que não possui nem o circuito de circulação dos BWR nem o circuito primário dos PWR. Nos projectos de SCWR existentes, o fluido supercrítico flui diretamente para a turbina a partir da saída da cuba de pressão do reator, pelo que também não existe um secador ou separador no sistema.

O funcionamento do SCWR pode ser dividido em três tipos: funcionamento normal, transientes anormais e acidentes. A análise da segurança é importante na I&D do SCWR. De acordo com a investigação existente, é necessário garantir que a temperatura máxima da superfície de revestimento (MCST) do SCWR não seja superior a 850 °C em condições transitórias anormais e não seja superior a 1206 °C em caso de acidente que possa resultar em danos no núcleo. As funções de cada sistema de segurança são as seguintes

    i)   Após o acidente, a diferença de pressão entre o tubo quente e o tubo frio, bem como a cabeça de pressão gravitacional entre o tanque e o núcleo, faz com que o líquido de refrigeração frio flua para o núcleo num curto espaço de tempo.

ii) O ICS baseia-se na circulação natural para o arrefecimento ininterrupto do núcleo e assegura que o reator é arrefecido pelo sistema de segurança nas fases finais de um acidente.

iii) Em resposta a situações de emergência, o sistema de despressurização automática fornece um meio automático e eficaz de aliviar a pressão. As válvulas de segurança são utilizadas para proteger o reator contra a sobrepressão, sendo também utilizadas para despressurizar o sistema em caso de acidente do tipo LOCA.

iv) GDCS: A função do GDCS é fornecer automaticamente o arrefecimento de emergência do núcleo em caso de acidente que possa afetar a carga de refrigerante do reator. Quando o reator é despressurizado até à pressão de contenção através do sistema ADS, o tanque GDCS tem a capacidade de encher automaticamente a cuba de pressão com grandes volumes de água por efeito da gravidade.

v) Um sistema de segurança passiva, constituído por um condensador e um secador, é utilizado para garantir que a pressão e a temperatura no interior do confinamento sejam mantidas abaixo dos limites de projeto na eventualidade de um acidente de base, como o LOCA. A avaliação inicial da segurança do CSR1000, que adopta este conjunto de sistemas de segurança passiva, foi realizada por Wu et al. [193] aplicando o código SCTRAN. O desempenho de segurança do CSR1000 em diferentes tipos de acidentes é analisado.

vi) Tipo de LOCA: acidente com perda de fluido de arrefecimento (LOCA);

vii) Tipo de LOCA: retirada descontrolada de CR, perda parcial do fluxo principal de refrigerante, perda de energia fora do local, apreensão da bomba, falha do sistema principal de controlo do refrigerante, perda de aquecimento da água de alimentação, acidente de perda do caudal de refrigerante (LOFA), fecho da válvula da linha de vapor principal.

A partir dos resultados, podemos concluir que este conjunto de sistemas de segurança passiva é eficaz para proteger o núcleo contra o sobreaquecimento. Os maiores MCSTs em transientes e acidentes são 780 °C e 850 °C, que estão muito abaixo do critério de segurança correspondente.

A nossa interpretação do objetivo de segurança superior da Geração IV é que, uma vez que o potencial de danos no núcleo de um SCWR é semelhante ao dos LWR tradicionais, só é possível aumentar a segurança se se puder afirmar que as consequências externas de um acidente com danos no núcleo são negligenciáveis. Foram adoptadas as declarações dos Requisitos Europeus de Utilidade Pública relativas a acidentes graves e à atenuação dos seus efeitos: "O arrefecimento dos detritos do núcleo pode ser conseguido através de uma demonstração técnica solidamente fundamentada para o arrefecimento dos detritos no interior do reservatório ou para o arrefecimento dos detritos no exterior do reservatório." A atual conceção do SCWR inclui um dispositivo de recolha de resíduos do núcleo sob a cuba de pressão do reator, conseguindo assim uma retenção à saída da cuba. No entanto, com base na potência nominal e na dimensão da cuba do SCWR, deveria também ser possível uma solução alternativa que incluísse o arrefecimento dos resíduos do núcleo na cuba. Como já foi referido, a piscina de condensação é dimensionada para fornecer um dissipador de calor suficiente para o calor de decaimento em caso de acidente grave. Esta abordagem conduz a uma maior dimensão do confinamento, mas simplifica a conceção dos sistemas de segurança e de atenuação. Deverão ser possíveis outras alternativas para proporcionar o mesmo período de carência após um acidente grave, por exemplo, um sistema de arrefecimento passivo do confinamento. É difícil avaliar a melhor solução nesta fase do projeto, pelo que se decidiu avançar com esta solução de referência. Com base numa revisão crítica da estratégia de atenuação de acidentes graves, será explorada uma maior redução dos volumes de confinamento no AF-04. As questões pendentes no que respeita ao confinamento do SCWR incluem uma avaliação das consequências das elevadas temperaturas locais após a descarga e a verificação de que os sistemas de segurança podem ser acomodados no confinamento.

Wu et al [193]) concebe um sistema de segurança completamente passivo para o CSR1000, referindo-se ao sistema de segurança do AP1000. O objetivo era fornecer uma injeção de segurança em tempo útil para o SCWR. O sistema de segurança do CSR1000 é constituído pelo sistema de condensador de isolamento (ICS), pelo reservatório de compensação do reator a alta pressão (RMT), pelo sistema de despressurização automática (ADS), pelo sistema de arrefecimento passivo da contenção (PCCS) e pelo sistema de arrefecimento do núcleo por gravidade (GDCS)

No Japão, foi concebido o projeto e a avaliação do sistema de segurança do SCWR. O Super LWR aplica principalmente o sistema de segurança ativa, porque o projetista considera que a conceção das barras de água no núcleo pode funcionar como um acumulador no interior do reservatório e proporcionar tempo de reserva para o lançamento do sistema ativo, como o sistema auxiliar de água de alimentação. O sistema de segurança do Super LWR é constituído pelo sistema de despressurização automática (ADS), pelas válvulas principais de isolamento do vapor (MSIV), pelo sistema de injeção de baixa pressão no núcleo (LPCI), pelo sistema auxiliar de água de alimentação (AFS) e pela câmara de supressão.

O aumento máximo da temperatura do revestimento em caso de transientes e acidentes é de 50 °C e 250 °C, respetivamente, enquanto o aumento máximo da pressão é de 2,5 MPa em caso de transientes e 2 MPa em caso de acidentes, o que satisfaz o critério de segurança. A barra de água concebida no conceito de Super LWR desempenha um papel importante no fornecimento de refrigerante em condições transitórias e de acidente, o que pode permitir que o sistema auxiliar de água de alimentação seja acionado com um atraso de 30 segundos. Em acidentes do tipo LOCA, a atuação do ADS ajudará a diminuir a pressão do núcleo e a aumentar o caudal do núcleo, o que é benéfico para transportar o calor de decaimento do núcleo. O sistema LPCI é responsável pela recarga do núcleo sobreaquecido e pelo fornecimento de refrigerante para um arrefecimento mais prolongado na fase final dos acidentes do tipo LOCA.

As caraterísticas de segurança do SCWR canadiano são bastante diferentes das do SCWR de tipo reservatório de pressão anteriormente mencionado. O objetivo de "não fusão do núcleo" é alcançado através da transferência radiativa de calor entre o tubo de pressão e os pinos de combustível, bem como através de um sistema de arrefecimento passivo do moderador especificamente concebido. Foi proposta a trajetória de transferência de calor em LOCA sem arrefecimento de emergência do núcleo (LOCA/LOECC). O sistema de arrefecimento do moderador proposto permite a remoção completamente passiva do calor do combustível em condições de acidente. É possível uma rejeição passiva do calor do moderador utilizando o canal de combustível de alta eficiência (HEC), que mantém contacto direto com o moderador circundante. Em condições de acidente, os canais de combustível permitem a remoção passiva do calor de decaimento, o que evita a fusão do combustível. Na pior das hipóteses de perda total de refrigerante, a temperatura do combustível aumenta até um ponto em que o calor de decaimento pode ser transferido por radiação para o isolador, o que permite uma transferência suficiente de calor do conjunto do combustível para o tubo de pressão e, em seguida, para o moderador, a fim de evitar a fusão do revestimento.

Wu et al., [193] aplicam o SCTRAN, incorporando um modelo especial de transferência de calor por radiação, para simular os acidentes LOCA/LOECC. À medida que o líquido de arrefecimento se esvai do canal de arrefecimento, a transferência de calor por radiação começa a desempenhar um papel muito importante na remoção do calor do combustível após cerca de 30s. Com a progressão do acidente e a diminuição do calor de decaimento, a transferência de calor por radiação e o calor de decaimento atingem gradualmente o equilíbrio. Neste processo, a temperatura mais elevada do revestimento (1278 °C) é inferior a 1400 °C, que é a temperatura de fusão do aço inoxidável modificado SS310. O aumento da troca de calor por radiação entre o revestimento do combustível e o canal do moderador é benéfico para diminuir a temperatura máxima da superfície em LOCA/LOECC.

Outra caraterística única do SCWR canadiano é a existência de uma excursão de potência devido à realimentação da reatividade do vazio em acidentes postulados como LOFA e LOCA, o que não foi relatado para SCWR do tipo reservatório de pressão. Para investigar este fenómeno, foi aplicado o código de transporte de neutrões 3D acoplado DRAGON e o código de sistema CATHENA. O impulso de potência pode atingir 160% da potência máxima num transiente causado pela diminuição da pressão de entrada no núcleo. Sugere-se um sistema de encerramento rápido do reator para evitar este tipo de impulsos de potência em caso de acidente.

ANÁLISE PRELIMINAR DOS PRINCIPAIS TRANSIENTES E ACIDENTES

Os métodos de desenvolvimento da ferramenta de análise de segurança para SCWR são resumidos para esclarecer as principais dificuldades científicas e a forma como estes problemas devem ser resolvidos. São discutidas todas as técnicas especiais aplicadas para permitir simulações trans-críticas e as caraterísticas de segurança dos conceitos SCWR existentes. O estado da investigação dos conceitos SCWR, o desenvolvimento de ferramentas de análise de segurança e as caraterísticas de segurança são claramente apresentados. Devem ser efectuadas validações de ferramentas de análise de segurança e avaliações mais exaustivas de acidentes para ilustrar melhor o desempenho de segurança destes conceitos SCWR [191].

Foi efectuada uma análise preliminar do SCWR no INEEL para caraterizar as constantes de tempo do sistema, de modo a poder determinar os tempos de resposta e as capacidades necessárias para vários sistemas de segurança. A análise foi efectuada utilizando uma versão modificada do RELAP5-3D, especificamente melhorada para suportar a análise do SCWR. Os melhoramentos incluíram alterações das interpolações das propriedades da água em torno do ponto crítico, modificação do esquema de solução na região supercrítica e adição de correlações de transferência de calor e de fricção da parede aplicáveis às condições supercríticas. O efeito do tempo de desaceleração das bombas de água de alimentação principal (MFW), do tempo de atraso do esquema e do caudal de água de alimentação auxiliar (AFW) foi avaliado para a perda total de água de alimentação.

A Westinghouse, a INEEL e Pradip Saha, do MIT, efectuaram uma análise crítica das ocorrências anormais do LWR e da sua classificação pela NRC relativamente à aplicação do SCWR. O objetivo era identificar eventos potencialmente problemáticos para concentrar a atenção da I&D. Foram mencionados os quatro eventos seguintes: perda total do caudal de água de alimentação, desarme da turbina sem derivação de vapor, perda de aquecimento da água de alimentação e grande rutura nas linhas de água de alimentação. A Westinghouse e o INEEL efectuaram uma análise preliminar dos principais transientes e acidentes e uma revisão crítica dos eventos anormais LWR e da sua classificação NRC relativamente à aplicação SCWR. O objetivo era identificar eventos potencialmente problemáticos nos quais concentrar a atenção da I&D. Foram selecionados os quatro eventos seguintes: O MIT está a efetuar uma análise da estabilidade do SCWR. Os resultados são coerentes com os do ANL.

♦ Perda total do caudal de água de alimentação. Dado que o SCWR é um ciclo direto de passagem única sem recirculação do refrigerante, uma perda do fluxo de água de alimentação provoca imediatamente uma perda do fluxo do núcleo e resulta num rápido subarrefecimento do núcleo.

♦ Desarme da turbina sem derivação do vapor. A densidade média do fluido de arrefecimento é baixa no núcleo do SCWR e os eventos de pressurização (como o disparo da turbina sem derivação de vapor ou o fecho acidental das principais válvulas de isolamento de vapor) resultam numa significativa inserção de reatividade positiva e num aumento da potência do reator.

♦ Perda de aquecimento da água de alimentação. Quando se perde um aquecedor de água de alimentação, a água relativamente fria entra no núcleo, resultando na inserção de reatividade positiva. A diferença entre o comportamento de um SCWR e de um BWR é que se espera que o efeito seja mais pronunciado, porque a água de alimentação não é misturada com água mais quente antes de entrar no núcleo.

♦ Grande rotura nas condutas de água de alimentação (ou LOCA de grande rotura de perna fria). Dado que a trajetória do refrigerante do SCWR é de passagem única sem recirculação no recipiente, uma grande rutura não mitigada nas linhas de água de alimentação resulta na estagnação do refrigerante no núcleo e no rápido sobreaquecimento do combustível.

Note-se que os três primeiros eventos são classificados pela NRC dos EUA como eventos de frequência moderada (Condição II) para os LWR e não devem resultar em danos significativos para o combustível, enquanto o LOCA de grande rutura é classificado como um evento raro (Condição IV) e são permitidos danos limitados para o combustível. Dado que em condições supercríticas não ocorre a crise de ebulição, não pode ser utilizado o critério CHF tradicional para avaliar a margem de falha. Em vez disso, são especificadas as temperaturas máximas admissíveis do revestimento tanto para os fenómenos transitórios (fenómenos da condição II) como para os acidentes (fenómenos das condições III e IV).

Foi efectuada uma análise preliminar destes quatro eventos-chave na INEEL com uma versão modificada do código RELAP5. Verificou-se que o comportamento do SCWR é relativamente benigno durante o disparo da turbina sem desvio de vapor, a perda de aquecimento da água de alimentação e a grande rutura nas linhas de água de alimentação. Por outro lado, a sobrevivência da perda total de água de alimentação exigirá provavelmente a utilização de um sistema auxiliar de água de alimentação de alta capacidade e alta pressão e de ação rápida. O projeto de tal sistema será um grande desafio [197].

Os coeficientes de realimentação da reatividade foram calculados com o código da rede WIMS-8. Seguindo a abordagem padrão para a análise da estabilidade dos BWR, a estabilidade do sistema foi estimada utilizando o rácio de decaimento, que é determinado pela procura da raiz dominante da equação caraterística do sistema diretamente no plano complexo.

Análise de estabilidade A abordagem da NRC dos EUA para o licenciamento de BWR exigirá provavelmente a demonstração da capacidade de prever o início de instabilidades. Isto pode ser feito por meio de uma análise linear. As instabilidades térmico-hidráulicas e térmico-nucleares acopladas foram investigadas no ANL. Foi desenvolvido um código de análise de estabilidade linear no domínio da frequência com base em modelos de hidráulica térmica de canal único, condução de calor de combustível unidimensional e cinética pontual. Os coeficientes de feedback de reatividade foram calculados com o código de rede WIMS-8. Foram efectuadas análises preliminares de estabilidade para o conceito SCWR de referência. Verificou-se que as oscilações em fase em todo o núcleo diminuiriam rapidamente em condições normais de potência e caudal de funcionamento.

O critério da temperatura do revestimento (<1205°C, <2200°F) utilizado para os LWR é também adotado para os acidentes dos SCWR. O limite para os transientes é assumido como sendo de 840°C, o que é um valor razoável, mas terá de ser verificado com os códigos de desempenho do combustível. Os seguintes limites são também assumidos para o combustível dos SCWR, e são idênticos aos utilizados nos BWR: não fusão da linha central sob sobrepotência transitória, e entalpia média radial do combustível (em qualquer ponto do núcleo) inferior a 0,711 kJ/g (170 cal/g) durante os transientes e inferior a 1,17 kJ/g (280 cal/g) durante os acidentes.

Estratégia de controlo

O BREI [195] analisou as caraterísticas gerais, as normas e os regulamentos relativos ao sistema de controlo das centrais nucleares existentes tendo em vista a aplicação do SCWR. O SCWR apresenta várias semelhanças e diferenças com os sistemas BWR e PWR que afectam a estratégia de controlo. As semelhanças com os BWR estão associadas ao ciclo direto, com o fluxo de água de alimentação a entrar diretamente na cuba do reator e o fluxo de vapor a ir diretamente para a turbina. É necessário um equilíbrio entre a alimentação e o vapor para manter o inventário de água no vaso. Além disso, os venenos solúveis, como o ácido bórico, não podem ser utilizados para o controlo da reatividade. As semelhanças do PWR estão associadas à elevada pressão de funcionamento, às condições monofásicas à saída do núcleo e a uma temperatura de saída do núcleo que é função da potência e do caudal de refrigerante. Os aspectos únicos do SCWR que influenciam o conceito de controlo incluem a eliminação das bombas de recirculação, o baixo nível de água no RPV, a grande variação da densidade do fluido de arrefecimento através do núcleo e a ausência de um nível de fluido de arrefecimento em condições supercríticas. Os principais sistemas a controlar no SCWR são o sistema de arrefecimento do reator, o sistema de água de alimentação e de condensados, o sistema de vapor e o sistema do gerador da turbina. As principais variáveis a controlar incluem a potência do reator, a temperatura de saída do núcleo durante o funcionamento a pressão supercrítica (p. ex., durante o funcionamento a plena potência), a pressão do reator, o nível do reator durante o funcionamento a pressão subcrítica (p. ex., durante o arranque) e o caudal da água de alimentação. Partindo do princípio de que o SCWR funcionará em regime de carga de base e não de carga contínua, e tendo em conta as caraterísticas gerais da central SCWR, o BREI fez as duas recomendações seguintes para o sistema de controlo do SCWR:

♦ *Controlo das principais variáveis do reator.* As barras de controlo efectuam o controlo primário da potência térmica. A válvula de controlo da turbina assegura o controlo da pressão e o fluxo de água de alimentação (isto é, as bombas de água de alimentação) assegura o controlo primário da temperatura de saída. O controlo do inventário do líquido de arrefecimento na cuba é conseguido assegurando que o vapor e o fluxo de alimentação são equilibrados, mantendo a temperatura correta de saída do núcleo. Uma discussão detalhada da estratégia de controlo pode ser encontrada no relatório preparado por Burns e Roe [BREI 195].

♦ *Abordagem do sistema de controlo integrado.* Em vez de uma abordagem em que as funções superiores, como o controlo da potência ou das válvulas da turbina, são manuais e os circuitos de controlo de nível inferior são automáticos, propõe-se um controlo coordenado em que todas as funções são automáticas. O inventário de água relativamente pequeno do navio, o acoplamento nuclear/térmico-hidráulico, a falta de indicação do nível em condições supercríticas e a ausência de fluxo de recirculação tornam o controlo mais difícil. Assim, a utilização de um controlo integrado permitiria ao sistema antecipar as alterações e reagir em conformidade.

Procedimentos de arranque e equipamento conexo

Existem dois meios gerais de controlo utilizados nas centrais fósseis supercríticas de passagem única. São eles a pressão constante e o funcionamento a pressão variável (VPO). Durante a década de 1970, a maior parte das unidades supercríticas de passagem única eram controladas utilizando pressão constante nas caldeiras. Isto deveu-se ao facto de estas unidades estarem predominantemente em carga de base e de as turbinas americanas alcançarem eficiências elevadas em carga reduzida através da utilização de estágios de controlo de alta pressão para admissão parcial do arco (fluxo parcial de vapor). Por conseguinte, os produtores de eletricidade dos EUA tinham pouco interesse na VPO. Por outro lado, na Europa e no Japão, a utilização de VPO era bastante comum. Além disso, as centrais dos EUA estavam a ser solicitadas a efetuar ciclos mais frequentes e, durante a década de 1970, os fornecedores de turbinas europeus começaram a vender as suas turbinas às empresas de serviços públicos dos EUA. Com este equipamento europeu, as empresas de serviços públicos dos EUA familiarizaram-se com a VPO e muitas adoptaram esta prática nas suas centrais de passagem única. Muitas usinas construídas no final da década de 1970 e na década de 1980 incluíam provisões para VPO. Com o arranque a pressão constante, os componentes necessários são um bypass da turbina de arranque, um tanque de descarga e válvulas redutoras de pressão. Com o arranque VPO, os componentes necessários são uma derivação da turbina de arranque, um separador de vapor de água, válvulas de drenagem e bombas de recirculação.

Há diversas variáveis a controlar durante o arranque e a paragem do SCWR de passagem única.

O SCWR exigirá um sistema de arranque que assegure um controlo adequado da potência do reator numa gama de 0,1% a 100% de potência, um controlo adequado do inventário da água do reator e a manutenção da temperatura de saída do núcleo através dos sistemas de controlo da potência do reator e da água de alimentação. O sistema deve permitir o aquecimento da tubagem de vapor para a turbina e assegurar que apenas seja fornecido vapor seco à turbina. Os procedimentos para o arranque do SCWR serão semelhantes aos de um LWR, exceto no que diz respeito à transição para e do funcionamento a pressão supercrítica.

VANTAGENS E DESVANTAGENS

Vantagens

- A água supercrítica tem excelentes propriedades de transferência de calor, permitindo uma elevada densidade de potência, um núcleo pequeno e uma estrutura de contenção reduzida.
- A utilização de um ciclo Rankine supercrítico, com as suas temperaturas tipicamente mais elevadas, melhora a eficiência (seria de ~45% contra ~33% dos actuais PWR/BWR).
- A elevada eficiência conduz a uma maior economia de combustível, a uma carga de combustível mais leve e a uma diminuição do calor residual (de decomposição).
- A SCWR é normalmente concebida como um ciclo direto, em que o vapor ou a água supercrítica quente do núcleo é utilizada diretamente numa turbina a vapor. Isto torna o projeto simples. A SCWR é muito mais simples e mais compacta do que a BWR com a mesma potência eléctrica. Não há separadores de vapor, secadores de vapor, bombas de recirculação interna ou fluxo de recirculação dentro do vaso de pressão. O projeto é um ciclo direto de passagem única, o tipo de ciclo mais simples possível. A energia térmica e radiológica armazenada no núcleo mais pequeno e no seu circuito de arrefecimento (primário) seria também inferior à de um BWR ou de um PWR [197].
- A água é líquida à temperatura ambiente, barata, não tóxica e transparente, o que simplifica a inspeção e a reparação (em comparação com os reactores arrefecidos por metal líquido).
- Um SCWR rápido poderia ser um reator reprodutor, como o proposto Reator Avançado Limpo e Ambientalmente Seguro, e poderia queimar os isótopos de actinídeos de longa duração.

- Um SCWR de água pesada poderia produzir combustível a partir do tório. À semelhança de uma CANDU, também pode utilizar urânio natural não enriquecido, se houver moderação suficiente
- O calor de processo pode ser fornecido a temperaturas mais elevadas do que as permitidas por outros reactores arrefecidos a água.

Desvantagens

- Um menor inventário de água (devido a um circuito primário compacto) significa uma menor capacidade térmica para amortecer os transientes e os acidentes (por exemplo, em caso de perda do fluxo de água de alimentação ou de um acidente de perda de refrigerante com grande rutura), resultando em temperaturas transientes demasiado elevadas para o revestimento metálico convencional.
- A análise de segurança do LWR do tipo SCWR mostrou que os critérios de segurança são cumpridos com margens em acidentes e transientes anormais, incluindo perda total de fluxo e acidente de perda de refrigerante.
- Não ocorre qualquer rutura dupla devido ao ciclo de refrigeração de passagem única.
- O núcleo é arrefecido pelo fluxo induzido no acidente de perda de líquido de arrefecimento.
- O inventário de água na cúpula superior da cuba do reator funciona como um acumulador de invólucro. O princípio de segurança do SCWR não é manter o inventário de refrigerante, mas manter o caudal de refrigerante do núcleo.
- Uma pressão mais elevada combinada com uma temperatura mais elevada e também uma maior subida de temperatura através do núcleo (em comparação com os PWR/BWR) resultam em tensões mecânicas e térmicas acrescidas nos materiais dos reservatórios que são difíceis de resolver.
- É necessário um amplo desenvolvimento de materiais e investigação sobre a química da água supercrítica sob radiação.
- Procedimentos especiais de arranque necessários para evitar a instabilidade antes de a água atingir condições supercríticas.
- Um SCWR rápido necessita de um núcleo de reator relativamente complexo para ter um coeficiente de vazio negativo.[7]

- Tal como acontece com todas as alternativas às concepções atualmente difundidas (na sua maioria, reactores térmicos subcríticos arrefecidos a água e moderados a água de algum tipo), haverá menos fornecedores de tecnologia e peças e menos conhecimentos especializados, pelo menos inicialmente, do que a antiga tecnologia comprovada ou os seus melhoramentos evolutivos, como os reactores da geração III+.
- O calço químico (veneno de neutrões solúvel no refrigerante de água) pode ter um comportamento drasticamente diferente, uma vez que as propriedades de solução da água supercrítica são muito diferentes das da água líquida. Atualmente, a maioria dos reactores a água pressurizada utiliza ácido bórico para controlar a reatividade no início da combustão. No entanto, o calço químico não pode ser utilizado em SCWRs nem em BWRs, devido ao coeficiente de vazio positivo do refrigerante. Os SCWRs utilizam água boratada como paragem secundária, à semelhança dos BWRs.
- Dependendo da conceção, o reabastecimento em linha pode ser impossível.

ACTIVIDADES DA SCWR

Apresentam-se a seguir exemplos de conceitos de reactores SCWR desenvolvidos em diferentes países, incluindo SCWR do tipo reservatório de pressão e do tipo tubo de pressão, bem como SCWR térmicos, rápidos e de espetro misto, numa tentativa de esclarecer as caraterísticas de conceção dos SCWR [191].

AIEA

O Projeto de Investigação Coordenada da IAEA (CRP) sobre Fenómenos de Circulação Natural, Modelação e Fiabilidade de Sistemas Passivos que Utilizam a Circulação Natural foi iniciado no princípio de 2004. Com base no conhecimento partilhado dos especialistas que participam no PRC, está disponível uma vasta informação sobre fenómenos de circulação natural, modelos, ferramentas de previsão e experiências que atualmente apoiam a conceção e análise de sistemas de circulação natural e áreas de destaque, revelando a necessidade de investigação adicional. O resultado do PRC serve para fornecer uma descrição do estado atual do conhecimento sobre a circulação natural em centrais nucleares arrefecidas a água e para orientar o planeamento e concentrar as actividades do PRC no avanço do estado do conhecimento. Com o benefício dos resultados do PRC, esta publicação será actualizada no futuro para produzir um relatório sobre o estado da arte da circulação natural. Estes objectivos orientam os esforços cooperativos de I&D empreendidos pelos membros do GIF.

China

Existem dois tipos principais de conceitos chineses de SCWR teoricamente amadurecidos, que são o CSR1000, designado por reator chinês supercrítico arrefecido a água, e o SCWR-M, designado por reator de espetro misto supercrítico arrefecido a água.

O espetro térmico é utilizado para o CSR1000, enquanto o espetro misto de neutrões é utilizado para o SCWR-M. (Liu et al., 2013 [198]).

CSR1000
Em 2014, o Instituto de Energia Nuclear da China (NPIC) propôs o CSR1000, que é um SCWR com reservatório de pressão. (Wu et al., 2014 [193]). O CSR1000 aplica o espetro térmico, enquanto a água supercrítica é utilizada para arrefecer o núcleo e moderar os neutrões. A potência térmica e a potência eléctrica da CSR1000 são de 2300 MW e 1000 MW, respetivamente. A temperatura à entrada do núcleo é de 280 °C, enquanto a temperatura à saída do núcleo é de 500 °C, pelo que a eficiência térmica da CSR1000 pode atingir 45%. Para obter uma distribuição mais homogénea da potência axial, a CSR1000 aplica uma conceção de núcleo de duas passagens. Existem 177 conjuntos de combustível no núcleo do reator CSR1000. Os núcleos de primeira e segunda passagem são constituídos por 57 conjuntos e 120 conjuntos, respetivamente. A água que flui através destas duas vias actua simultaneamente como moderador e refrigerante. Além disso, para um melhor controlo da reatividade, são utilizadas barras de controlo em forma de cruz.

SCWR-M

Ao contrário do CSR1000, a fim de evitar problemas graves que podem ser encontrados na conceção mecânica e na análise de segurança, propôs um esquema de conceção de núcleo misto em que os conjuntos de combustível são divididos em várias camadas, e este esquema de conceção pode simultaneamente atingir altas temperaturas de saída do núcleo (Liu et al., 2013 [198]). O núcleo do reator chinês de espetro misto (SCWR-M) é constituído por um núcleo de espetro térmico e um núcleo de espetro rápido. O núcleo do SCWR-M é constituído por 284 conjuntos de combustível, dos quais 164 se situam na zona exterior, reagindo com neutrões de espetro térmico, e 120 se situam na zona interior, reagindo com neutrões de espetro rápido [198]. Para a zona com espetro térmico, existem três camadas de conjuntos de combustível com enriquecimento variável de combustível a diferentes alturas. A zona rápida foi concebida para ser curta, a fim de aumentar a fuga de neutrões, de modo a que o SCWR-M possa obter uma reatividade negativa no vazio.

A água a baixa temperatura entra no recipiente sob pressão e flui para cima, para a câmara superior, após o que flui para os canais do refrigerante e do moderador, com 25 por cento do refrigerante a fluir para o canal do moderador na zona térmica. Em seguida, o refrigerante flui para fora da zona de espetro térmico para a câmara inferior, e da câmara inferior flui para a zona rápida. As temperaturas à entrada e à saída do núcleo do reator são de 280 °C e 510 °C, respetivamente.

Japão

O Japão efectuou trabalhos de investigação e conceção para conceitos SCWR rápidos e moderados simultaneamente. A água é utilizada como moderador e funciona no Super LWR sob a forma de barras de água. A barra de água é um espaço no núcleo preenchido com água leve. A sua presença assegura uma reatividade negativa no vazio e proporciona uma injeção adicional de arrefecimento de emergência do núcleo durante os acidentes. Entretanto, está também a ser desenvolvido um SCWR de espetro de neutrões rápido, denominado Super FR. A fim de garantir um coeficiente de vazio negativo, são utilizadas camadas de hidreto de zircónio no Super FR. Estes dois conceitos diferentes serão apresentados para comparar os respectivos comportamentos.

Super LWR

A Universidade de Tóquio propôs o Super LWR, que inclui um ciclo de arrefecimento de passagem única sem linha de recirculação. Após actualizações do projeto, a temperatura da água de alimentação do Super LWR é actualizada para 290 °C e a temperatura de saída do reator é de 510 °C. As potências térmica e eléctrica são de 4039 MW e 1725 MW, respetivamente. O Super LWR aplica um núcleo de duas passagens, em que os conjuntos de combustível localizados na região exterior do núcleo do reator são arrefecidos em primeiro lugar pelo fluido de arrefecimento que flui para baixo. O fluido de arrefecimento flui para cima através dos conjuntos de combustível situados no interior do núcleo após mistura na câmara inferior. Foi apresentada a disposição dos conjuntos de combustível no núcleo com 372 conjuntos de combustível divididos em três lotes de abastecimento. A conceção do combustível do Super LWR utiliza UO2 para as pastilhas de combustível, o que é idêntico ao dos LWR. O material do revestimento do combustível é o aço inoxidável e a liga à base de níquel. A conceção do conjunto de combustível, que é idêntica à dos LWR.

Reator super-rápido

A circulação do fluxo do Super FR é a mesma que a do Super LWR. Uma vez que os reactores rápidos não necessitam de moderadores, a densidade de potência dos reactores rápidos é muito mais elevada do que a dos reactores térmicos, o que se traduz numa maior economia. As condições de funcionamento do Super FR e do Super LWR são totalmente idênticas. A pressão do reator em funcionamento normal é de 25 MPa, enquanto as temperaturas de entrada e de saída do núcleo do reator são de 280 °C e 508 °C, respetivamente.

O princípio da conceção do combustível de óxidos mistos (MOX) do Super FR necessita de um elevado teor de Pu, exceto que o princípio é o mesmo que o do Super LWR. É colocada uma camada de hidreto de zircónio nos conjuntos de combustível de cobertura para que o reator tenha uma reatividade negativa no vazio do refrigerante. O Super FR também aplica um fluxo de duas passagens. O fluido de arrefecimento flui para baixo através dos conjuntos de manta e parte dos conjuntos de sementes. O refrigerante recolhido no plenum inferior flui através da parte restante dos conjuntos de sementes. O núcleo de fluxo de duas passagens é útil para aumentar a temperatura de funcionamento do reator, satisfazendo simultaneamente os limites de conceção da temperatura do revestimento.

Canadá

O SCWR canadiano é apenas um conceito de SCWR do tipo tubo de pressão. Foi atualizado a partir da CANDU madura em vários aspectos. As principais caraterísticas da CANDU foram preservadas, como a configuração modular dos canais de combustível e a seleção de água pesada como moderador. A pressão de funcionamento do SCWR canadiano é de 25 MPa, enquanto as temperaturas de entrada e de saída do núcleo são de 350 °C e 625 °C, respetivamente. A potência térmica e a potência eléctrica são de 2540 MW e 1200 MW, com uma eficiência térmica de 48%.

O conceito "No-core-melt" é proposto para a SCWR canadiana. A troca de calor por radiação entre as barras de combustível no interior do tubo de pressão e o moderador de água pesada a baixa temperatura no exterior do tubo de pressão pode transportar o calor de decaimento do combustível em condições de funcionamento extremas, o que reduz grandemente a probabilidade de fusão do núcleo do reator. Existem 336 canais de combustível no núcleo do SCWR canadiano. A potência média dos canais é de 7,5 MW(t). O líquido de arrefecimento que entra em cada tubo de pressão flui primeiro para o canal central, para baixo, e depois para cima, para transportar o calor.

Escudo europeu-HPLWR

O SCWR desenvolvido pela União Europeia é um reator do tipo cuba de pressão, designado reator a água leve de alto rendimento (HPLWR). A pressão de funcionamento do HPLWR é de 25 MPa e a temperatura de saída do núcleo é de 500 °C. A potência térmica e a potência eléctrica são 2300 MW e 1000 MW, respetivamente. A estrutura do reservatório de pressão do HPLWR é mostrada na Fig. (29) (Allison et al., 2016 [199]).

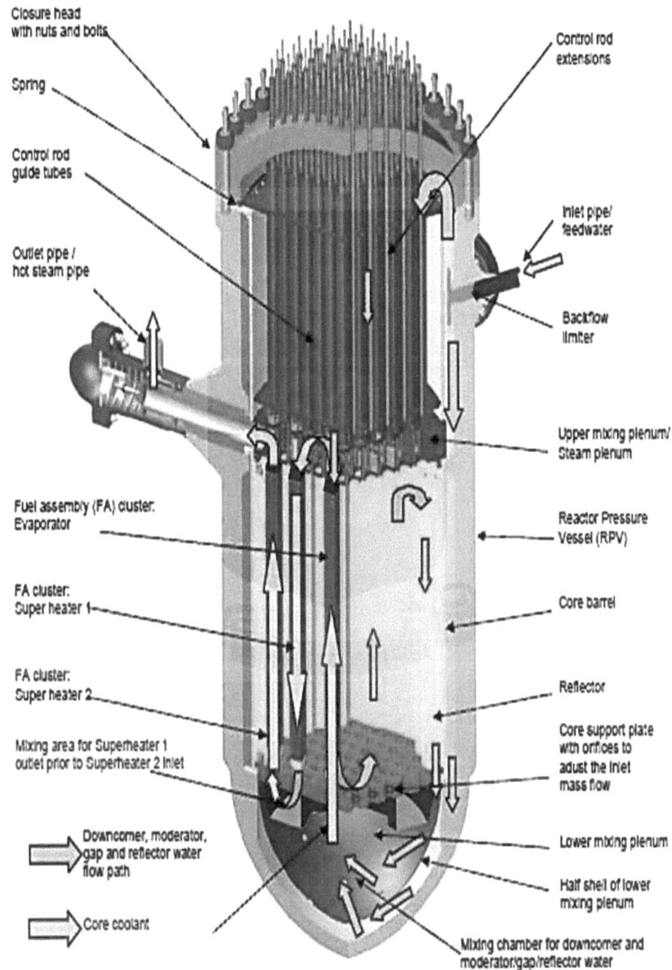

Fig. (29) A estrutura do reservatório de pressão do HPLWR (Allison et al., 2016 [199]).

A caraterística única da conceção do núcleo HPLWR é o facto de aplicar um esquema de fluxo de três vias. Uma vez que existem três processos de fluxo de refrigerante, o processo de aquecimento do refrigerante também é dividido em 3 fases.

Conceito SCWR russo-VVER-Scp

O conceito russo de SCWR (VVER-SCP) é desenvolvido com referência aos reactores VVER, PWR e BWR. O material combustível para o VVER-SCP pode ser dióxido de urânio, combustível MOX e/ou outros tipos de combustível. As temperaturas de entrada e de saída do núcleo são de 280 °C e 540 °C, respetivamente. A eficiência da VVER-SCP aumenta de 40% para 44-45%. Invulgarmente, o VVER-SCP aplica um esquema de fluxo de refrigerante de passagem única. O esquema de fluxo de refrigerante do núcleo de passagem única é apresentado na Fig. (30) [200]. Em comparação com o esquema de fluxo de passagem múltipla aplicado por outros projectos de núcleos SCWR, o núcleo de passagem única tem vantagens na simplificação do sistema, embora possa também conduzir a uma distribuição não uniforme da potência ao longo da direção axial com um grande fator de canal quente.

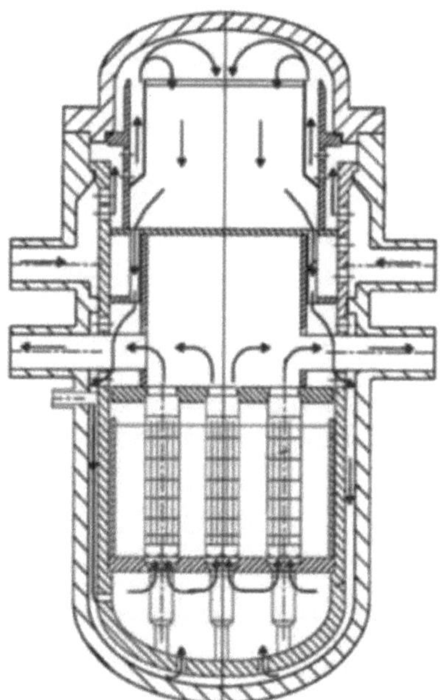

Fig. (30) Esquema do fluxo de refrigerante de um núcleo de passagem única (Kalyakin e Kirillov et al., 2014 [200]).

Coreia do Sul

(KAERI) na Coreia do Sul, intitula-se "Developing and Evaluating Candidate Materials for generation-IV Supercritical Water Reactors", teve início em 2003 e inclui o ANL-West como organização líder, o INEEL, a Universidade de Michigan e a Universidade de Wisconsin em Madison. O âmbito deste projeto inclui um estudo de ligas comerciais para aplicação no SCWR, a preparação de cupões com tratamento de superfície na Universidade de Wisconsin, o ensaio de ligas comerciais e com tratamento de superfície no circuito SCW na Universidade de Michigan, bem como ensaios mecânicos de ligas avançadas no INEEL.

O I-NERI (2002-016-K) é uma colaboração com a Coreia do Sul (Universidade Nacional de Seul e KAIST), intitula-se "Advanced Computational Thermal Fluid Physics (CTFP) and its Assessment for Light Water Reactors and Supercritical Reactors" e envolve o INEEL como organização líder, a Universidade do Estado do Iowa, a Universidade de Maryland e a Universidade do Estado da Pensilvânia. Esta investigação de base sobre fluidos térmicos aplica abordagens de primeiros princípios (simulação numérica direta e simulação de grandes turbilhões) associadas à experimentação (transferência de calor e medições da mecânica dos fluidos) para desenvolver ferramentas computacionais fiáveis para a modelização dos fenómenos de transporte em fluidos supercríticos em geometrias complexas como o núcleo de um SCWR. O trabalho experimental é realizado no sistema de fluxo Matched-Index-of-Refraction do INEEL, enquanto o desenvolvimento dos métodos computacionais é realizado nas universidades. Existe um consenso geral de que os dados de transferência de calor em condições prototípicas de fluxo e geometria do SCWR são urgentemente necessários para uma conceção fiável do núcleo do SCWR e dos sistemas de segurança.

SCWR-R

Um conceito SCWR de 1400MWe, denominado SCWR-R, foi desenvolvido pelo Instituto de Investigação da Energia Atómica da Coreia. Ao contrário de outros conceitos SCWR de tipo térmico, o SCWR-R aplica um moderador sólido de tipo cruciforme ($U/ZrH2$), em vez de água ou água pesada, para proporcionar uma moderação adicional e simplificar a estrutura do núcleo, o que é útil para diminuir o pico de potência. Há 300 barras de combustível em cada conjunto de combustível, enquanto 25 pinos de moderador sólido do tipo cruciforme e 16 pinos de moderador sólido simples. O núcleo do SCWR-R inclui 193 conjuntos de combustível, utilizando um padrão típico de carregamento de combustível em quatro lotes. Entretanto, há bombas de jato instaladas no downcomer para permitir a recirculação do líquido de arrefecimento, o que é útil para diminuir o aumento de entalpia no núcleo. O caudal do núcleo da SCWR-R é de 6441 kg/s e o caudal e a temperatura da água de alimentação são de cerca de 2518 kg/s e 280 °C. A circulação interna resulta no aumento da temperatura de entrada do núcleo de 280 para 350 °C, que está para além da temperatura pseudo-crítica. A temperatura elevada de entrada no núcleo ajuda a evitar riscos de instabilidade do fluxo e de deterioração da transferência de calor no interior do núcleo.

EUA

O projeto SCWR de referência para o programa dos EUA é um sistema de ciclo direto que funciona a 25,0 MPa com temperaturas de entrada e saída do núcleo de 280 e 500°C, respetivamente. A densidade do refrigerante diminui de cerca de 760 kg/m3 na entrada do núcleo para cerca de 90 kg/m3 na saída do núcleo. O fluxo de entrada divide-se em cerca de 10% do fluxo de entrada que desce pelo espaço entre o barril do núcleo e a cuba de pressão do reator (o downcomer) e cerca de 90% do fluxo de entrada que vai para o plenum no topo da cuba de pressão do reator para depois descer através do núcleo em hastes de água especiais até ao plenum de entrada. Aqui, mistura-se com a água de alimentação do downcomer e flui para cima para remover o calor nos canais de combustível. Esta estratégia é utilizada para proporcionar uma boa moderação no topo do núcleo. O líquido de arrefecimento é aquecido a cerca de 500°C e enviado para a turbina. Os componentes que limitam a potência nominal do SCWR são a turbina e a cuba de pressão do reator. Discute-se a viabilidade da conceção da cuba de pressão e da turbina para o nível de potência selecionado.

No AF-03, o programa SCWR Geração-IV nos EUA compreendia seis tarefas que envolviam seis organizações, ou seja, INEEL, ANL, ORNL,

Westinghouse Electric Company (incluindo o grupo de engenharia BWR na Suécia), Burns & Roe Enterprises Inc. (BREI) e MIT. Foram efectuados excelentes progressos técnicos e todas as etapas indicadas no plano do programa foram cumpridas a tempo.

O primeiro projeto NERI (01-001) intitula-se "Feasibility Study of Supercritical Light Water Cooled Reactors for Electric Power Production", é liderado pelo INEEL, teve início em 2001 e inclui a Westinghouse, a Universidade de Michigan e o MIT. As actividades do INEEL e da Westinghouse incluem a conceção neutrónica, termo-hidráulica e mecânica do conjunto de combustível SCWR, do núcleo e dos componentes internos do reservatório. Foram exploradas duas outras abordagens que eliminam a necessidade de varetas de água, uma baseada na utilização de moderadores sólidos (hidretos de zircónio) e outra baseada em pequenos conjuntos de combustível hexagonais em que a moderação é fornecida pela água de alimentação no intervalo entre os conjuntos. Como parte deste projeto, foi construído um novo circuito SCW na Universidade de Michigan para investigar a suscetibilidade de ligas estruturais candidatas à fissuração por corrosão sob tensão em água supercrítica a várias condições de temperatura, pressão, oxigénio, pH e condutividade.

Um segundo projeto NERI (01-091) intitula-se "Supercritical Water Nuclear Steam Supply System: Innovations in Materials, Neutronics and Thermal-Hydraulics", é liderado pela Universidade de Wisconsin em Madison e pelo ANL, e também teve início em 2001.

Um terceiro projeto NERI (02-060) intitula-se "Neutron and Beta/Gamma Radiolysis of Supercritical Water" e é realizado no ANL, na Universidade de Wisconsin e na Universidade de Notre Dame. Este projeto teve início em 1999 e foi renovado em 2002.

O quarto projeto NERI (01-130) intitula-se "Fundamental Understanding of Crack Growth in Structural Components of Generation IV Supercritical Light Water Reactors" e é realizado no Stanford Research Institute International.

RESUMO
Em resumo, os pressupostos básicos contidos no relatório sobre o roteiro da Geração IV foram confirmados e não foram encontradas

novas dificuldades potenciais. As principais questões de viabilidade para o SCWR continuam a ser o desenvolvimento de materiais no núcleo e a demonstração de um nível de segurança adequado. Os conceitos SCWR existentes, o desenvolvimento do código do sistema, o sistema de segurança e as caraterísticas de segurança são objeto de uma análise exaustiva em diferentes países. O resultado desta análise pode ser resumido nos <u>seguintes pontos</u>:

- O sistema de segurança passiva, a conceção de uma barra de água no núcleo ou a aplicação de um método inovador de transferência de calor, como a transferência de calor por radiação, são boas formas de melhorar o desempenho da segurança dos SCWR. Todos os documentos ou relatórios de avaliação da segurança existentes indicam que a segurança não constitui um problema para o SCWR.
- Com base em análises unidimensionais preliminares, o SCWR parece ser estável em relação a
  oscilações térmico-hidráulicas e térmico-nucleares devido ao seu coeficiente de feedback de reatividade do refrigerante relativamente baixo.
- A importância da perda de água de alimentação como um evento anormal chave foi reconhecida.
- A conceção de passagens de fluxo múltiplo no núcleo do SCWR é um método importante para reduzir os pontos quentes.
- O baixo inventário de refrigerante e o rácio entre o caudal mássico de refrigerante e a potência térmica dos SCWR, em comparação com os PWR e os BWR, podem resultar num desempenho de segurança reduzido.
- A conceção de um sistema de água de alimentação auxiliar adequado, de alta pressão e alta capacidade e de ação rápida, será uma
  grande desafio para provar a viabilidade da SCWR.

- Os limitados ensaios de corrosão e de corrosão sob tensão dos aços inoxidáveis tradicionais em água a alta temperatura mostraram que encontrar materiais que tenham um desempenho satisfatório no ambiente SCWR será um desafio.
- O SCWR pode fazer uma utilização substancial da tecnologia LWR existente na ilha nuclear. Por exemplo, a conceção e os materiais da cuba de pressão e do confinamento do reator SCWR são semelhantes aos dos PWR e dos BWR, respetivamente.

- O SCWR pode atingir eficiências térmicas elevadas utilizando amplamente a tecnologia de centrais fósseis supercríticas disponíveis no balanço da central. Por exemplo, os materiais e a conceção do ciclo de conversão de energia, bem como os procedimentos e equipamentos de arranque e paragem podem ser retirados das centrais fósseis com apenas pequenas modificações.
- Os códigos de análise SCWR existentes ainda carecem de validação para provar a sua capacidade de previsão de métodos.
- São necessárias experiências fiáveis e em grande escala para provar a exatidão dos códigos existentes perto da pressão crítica e para desenvolver modelos teóricos científicos e de grande alcance.
- As ferramentas de análise aplicadas para efetuar análises de segurança necessitam ainda de ser desenvolvidas e validadas.

LISTA DE FIGURAS

de passagem única

LISTA DE QUADROS

REFERÊNCIAS

Algumas das referências citadas abaixo não estão representadas da forma clássica, nomeadamente autor, título e revista, mas podem ser facilmente recuperadas através das modernas ferramentas de pesquisa na Internet.

[1] BP Statistical Review of World Energy 2019 "Energia primária: consumo por combustível" . BP. 2019. p. 9. Recuperado em 7 de janeiro de 2020.

[2] OCDE (2012). *Factbook 2013 da OCDE: Estatísticas económicas, ambientais e sociais.* Factbook da OCDE. Publicação da OCDE. p. 108. *doi:10.1787/factbook-2013- en. ISBN9789264177062. Recuperado em 16 de agosto de 2021.*

[3] Banco Mundial, Agência Internacional de Energia, Programa de Assistência à Gestão do Setor Energético. "Consumo de energia renovável (% do consumo final total de energia) | Dados". data.worldbank.org. Banco Mundial. Recuperado em 2019-02-12.

[4] Hodgson, P.E (2008). "Energia nuclear e crise energética". Idade Moderna. 50 (3): 238. Arquivado do original em 2014-02-02. Recuperado em 2013-05-26.

[5] Miller, G.; Spoolman, Scott (2007). Environmental Science: Problems, Connections and Solutions (Problemas, ligações e soluções). Cengage Learning. ISBN 978-0-495-38337-6. Recuperado em 14 de abril de 2018 - via Google Books.

[6] Ahuja, Satinder (2015). Alimentos, energia e água: The Chemistry Connection. Elsevier. ISBN 978-0-12-800374-9. Recuperado em 14 de abril de 2018 - via Google Books.

[7] Zhang, Sharon. "A poluição do ar está a matar mais pessoas do que o tabaco - e os combustíveis fósseis são em grande parte os culpados". Pacific Standard. Recuperado em 2020-02-05.

[8] Lelieveld, J.; Klingmüller, K.; Pozzer, A.; Burnett, R. T.; Haines, A.; Ramanathan, V. (9 de abril de 2019). "Efeitos dos combustíveis fósseis e da remoção total de emissões antropogénicas na saúde pública e no clima". Anais da Academia Nacional de Ciências. 116 (15): 7192-7197. Bibcode:2019PNAS..116.7192L.

[9] "EDGAR - Base de dados de emissões para a atmosfera global Investigação". edgarjrc.ec.europa.eu. *edgar.jrc.ec.europa.eu.* Recuperado em 5 janeiro de 2024.

[10] Gabbard, Alex. "Combustão de carvão: Nuclear Resource or

Danger". Laboratório Nacional de Oak Ridge. Arquivado do original em 5 de fevereiro de 2007.

[11] Medição dos custos "ocultos" dos combustíveis fósseis". Escola de Negócios da Universidade de Cambridge Judge. 23 de julho de 2015. Recuperado em 2016-06-27.

[12] Fundo Monetário Internacional (FMI), maio de 2019, "Documento de trabalho do FMI, Global Fossil Fuel Subsidies Remain Large: An Update Based on Country-Level Estimates", Resumo e p. 24, WP/19/89

[13] Declaração da OMM sobre o estado do clima global em 2019. *WMO-No. 1248. Genebra: Organização Meteorológica Mundial. 2020.* I SBN 978-92-63-11248-4. *Arquivado do* original *em 10 de março de 2020.* Recuperado em 7 de dezembro de 2020.

[14] Liodakis, E; Dashdorj, Dugersuren; Mitchell, Gary E. (2011). O nuclear
alternativa: Produção de energia em Ulaanbaatar, Mongólia. Actas da Conferência AIP. Vol. 1342.
p. 91. Bibcode:2011AIPC.1342...91L. doi:10.1063/1.3583174.

[15] Agência Internacional da Energia Atómica, https://www.iaea.org > newscenter > news > how-can-nuc...
Como pode o nuclear substituir o carvão como parte da estratégia de ..., 4 de outubro de 2021.

[16] A Siddiqua, An overview of environmental pollution and health. A poluição do ambiente através da descarga de resíduos está associada a problemas de saúde a longo prazo, 2022. https://link.springer.com > article.

[17] A Technology Roadmap for Generation IV Nuclear Energy Systems, *emitido pelo U.S. DOE, Nuclear Energy Research Advisory Committee e pelo Fórum Internacional Geração IV,* GIF-002-00, *dezembro de 2002.*http://energy.gov/ne/downloads/observations-technology-roadmap- generation-iv-nuclear-energy-systems

[18] Locatelli, Giorgio; Mancini, Mauro; Todeschini, Nicola (2013-10-01). "Reactores nucleares da Geração IV Situação atual e perspectivas futuras". Política energética. 61: 1503 1520. doi:10.1016/j.enpol.2013.06.101.

[19] "Laboratório Nacional de Idaho detalhando alguns esforços atuais no desenvolvimento de reatores Gen. IV". Arquivado do original em 2014-11-09. Recuperado em 2009-06-24.

[20] "Perspectivas de I&D do GIF para os sistemas de energia nuclear

da Geração IV" (PDF). 21 de agosto de 2009. Recuperado em 30 de agosto de 2018.

[21] David J. Diamond, Brookhaven National Laboratory Energy Sciences and Technology, GENERATION IV NUCLEAR ENERGY SYSTEMS HOW THE THE GOT HERE AND WHERE THEY ARE GOING, apresentado na Universidade do Tennessee em 30 de abril de 2003.

[22] Dr. James Hansen (The Guardian weekly, escrito em 21 de dezembro de 2008; revisto em Jan.
18, 2009) http://ossfoundation.us/projects/energy/nuclear, http://www.ossfoundation.us/.

[23] *"GIFPortal - Home - Público". www.gen-4.org. Recuperado em 2016-07-25].*

[24] OBJECTIVOS DECENAIS PARA GRUPOS DE TRABALHO DE METODOLOGIA, ACTUALIZAÇÃO DO ROTEIRO TECNOLÓGICO PARA SISTEMAS DE ENERGIA NUCLEAR DA GERAÇÃO IV - JANEIRO DE 2014. Disponível em www.gen 4 .org/gif/j cms/c_9509/tools.

[25] *Makuhari, Chiba, The 3rd GIF Symposium, Japão, 19 de maio de 2015, sítio Web do GIF: https://www.gen-4. org/gif/jcms/c_9260/public.*

[26] [G. Clark and R.B. Duffey, Handbook of Generation IV Nuclear Reactors, Woodhead Publishing Series in Energy, Nonproliferation for advanced reactors: Political and social aspects, Pages 541-582, 2016].

[27] [Doug Chapin, Scott Kiffer e Jim Nestell, The Very High Temperature Reator, MPR Associates, Inc, 320 King Street, Alexandria, VA 22314, junho de 2004].

[28] AIEA, Managing the Financial Risk Associated with the Financing of New Nuclear Power Nuclear Energy Series No. NG-T-4.6, STI/PUB/1765 ¡ 978-92-0100317-1, 2017.

[29] VERFONDERN, K., "The clean and safe nuclear reactors of the future", Towards a Cleaner Planet: Energia para o Futuro (KLAPP, J., CERVANTES-COTA, J.L., CHÁVEZ ALCALÁ, J.F., Eds), Springer, Berlim (2007) 163-193.

[30] [Stephen M. Goldberg e Robert Rosner, Nuclear Reactors: Generation to Generation, 2011, ISBN#: 0-87724-090-6, American Academy of Arts and Sciences 2011].

[31] "O Departamento de Energia anuncia novos investimentos em reactores nucleares avançados...".

Departamento de Energia dos EUA. Recuperado em 16 de janeiro de 201].

[32] [I.L.Pioro[1]   R.B.Duffey[2]   P.L.Kirillov[3]   R.Panchal[1]   ], https://doi.org/10.1016/B978- 0-08-100149-3.00001-XObter direitos e conteúdos. (https://www.gen- 4 .org/gif/j cms/c_9260/public).

[33] [X.L. Yan, Very high-temperature reator, 3.1 Development history and current status, in Handbook of Generation IV Nuclear Reactors, 2016].

[34] (Waltar et al., 2012; Meyer et al., 2006; Ryu e Sekimoto, 2000; Dumaz et al., 2007).

[35] V. B. Nesterenko, V. F. Zelensky, L. I. Kolykhan et al., "Problems of creating fuel elements for fast gas-cooled reactors working on N2O4-dissociating coolant," in *Proceedings of the IAEA Specialists' Meeting on Gas-Cooled Reator Fuel Development and Spent Fuel Treatment,* pp. 56-65, IAEA, Moscovo, Rússia, outubro de 1983, IWGGCR-8.View at: Google Scholar.

[36] D. G. Martin, "Considerations pertaining to the achievement of high burn-ups in HTR fuel", *Nuclear Engineering and Design,* vol. 213, n.º 2-3, pp. 241-258, 2002.

[37] Sawa, Kazuhiro, et al. "The High Temperature Gas Cooled Reator Fuel". Internacional, Conferência sobre Ambiente Global e Centrais Nucleares Avançadas (setembro de 2003). Documento 1221.

[38] [IAEA-TECDOC-1154, "Irradiation Damage in Graphite Due to Fast Neutrons in Fission and Fusion Systems", 2000].

[39] IAEA-TECDOC-978, "Fuel Performance and Fission Product Behavior in Gas Cooled Reactors", novembro de 1997.

[40] Fraas, A P, Laboratório Nacional de Oak Ridge, Tennessee, Identificador OSTI: 4800553, NSA- 16-012832, NSA-16-012832, 1961-01-01.[Dec 4, 2014. F.Dec 31, 1969].

[41] Inércia química e de irradiação do gás hélio utilizado como refrigerante do reator nuclear. [Actas do ICAPP 2011, Nice, França, 2-5 de maio de 2011, Documento 11299]

[42] M. S. Tillack, P. W. Humrickhouse, S. Malang e R. E. Nygren, Technology readiness of helium as a fusion power core coolant. Universidade da Califórnia, San Diego UCSD-CER-14-03 Centro de Investigação Energética Universidade da Califórnia, San Diego 9500 Gilman Drive La Jolla, CA 92093-0417, dezembro de 2014.

[43] Selection of Helium as a coolant, Actas do ICAPP 2011, Nice, França, 2-5 de maio de 2011, Documento 11299.

[44] F,W,S,M,P&C]Charles Forsberg, Dean WangE,Eugene Shwageraus, Brian Mays, Geoff Parks, Carolyn Coyle, Reator de alta temperatura arrefecido a flúor e sal (FHR) utilizando a tecnologia britânica de reabastecimento do reator avançado arrefecido a gás (AGR) e sistemas de remoção de calor de decaimento que evitam o congelamento do sal, páginas 1127-1142 | Recebido em 21 de novembro de 2018, Aceite em 20 de fevereiro de 2019, Publicado online: 11 de abril de 2019

[45] [H&E] Paul N. Haubenreich &J. R. Engel, Experience with the Molten-Salt Reator Experiment, Nuclear Applications and Technology, Volume 8, 1970 - Issue 2, Pages 118-136 | Published online: 19 May 2017.

[46] Ingersoll, D.; Forsberg, C.; MacDonald, P. (fevereiro *de 2007).* "Estudos comerciais para o reator de temperatura muito alta resfriado por sal líquido: Relatório de progresso do ano fiscal de 2006" (PDF). *Ornl/Tm-2006/140. Laboratório Nacional de Oak Ridge. Arquivado do* original (PDF) *em 16 de julho de 2011.* Recuperado em 20 de novembro de 2009].

[47] [Charles W. Forsberg, Per F. Peterson & Paul S. Pickard, Molten-Salt- Cooled Advanced High-Temperature Reator for Production of Hydrogen and Electricity, Nuclear Technology Journal, Volume 144, 2003 - Issue 3, Pages 289302, |Published online: 10 Apr 2017.

[48] I Spiewak, VHTR Program Objectives and Discussion, 121, Commercial supplier of the VHTR, 1976. https://www.osti.gov > servlets > purl.

49] Malcolm Joyce, 11.7.3 Sodium-Cooled Fast Reator, Advanced Reactors and Future Concepts, Nuclear Engineering, 2018 11.7.1 Very High-Temperature Reator].

[50] Murty, K.L.; Charit, I. (2008). "Materiais estruturais para reactores nucleares da geração IV: Challenges and opportunities" (Desafios e oportunidades). Journal of Nuclear Materials. 383 (1-2): 189-195. Bibcode:2008JNuM..383.. 189M. doi. [51] Sterbentz, J. W., Sant, R. L. "Neutronics Point-Design of a Prismatic Very High Temperature Reator." Actas da Global 2003: Atoms for Prosperity. novembro de 2003, Nova Orleães, pp. 300 - 311.

[52] Wong 'Thermodynamics for Engineers', 2ª ed., 2012, CRC Press, Taylor & Francis, Boca Raton, Londres, Nova Iorque. (ISBN 978-1-4398-4559-2).

[53] IAEA-TECDOC-1163, "Heat Transport and Afterheat Removal

for Gas Cooled Reactors Under Accident Conditions", 2000.

[54] LaBar, Malcolm. "Actividades planeadas da General Atomics HTHX". Alta Reunião de lançamento do permutador de calor de temperatura (HTHX). Universidade de Nevada, Las Vegas, outubro de 2003. http://nstg.nevada.edu/heatpresentations/Microsoft%20PowerPoint%20 0- %20LaBar.pdf

[55] McCullough, C. Rodgers; Equipa, Divisão de Pilhas de Energia (15 de setembro de 1947). *"Relatório sumário sobre a conceção e desenvolvimento de uma pilha de energia arrefecida a gás de alta temperatura". Oak Ridge, TN,* EUA: Clinton Laboratories (atualmente *Oak Ridge National Laboratory), dov.10.2172/4359623. OSTI4359623.*

[56] "Peter Fortescue Dies at 102", IAEA HTGR Knowledge Base, "Demonstration HTR-PM prepares for grid connection : New Nuclear - World Nuclear News"

[57] SITUAÇÃO ACTUAL E DESENVOLVIMENTO FUTURO DA TECNOLOGIA MODULAR DE REACTORES DE ALTA TEMPERATURA ARREFECTADOS A GÁS AIEA, VIENA, 2000 IAEA-TECDOC-1198 ISSN 1011-4289 © IAEA, 2001 Impresso pela AIEA na Áustria fevereiro de 2001.

[58] Donald Wilson, Purushotham Balaji. Modelação analítica do desempenho do compressor de hélio, documento de conferência, View, Jul 2016]

[59] Michal Dudek, Joanna Podsadna,Marek Jaszczur, An numerical analysis of high-temperature helium reator power plant for co-production of hydrogen and electricity, Sep 2016], Full-text available, View.

[60] Seong Jun Bae, Jekyoung Lee, Yoonhan Ahn, Jeong Ik Lee, Preliminary studies of compact Brayton cycle performance for Small Modular High Temperature Gas-cooled Reator system, View Article, Jan 2015.

[61] IAEA-TECDOC-899, "Design and Development of Gas Cooled Reactors with Closed Cycle Gas Turbines", agosto de 1996.

[62] IAEA-TECDOC-1698 Performance Assessment of Passive Gaseous Provisions (PGAP), relatório do projeto internacional sobre reactores nucleares inovadores e ciclos de combustível, Agência Internacional da Energia Atómica, Viena, (2013). (http://www.iaea.org/inisnkm/nkm/aws/frdb/index.html).

[63] Shohei Ueta, Jun Aihara, Kazuhiro Sawa, Atsushi Yasuda, Masaki Honda , No boru Furihata, Development of high temperature gas-cooled reator (HTGR) fuel in Japan, Progress in Nuclear Energy, Volume 53, Issue 7, Pages 788-793, September
2 011.

[64] [ECN-R-95-026, "Development Status of Modular HTGRs and Their Future Role", setembro de 1995]. [65] IAEA-TECDOC-988, "High Temperature Gas Cooled Reator Technology Development", dezembro de 1997.

[66] J.M. KENDALL, IAEA HIGH TEMPERATURE GAS COOLED REACTOR ACTIVITIES, Agência Internacional da Energia Atómica, 2001, Viena, XAO103025 IAEA HIGH TEMPERATURE GAS COOLED https://www.osti.gov > etdeweb > servlets > purl.

[67] M. Konomura, T. Saigusa, T. Mizuno, e Y. Ohkubo, "A promising gas-cooled fast reator concept and its R&D plan," in *Proceedings of the Global 2003: Atomsfor Prosperity: Atualização da Visão Global de Eisenhower para a Energia Nuclear,* pp. 57-64, Nova Orleães, La, EUA, novembro de 2003.Ver em: Google Scholar

[68] [IAEA-IWGGCR/24, "Uncertainties in Physics Calculations for Gas Cooled Reator Cores", abril de 1991].

[69] [IAEA-TECDOC-1043, "Technologies for Gas Cooled Reator Decommissioning, Fuel Storage and Waste Disposal", setembro de 1998].

[70] W. F. G. van Rooijen, Gas-Cooled Fast Reator: A Historical Overview and Future Outlook, Editor Académico: Guglielmo Lomonaco, Volume 2009 |Artigo ID 965757 Recebido em 18 Jan 2009, Publicado em 21 Jul 2009, | https://doi.org/10.1155/2009/965757.

[71] [Om PalSingh, Nuclear reactors of the future, Physics of Nuclear Reactors, Pages 695-746, 2021.]https://doi.org/10.1016/B978-0-12-822441-0.00006-6Get direitos e conteúdos.

[72] J. R.; Romano, A. J. (1969). "Curvas Liquidus e corrosão de Fe, Ti, Zr e Cu em ligas líquidas de Bi-Pb". Corrosão. 25 (3): 131-136. doi:10.5006/0010-9312- 25.3.131. OSTI 4803122.

[73] Matthew Gill, ... Aiden Peakman, Liquid Metal-Cooled Fast Reator, em Future Energy (Segunda Edição), 2014].

[74] *Gossé, Stéphane (junho de 2014). "Avaliação termodinâmica da solubilidade e*
atividade do ferro, crómio e níquel no eutéctico chumbo-bismuto". *Journal of Nuclear Materials. 449 (1-3): 122*

131. Bibcode:2014JNuM..449..122G. doi:10.1016/j.jnucmat.2014.03.011. ISSN 0 022-3115.

[75] *Fazio, Concetta; Li, Ning; Na, Byung-Chan (2005-07-01).* Manual sobre tecnologia de metais pesados líquidos. Preparado no âmbito do grupo de trabalho da OCDE/NEA sobre o ciclo do combustível. Recuperado em 2022-06-05.

[76] INTERNATIONAL ATOMIC ENERGY AGENCY, Status of Liquid Metal Cooled Fast Breeder Reactors, Technical Reports Series No. 246, IAEA, Viena (1985).

[77] AGÊNCIA INTERNACIONAL DE ENERGIA ATÓMICA, Status of Liquid Metal Cooled Fast Reator Technology, IAEA-TECDOC-1083, IAEA, Viena (1999).

[78] AGÊNCIA INTERNACIONAL DE ENERGIA ATÓMICA, Fast Reator Database, IAEA-TECDOC-866, IAEA, Viena (1996).

[79] INTERNATIONAL ATOMIC ENERGY AGENCY, Validation of fast reator thermomechanical and thermohydraulic codes, IAEA-TECDOC-1318, IAEA, Viena (2002).

[80] Reunião do Comité Técnico sobre Interação Material-Refrigerante e Movimento e Deslocação de Materiais em LMFR, 1994, O-Arai, Japão.

[81] AGÊNCIA INTERNACIONAL DE ENERGIA ATÓMICA, Absorber Materials, Control Rods and Designs of Shutdown Systems for Advanced Liquid Metal Fast Reactors, IAEA-TECDOC-884, IAEA, Viena (1996). 28

[82] AGÊNCIA INTERNACIONAL DE ENERGIA ATÓMICA, Conceptual Designs of Advanced Fast Reactors, IAEA-TECDOC-907, IAEA, Viena (1996).

[83] INTERNATIONAL ATOMIC ENERGY AGENCY, Intercomparison of Liquid Metal Fast Reator Seismic Analysis Codes Volume 3: Comparison of Observed Effects with Computer Simulated Effects on Reator Cores from Seismic Disturbances, IAEA-TECDOC-882, IAEA, Viena (1995).

[84] INTERNATIONAL ATOMIC ENERGY AGENCY, Verification of Analysis Methods for Predicting the Behaviour of Seismically Isolated Nuclear Structures, IAEA-TECDOC-1288, IAEA, Viena (2002). [85] INTERNATIONAL ATOMIC ENERGY AGENCY, Use of Fast Reactors for Actinide Transmutation (Proceedings of a Specialists Meeting, Obninsk, Russian Federation, 22-24 September 1992) IAEA-TECDOC-693, IAEA, Viena (1993).

[86] MARTIN, L., et al., Life extension of Phenix NPP, documento apresentado no Mtg. on Operational and decommissioning experience with fast reactors, 11-15 de março de 2002, Cadarache, França.

[87] GUIDEZ, J., MARTIN, L., Phénix: Thirty years of operation for research, reator renovation overview and prospect, Comunicação apresentada na Int. Conf. Fifty years of nuclear power-the next fifty years, 27 de junho-2 de julho de 2004, Obninsk, Federação Russa.

[88] KUSTERS, H., et al., The Nuclear Fuel Cycle for Transmutation: a Critical Review, comunicação apresentada na Int. Conf. Evaluation of emerging nuclear fuel cycle system, Global 1995, Versailles, França (1995).

[89] KIRYUSHIN, A.I., et al., BN-800-next generation of Russian sodium reactors, documento apresentado na Int. Conf. Innovative Technologies for Nuclear Fuel Cycle and Nuclear Power, 23-26 de junho de 2003, Viena, Áustria.

[90] CRUICKSHANK, A., JUDD, A.M., "Problems experienced during operation of the prototype fast reator, Dounrey, 1974-1994", Unusual Occurrences During LMFR Operation, IAEA-TECDOC-1180, IAEA, Viena (2000) 9-42.

[91] *Bays SE, Ferrer RM, Pope MA, Forget B (fevereiro de 2008). "Avaliação neutrónica das composições de alvos de transmutação em geometrias heterogéneas de reactores rápidos de sódio" (PDF). Laboratório Nacional de Idaho, Departamento de Energia dos EUA. INL/EXT-07-13643 Rev. 1. Arquivado do original (PDF) em 2012-0212.*

[92] Thomas H. Fanning, Divisão de Engenharia Nuclear Departamento de Energia dos EUA Comissão Reguladora Nuclear dos EUA, Série de Seminários Temáticos sobre Reactores Rápidos de Sódio 3 de maio de 2007 2 Série de Seminários Temáticos sobre Reactores Rápidos de Sódio 3 de maio de 2007 2.

[93] *Ashley, R.L.; et al., SRE Fuel Element Damage, Relatório Final do Comité Ad Hoc Internacional da Atomics (PDF). NAA-SR-4488-supl. Arquivado do original (PDF) em 2009-04-10.*

[94] *Fanning, Thomas H. (3 de maio de 2007). "Sódio como refrigerante de reator rápido" (PDF). Série de Seminários Temáticos sobre Reactores Rápidos de Sódio. Divisão de Engenharia Nuclear, Comissão Reguladora Nuclear dos EUA, Departamento de Energia dos EUA. Arquivado do original (PDF) em 13 de janeiro de 2013.*

[95] Ferry Roelofs, NRG, Pesquisa e consultoria nuclear, Introdução

aos reatores refrigerados a metal líquido, Aspectos hidráulicos térmicos dos reatores nucleares refrigerados a metal líquido (pp.1-15) janeiro de 2019. DOI:10.1016/B978-0-08-101980-1.00001-6

[96] Malcolm Joyce, Reactores avançados e conceitos futuros, Reator rápido arrefecido a chumbo, Engenharia Nuclear, 2018]. Reator rápido arrefecido a chumbo, Engenharia Nuclear, 2018.

[97] Mamoru Ozawa, Yasushi Saito, 2.2.5.1 Reator rápido arrefecido a sódio em Fundamentals of Thermal and Nuclear Power Generation, 2021.

[98] R Hill fuel cycle performance (utilização de recursos e gestão de resíduos). sodium cooled fast reactors (SFR), gen-4.org, 2016. https://www.gen-4.org > geniv_sfr_bobhill_final.

[99] Mamoru Ozawa, Yasushi Saito, em 2.2.5.1 Reator rápido arrefecido a sódio - Fundamentos da produção de energia térmica e nuclear, 2021.

[100] *Martin, Richard (2015-10-21).* "TerraPower explora silenciosamente a nova estratégia de reator nuclear". Revisão de tecnologia. Recuperado em 2020-09-20.

[101] *Patel, Sonal (2022-10-27).* "PacifiCorp, TerraPower avaliando a implantação de até cinco reatores avançados Natrium adicionais". *Revista POWER.* Recuperado em 2022-10-28.

[102] *Gardner, Timothy (28 de agosto de 2020).* "O empreendimento nuclear de Bill Gates planeja um reator para complementar o boom da energia solar e eólica". *Reuters - via www.reuters.com.*

[103] H.Ohshima, S.Kubo, Sodium-cooled fast reator, https://doi.org/10.1016/B978-0-08-100149-3.00005-7, Handbook of Generation IV Nuclear Reactors, 2016.

[104] Lineberry MJ, Allen TR (outubro de 2002). "O Reator Rápido arrefecido a sódio (SFR)" (PDF). Laboratório Nacional de Argonne, Departamento de Energia dos EUA. ANL/NT/CP-108933.

[105] J.J. Sienicki, A. Moisseytsev, em Fundamentals and Applications of Supercritical Carbon Dioxide (sCO2) Based Power Cycles, 2017.

[106] Ali Zamani Paydar, ... Bahman Zohuri, Central nuclear de nova geração (NGNP), Advanced Reator Concepts (ARC), 2023.

[107] N. Cerullo, G. Lomonaco, em Nuclear Fuel Cycle Science and Engineering,
2 012.

[108] Yeong-il Kim, Yong Bum Lee, Chan Bock Lee, Jinwook Chang,

Chiwoong Choi, Conceito de conceção do reator rápido avançado arrefecido a sódio e I&D conexa na Coreia, Primeira publicação: 05 de junho de 2013 https://doi.org/10.1155/2013/290362

[109] Dave Grabaskas, Acacia Joann Brunett, Matthew BucknorT. Sofu, Plano de Desenvolvimento Tecnológico Regulamentar do Reator Rápido de Sódio: Mechanistic Source Term Development, Relatório Técnico, fevereiro de 2015.

[110] AsTM C 1051-85: "Standard Specification for Sodium as a Coolant For Liquid Metal-Cooled Reactors" (retirada em 2000). - ASTM C 997-83: "Standard Test Methods for Chemical and Instrumental Analysis of Nuclear-Grade Sodium and Cover Gas" (retirada em 1999).

[111] IAEA-TECDOC-1180, outubro de 2000, Actas de uma reunião do Comité Técnico, Viena, 9-13 de novembro de 1998. "Unusual Occurrences in Fast Breeder Test Reator," Unusual Occurrences During LMFR Operation"].

[112] J. K. Fink e L. Leibowitz, "A Consistent Assessment of the Thermophysical Properties of Sodium", High Temperature and Materials Science, 1996. ASTM C 1051-85: "Standard Specification for Sodium as a Coolant For Liquid Metal-Cooled Reactors" (retirada em 2000).

[113] Douglas Porter, SFR Safety and Licensing Gaps, Sandia National Laboratories, John David Lambert, Argonne National Laboratory, Matthew R. Denman, Sodium fast reator fuels and materials: Research needs, Transactions of the American Nuclear Society 106, DOI:10.2172/1044975, janeiro de 2012].

[114] MARTI JELTSOV, Validation and Application of CFD to Safety-Related Phenomena in Lead-Cooled Fast Reactors, Tese de Doutoramento n.º 11, 2018 KTH Royal Institute of Technology School of Engineering Sciences Department of Physics Division of Nuclear Engineering SE - 106 91 Stockholm, Sweden, 2018.

[115] Karuppanna Velusamy, Applications of computational fluid dynamics in design of sodium-cooled fast reactors, Advances of Computational Fluid Dynamics in Nuclear Reator Design and Safety Assessment, 2019.

[116] SG Lee, A corrosão de aços de qualidade nuclear em eutéctico de chumbo-bismuto (LBE) complica a realização de temperaturas de refrigeração elevadas. Testes de corrosão do T91, 2021. https://www.mdpi.com >

[117] H. Kamide, ... M. Morishita, em Generation IV concepts, Handbook of Generation IV Nuclear Reactors, 2016.

[118] T. Asayama, Conventional ferritic and martensitic steels as out-of-core materials for Generation IV nuclear reactors, Structural Materials for Generation IV Nuclear Reactors, Creep-fatigue,2017.

[119] Liquid-Metals Handbook, NAVEXO S-P-733, Comissão de Energia Atómica dos EUA, Marinha dos EUA, US Government Printing Office, Washington DC, junho de 1952. (Revisto em 1954).

[120] Joo Y.S., C.G. Park, J.B. Kim e S.H. Lim, Desenvolvimento de um sensor de guia de ondas ultrassónico para inspeção sob o sódio num reator rápido arrefecido a sódio, NDT&E International 44, pp.239-246 (2011).

[121] Sienicki J. J. et. al., "Synthesis of Results Obtained on Sodium Components and Technology Through the Generation IV International Forum SFR Component Design and Balance-of-Plant Project," Proc. FR13, Paris, França, 4-7, março de 2013.

[122] C.F. Smith, L. Cinotti, Lead-cooled fast reator, Handbook of Generation IV Nuclear Reactors, 2016]. https://doi.org/10.1016/B978-0-08-100149-3.00006-9Get direitos e conteúdos

[123] P. HFJLAR. M.I DRlSCOu..., e M. S. KAZIML, "Conceptual Reator Physics Design of a Lead-Bismuth-Cooled Critical, Actinide Burner", MlT-ANP- TR-069. Departamento de Engenharia Nuclear, Instituto de Tecnologia de Massachusetts (200)

[124] L. Cinotti, C.F. Smith, e H. Sekimoto, LEAD - COOLED FAST REACTOR (LFR): OVERVIEW AND PERSPECTIVES, *Simpósio GIF - Paris (França) - 910 setembro, 2009,173*

[125] Liquid Metal Cooled Reactors: Experience in design and operation, IAEA, Viena, 2007 IAEA-TECDOC-1569, isbn 978-92-0-107907-7 issn 1011-4289 © iaea, 2007].

[126] C. Fazio, F. Balbaud, Impact on component design, Corrosion phenomena induced by liquid metals in Generation IV reactors Structural Materials for Generation IV Nuclear Reactors, 2017.

[127] Handbook of Generation IV Nuclear Reactors, Woodhead Publishing Series in Energy, Páginas 119-155, 2016].

[128] YaonanDai, ...PeishanDing, Revisão sobre a evolução da corrosão por sódio do aço inoxidável 316 de grau nuclear para aplicações em reatores rápidos arrefecidos por sódio, Engenharia e Tecnologia Nucleares, 2021

[129] C.F. Smith, L. Cinotti, Lead-cooled fast reator, Handbook of

Generation IV Nuclear Reactors, 2016 [130] Sodium-cooled Fast Reactors (SFRs) - ScienceDirect, WEB, https://www.sciencedirect.com/science/article/pii/...,Jan 1, 2023.

[131] Gilberto-Espinosa-Paredes, Teoria do movimento de neutrões, Fractional-Order Models for Nuclear Reator Analysis, 3.2.3.5 Lead-cooled fast reator, 2021.

[132] TUPPER, R.B., MIMISHKIN, B., PETERS, F.E., KARDES, Z.L., Polonium Hazards Associated with Lead Bismuth Used as a Reator Coolant, documento apresentado na Conf. Kyoto, Japão, 28 de outubro-1 de novembro de 1991.

[133] WIGGS, L.D., COX-DE VORE, C.A., VOELZ, G.L., Mortality Among a cohort of Works Monitored for Po-210 Exposure: 1944-1972, Health Physics, Vol. 61, No. 1 (1991).

[134] PANCRATOV, D.V., YEFIMOV, E.I., BOLHOVITINOV, V.N., BOUGREEV, M.I., KOURANOV, V.D., Polonium Problems for Nuclear Power Installations Using Lead-Bismuth Coolant, comunicação apresentada na Heavy Liquid Metal Conference (HLMC), 5-8 de outubro de 1998, Obninsk, Federação Russa.

[135] OUSANOV, V.I., PANKRATOV, D.V. et al., Long-lived Radionuclides of Sodium, Lead-bismuth and Lead Coolants at Fast Reactors. Atomnaya Energia, Vol. 87, No. 9 204-210 (1999) (em russo).

[136] ROUSSANOV, A., et al., Corrosion resistance of structure materials in lead coolant with reference to reator installation, comunicação apresentada no Int. Cost, Competitive, Proliferation Resistant Inherently and Ecologically Safe Fast Reator and Fuel Cycle for Large Scale Power, Moscovo, 29 de maio-1 de junho de 2000. [137] L. Cinotti, C. F. Smith, J. J. Sienicki, H. Ait Abderrahim, G. Benamati, G. Locatelli, S. Monti, H. Wider, D. Struwe, A. Orden, I. S. Hwang, The Potential of the LFR and the ELSY Project, 4 de abril de 2007 ICAPP 2007 Nice, França, UCRL-CONF-229673, 13 de maio de 2007 a 18 de maio de 2007].

[138] GROMOV, B.F, ORLOV, YU.I., MARTYNOV, P.N., GOULEVSKY, V.A., The Problem of Heavy Liquid Coolants Technology (Lead-Bismuth, Lead), documento apresentado na Heavy Liquid Metal Conference (HLMC), 5-8 de outubro de 1998, Obninsk, Federação Russa.

[139] ZRODNIKOV, A.V., ET AL, "Use of Russian technology of ship reactors with lead bismuth coolant in nuclear power", Small Power

and Heat Generation systems on the basis of Propulsion and Innovative Reator Technologies, IAEA- TECDOC-1172, IAEA, Viena (2000) 127-156.

[140] RELATÓRIO DA ASSOCIAÇÃO "BELLUNA", Causas de contaminação radioactiva nas regiões de Murmansk e Arkhangelsk (Livros 8874, Youngstorget N-0028, Oslo, Noruega, Versão 1) (1994).

[141] Westinghouse Electric Company outubro de 2018 / GTO-0002 1000 Westinghouse Drive Cranberry Township, PA 16066 www.westinghousenuclear.com © 2018 Westinghouse Electric Company LLC].

[142] J. BUONGIORNO ET AI, AEROSOL TRANSPORT IN A Pb-Bi-COOLED FAST REACTOR, NUCLEAR TECHNOLOGY, VOL. 138 ABR.2002 31

[143] Heavy-Metal Aerosol Transport In A Lead-Bismuth-Cooled Fast Reator With In-Vessel Diret-Contact Steam Generation, Idaho National Engineering and Environmental Laboratory Nuclear Engineering Department, P.O. Box 1625. Idaho Falls. Idaho 83415-3860, E;'mail: buonj@inel.gov.

[144] A. Magni, ... P. Van Uffelen, The TRANSURANUS fuel performance code, 8.4.3 Application to the safety assessment of the ALFRED reator, Nuclear Power Plant Design and Analysis Codes, 2021.

[145] Bahman Zohuri, 6.6.6 Reator rápido arrefecido a chumbo, Reactores nucleares da Geração IV, Desenvolvimento e utilização da tecnologia de reactores nucleares, 2020

[146] NEA (2015). "Manual sobre a liga eutéctica chumbo-bismuto e propriedades do chumbo, compatibilidade de materiais, termo-hidráulica e tecnologias - Edição de 2015". Agência de Energia Nuclear (NEA). Recuperado em 18 de dezembro de 2023.

[147] The 25th KAIF/KNS Annual Conference, April 14-16, 2010, World Trade Center, COEX, Seoul, Korea, Structural Developments for Lead-Bismuth Cooled Fast Reactors, PEACER and PASCAR].

[148] Leblanc, D. Reactores de sal fundido: Um novo começo para uma velha ideia *Nucl. Eng. Des.* 2010, 240, 1644- 1656.

[149] Engel, J. R.; Grimes, W. R.; Bauman, H. F.; McCoy, H. E.; Dearing, J. F.; Rhoades, W. A. Conceptual Design Characteristics of Denatured Molten-Salt Breeder Reator with Once-through Fueling; ORNL/TM-7207; Oak Ridge National Laboratory: Oak Ridge, TN, 1980. [CrossRef]

[150] Furukawa, K.A road map for the realization of global-scale thorium fuel cycle by single molten-fluoride flow *Energy Convers. Manage.* 2008, 49, 1832- 1848

[151] Moir, R. W.; Teller, E.Thorium-fueled underground power plant based on molten salt technology *Nucl. Technol.* 2005, 151 (Sept.) 334-340 [CAS].

[152] Moir, R. W., Recommendations for a restart of molten salt reator development (Recomendações para o reinício do desenvolvimento do reator de sal fundido) *Energy Convers. Manage.* 2008, 49, 1849- 1858

[153] Pentland, William. "O tório é a maior descoberta de energia desde o fogo? Possivelmente" Arquivado 29 de julho de 2021 no Máquina WaybackForbes, 11 de setembro de 2011.

[154] Martin, Richard. "Uranium Is So Last Century - Enter Thorium, the New Green Nuke" Arquivado 26 de junho de 2010 no Máquina Wayback, Revista Wired, 21 de dezembro de 2009.

[155] Darryl D. Siemer, Why the molten salt fast reator (MSFR) is the "best" Gen IV reator, Energy Science & amp; Engineering, Volume 3, Issue 2, 2015, março de 2015, Volume3, Issue2.

[156] E. Holcomb G. F. Flanagan B. W. Patton J. C. Gehin R. L. Howard T. J. Harrison, Fast Spectrum Molten Salt Reator, ORNL/TM-2011/105, julho de 2011. Sítio Web http://www.osti.gov/bridge.

[157] MCCOY, H.E., Jr., Status of Materials Development for Molten Salt Reactors, Rep. ORNL-TM-5920, Oak Ridge Natl Lab, TN (1978).

[158] CHMAKOFF, A., Influence of Redox Potential on Material Corrosion in Molten Salt Media (Influence du potentiel redox sur la corrosion des matériaux en milieux sels fondus), Dissertação de Mestrado, IPN-Orsay, França (2019).

[159] "IAEA-TECDOC-1450 Thorium Fuel Cycle-Potential Benefits and Challenges" (PDF). Agência Internacional de Energia Atómica. maio de 2005. Recuperado em 2009-03-23.

[160] Paul N. Haubenreich &J. R. Engel, Experience with the Molten-Salt Reator Experiment, Nuclear Applications and Technology, Volume 8, 1970 - Issue 2, Pages 118-136 | Published online: 19 May 2017.

[161] J. P. M. van der Meer, R. J. M. Konings, e H. A. J. Oonk, "Thermodynamic assessment of the LiF-BeF2-ThF4-UF4 system", J. of Nucl. Mater. 357, 48-57 (2006)].

[162] PanelAn Ho a, Matthew Memmott b, John Hedengren , KodyM. Powell], Explorando os benefícios dos reactores de sal

fundido: Uma análise das caraterísticas de flexibilidade e segurança usando simulação dinâmica. Engenharia Química Digital, Volume 7, junho de 2023, 100091.

[163] IAEA, TECHNICAL REPORTS SERIES No. 489, STATUS OF MOLTEN SALT REACTOR TECHNOLOGY, INTERNATIONAL ATOMIC ENERGY AGENCY VIENNA, 2023]

[164] Carlo Fiorina[a] , Danny Lathouwers[b] , Manuele Aufiero[a] , Antonio Cammi[a] , C laudia Guerrieri[a] , JanLeen Kloosterman[b] , Lelio Luzzi[a] , Marco Enrico Ricotti, Modelling and analysis of the MSFR transient behaviour, Annals of Nuclear Energy, Volume 64, Páginas 485-498, fevereiro de 2014.

[165] Allibert, M.; Aufiero, M.; Brovchenko, M.; Delpech, S.; Ghetta, V.; Heuer, D.; Laureau, A.; Merle-Lucotte, E. (1 de janeiro de 2016), Pioro, Igor L. (ed.), "7 - Molten salt fast reactors", Handbook of Generation IV Nuclear Reactors, Woodhead Publishing Series in Energy, Woodhead Publishing, pp. 157-188, ISBN 978-0-08100149-3.

[166] Merle-Lucotte, E., D. Heuer, M. Allibert, V. Ghetta, e C.Le Brun. 2008. Introdução à física dos reactores de sal fundido. Questões de materiais para sistemas de geração IV. NATO Sci. Peace Security Ser. B Phys. Biophys. 2008: 501521.

[167] Experiência de Destilação MSRE; 1971, ORNL-4434""Destilação a Baixa Pressão de Misturas de Fluoreto Fundido: Testes não radioactivos para o (PDF). Recuperado em 24 de outubro de 2012.

[168] Foster Wheeler Corporation, Design Studies of Steam Generators for Molten Salt Reactors, Rep. ND/74/66, Foster Wheeler Corp., NJ (1974), http://technicalreports.ornl.gov/1974/3445605702442.pdf

[169] EVOL (Evaluation and Viability Of Liquid Fuel Fast Reator System), Resumo do Relatório Final 1 de abril de 2015]. https://cordis.europa.eu/project/id/249696/reporting.

[170] GERARDIN, D., et al., "Design evolutions of the Molten Salt Fast Reator", Proc. Int. Conf. sobre Reactores Rápidos e Ciclos de Combustível Associados: Next Generation Nuclear Systems for Sustainable Development (FR17), Yekaterinburg, 2017, AIEA, Viena (2018).

[171] Fiorina, C. O reator rápido de sal fundido como candidato de espetro rápido para a implementação do tório. Doctoral dissertation,

POLITECNICO DI MILANO, 2013, Disponível em (acedido em 9 Jan 2015).
https://www.politesi.polimi.it/bitstream/10589/74324/1/2013_03_PhD _Fiorina.pdf.

[172] FÓRUM INTERNACIONAL GERAÇÃO IV, Relatório Anual (2008), https://www.gen-4. org/gif/upload/docs/application/pdf/2013-10/gif_2008_ annual_report.pdf.
[173] MOUROGOV, A., BOKOV, P., "Conceito de reator de sal fundido de espetro rápido: REBUS-3700", comunicação apresentada no CAPRA CADRA Int. Sem., Aix-enProvence, 2004. 284.
[174] MOUROGOV, A., BOKOV, P., Potencialidades do conceito de reator de sal fundido de espetro rápido: REBUS-3700, Energy Convers. Manage. 47 17 (2006) 2761-2771.
[175] Smriti Mallapaty, "China prepara-se para testar reator nuclear alimentado a tório". Nature. 597 (7876): 311-312. Bibcode: (9 de setembro de 2021).
[Natur.597..311M. doi:10.1038/d41586-021-02459-w. PMID 34504330. S2CID 237471852.
[176] MSR GROUP OF PROJECT-728, Control Rod Calibration Experiment Summary Report of Molten Salt-Graphite Zero Power Reator, Rep. D151-692-02, Instituto de Investigação Nuclear de Xangai (1972) (em chinês). 283
[177] MSR GROUP OF PROJECT-728, Neutron Flux Measurement Experiments Summary Report of Molten Salt-Graphite Zero Power Reator, Rep. D151-693-02, Instituto de Investigação Nuclear de Xangai (1972) (em chinês).
[178] MSR GROUP OF PROJECT-728, Thorium-Uranium Conversion Ratio Measurement Experiments Summary Report of Molten Salt-Graphite Zero Power Reator, Rep. D151-693-01, Shanghai Institute of Nuclear Research (1972) (em chinês).
[179] BELOUSOV, I.G., et al., Caraterísticas da disposição dos VTRS para fins tecnológicos, VANTS 16 3 (1983) 13-14.
[180] BRAIKO, V.D., et al., Tests on a setup with natural circulation of LiF-BeF2- UF4 liquid salt fuel, Sov. At. Energy 69 4 (1990) 817-821.
[181] Novikov, Vladimir M. (15 de setembro de 1995). "Os resultados das investigações do Centro de Investigação Russo - 'Instituto Kurchatov' sobre aplicações de sal fundido a problemas de sistemas de energia nuclear". Actas da Conferência AIP. 346 (1): 138147.

Bibcode:1995AIPC..346..138N. doi: 10.1063/1.49148.

[182] "Iniciado o Reator Indiano de Produção de Sal Fundido (IMSBR)". Mundo da energia do tório. *Recuperado em 31 de agosto de 2018.*

[183] *Ганжур, Ольга (12 de abril de 2020).* "Жидкосолевой реактор на ГХК планируют запустить к 2031 году" [O reator de sal fundido no MCC está planejado para ser lançado em 2031]. Страна РОСАТОМ (em russo). Recuperado em 11 de fevereiro de 2021.

[184] FURUKAWA, K., TSUKADA, K., NAKAHARA, Y., Single-fluid-type accelerator molten-salt breeder concept, J. Nucl. Sci. Technol. 18 1 (1981) 79-81.

[185] FURUKAWA, K., MINAMI, K., MITACHI, K., KATOH, Y., Compact molten-salt fission power stations (FUJI-series) and their developmental program, ECS Proc. 1987 1 (1987) 896-905. [186] Buongiorno, Jacopo (julho de 2004), "The Supercritical Water Cooled Reator: Ongoing Research and Development in the U.S", 2004 international congress on advances in nuclear power plants, American Nuclear Society - ANS, La Grange Park (Estados Unidos), *OSTI21160713.*

[187] Oka, Yoshiaki; Koshizuka, Seiichi (2001), "Supercritical-pressure, Once-through Cycle Light Water Cooled Reator Concept", Nuclear Science and Technology, 38 (12): 1081

1089,   *Bibcode:2001JNST...38.1081O, doi:10.1080/18811248.2001.9715139, S2CI D 95258855.*

[188] https://www.gen-4.org/gif/upload/docs/application/pdf/2013-09/gif_rd_outlook_for_generation_iv_nuclear_energy_systems.pdf ^
ibar URL PDF]

[189] "Comissão Europeia: CORDIS: Projetos e Resultados: Resumo do Relatório Final - SCWR-FQT (Reator de Água Supercrítica - Teste de Qualificação de Combustível)". *cordis.europa.eu.* Recuperado em 21 de abril de 2018.

[190] Jacopo Buongiorno, Philip E. MacDonald, Progress Report for the FY-03 Generation-IV R&D Activities for the Development of the SCWR in the U.S., INEEL/EXT-03-01210, INEEL, 30 de setembro de 2003.

[191] PanelPan Wu Yanhao Ren , Min Feng , Jianqiang Shan , Yanping Huang, W en Yang, A review of existing SuperCritical Water reator concepts, safety analysis codes and safety characteristics,

Progress in Nuclear Energy, Volume 153, novembro de 2022, 104409. https://doi.org/10.1016/j.pnucene.2022.104409 .

[192] M. Yetisir, M. Gaudet, *et al.*, Canadian Supercritical Water-cooled Reator core concept and safety features, Cnl Nuclear Review, 5 (2) (2016).

[193] Wu et al., 2014 P. Wu, J. Gou, *e t al.*, Preliminary safety evaluation for CSR1000 with passive safety system, Ann. Nucl. Energy, 65 (2014), pp. 390-401, View PDFView article View in ScopusGoogle Scholar.

[194] Z. Xu, D. Hou, *et al.*, Loss of flow accident and its mitigation measures for nuclear systems with SCWR-M, Ann. Nucl. Energy, 38 (12) (2011), pp. 2634-2644, Ver PDFVer artigoVer no ScopusGoogle Scholar.

[195] BREI, Burns & Roe Enterprises Inc., Supercritical Water Reator (SCWR), Study of Power Conversion Cycle, Control Strategy and Start-up Procedures, setembro de 2003.

[196] JONSSON, N. O., U. Bredolt, T. A. Dolck, A. Johanson, T. Ohlin, L. Oriani, L. Conway, *SCWR - Design Review and Design of Safety Systems and Containment - Status, setembro de 2003,* SE-03-044, (Rev. 0), setembro de 2003].

[197] Tsiklauri, Georgi; Talbert, Robert; Schmitt, Bruce; Filippov, Gennady; Bogoyavlensky, Roald; Grishanin, Evgenei (2005). *"Ciclo de vapor supercrítico para centrais nucleares" (PDF). Nuclear* Engineering and Design. 235 (15): 16511664. *doi'.10.1016/j.nucengdes.2004.11.016. ISSN 0029-5493.* Arquivado do *original (PDF)* em 2013-09-28. *Recuperado em 2013-09-25.*

[198] X.J. Liu, S.W. Fu, *et al.*, Análise LOCA do SCWR-M com sistema de segurança passiva, Nucl. Eng. Des., 259 (2013), pp. 187-197.Ver PDFVer artigoGoogle Scholar.

[199] C.M. Allison, R.J. Wagner, *et al.*, The development of RELAP/SCDAPSIM/MOD4.0 for advanced fluid systems design analysis, The 11th International Topical Meeting on Nuclear Reator Thermal Hydraulics, Operation and Safety. Gyeongju, Coreia (2016).

[200] Perspectivas de desenvolvimento de um reator nuclear inovador arrefecido a água para parâmetros supercríticos de refrigerante, SG Kalyakin, PL Kirillov, YD Baranaev, AP Glebov, GP Bogoslovskaya, MP Nikitenko... et al. Engenharia Térmica, 2014· Springer.

ABREVIATURAS

AHX Air heat exchanger
ALMR Advanced liquid metal reactor
BN-350 Bystrie neytrony (Fast neutrons)
BN-600 Bystrie neytrony (Fast neutrons)
CDA Core disruptive accident
CEFR China experimental fast reactor
CR Conversion ratio
CRC Central rotating column
CRP Central rotating plug
DFBR Demonstration fast breeder reactor
DFR Dounreay fast reactor
EBR-II Experimental breeder reactor-II
EC Emergency condenser
EFPD Effective power day(s)
EFR Experimental fast reactor
FA Fuel assembly
FE Fuel element
FEM Finite elements method
FFTF Fast flux test facility
FSD Fuel storage drum
IFC Irradiated fuel cave
IHX Intermediate heat exchanger
IFR Integral fast reactor
JSFR Japan sodium-cooled fast reactor
KAEC Kazakh atomic energy committee
KALIMER Korean advanced liquid metal reactor
KNK-II Kompakte Natriumgekuhlte Kernreaktoranlage
LMFR Liquid metal cooled fast reactor
LRP Leakage re-injection pump
MINATOM Ministry of Atomic Energy
MPC Maximum permissible concentration
NIV Neutron-induced voidage
OD Outside diameter
PIW Post irradiation examination
PFR Prototype fast reactor
RI Reactor installation
RNL Risley Nuclear Laboratories
SBB Sodium boiler building

SG Steam generator
PSP Primary sodium pump
TC Tight compartment
TD Theoretical density
ULOF Unprotected loss-of-flow
WCR Water-chemical regime
SAMOFAR Safety Assessment of the Molten Salt Fast Reactor (SAMOFAR)
LPSC-lab Laboratoire de Physique Subatomique et de Cosmologie (LPSC-lab)in Grenoble,
EdF Électricité de France (EdF) and
(CNRS)Centre National de la Recherche Scientifique (CNRS).
EVOL (Evaluation and Viability Of Liquid Fuel Fast Reactor System)
MOSART Russia's Molten Salt Actinide Recycler and Transmuter (MOSART)
Nomenclature
DHR: Decay Heat Removal
ELSY: European Lead-cooled System
FA: Fuel Assembly
GIF: Generation IV International Forum
LBE: Lead-Bismuth Eutectic
LFR: Lead-Cooled Fast Reactor
ISI: In Service Inspection
PSSC: Provisional System Steering Committee
RV: Reactor Vessel
RVACS: Reactor Vessel Air Cooling System
SG: Steam Generator
SGTR: Steam Generator Tube Rupture
SRP: System Research Plan
TPP; Technology Pilot Plant

I want morebooks!

Buy your books fast and straightforward online - at one of world's fastest growing online book stores! Environmentally sound due to Print-on-Demand technologies.

Buy your books online at
www.morebooks.shop

Compre os seus livros mais rápido e diretamente na internet, em uma das livrarias on-line com o maior crescimento no mundo! Produção que protege o meio ambiente através das tecnologias de impressão sob demanda.

Compre os seus livros on-line em
www.morebooks.shop